AF874270

*Wilhelm Adam*

# *1500 Aufgaben*
*aus der*
# *Buchstabenrechnung und Algebra*
*mit*
*vollständigen Berechnungen*

Elibron Classics
www.elibron.com

Elibron Classics series.

© 2006 Adamant Media Corporation.

ISBN 0-543-96957-6 (paperback)
ISBN 0-543-96956-8 (hardcover)

This Elibron Classics Replica Edition is an unabridged facsimile
of the edition published in 1876 by Rud. Petrenz, Neu-Ruppin.

Elibron and Elibron Classics are trademarks of
Adamant Media Corporation. All rights reserved.

This book is an accurate reproduction of the original. Any marks, names, colophons, imprints, logos or other symbols or identifiers that appear on or in this book, except for those of Adamant Media Corporation and BookSurge, LLC, are used only for historical reference and accuracy and are not meant to designate origin or imply any sponsorship by or license from any third party.

# 1500 Aufgaben

aus der

# Buchstabenrechnung und Algebra

mit

## vollständigen Berechnungen.

---

Zunächst für den Selbstunterricht

bearbeitet

von

**W. Adam,**

Königl. Seminarlehrer in Neu Ruppin.

Neu-Ruppin 1876.

Verlag von Rud. Petrenz.

# Vorwort.

Obwohl des Verfassers in demselben Verlage herausgegebenes „Lehrbuch der Buchstabenrechnung und Algebra“ leicht verständlich abgefaßt ist, so dürften doch, namentlich auf dem Wege des Selbstunterrichts, nicht wenige der dem genannten Werke beigegebenen 1500 Uebungsaufgaben hier und da Schwierigkeiten bereiten, und zwar vorherrschend in Bezug auf die Feststellung der Gleichungen nach den Bestimmungen der Aufgabe. Die Erfahrung lehrt nämlich, daß es für den Lernenden gemeiniglich viel schwieriger ist, die Gleichung zu finden, als dieselbe aufzulösen; denn das Erstere beruht auf einer reinen Verstandesthätigkeit, das Letztere hingegen mehr oder weniger auf einem gewissen Mechanismus, der schon aus einigen Beispielen erlernt werden kann. Es kommt also hauptsächlich darauf an, die zum Ansetzen der Gleichungen erforderliche Geistesthätigkeit fleißig zu üben, und dies geschieht in erster Linie durch Discussion der zu berechnenden algebraischen Aufgabe.

Demgemäß ist in dem vorliegenden Buche Sorge getragen worden, zunächst aus den Bedingungen der jedesmaligen Aufgabe die zur Lösung führende Gleichung zu entwickeln, alsdann aber die Veränderungen zu zeigen, welche mit der so eben gefundenen Gleichung vorgenommen werden müssen, wenn sich schließlich die gesuchte Größe ergeben soll.

Selbstverständlich können viele der in diesem Buche berechneten 1500 Aufgaben auch noch in anderer Weise gelöst werden, was bereits aus den hier gegebenen Lösungen verwandter Aufgaben zu erkennen ist. Um jedoch seiner Aufgaben-Sammlung einen nur mäßigen Umfang zu sichern, mußte der Verfasser von der gleichzeitigen Anwendung verschiedenartiger Methoden Abstand nehmen und sich auf die nach seinem Dafürhalten einfachste Art der Lösung beschränken, voraussetzend, daß die mitgetheilten Berechnungen in Verbindung mit den beigegebenen Erklärungen den Autodidacten befähigen, sich zu freier und selbstständiger Thätigkeit heranzubilden.

Die in der vorliegenden Aufgaben-Sammlung angegebenen Paragraphen weisen auf des Verfassers „Lehrbuch der Buchstabenrechnung und

Algebra" hin. Der Zweck dieser beiden Bücher ist: Förderung des Studiums der Arithmetik und Algebra in immer weiteren Kreisen. Möge dieser Zweck in dem gegenwärtig erforderlichen Grade erreicht werden!

Wie in dem Vorwort zum „Lehrbuch", so bekennt auch hier der Verfasser, daß er bei Bearbeitung seiner Hülfsmittel, die zunächst für strebsame Lehrer an Volksschulen 2c. bestimmt sind, vielfach die mathematischen Werke von Aschenborn, Kambly, Koppe, Ohm, Schumann und Tellkampf, sowie die Aufgaben-Sammlungen von Heis und Meier Hirsch zu Rathe gezogen hat, und zwar um jederzeit Zuverlässiges in möglichst bester Weise bieten zu können. Die Aufgaben selbst, welche der Verfasser gelöst, sind theilweise von ihm erfunden, theilweise aber den in den oben genannten Werken vorhandenen nachgebildet und nur in wenigen Fällen diesen Werken mit größerer Uebereinstimmung entlehnt worden.

Vorliegende Sammlung vollständig berechneter Aufgaben kann im Anschluß an jedes Compendium der Arithmetik und Algebra benutzt werden und wünscht ihr daher der Verfasser ebendieselbe Aufnahme, welche sein „Lehrbuch", das im April d. J. erschienen und bereits weit verbreitet ist, gefunden hat.

Neu-Ruppin, den 15. October 1875.

**W. A.**

# Erster Abschnitt.

# Die vier Grundrechnungsarten.

---

### Algebraische Summen.

(§ 5.)

**1.** $(+a)+(+b)+(+c)+(-d)+(-e)= a+b+c-d-e.$
**2.** $(+a)+(-b)+(-c)+(+d)+(-e)= a-b-c+d-e.$
**3.** $(+a)+(-b)+(-c)+(-d)+(+e)= a-b-c-d+e.$
**4.** $(-a)+(+b)+(-c)+(+d)+(-e)=-a+b-c+d-e.$
**5.** $(-a)+(-b)+(+c)+(+d)+(-e)=-a-b+c+d-e.$
**6.** $(-a)+(-b)+(-c)+(-d)+(-e)=-a+b+c+d+e.$

### Addition und Subtraction der algebraischen Zahlen.

(§ 6.)

**7.** $(+12)+(+8)=+(12+8)=(+20).$
**8.** $(+9)+(+7)=+(9+7)=(+16).$
**9.** $(+14)+(-9)=+(14-9)=(+5).$
**11.** $(+16)+(-8)=+(16-8)=(+8).$
**10.** $(+4)+(-12)=-(12-4)=+(4-12)=(-8).$
**12.** $(-3)+(+2)=-(3-2)=+(2-3)=(-1).$
**13.** $(-4)+(+6)=+(6-4)=-(4-6)=(+2).$
**14.** $(-5)+(-6)=-(5+6)=(-11).$
**15.** $(-8)+(-8)=-(8+8)=(-16).$

---

**16.** $(+12)-(+8)=+(12-8)=(+4).$
**17.** $(+12)-(+15)=+(12-15)=-(15-12)=(-3).$
**18.** $(+9)-(-8)=+(9+8)=(+17).$
**19.** $(+4)-(-4)=+(4+4)=(+8).$
**20.** $(+5)-(-2)=+(5+2)=(+7).$
**21.** $(-7)-(+4)=-(7+4)=(+11).$
**22.** $(-6)-(+3)=-(6+3)=(-9).$
**23.** $(-8)-(-4)=-(8-4)=+(4-8)=(-4).$
**24.** $(-9)-(-15)=-(9-15)=+(15-9)=(+6).$

## Addition.

**25.**
$$\begin{array}{r} x+y+z \\ x-y+z \\ x+y-z \\ -x+y+z \\ \hline 2x+2y+2z. \end{array}$$

**26.**
$$\begin{array}{r} a+b+c+d \\ a-b-c+d \\ 2a+3b+2c-3d \\ -a-b+c+d \\ \hline 3a+2b+3c. \end{array}$$

**27.**
$$\begin{array}{r} 3m+4n-2p \\ -4m+n+p \\ 2m-3n+2p \\ m+n+p \\ \hline 2m+3n+2p. \end{array}$$

**28.**
$$\begin{array}{r} 4x-3y+2z \\ 3x+2y-z \\ -x+2y+3z \\ 2x-y-2z \\ \hline 8x\qquad+2z. \end{array}$$

**29.**
$$\begin{array}{r} 8+a+b+c \\ 4-a+b-c \\ 3+2a-b+2c \\ -6-a+b-c \\ 7+3a-b+2c \\ \hline 16+4a+b+3c. \end{array}$$

**30.**
$$\begin{array}{r} x+y+z+p \\ 2x-3y+4z-5p \\ x+4y-3z+3p \\ -3x+y-z+2p \\ 2x-2y+2z+p \\ \hline 3x+y+3z+2p. \end{array}$$

## Subtraction.

**31.**
$$\begin{array}{r} 9a+8b+7c \\ 4a+5b+3c \\ \hline 5a+3b+4c. \end{array}$$

**32.**
$$\begin{array}{r} 16a+12b+9c \\ 7a+8b+4c \\ \hline 9a+4b+5c. \end{array}$$

**33.**
$$\begin{array}{r} 4a+3b+2c \\ 3a+4b+5c \\ \hline a-b-3c. \end{array}$$

**34.**
$$\begin{array}{r} 7a+2b+4c \\ 4a+5b-7c \\ \hline 3a-3b-3c. \end{array}$$

**35.**
$$\begin{array}{r} 2x-y+z \\ x+y-z \\ \hline x-2y+2z. \end{array}$$

**36.**
$$\begin{array}{r} 3x-2y+4z \\ 2x-3y+5z \\ \hline x+y-z. \end{array}$$

(§ 7.)

## Multiplication.

**37.** $4a \cdot 3b = 12ab.$

**38.** $5a \cdot 5c = 25ac.$

**39.** $ax \cdot by = abxy.$

**40.** $3ax \cdot 4by = 12abxy.$

**41.** $2a \cdot 3b \cdot 4c = 24abc.$

**42.** $ax \cdot by \cdot cz = abcxyz.$

**43.** $ab \cdot cd = abcd.$

**44.** $ab \cdot cd \cdot ef = abcdef.$

**45.** $abc \cdot def = abcdef.$

**46.** $an \cdot bm = abnm.$

**47.** $an \cdot bm \cdot cu \cdot dv = abcdnmuv.$

**48.** $ab \cdot ac \cdot bd \cdot cd = aabbccdd.$

---

**49.** $(2a + 3b)\, 4c = 8ac + 12bc.$

**50.** $(2a - b)\, 2c = 4ac - 2bc.$

**51.** $(2a + 4b + 6c)\, 3d = 6ad + 12bd + 18cd.$

**52.** $(a + 2b + 3c + 4d)\, n = an + 2bn + 3cn + 4dn.$

**53.** $(a - b + c - d)\, n = an - bn + cn - dn.$

**54.** $(3a - 2b + 4c - 5d)\, n = 3an - 2bn + 4cn - 5dn.$

**55.** $(4a - 3b + 2c - d)\, 4n = 16an - 12bn + 8cn - 4dn.$

**56.** $(2a + 5b - 4c - 6d)\, 3n = 6an + 15bn - 12cn - 18dn.$

### Absonderung der gemeinsamen Factoren.

**57.** $ab + ad + bc + cd = a\,(b + d) + c\,(b + d) = (a + c)\,(b + d).$

**58.** $ab - ad + bc - cd = a\,(b - d) + c\,(b - d) = (a + c)\,(b - d).$

**59.** $ab + ac + bd + cd = a\,(b + c) + d\,(b + c) = (a + d)\,(b + c).$

**60.** $ab - ac + bd - cd = a\,(b - c) + d\,(b - c) = (a + d)\,(b - c).$

**61.** $8ac + 10ad + 12bc + 15bd = 2a\,(4c + 5d) + 3b\,(4c + 5d) = (2a + 3b)\,(4c + 5d).$

**62.** $8ac - 10ad + 12bc - 15bd = 2a\ (4c - 5d) + 3b\ (4c - 5d) = (2a + 3b)\ (4c - 5d).$

**63.** $ad - ae - af + bd - be - bf + cd - ce - cf = a\ (d - e - f) + b\ (d - e - f) + c\ (d - e - f) = (a + b + c)\ (d - e - f).$

**64.** $ad - 2ae + 3af + 2bd - 4be + 6bf - 3cd + 6ce - 9cf = a\ (d - 2e + 3f) + 2b\ (d - 2e + 3f) - 3c\ (d - 2e + 3f) = (a + 2b - 3c)\ (d - 2e + 3f).$

Auflösung der Klammern.

**65.** $4x - 3\ (y + z) = 4x - 3y - 3z.$

**66.** $5m - 4\ (p - q) = 5m - 4p + 4q.$

**67.** $6a - 2\ (b - c) = 6a - 2b + 2c.$

**68.** $8a - 5\ (a - b) = 8a - 5a + 5b = 3a + 5b.$

**69.** $a + b\ (c + d - e) = a + bc + bd - be.$

**70.** $a - b\ (c + d - e) = a - bc - bd + be.$

**71.** $24x - 5y - 8\ (x + y) = 24x - 5y - 8x - 8y = 16x - 13y.$

**72.** $p + p\ (m - n) + p\ (a - b) = p + me - nq + pa - pb.$

Multiplication zweier Summen.

**73.** $(a + x)\ (b + y) = b\ (a + x) + y\ (a + x) = ab + bx + ay + xy.$

**74.** $(a + b)\ (c + d + n) = a\ (c + d + n) + b\ (c + d + n) = ac + ad + an + bc + bd + bn.$

**75.** $(m + n)\ (ap + q) = m\ (ap + q) + n\ (ap + q) = apm + qm + apn + qn = apm + apn + qm + qn.$

**76.** $(mx + n)\ (py + q) = mx\ (py + q) + n\ (py + q) = mxpy + mxq + npy + nq = mpxy + mqx + npy + nq.$

**77.** $ab + c + d)\ (m + n) = m\ (ab + c + d) + n\ (ab + c + d) = abm + cm + dm + abn + cn + dn = abm + abn + cm + cn + dm + dn.$

**78.** $3\ (a + b)\ .\ 4\ (c + d + e) = 12a\ (c + d + e) + 12b\ (c + d + e) = 12ac + 12ad + 12ae + 12bc + 12bd\ 12be.$

## Division.

Vereinfachung der Quotienten.

**79.** $\frac{abc}{a} = bc.$

**80.** $\frac{abc}{a} = ac.$

**81.** $\frac{abc}{bc} = a.$

**82.** $\frac{xyz}{xz} = y.$

**83.** $\frac{ab}{ac} = \frac{b}{c}.$

**84.** $\frac{x}{xy} = \frac{1}{y}.$

**85.** $\frac{15abcd}{60abmc} = \frac{1}{4} \cdot \frac{d}{m}.$

**86.** $\frac{27xyz}{9xzp} = \frac{3y}{p}.$

**87.** $\frac{24\ (a - b)\ (x + y)}{36\ (x + y)\ (a - b)} = \frac{2}{3}.$

**88.** $\frac{d\ (a - b + c)}{e\ (a - b + c)} = \frac{d}{e}.$

**89.** $\frac{(a - b)\ (x - y)\ (x + y)}{(x + y)\ (a - b)} = x - y.$

**90.** $\frac{(a + b + c)\ (n + m - p)\ (a - b + c)}{(n + m - p)\ (a - b + c)\ (d + e + f)} = \frac{a + b + c}{d + e + f}.$

1*

Auszuführen.

91. $\frac{4a + 4b - 4c}{4} = a + b - c.$

92. $\frac{8mn + 8mp - 8m}{8m} = n + p - 1.$

93. $\frac{ab + bc}{b} = a + c.$

94. $\frac{ab + bc + bd}{b} = a + c + d.$

95. $\frac{ab + ac + bc}{abc} = \frac{1}{c} + \frac{1}{b} + \frac{1}{a} = \frac{1}{a} + \frac{1}{b} + \frac{1}{c}.$

96. $\frac{n + m}{n} = 1 + \frac{m}{n}.$

97. $\frac{xy - xz + yz}{xyz} = \frac{1}{z} - \frac{1}{y} + \frac{1}{x} = \frac{1}{x} - \frac{1}{y} + \frac{1}{z}.$

98. $\frac{ay + bx}{xy} = \frac{a}{x} + \frac{b}{y}.$

99. $\frac{ay + by}{a + b} = \frac{y\,(a + b)}{a + b} = y.$

100. $\frac{ax + bx + cx}{a + b + c} = \frac{x\,(a + b + c)}{a + b + c} = x.$

Zu vereinigen.

101. $\frac{a}{x} + \frac{b}{x} = \frac{a + b}{x}.$

102. $\frac{m}{p} - \frac{n}{p} = \frac{m - n}{p}.$

103. $\frac{a - b}{c} + \frac{b}{c} = \frac{a - b + b}{c} = \frac{a}{c}.$

104. $\frac{x + y}{a} - \frac{y}{a} = \frac{x + y - y}{a} = \frac{x}{a}.$

105. $\frac{xy - yz}{xz} + \frac{y}{x} = \frac{xy - yz}{xz} + \frac{yz}{xz} = \frac{xy - yz + yz}{xz} = \frac{xy}{xz} = \frac{y}{z}$, oder $y\left(\frac{x - z}{xz}\right) + \frac{y}{x} = \frac{y}{x}\left(\frac{x - z}{z} + 1\right) = \frac{y}{x}\left(\frac{x - z + z}{z}\right) = \frac{y}{x} \cdot \frac{x}{z} = \frac{y}{z}.$

106. $\frac{adf - bdf + cdf}{a - b + c} + \frac{bdf}{a - b + c} = \frac{adf + cdf}{a - b + c} = \frac{df\,(a + c)}{a - b + c}.$

107. $\frac{nx - ny + nz}{x - y + z} + \frac{ny}{x - y + z} = \frac{nx + nz}{x - y + z} = \frac{n\,(x + z)}{x - y + z}.$

108. $\frac{ab + bc + bd}{bd} - 1 = \frac{ab + bc + bd - bd}{bd} = \frac{ab + bc}{bd} = \frac{a + c}{d}.$

109. $\frac{ab - bc + bd}{bc} + 1 = \frac{ab - bc + bd + bc}{bc} = \frac{ab + bd}{bc} = \frac{a + d}{c}.$

110. $\frac{xyz - pyz}{xpz} + \frac{y}{x} = \frac{xy - py}{xp} + \frac{y}{x} = \frac{xy - py}{xp} + \frac{py}{xp} = \frac{xy}{xp} = \frac{y}{p}.$

Zu vereinigen.

111. $a \pm \frac{bc + cd}{c} = a \pm (b + d) = a \pm b \pm d.$

112. $m + \frac{p - n}{4} = \frac{4m + p - n}{4}.$

113. $x - \frac{y - z}{2} = \frac{2x - (y - z)}{2} = \frac{2x - y + z}{2}.$

114. $a - \frac{5n}{x} + \frac{7n}{x} = a + \frac{2n}{x} = \frac{ax + 2n}{x}.$

115. $4 \pm \frac{na + bn + cn}{a + b + c} = 4 \pm n\left(\frac{a + b + c}{a + b + c}\right) = 4 \pm n.$

116. $\frac{abc + acd}{ac} - (b + d) = (b + d) - (b + d) = 0.$

117. $\frac{xyz - pxz}{xz} + 2n = y - p + 2n.$

118. $\frac{a}{x} + \frac{b}{x} + \frac{c}{x} - \frac{d}{x} = \frac{a + b + c - d}{x}.$

119. $\frac{ab}{bc} + \frac{bd}{bc} - \frac{bf}{bc} + \frac{bg}{bc} = \frac{a}{c} + \frac{d}{c} - \frac{f}{c} + \frac{g}{c} = \frac{a + d - f + g}{c}.$

120. $a - \frac{b}{x} + \frac{c}{x} - \frac{d}{x} = \frac{ax - b + c - d}{x}.$

Auszuführen.

121. $\frac{ab \pm cd}{ab} = 1 \pm \frac{cd}{ab}.$

122. $\frac{4ab \pm ac}{ab} = 4 \pm \frac{c}{b}.$

123. $\frac{3xy \pm xyz \mp pxz}{xy} = 3 \pm z \mp \frac{pz}{y}.$

124. $\frac{8a - (b + c)}{4} = 2a - \frac{b}{4} + \frac{c}{4}.$

125. $\frac{4ab - 4b(c - d)}{2ab} = 2 - \frac{2}{a}(c - d) = 2 - \frac{2c}{a} + \frac{2d}{a}.$

126. $\frac{12xy - 3x(y - z)}{3xy} = 4 - \frac{1}{y}(y - z) = 4 - 1 + \frac{z}{y} = 3 + \frac{z}{y}.$

Addition und Subtraction der Quotienten.

127. $\frac{n}{m} \pm \frac{p}{q} = \frac{nq \pm mp}{mq}.$

**128.** $\frac{x}{y} \pm \frac{z}{n} = \frac{nx \pm yz}{ny}$.

**129.** $\frac{ac}{ad} \pm \frac{bc}{ab} = \frac{c}{d} \pm \frac{c}{a} = \frac{ac \pm cd}{ad} = \frac{c\ (a \pm d)}{ad}$.

**130.** $\frac{x}{y} + \frac{y}{z} \pm \frac{z}{p} = \frac{xzp + yyp \pm yzz}{yzp}$.

**131.** $\frac{ab}{bc} \pm \frac{bc}{cd} + \frac{cd}{dn} = \frac{a}{c} \pm \frac{b}{d} + \frac{c}{n} = \frac{adn \pm bcn + ccd}{cdn}$.

**132.** $\frac{1}{x} \pm \frac{1}{y} \pm \frac{1}{z} = \frac{yz \pm xz \pm xy}{xyz} = \frac{\pm xy \pm xz + yz}{xyz}$.

Auszuführen.

**133.** $a : \frac{1}{b} = ab$.

**134.** $n : \frac{m}{p} = \frac{pn}{m}$.

**135.** $ab : \frac{a}{c} = b : \frac{1}{c} = bc$.

**136.** $abc : \frac{ab}{cd} = c : \frac{1}{cd} = ccd$.

**137.** $1 : \frac{n}{m} = \frac{m}{n}$.

**138.** $(a + b)\ c : \frac{a + b}{d} = c : \frac{1}{d} = cd$.

**139.** $a\ (x - y) : \frac{ab\ (x - y)}{c} = 1 : \frac{b}{c} = \frac{c}{b}$.

**140.** $3\ (n + m) : \frac{6a\ (n + m)}{5c} = 1 : \frac{2a}{5c} = \frac{5c}{2a} = \frac{5}{2} \cdot \frac{c}{2}$.

**141.** $8\ (x - y) - 8z : \frac{4\ (x - (y + z))}{abc} = 8\ (x - y - z) : \frac{4\ (x - y - z)}{abc} = 2 : \frac{1}{abc} = 2abc$.

**142.** $5\ (a + b) \cdot 2\ (a + b) : \frac{15c\ (a + b)}{d} = 2\ (a + b) : \frac{3c}{d} = \frac{2d\ (a + b)}{3c} = \frac{2}{3}\left(\frac{ad}{c} + \frac{bd}{c}\right) = \frac{2ad}{3c} + \frac{2bd}{3c} = \frac{2}{3} \cdot \frac{ad}{c} + \frac{2}{3} \cdot \frac{bd}{c}$.

Multiplication mehrerer Quotienten.

**143.** $\frac{x}{y} \cdot \frac{y}{z} = \frac{x}{z}$.

**144.** $\frac{m}{n} \cdot \frac{n}{p} = \frac{m}{p}$.

145. $\frac{ab}{cd} \cdot \frac{cd}{an} = \frac{ab}{an} = \frac{b}{n}.$

146. $\frac{xy}{xz} \cdot \frac{z}{p} = \frac{y}{z} \cdot \frac{z}{p} = \frac{y}{p}.$

147. $\frac{m}{n} \cdot \frac{n}{p} \cdot \frac{p}{q} = \frac{m}{q}.$

148. $\frac{ab}{bf} \cdot \frac{fc}{cg} \cdot \frac{dg}{an} = \frac{a}{f} \cdot \frac{f}{g} \cdot \frac{dg}{an} = \frac{a}{g} \cdot \frac{dg}{an} = 1 \cdot \frac{d}{n} = \frac{d}{n}.$

149. $\frac{xyz}{a + b} \cdot \frac{c + d}{yz} \cdot \frac{a + b}{n\ (c + d)} = \frac{x}{a + b} \cdot \frac{c + d}{1} \cdot$
$\frac{a + b}{a\ (c + d)} = x \cdot \frac{1}{a} = \frac{x}{a}.$

150. $\frac{a\ (a + b + c)}{nxz} \cdot \frac{bxz}{4\ (a + b + c)} \cdot \frac{4z}{p} = \frac{a}{n} \cdot \frac{b}{4} \cdot \frac{4z}{p} =$
$\frac{ab}{n} \cdot \frac{z}{p} = \frac{abz}{np}.$

151. $\frac{x + y}{xy} \cdot \frac{x - y}{a} \cdot \frac{by}{x + y} \cdot \frac{ac}{x - y} = \frac{1}{xy} \cdot \frac{1}{a} \cdot by \cdot ac =$
$\frac{1}{x} \cdot b \cdot c = \frac{bc}{x}.$

152. $\frac{a - b}{c + d} \cdot \frac{c + d}{a + b} \cdot \frac{x}{a - b} \cdot \frac{a + b}{xy} = \frac{a - b}{a + b} \cdot \frac{1}{a - b} \cdot \frac{a + b}{y} = \frac{1}{y}.$

### Division zweier Quotienten.

153. $\frac{x}{y} : \frac{ax}{by} = \frac{1}{1} : \frac{a}{b} = 1 : \frac{a}{b} = \frac{b}{a}.$

154. $\frac{7a}{5b} : \frac{3an}{4bx} = \frac{7}{5} : \frac{3n}{4x} = \frac{7 \cdot 4x}{5 \cdot 3n} = \frac{28}{15} \cdot \frac{x}{n}.$

155. $\frac{4xz}{5xy} \cdot \frac{8az}{9bn} = \frac{x}{5xy} : \frac{2a}{9bn} = \frac{1}{5y} : \frac{2a}{9bn} = \frac{9bn}{2a \cdot 5y} = \frac{9}{10} \cdot \frac{bn}{ay}.$

156. $\frac{ab}{z} : \frac{abc}{x} = \frac{1}{z} : \frac{c}{x} = \frac{x}{cz}.$

157. $\frac{x}{ab} : \frac{y}{bc} = \frac{x}{a} : \frac{y}{c} = \frac{cx}{ay} = \frac{c}{a} \cdot \frac{x}{y}.$

158. $\frac{7abc}{12pqr} : \frac{21ab}{4pr} = \frac{c}{3q} : \frac{3}{1} = \frac{c}{9q} = \frac{1}{9} \cdot \frac{c}{q}.$

159. $\frac{a}{b} : \frac{c}{d} : \frac{n}{m} = \frac{ad}{bc} : \frac{n}{m} = \frac{adm}{bcn}.$

160. $\frac{9ab}{4mn} : \frac{3a}{2n} : \frac{3}{m} = \frac{3b}{2m} : \frac{3}{m} = \frac{b}{2} : 1 = \frac{b}{2}.$

161. $\frac{x}{x + y} : \frac{y}{n} : \frac{z}{x + y} = x : \frac{y}{n} : z = \frac{nx}{y} : z = \frac{nx}{yz}.$

162. $\frac{abc}{m + n} : \frac{bc}{n} : \frac{a}{m + n} = \frac{a}{m + n} : \frac{1}{n} : \frac{a}{m + n} = 1 : \frac{1}{n} : 1 = n.$

Auszuführen.

163. $\frac{ab \cdot cd}{ac} = b \cdot d = bd.$

164. $\frac{xy \cdot yz}{xyz} = \frac{1}{z} \cdot \frac{1}{x} = \frac{1}{xz}.$

165. $mn : \frac{m}{p} = n : \frac{1}{p} = np.$

166. $4ab : \frac{2b}{n} = 2a : \frac{1}{n} = 2an.$

167. $9xyz : \frac{3yz}{pn} = 3x : \frac{1}{pn} = 3npx.$

168. $abc : \frac{a}{x} : \frac{bc}{y} = bc : \frac{1}{x} : \frac{bc}{y} = bcx : \frac{bc}{y} = x : \frac{1}{y} = xy.$

169. $n(a+b) : \frac{m(a+b)}{a-b} : \frac{pnm}{q(a-b)} = n : \frac{m}{a-b} : \frac{pnm}{q(a-b)} =$
$\frac{n(a-b)}{m} : \frac{pnm}{q(a-b)} = \frac{a-b}{m} : \frac{pm}{q(a-b)} = \frac{q(a-b)(a-b)}{mmp}.$

170. $ab \cdot cd : \frac{ac}{n} : \frac{bd}{m} = bd : \frac{1}{n} : \frac{bd}{m} = bdn : \frac{bd}{m} = n : \frac{1}{m} = nm.$

171. $4a \cdot 5b \cdot 8c : \frac{a}{x} : \frac{32bc}{y} = 160bc : \frac{1}{x} : \frac{32bc}{y} = 160bcx :$
$\frac{32bc}{y} = 5x : \frac{1}{y} = 5xy.$

172. $\frac{x}{a} \cdot \frac{y}{b} \cdot \frac{z}{c} : \frac{2xz}{bac} : \frac{y}{n} = \frac{y}{2} : \frac{y}{n} = \frac{1}{2} : \frac{1}{n} = \frac{n}{2}.$

(§ 8.)

## Multiplication der algebraischen Zahlen.

173. $(+7) \cdot (+9) = (+63).$
174. $(+4) \cdot (+5) = (+20).$
175. $(+6) \cdot (-4) = (-24).$
176. $(+\frac{2}{3}) \cdot (-6) = (-4).$
177. $(-3) \cdot (+5) = (-15).$
178. $(-8) \cdot (+\frac{3}{4}) = (-6).$
179. $(-\frac{8}{9}) \cdot (+\frac{3}{4}) = (-\frac{2}{3}).$
180. $(-8) \cdot (-7) = (+56).$
181. $(-\frac{9}{10}) \cdot (-\frac{5}{6}) = (+\frac{3}{4}).$
182. $(-\frac{2}{3}) \cdot (-\frac{3}{4}) = (+\frac{1}{2}).$
183. $(-\frac{1}{2}) \cdot (+\frac{2}{3}) = (-\frac{1}{3}).$
184. $(+\frac{4}{5}) \cdot (-\frac{5}{6}) = (-\frac{2}{3}).$
185. $(+\frac{7}{12}) \cdot (+\frac{6}{7}) = (+\frac{1}{2}).$
186. $(-\frac{8}{9}) \cdot (-\frac{9}{10}) = (+\frac{4}{5}).$
187. $(+2) \cdot (+4) \cdot (-6) = (+8) \cdot (-6) = (-48).$
188. $(+3) \cdot (-2) \cdot (+5) = (-6) \cdot (+5) = (-30).$
189. $(+8) \cdot (-3) \cdot (-2) = (-24) \cdot (-2) = (+48).$
190. $(-6) \cdot (-5) \cdot (+4) = (+30) \cdot (+4) = (+120).$

**191.** $(-4) \cdot (-7) \cdot (-2) = (+28) \cdot (-2) = (-56)$.

**192.** $(-{}^{2}/_{3}) \cdot (+{}^{3}/_{4}) \cdot (-{}^{4}/_{5}) = (-{}^{1}/_{2}) \cdot (-{}^{4}/_{5}) = (+{}^{2}/_{5})$.

**193.** $(-{}^{1}/_{2}) \cdot (-{}^{2}/_{3}) \cdot (+{}^{3}/_{5}) = (+{}^{1}/_{3}) \cdot (+{}^{3}/_{5}) = (+{}^{1}/_{5})$.

**194.** $(-x) \cdot (-y) \cdot (-z) = (+xy) \cdot (-z) = (-xyz)$.

**195.** $(-m) \cdot (-n) \cdot (-p)\,(-q) = (+mn) \cdot (+pq) = (+mnpq)$.

**196.** $(-a) \cdot (+b) \cdot (-c) = (-ab)\,(-c) = (+abc)$.

**197.** $\left(-\frac{a}{b}\right)\left(+\frac{b}{c}\right)\left(-\frac{c}{d}\right)\left(+\frac{d}{n}\right) = \left(-\frac{a}{c}\right)\left(-\frac{c}{n}\right)\left(+\frac{a}{n}\right)$.

**198.** $\left(+\frac{n}{m}\right)\left(-\frac{p}{q}\right)\left(+\frac{mq}{a}\right)\left(-\frac{b}{np}\right) = \left(-\frac{np}{a}\right)\left(-\frac{b}{np}\right)\left(+\frac{b}{a}\right)$.

**199.** $\left(-\frac{ab}{cd}\right)\left(+\frac{c}{bx}\right)\left(-\frac{d}{ay}\right)\left(-\frac{xy}{n}\right) = \left(+\frac{1}{xy}\right)\left(-\frac{xy}{n}\right) = \left(-\frac{1}{n}\right)$.

**200.** $(+ab)\,(-cd)\left(+\frac{n}{bd}\right)\left(-\frac{n}{ac}\right) = (-1)\,(+n)\,(-n) = (-n)\,(-n) = (+nn)$.

### Multiplication algebraischer Summen.

**201.** $(a+b)\,(a+b) = aa + ab + ab + bb = aa + 2ab + bb = a^2 + 2ab + b^2$.

**202.** $(a-b)\,(a-b) = (a-b)\,a - b\,(a-b) = aa - ab - ab + bb = aa - 2ab + bb = a^2 - 2ab + b^2$.

**203.** $(a+b)\,(c-d) = c\,(a+b) - d\,(a+b) = ac + bc - ad - bd = ac - ad + bc - bd$.

**204.** $(a-b)\,(c-d) = c\,(a-b) + d\,(a-b) = ac - bc + ad - bd = ac + ad - bc - bd$.

**205.** $(a-b)\,(c-d) = c\,(a-b) - d\,(a-b) = ac - bc - ad + bd = ac - ad - bc + bd$.

**206.** $(a+b-c) \cdot (a-b+c) =$

$$\begin{array}{llllll}
a & -\,b & +\,c & & & \\
\hline
aa & +\,ab & -\,ac & & & \\
 & -\,ab & & -\,bb & +\,bc & \\
 & & +\,ac & & +\,bc & -\,cc \\
\hline
aa & & & -\,bb & +\,2bc & -\,cc = a^2 - b^2 + 2bc - c^2.
\end{array}$$

Multiplicator: $(+a)$, $(-b)$, $(+c)$

**207.** $(a+b+c)\,(a+b-c) =$

$$\begin{array}{llllll}
a & +\,b & -\,c & & & \\
\hline
aa & +\,ab & +\,ac & & & \\
 & +\,ab & & +\,bb & +\,bc & \\
 & & -\,ac & & -\,bc & -\,cc \\
\hline
aa & +\,2ab & & +\,bb & & +\,cc = a^2 + 2ab + b^2 - c^2.
\end{array}$$

**208.** $(a + b + c)(a - b - c) =$

$$\begin{array}{llllll} & a - b - c & & & & \\ \hline aa & + ab & + ac & & & \\ & - ab & & - bb & - bc & \\ & & - ac & & - bc & - cc \\ \hline aa & & & - bb & - 2bc & - cc = a^2 - b^2 - 2bc - c^2. \end{array}$$

**209.** $(a - b + c)(d - m - n) =$

$$\begin{array}{llll} d - m - n & & & \\ \hline ad - bd + cd & & & \\ & - am + bm - cm & & \\ & & - an + bn - cn & \\ \hline ad - bd + cd & - am + bm - cm & - an + bn - cn = & \end{array}$$

$$ad - am - an - bd + bm + bn + cd - cm - cn.$$

**210.** $\left(\frac{ac}{b} + ab\right)\left(\frac{ac}{b} - ab\right) = a\left(\frac{c}{b} + b\right) . a\left(\frac{c}{b} - b\right) =$
$aa\left(\frac{c + bb}{b}\right)\left(\frac{c - bb}{b}\right) = \frac{aa}{bb}(c + bb)(c - bb) =$
$\frac{aa}{bb}(cc - bbbb) = \frac{aacc}{bb} - aabb = \frac{a^2c^2}{b^2} - a^2b^2.$

(§ 9.)

## Division der algebraischen Zahlen.

**211.** $(+ 16) : (+ 8) = (+ 2).$
**212.** $(+ \frac{8}{9}) : (+ \frac{2}{3}) = (+ \frac{4}{3}).$
**213.** $(- 12) : (+ 4) = (- 3).$
**214.** $(- \frac{21}{25}) : (+ \frac{3}{5}) = (- \frac{7}{5}).$
**215.** $(+ 60) : (- 5) = (- 12).$
**216.** $(+ \frac{20}{3}) : (- \frac{4}{9}) = (- 15).$
**217.** $(- 48) : (- 8) = (+ 6).$
**218.** $(- \frac{21}{16}) : (- \frac{7}{12}) = (+ \frac{9}{4}).$
**219.** $(+ 64) : (- 4) : (- 2) = (- 16) : (- 2) = (+ 8).$
**220.** $(- 72) : (+ 2) : (- 2) = (- 36) : (- 2) = (+ 18).$
**221.** $(- 90) : (- 5) : (- 3) = (+ 18) : (- 3) = (- 6).$
**222.** $(- 72) : (- 6) : (+ 4) = (+ 12) : (+ 4) = (+ 3).$
**223.** $(+ \frac{27}{40}) : (- \frac{9}{10}) : (- \frac{3}{4}) : (- \frac{1}{2}) = (- \frac{3}{4}) : (- \frac{3}{4})$
$: (- \frac{1}{2}) = 1 : (- \frac{1}{2}) = (- 2).$
**224.** $(- \frac{32}{81}) : (- \frac{2}{3}) : (- \frac{2}{9}) : (- \frac{4}{3}) = (+ \frac{16}{27}) : (- \frac{2}{9})$
$: (- \frac{4}{3}) = (- \frac{8}{3}) : (- \frac{4}{3}) = (+ 2).$
**225.** $(+ 120) : (- \frac{3}{4}) : (- 8) : (- \frac{4}{5}) = (+ 120) : (- \frac{24}{5})$
$= (+ 5) : (- \frac{1}{5}) = (- 25).$
**226.** $(- 360) : (+ 4) : (- 9) : (+ \frac{5}{6}) = (- 360) : (- 30)$
$= (+ 12).$

227. $(+x) : (-y) : (+z) = (+x) : (-yz) = \left(+\frac{x}{yz}\right)$.

228. $(-m) : (-n) : (-p) = (-m) : (+np) = \left(+\frac{m}{np}\right)$.

229. $(-a) : (+n) : (-b) : (+p) = (-a) : (-bnp) = \left(+\frac{a}{bnp}\right)$.

230. $(-x) : (-y) : (-z) : (-n) = (-x) : (-yzn) = \left(+\frac{x}{yzn}\right)$.

## Division algebraischer Summen.

231. $(aa - bb) : (a + b) = a - b$.

$aa + bb$ d. i. $a(a + b)$

$- bb - ab$

$- bb - ab$ d. i. $- b(a + b)$

232. $aa - bb : a - b = a + b$.

$aa - ab$ d. i. $a(a - b)$

$ab - bb$

$ab - bb$ d. i. $b(a - b)$

233. $aa + 2ab + bb : a + b = a + b$.

$aa + ab$

$ab + bb$

$ab + bb$

234. $aa - 2ab + bb : a - b = a - b$.

$aa - ab$

$- ab + bb$

$- ab + bb$

235. $9xx - 4yy : 3x + 2y = 3x - 2y$.

$9xx + 6xy$

$- 4yy - 6xy$

$- 4yy - 6xy$

236. $aaaa - bbbb : a - b = aaa + aab + abb + bbb$.

$aaaa - aaab$

$aaab - bbbb$

$aaab - aabb$

$aabb - bbbb$

$aabb - abbb$

$abbb - bbbb$

$abbb - bbbb$

d. i. $(a^4 - b^4) : (a - b) = a^3 + a^2b + ab^2 + b^3$.

237. aaaaa — bbbbb : a — b = aaaa + aaab + aabb + abbb [+ bbbb.
aaaaa — aaaab
aaaab — bbbbb
aaaab — aaabb
aaabb — bbbbb
aaabb — aabbb
aabbb — bbbbb
aabbb — abbbb
abbbb — bbbbb
abbbb — bbbbb
d. i. $(a^5 - b^5) : (a - b) = a^4 + a^3b + a^2b^2 + ab^3 + b^4$.

238. aaa + bbb : a + b = aa — ab + bb
aaa + aab
— aab + bbb
— aab — abb
abb + bbb
abb + bbb
d. i. $a^3 + b^3 : a + b = a^2 - ab + b^2$.

239. aaaaa + bbbbb : a + b = aaaa — aaab + aabb — [abbb + bbbb.
aaaaa + aaaab
— aaaab + bbbbb
— aaaab — aaabb
aaabb + bbbbb
aaabb + aabbb
— aabbb + bbbbb
— aabbb — abbbb
abbbb + bbbbb
abbbb + bbbbb
d. i. $a^5 + b^5 : a + b = a^4 - a^3b + a^2b^2 - ab^3 + b^4$.

240. 16nn — 25pp : 4n + 5p = 4n — 5p.
16nn + 20np
— 20np — 25pp
— 20np — 25pp

241. 20aa — 22ab — 7ac + 6bb + 5bc — 6cc : 4a — 2b — 3c = 5a — 3b + 2c.
20aa — 10ab — 15ac
— 12ab + 8ac + 6bb + 5bc — 6cc
— 12ab + 6bb + 9bc
8ac — 4bc — 6cc
8ac — 4bc — 6cc

**242.** $aa + ab - 5ac - 6bb - 5bc + 6cc : a + 3b - 2c = a - 2b - 3c.$

$$\begin{array}{l}
aa + 3ab - 2ac \\
\hline
\quad - 2ab - 3ac - 6bb - 5bc + 6cc \\
\quad - 2ab \qquad\quad - 6bb + 4bc \\
\hline
\qquad\qquad - 3ac \qquad\quad - 9bc + 6cc \\
\qquad\qquad - 3ac \qquad\quad - 9bc + 6cc \\
\hline
\end{array}$$

$$\frac{A}{B} = x + \frac{A - Bx}{B}.$$

**243.** $\frac{z}{1+2z} = z - \frac{2z^2}{1+2z} = z - 2z^2 + \frac{4z^3}{1+2z} = z - 2z^2 + 4z^3 - \frac{8z^4}{1+2z},$

$$= z - 2z^2 + 4z^3 - 8z^4 + \frac{16z^5}{1+2z},$$

$$= z - 2z^2 + 4z^3 + 8z^4 + 16z^5 - \frac{32z^6}{1+2z}$$

u. s. f.,

wo $z^2 = zz$; $z^3 = zzz$; $z^4 = zzzz$; $z^5 = zzzzz$ xc. ist.

**244.** $\frac{z}{1-2z} = z + \frac{2z^2}{1-2z} = z + 2z^2 + \frac{4z^3}{1-2z} = z + 2z^2 + 4z^3 + \frac{8z^4}{1-1z},$

$$= z + 2z^2 + 4z^3 + 8z^4 + \frac{16z^5}{1-2z},$$

$$= z + 2z^2 + 4z^3 + 8z^4 + 16z^5 + \frac{22z^6}{1-2z}$$

u. s. f.

**245.** $\frac{1+b}{1-b} = 1 + \frac{2b}{1-b} = 1 + 2b + \frac{2b^2}{1-b} = 1 + 2b + 2b^2 + \frac{2b^3}{1-b},$

$$= 1 + 2b + 2b^2 + 2b^3 + \frac{2b^4}{1-b},$$

$$= 1 + 2b + 2b^2 + 2b^3 + 2b^4 + \frac{2b^5}{1-b}$$

u. s. f.

# Zweiter Abschnitt.

# Proportionen.

(§ 12.)

Aus Gleichungen Proportionen zu bilden.

**246.** $8 \times 12 = 6 \times 16.$

| | |
|---|---|
| $8 : 6 = 16 : 12$ | $12 : 6 = 16 : 8$ |
| $8 : 16 = 6 : 12$ | $12 : 16 = 6 : 8$ |
| $6 : 8 = 12 : 16$ | $16 : 8 = 12 : 6$ |
| $6 : 12 = 8 : 16$ | $16 : 12 = 8 : 6.$ |

**247.** $14 \times 6 = 4 \times 21.$

| | |
|---|---|
| $14 : 4 = 21 : 6$ | $4 : 6 = 14 : 21$ |
| $14 : 21 = 4 : 6$ | $4 : 14 = 6 : 21$ |
| $6 : 4 = 21 : 14$ | $21 : 6 = 14 : 4$ |
| $6 : 21 = 4 : 14$ | $21 : 14 = 6 : 4.$ |

**248.** $16 \times 5 = 4 \times 20.$

| | |
|---|---|
| $16 : 4 = 20 : 5$ | $4 : 5 = 16 : 20$ |
| $16 : 20 = 4 : 5$ | $4 : 16 = 5 : 20$ |
| $5 : 4 = 20 : 16$ | $20 : 5 = 16 : 4$ |
| $5 : 20 = 4 : 16$ | $20 : 16 = 5 : 4.$ |

**249.** $mq = nq.$

| | |
|---|---|
| $m : n = q : p$ | $p : n = q : m$ |
| $m : q = n : p$ | $p : q = n : m$ |
| $n : m = p : q$ | $q : p = m : n$ |
| $n : p = m : q$ | $q : m = p : n.$ |

**250.** $ax = by.$

| | |
|---|---|
| $a : b = y : x$ | $x : b = y : a$ |
| $a : y = b : x$ | $x : y = b : a$ |
| $b : a = x : y$ | $y : a = x : b$ |
| $b : x = a : y$ | $y : x = a : b$ |

**251.** $abc = dfg.$

| | |
|---|---|
| $ab : df = g : c$ | $bc : df = g : a$ |
| $a : d = fg : bc$ | $b : d = fg : ac$ |
| $ac : dg = f : b$ | $ac : d = fg : b$ |
| $c : d = fg : ab$ | $ab : d = fg : c.$ |

In möglichst kleinen ganzen Zahlen anzugeben.

**252.** $\frac{4}{5} : \frac{3}{4} = \frac{2}{3} : \frac{5}{8}$
$4.4 : 5.3 = 2.8 : 3.5$
$16 : 15 = 16 : 15.$

**253.** $\frac{2}{3} : \frac{3}{5} = \frac{5}{6} : \frac{3}{4}$
$2.5 : 3.3 = 5.4 : 3.6$
$10 : 9 = 20 : 18.$

**254.** $\frac{4}{5} : \frac{5}{6} = \frac{7}{8} : \frac{175}{192}$
$24 : 25 = 168 : 175.$

**255.** $\frac{5}{6} : 50 = \frac{4}{5} : 48$
$25 : 50 = 24 : 48$
$25 : 50 = 1 : 2.$

**256.** $8 : \frac{5}{6} = 12 : 1\frac{1}{4}$
$48 : 5 = 48 : 5.$

**257.** $\frac{x}{a} : \frac{y}{b} = \frac{z}{c} : \frac{p}{d}$
$bx : ay = dz : cp.$

**258.** $\frac{m}{p} : \frac{n}{q} = a : b$
$mq : np = a : b.$

**259.** $\frac{a}{b} : m = \frac{c}{d} : n$
$a : bm = c : dn.$

**260.** $x : \frac{a}{b} = y : \frac{c}{d}$
$bx : a = dy : c.$

**261.** $x : y = \frac{m}{p} : \frac{n}{q}$
$x : y = mq : np.$

Die Zahl x zu bestimmen.

**262.** $60 : 48 = 25 : x$
$5 : 4 = 25 : x$
$1 : 4 = 5 : x$
$x = 20.$

**263.** $12 : 16 = x : 8$
$12 : 2 = x : 1$
$6 : 1 = x : 1$
$x = 6.$

**264.** $16 : x = 24 : 18$
$16 : x = 4 : 3$
$4 : x = 1 : 3$
$x = 12.$

**265.** $x : 12 = 18 : 27$
$x : 12 = 2 : 3$
$x : 4 = 2 : 1$
$x = 8.$

**266.** $16 : 12 = 12 : x$
$4 : 3 = 12 : x$
$1 : 3 = 3 : x$
$x = 9.$

**267.** $\frac{5}{8} : \frac{1}{6} = 6 : x$
$\frac{5x}{8} = 1$
$x = \frac{8}{5}.$

**268.** $48 : \frac{4}{5} = 50 : x$
$48x = 40$
$6x = 5$
$x = \frac{5}{6}.$

**269.** $\frac{3}{4} : x = \frac{3}{5} : \frac{2}{3}$
$\frac{1}{4} : x = \frac{1}{5} : \frac{2}{3}$
$5 : x = 4 : \frac{2}{3}$
$5 : x = 6 : 1$
$x = \frac{5}{6}.$

**270.** $x : \frac{2}{3} = \frac{3}{4} : \frac{5}{8}$
$\frac{5x}{8} = \frac{1}{2}$
$5x = 4$
$x = \frac{4}{5}.$

**271.** $a : ab = c : x$
$1 : b = c : x$
$x = bc.$

**272.** $ap : bp = x : b$
$a : b = x : b$
$a : 1 = x : 1$
$x = a.$

**273.** $mn : x = mp : a$
$n : x = p : a$
$x = \frac{an}{p}.$

**274.** $x : abc = d : bc$
$x : a = d : 1$
$x = ad.$

**275.** $ab : b = b : x$
$a : 1 = b : x$
$x = \frac{b}{a}.$

**276.**
$$\begin{aligned} \tfrac{a}{b} : \tfrac{c}{d} &= x : n \\ ad : bc &= x : n \\ x &= \frac{adn}{bc}. \end{aligned}$$

**277.**
$$\begin{aligned} a : \tfrac{a}{b} &= c : x \\ 1 : \tfrac{1}{b} &= c : x \\ x &= \tfrac{c}{b}. \end{aligned}$$

**278.**
$$\begin{aligned} \tfrac{a}{d} : x &= \tfrac{b}{c} : \tfrac{b}{n} \\ \tfrac{a}{d} : x &= \tfrac{1}{c} : \tfrac{1}{n} \\ \tfrac{a}{d} : x &= n : c \\ x &= \frac{ac}{dn}. \end{aligned}$$

**279.**
$$\begin{aligned} x : \tfrac{a}{b} &= \tfrac{b}{a} : c \\ cx &= 1 \\ x &= \tfrac{1}{c}. \end{aligned}$$

---

**280.**
$$\begin{aligned} x : 12 - x &= 6 : 2 \\ x : 12 &= 6 : 8 \\ x : 12 &= 3 : 4 \\ x : 3 &= 3 : 1 \\ x &= 9. \end{aligned}$$

**281.**
$$\begin{aligned} x : 16 + x &= 6 : 18 \\ x : 16 + x &= 1 : 3 \\ x : 16 &= 1 : 2 \\ x : 8 &= 1 : 1 \\ x &= 8. \end{aligned}$$

**282.**
$$\begin{aligned} 36 + x : 36 - x &= 9 : 6 \\ 36 + x : 36 - x &= 3 : 2 \\ 2x : 72 &= 1 : 5 \\ x : 36 &= 1 : 5 \\ x &= \tfrac{36}{5}. \end{aligned}$$

**283.**
$$\begin{aligned} x : a - x &= m : n \\ x : a &= m : m + n \\ (m + n)\, x &= am \\ x &= \frac{am}{m + n}. \end{aligned}$$

**284.**
$$\begin{aligned} x : a + x &= b : c \\ x : a &= b : c - b \\ x &= \frac{ab}{c - b}. \end{aligned}$$

**285.**
$$\begin{aligned} x + a : x - a &= m + n : m - n \\ 2a : 2x &= 2n : 2m \\ a : x &= n : m \\ x &= \tfrac{am}{n}. \end{aligned}$$

## (§ 13.)

### Zusammengesetzte Proportionen.

**286.**
$$\left.\begin{aligned} 2 : 3 &= 6 : z \\ 3 : 4 &= z : y \\ 4 : 5 &= y : x \end{aligned}\right\} \text{ giebt: } \begin{aligned} 2 \,.\, 3 \,.\, 4 : 3 \,.\, 4 \,.\, 5 &= 6zy : zyx \\ 2 : 5 &= 6 : x \\ 1 : 5 &= 3 : x \\ x &= 15. \end{aligned}$$

**287.**
$$\left.\begin{aligned} 3 : 5 &= 9 : z \\ 4 : 7 &= z : y \\ 5 : 6 &= y : x \end{aligned}\right\} = \begin{aligned} 3 \,.\, 4 \,.\, 5 : 5 \,.\, 7 \,.\, 6 &= 9zy : zyx \\ 2 \,.\, 4 : 7 \,.\, 6 &= 9zy : zyx \\ 2 : 7 &= 9 : x \\ x &= \tfrac{63}{2}. \end{aligned}$$

**288.**
$$\left.\begin{aligned} \tfrac{2}{3} : \tfrac{3}{4} &= 4 : z \\ \tfrac{3}{4} : \tfrac{4}{5} &= z : y \\ \tfrac{5}{6} : \tfrac{2}{3} &= y : x \end{aligned}\right\} = \begin{aligned} \tfrac{2}{3} \,.\, \tfrac{3}{4} \,.\, \tfrac{5}{6} : \tfrac{3}{4} \,.\, \tfrac{4}{5} \,.\, \tfrac{2}{3} &= 4zy : zyx \\ \tfrac{5}{6} : \tfrac{4}{5} &= 4 : x \\ 25 : 24 &= 4 : x \\ x &= \tfrac{96}{25}. \end{aligned}$$

**289.**
$$\begin{aligned} a : b &= m : z \\ \tfrac{b}{c} : \tfrac{a}{d} &= z : x \\ \hline \frac{ab}{c} : \frac{ab}{d} &= mz : xz \\ \tfrac{1}{c} : \tfrac{1}{d} &= m : x \\ d : c &= m : x \\ x &= \tfrac{cm}{d}. \end{aligned}$$

**290.**
$$\begin{aligned} ab : cd &= n : z \\ \tfrac{d}{a} : \tfrac{b}{c} &= z : x \\ \hline \frac{abd}{a} : \frac{bcd}{c} &= nz : xz \\ bd : bd &= n : x \\ 1 : 1 &= n : x \\ x &= n. \end{aligned}$$

## (§ 14.)

### Eine laufende Proportion zu bilden.

**291.** $a : b = 2 : 3;\ b : c = 5 : 6;\ c : d = 4 : 5.$

$$\left.\begin{array}{l} a = 2 \\ b = 3 \\ c = 3 \cdot \frac{6}{5} = \frac{18}{5} \\ d = \frac{18}{5} \cdot \frac{5}{4} = \frac{9}{2} \end{array}\right\} \times 10 \begin{array}{l} = 20 \\ = 30 \\ = 36 \\ = 45. \end{array}$$

Daher $a : b : c : d = 20 : 30 : 36 : 45.$

**292.** $a : b = 6 : 5;\ b : c = 4 : 3;\ c : d = 5 : 4.$

$$\left.\begin{array}{l} a = 6 \\ b = 5 \\ c = 5 \cdot \frac{3}{4} = \frac{15}{4} \\ d = \frac{15}{4} \cdot \frac{4}{5} = 3 \end{array}\right\} \times 3 \begin{array}{l} = 24 \\ = 20 \\ = 15 \\ = 12. \end{array}$$

Daher $a : b : c : d = 24 : 20 : 15 : 12.$

**293.** $a : c = 4 : 3;\ b : d = 3 : 2;\ a : d = 5 : 4.$

$a = 5$ und $d = 4$ (nach der 3. Proportion).
$b = \frac{3}{2} \cdot d = \frac{3}{2} \cdot 4 = 6$ (nach der 2. Proportion).
$c = \frac{3}{4} \cdot a = \frac{3}{4} \cdot 5 = \frac{15}{4}$ (nach der 1. Proportion).

Man hat demnach:

$a : b : c : d = 5 : 6 : \frac{15}{4} : 4.$
$a : b : c : d = 20 : 24 : 15 : 16.$

**294.** $A : C = a : b;\ B : D = b : c;\ C : E = c : d;\ A : D = d : f.$

$A = a$ und $C = b$ (Proportion 1).

$E = \frac{d}{c} \cdot C = \frac{bd}{c}$ (Proportion 3).

$D = \frac{f}{d} \cdot A = \frac{af}{d}$ (Proportion 4).

$B = \frac{b}{c} \cdot D = \frac{abf}{cd}$ (Proportion 2).

Also: $A : B : C : D : E = a : \frac{abf}{cd} : b : \frac{af}{d} : \frac{bd}{c}.$

$A : B : C : D : E = acd : abf : bcd : acf : bdd.$

**295.** $A : C = 3 : 2;\ B : D = 4 : 3;\ C : E = 5 : 4;\ A : D = 6 : 5.$

$A = 3$ und $C = 2$ (Proportion 1).
$D = \frac{5}{6} \cdot A = \frac{5}{6} \cdot 3 = \frac{5}{2}$ (Proportion 4).
$E = \frac{4}{5} \cdot C = \frac{4}{5} \cdot 2 = \frac{8}{5}$ (Proportion 3).
$B = \frac{4}{3} \cdot D = \frac{4}{3} \cdot \frac{5}{2} = \frac{10}{3}$ (Proportion 2).

Also: $A : B : C : D : E = 3 : \frac{10}{3} : 2 : \frac{5}{2} : \frac{8}{5}$
$A : B : C : D : E = 90 : 100 : 60 : 75 : 48.$

## (§ 15).

### Auszuführen.

**296.** k Mark zu $p\,\%$ in t Jahren. Berechnung der Zinsen.

$\frac{kpt}{100}$ Mark Zinsen.

**297.** k Mark zu wie viel % bringen in t Jahren z Mark Zinsen?

$\frac{100z}{kt}$ %.

**298.** k Mark zu p % bringen in wie viel Jahren z Mark Zinsen?

In $\frac{100z}{kp}$ Jahren.

**299.** Welches Capital zu p % bringt in t Jahren z Mark Zinsen?

$\frac{100z}{pt}$ Mark.

**300.** Ein Capital von k Mark zu p % bringt in t Jahren ebenso viel Zinsen als ein Capital von wie viel Mark zu p' % in t' Jahren?

$\frac{kpt}{p't'}$ Mark.

**301.** Dieselben Zinsen werden getragen von

k Mark Capital zu p % in t Jahren
k' = = = x = = t' = .

$x = \frac{kpt}{k't'}$ %.

**302.** Dieselben Zinsen werden getragen von

k Mark Capital zu p % in t Jahren
k' = = = p' = = x = .

$x = \frac{kpt}{k'p'}$ Jahre.

**303.** Bei demselben Procentsatz tragen

k Mark Capital in t Jahren a Mark Zinsen
x = = = t' = b = = .

$x = \frac{btk}{at'}$ Mark.

**304.** Bei demselben Procentsatz tragen

k Mark Capital in t Jahren a Mark Zinsen
k' = = = x = b = = .

$x = \frac{btk}{ak'}$ Jahre.

**305.** In derselben Zeit tragen

k Mark Capital zu p % a Mark Zinsen
x = = = p' = b = = .

$x = \frac{bpk}{ap'}$ Mark.

**306.** In derselben Zeit tragen

k Mark Capital zu p % a Mark Zinsen
k' = = = x = b = = .

$x = \frac{bpk}{ak'}$ %.

**307.** Wie viel verdient Jemand an c Meter Zeug, wenn er pro Meter a Mark zahlen muß, jedoch beim Wiederverkauf p°₀ Gewinn hat?

$$\text{Gewinn} = \frac{acp}{100} \text{ Mark.}$$

**308.** Wie hoch kam das Kilogramm im Einkauf, wenn dasselbe, zu c Mark wiederverkauft, einen Gewinn von p % gebracht hat?

$$\text{Einkaufspreis} = \frac{100c}{100 + p} \text{ Mark.}$$

**309.** Welches Resultat ergiebt sich in voriger Aufgabe, wenn man p % Verlust annimmt?

$$\text{Einkaufspreis} = \frac{100c}{100 - p} \text{ Mark.}$$

**310.** Welches Capital zu p % wächst durch die einfachen Zinsen in t Jahren zu k Mark an?

$$\frac{100k}{100 + pt} \text{ Mark.}$$

**311.** Eine in c Monaten fällige Summe von a Mark wird gegen p % jährlichen Rabatt in 100 sofort baar entrichtet. Wie viel beträgt die Baarzahlung? Welchen Betrag ergiebt der Rabatt?

$$\text{Baarzahlung} = \frac{a}{100}\left(100 - \frac{cp}{12}\right) = a - \frac{acp}{1200}$$

$$= \frac{a}{100}\left(\frac{1200 - cp}{12}\right) \text{ Mark.}$$

$$\text{Rabatt} = \frac{a}{100} \cdot \frac{cp}{12} = \frac{acp}{1200} \text{ Mark.}$$

**312.** In wie viel Monaten ist ein Betrag von a Mark fällig, wenn derselbe, bei p % jährlichem Rabatt in 100, sofort mit b Mark baar getilgt wird?

$$\text{In } \frac{1200\,(a - b)}{ap} \text{ Monaten.}$$

**313.** Wie viel % beträgt der jährliche Rabatt in 100, wenn a Mark, in c Monaten zahlbar, sofort mit b Mark baar getilgt sind?

$$\text{In } \frac{1200\,(a - b)}{ac}\ \%.$$

**314.** Bei p % jährlichem Rabatt in 100 sind wegen sofortiger Zahlung von einer in c Monaten fälligen Summe a Mark abgezogen worden. Welchen Betrag hatte man in c Monaten zu zahlen und wie viel ist baar erlegt worden?

In c Monaten seien x Mark zu zahlen.

Für c Monate beträgt der Rabatt $\frac{cp}{12}$ %.

$$\text{Daher ist } \frac{cp}{12} : a = 100 : x,$$

$$x = \frac{1200 \cdot a}{cp} \text{ Mark.}$$

Die Baarzahlung beträgt $\frac{1200a}{cp} - a = a\left(\frac{1200}{cp} - 1\right) =$

$\frac{a}{cp}(1200 - cp)$ Mark.

**315.** Es verfertigen
a Mann in b Tagen $c^m$ Zeug von $d^{cm}$ Breite,
x „ „ f „ g „ „ „ n „ „ .

$x = \frac{abgn}{cdf}$ Mann.

**316.** Es verfertigen
a Mann in b Tagen $c^m$ Zeug von $d^{cm}$ Breite,
m „ „ x „ g „ „ „ n „ „ .

$x = \frac{abgn}{cdm}$ Tage.

**317.** Für m Mark werden a Centner b Meilen weit gefahren. Wie viel muß man für c Centner bezahlen, wenn dieselben d Meilen weit gefahren werden?

$\frac{mcd}{ab}$ Mark.

**318.** Ein Arbeiter verdient in a Tagen ebenso viel als ein anderer in b Tagen. Der erstere verdient in t Tagen m Mark. Wie viel verdient der andere in derselben Zeit?

$\frac{am}{b}$ Mark.

**319.** Unter drei Personen A, B und C sollen m Mark so vertheilt werden, daß sich verhalten die Antheile A : B = a : b, B : C = c : d.

Es erhält A $\frac{acm}{ac + bc + bd}$ Mark.

B $\frac{bcm}{ac + bc + bd}$ Mark.

C $\frac{bdm}{ac + bc + bd}$ Mark.

**320.** Jemand hat in drei Terminen, jedes Mal nach n Jahren, ein Capital von k Mark zu bezahlen. Wie viel kann er jetzt baar bezahlen, wenn jährlich p % auf 100 discontirt werden?

$\frac{100k}{3}\left(\frac{1}{100 + np} + \frac{1}{100 + 2np} + \frac{1}{100 + 3np}\right)$ Mark.

# Dritter Abschnitt.

# Potenzen und Wurzeln.

## Potenzen.

(§ 17.)

Auszuführen.

321. $(x + y)^m \,.\, (x + y)^n = (x + y)^{m+n}.$

322. $(a - b)^{m-1} \,.\, (a - b) = (a - b)^m.$

323. $\frac{1}{x^n} + \frac{1}{x^{n-1}} = \frac{1}{x^n} + \frac{x}{x^n} = \frac{1 + x}{x^n}.$

324. $(x + y)^m : (x + y)^n = (x + y)^{m-n}.$

325. $(x - y)^n : (x - y) = (x - y)^{n-1}.$

326. $\left(\frac{a + b}{z - x}\right)^m . \left(\frac{z + x}{a + b}\right)^m . \left(\frac{z - x}{a - b}\right)^m = \left(\frac{z + x}{a - b}\right)^m.$

327. $(3a - 4b)^m \,.\, 9a^2 + 16b^2)^m \,.\, (3a + 4b)^m = (9a^2 + 16b^2)^{2m}.$

328. $\left(\frac{7a^2}{3b}\right)^m : \left(\frac{14a}{15b^3}\right)^m = a^m : \left(\frac{2}{5b^2}\right)^m = \left(\frac{5}{2} \,.\, ab^2\right)^m.$

329. $(5a^2 + 8ab - 21b^2)^x : (a + 3b)^x = (5a - 7b)^x.$

330. $\left((8x - 6y)^{2a}\right)^{5a} : \left((4x - 3y)^{5a}\right)^{2a} = 2^{10a^2}.$

331. $a^{n-m+p} = \frac{a^n \,.\, a^p}{a^m}.$

332. $a^{n-m-p+q-t-r} = \frac{a^n \,.\, a^q}{a^m \,.\, a^p \,.\, a^t \,.\, a^r}.$

333. $(abcd)^n = a^n \,.\, b^n \,.\, c^n \,.\, d^n.$

334. $\left(\frac{ab}{cde}\right)^n = \frac{a^n \,.\, b^n}{c^n \,.\, d^n \,.\, e^n}.$

335. $(a^{np})^m = a^{npm}.$

336. $a : \left(\frac{b}{c}\right)^n = \frac{a \,.\, c^n}{b^n}.$

337. $x^2 = a^{12}.$
$x = a^6.$

338. $x^2 = a^{16}.$
$x = a^8.$

339. $x^3 = a^{12}.$
$x = a^4.$

340. $x^3 = a^{27}.$
$x = a^9.$

(§ 18.)

Potenzen eines Binoms.

341. $(2a - 3b)^2 = 4a^2 - 12ab + 9b^2.$

342. $(2x \pm 1)^4 = 16x^4 \pm 32x^3 + 24x^2 \pm 8x + 1.$

**343.** $\left(5x \pm \frac{1}{5x}\right)^2 = 25x^2 \pm 2 + \frac{1}{25x^2}.$

**344.** $(1 - 3x)^5 = 1 - 15x + 90x^2 - 270x^3 + 405x^4 - 243x^5.$

**345.** $(a + b - c)^2 = a^2 + 2ab + b^2 - 2ac - 2bc + c^2.$

**346.** $(a - b + c)^3 = a^3 - 3a^2b + 3ab^2 - b^3 + 3a^2c - 6abc + 3b^2c + 3ac^2 - 3bc^2 + c^3.$

**347.** $(\frac{a}{2} + 2b)^7 = \frac{1}{128}a^7 + \frac{7}{32}a^6b + \frac{21}{8}a^5b^2 + \frac{35}{2}a^4b^3 + 70a^3b^4 + 160a^2b^5 + 224ab^6 + 128b^7.$

**348.** $(a + b)^{10} = a^{10} + 10a^9b + 45a^8b^2 + 120a^7b^3 + 210a^6b^4 + 252a^5b^5 + 210a^4b^6 + 120a^3b^7 + 45a^2b^8 + 10ab^9 + b^{10}.$

**349.** $(a - b)^6 = a^6 - 6a^5b + 15a^4b^2 - 20a^3b^3 + 15a^2b^4 - 6ab^5 + b^6.$

**350.** $(4 - \frac{x}{2})^5 = 1024 - 640x + 160x^2 - 20x^3 + \frac{5}{4}x^4 - \frac{1}{64}x^5.$

**351.** $(a + b)^3 . (a - b)^3 = (a^2 - b^2)^3 = a^6 - 3a^4b^2 + 3a^2b^4 - b^6.$

**352.** $(x + y)^2 . (x - y)^2 = (x^2 - y^2)^2 = x^4 - 2x^2y^2 + y^4.$

**353.** $(2x - \frac{y}{2})^{-3} = \frac{1}{(2x - \frac{y}{2})^3} = \frac{2^3}{(4x - y)^3} = \frac{8}{64x^3 - 48x^2y + 12xy^2 - y^3}.$

**354.** $(p - q)^9 = p^9 - 9p^8q + 36p^7q^2 - 84p^6q^3 + 126p^5q^4 - 126p^4q^5 + 84p^3q^6 - 36p^2q^7 + 9pq^8 - q^9.$

**355.** $(x^2 - 2xy + y^2)^3 = \left((x - y)^2\right)^3 = (x - y)^6 = x^6 - 6x^5y + 15x^4y^2 - 20x^3y^3 + 15x^2y^4 - 6xy^5 + y^6.$

**356.** $(x^2 + 2xy + y^2)^3 = \left((x + y)^2\right)^3 = (x + x)^6 = x^6 + 6x^5y + 15x^4y^2 + 20x^3y^3 + 15x^2y^4 + 6xy^5 + y^6.$

**357.** $(4mnp - 3mpq)^3 = (mp)^3 . (4n - 3q)^3 = m^3p^3 . (64n^3 - 144n^2q + 108nq^2 - 27q^3) = 64m^3n^3p^3 - 144m^3p^3n^2q + 108m^3p^3nq^2 - 27m^3p^3q^3.$

**358.** $(a^{-2}b^{-2} - c^{-2}d^{-2})^2 = \left(\frac{1}{a^2b^2} - \frac{1}{c^2d^2}\right)^2 = \left(\frac{c^2d^2 - a^2b^2}{a^2b^2c^2d^2}\right)^2 = \frac{c^4d^4 - 2a^2b^2c^2d^2 + a^4b^4}{a^4 . b^4 . c^4 . d^4}.$

**359.** $(3a^3 + 6a^2b)^2 = 9a^4 . (a + 2b)^2 = 9a^4 . (a^2 + 4ab + 4b)^2 = 9a^6 + 36a^5b + 36a^4b^2.$

**360.** $(4m - 3n)^{-3} . (8m - 6n)^3 = \frac{1}{(4m - 3n)^3} . 2^3 . (4m - 3n)^3 = 2^3 = 8.$

## (§ 19.)

### Zahlensysteme.

| | decadisch. | | dyadisch. |
|---|---|---|---|
| **361.** | 9 | $= 1 . 2^3 + 0 . 2^2 + 0 . 2^1 + 1 . 2^0 =$ | 1001. |
| **362.** | 10 | $= 1 . 2^3 + 0 . 2^2 + 1 . 2^1 + 0 . 2^0 =$ | 1010. |
| **363.** | 11 | $= 1 . 2^3 + 0 . 2^2 + 1 . 2^1 + 1 . 2^0 =$ | 1011. |
| **364.** | 12 | $= 1 . 2^3 + 0 . 2^2 + 0 . 2^1 + 0 . 2^0 =$ | 1100. |

dyadisch. decadisch.

365. $10 = 1 \cdot 2^1 + 0 \cdot 2^0 = 2.$

366. $101 = 1 \cdot 2^2 + 0 \cdot 2^1 + 1 \cdot 2^0 = 5.$

367. $111 = 1 \cdot 2^2 + 1 \cdot 2^1 + 1 \cdot 2^0 = 7.$

368. $1010 = 1 \cdot 2^3 + 0 \cdot 2^2 + 1 \cdot 2^1 + 0 \cdot 2^0 = 10.$

decadisch.

369. $13 = 1 \cdot 3^2 + 1 \cdot 3^1 + 1 \cdot 3^0 = 111$ triadisch.

370. $14 = 1 \cdot 3^2 + 1 \cdot 3^1 + 2 \cdot 3^0 = 112$ „

371. $15 = 1 \cdot 3^2 + 2 \cdot 3^1 + 0 \cdot 3^0 = 120$ „

triadisch.

372. $12 = 1 \cdot 3^1 + 2 \cdot 3^0 = 5$ decadisch.

373. $21 = 2 \cdot 3^1 + 1 \cdot 3^0 = 7$ „

374. $122 = 1 \cdot 3^2 + 2 \cdot 3^1 + 2 \cdot 3^0 = 17$ „

decadisch.

375. $16 = 1 \cdot 4^2 + 0 \cdot 4^1 + 0 \cdot 4^0 = 100$ tetradisch.

376. $17 = 1 \cdot 4^2 + 0 \cdot 4^1 + 1 \cdot 4^0 = 101$ „

377. $18 = 1 \cdot 4^2 + 0 \cdot 4^1 + 2 \cdot 4^0 = 102$ „

tetradisch.

378. $112 = 1 \cdot 4^2 + 1 \cdot 4^1 + 2 \cdot 4^0 = 22$ decadisch.

379. $223 = 2 \cdot 4^2 + 2 \cdot 4^1 + 3 \cdot 4^0 = 43$ „

380. $333 = 3 \cdot 4^2 + 3 \cdot 4^1 + 3 \cdot 4^0 = 63$ „

decadisch.

381. $19 = 3 \cdot 5^1 + 4 \cdot 5^0 = 34$ pentadisch.

382. $20 = 4 \cdot 5^1 + 0 \cdot 5^0 = 40$ „

383. $124 = 4 \cdot 5^2 + 4 \cdot 5^1 + 4 \cdot 5^0 = 444$ „

pentadisch.

384. $34 = 3 \cdot 5^1 + 4 \cdot 5^0 = 19$ decadisch.

385. $42 = 4 \cdot 5^1 + 2 \cdot 5^0 = 22$ „

386. $143 = 1 \cdot 5^2 + 4 \cdot 5^1 + 3 \cdot 5^0 = 48$ „

decadisch.

387. $125 = \varphi \cdot 12^1 + 5 \cdot 12^0 = \varphi 5$ dodecadisch.

388. $130 = \varphi \cdot 12^1 + \varphi \cdot 12^0 = \varphi\varphi$ „

389. $134 = \psi \cdot 12^1 + 2 \cdot 12^0 = \psi 2$ „

wo $\varphi = 10$ und $\psi = 11$ decadisch ist.

dodecadisch.

390. $6\varphi 4 = 6 \cdot 12^2 + \varphi \cdot 12^1 + 4 \cdot 12^0 = 988$ decadisch.

391. $\psi 8 \varphi = \psi \cdot 12^2 + 8 \cdot 12^1 + \varphi \cdot 12^0 = 1690$ „

392. $798 = 7 \cdot 12^2 + 9 \cdot 12^1 + 8 \cdot 12^0 = 1124$ „

## Wurzeln.

(§ 21.)

### Rationale Quadratwurzeln.

393. $\sqrt{119025} = 345.$
394. $\sqrt{131769} = 363.$

395. $\sqrt{134689} = 367.$
396. $\sqrt{182329} = 427.$

397. $\sqrt{356409} = 597.$
398. $\sqrt{439569} = 663.$

399. $\sqrt{485809} = 697.$
400. $\sqrt{550564} = 742.$

**401.** $\sqrt{501264} = 708$.
**402.** $\sqrt{654481} = 809$.
**403.** $\sqrt{36942084} = 6078$.
**404.** $\sqrt{81252196} = 9014$.
**405.** $\sqrt{64112049} = 8007$.
**406.** $\sqrt{49084036} = 7006$.
**407.** $\sqrt{81090025} = 9005$.
**408.** $\sqrt{74028816} = 8604$.
**409.** $\sqrt{6088056676} = 78026$.
**410.** $\sqrt{9876781924} = 99382$.
**411.** $\sqrt{1478940849} = 38457$.
**412.** $\sqrt{558140625} = 23625$.
**413.** $\sqrt{467884728441} = 684021$.
**414.** $\sqrt{46695929567164} = 6833442$.
**415.** $\sqrt{144732{,}91966884} = 380{,}4378$.
**416.** $\sqrt{897645{,}4717175716} = 947{,}44154$.

### Irrationale Quadratwurzeln.

**417.** $\sqrt{2\tfrac{1}{3}} = \sqrt{\tfrac{7}{3}} = \sqrt{\tfrac{21}{9}} = \frac{\sqrt{21}}{3} = \tfrac{1}{3}\sqrt{21}$.

$\sqrt{21} = 4{,}582575\ldots$

$4^2 = 16$
85 in 500
425
908 in 7500
7264
9162 in 23600
18324
91645 in 527600
458225
916507 in 6937500
6415549
9165145 in 52195100
45825725
6369375 u. s. f.,

also $\sqrt{2\tfrac{1}{3}} = \tfrac{1}{3} \cdot 4{,}582575 = 1{,}527525\ldots$

Oder: $\sqrt{2\tfrac{1}{3}} = \sqrt{2{,}333\ldots} = 1{,}527525\ldots$

1
25 in 133
125
302 in 833
604
3047 in 22933
21329
30545 in 160433
152725
305502 in 770833
611004
3055045 in 15982933
15275225
707708 u. s. w.

418. $\sqrt{5/6} = 0{,}9128 \ldots$ 419. $\sqrt{7/8} = 0{,}9354 \ldots$
420. $\sqrt{4/5} = 0{,}8944 \ldots$ 421. $\sqrt{5^1/_2} = 2{,}3452 \ldots$
422. $\sqrt{10^7/_8} = 3{,}2977 \ldots$ 423. $\sqrt{4^2/_3} = 2{,}1602 \ldots$
424. $\sqrt{2} = 1{,}4142135 \ldots$ 425. $\sqrt{3} = 1{,}7320508 \ldots$
426. $\sqrt{5} = 2{,}2360679 \ldots$ *427. $\sqrt{12^6} = 1728.$
*428. $\sqrt{2^{16}} = 256.$ *429. $\sqrt{1200 \,.\, 300} = 600.$
*430. $\sqrt{48 \,.\, 432} = 144.$

* Die Quadratwurzeln in Aufg. 427—430 sind rational.

Praktische Aufgaben.

431. Wie groß ist die Hypotenuse eines rechtwinkligen Dreiecks, in welchem die eine Kathete $165^m$, die andere Kathete $52^m$ beträgt?

$$\text{Hypotenuse} = \sqrt{165^2 + 52^2} = \sqrt{173^2} = 173^m.$$

432. In einem Kreise befindet sich eine $42^{cm}$ lange Sehne, deren Centralabstand $20^{cm}$ beträgt. Wie groß ist der Radius dieses Kreises?

Die halbe Sehne und der Centralabstand sind die Katheten eines rechtwinkligen Dreiecks, welches den Radius des Kreises zur Hypotenuse hat.

$$\text{Radius} = \sqrt{21^2 + 20^2} = \sqrt{29^2} = 29^{cm}.$$

433. Wie groß ist die Diagonale eines Quadrats, dessen Seite $100^m$ beträgt?

$$\text{Diagonale} = 100\sqrt{2} = 141{,}42135^m.$$

434. In einem rechtwinkligen Dreieck ist die Hypotenuse $= 37^m$, eine Kathete $= 35^m$. Wie viel beträgt die andere Kathete?

$$\sqrt{37^2 - 35^2} = \sqrt{12^2} = 12^m.$$

435. In einem Kreise von $2{,}05^m$ Radius befindet sich eine $3{,}74^m$ lange Sehne. Wie viel beträgt der Centralabstand derselben?

$$\sqrt{2{,}05^2 - 1{,}87^2} = \sqrt{0{,}84^2} = 0{,}84^m.$$

436. Die Diagonale eines Rechtecks beträgt $169^m$. Wie groß ist die Länge desselben, wenn die Breite $119^m$ beträgt?

$$\sqrt{169^2 - 119^2} = \sqrt{120^2} = 120^m.$$

437. Wie viel beträgt die Seite eines Quadrats, welches ebenso groß ist als ein Rechteck von $544^m$ Grundlinie und $306^m$ Höhe?

$$\sqrt{544 \,.\, 306} = 408^m.$$

438. Ein quadratförmiger Platz ist mit 2304 gleichen quadratischen Platten belegt. Wie viel Platten befinden sich an jeder Seite?

$$\sqrt{2304} = 48 \text{ Platten}.$$

439. Die Kante eines Würfels beträgt $1^m$. Wie groß ist die Diagonale des körperlichen Raumes dieses Würfels?

$$\sqrt{3} = 1{,}7320508^m.$$

(Es sind hierbei zwei rechtwinklige Dreiecke zu berücksichtigen.)

440. Wie groß ist der Radius eines Kreises von 1 $\square^m$ Inhalt?

$$\sqrt{\frac{1}{\pi}} = 0{,}56419^m.$$

**441.** Ist der Radius eines Kreises $= 1^m$, so ist

der Umfang des

einbeschriebenen regulären Zehnecks $= 5(\sqrt{5} - 1)$ Meter.

umbeschriebenen " " $= 4\sqrt{5(5 - 2\sqrt{5})}$ "

einbeschriebenen regulären Fünfecks $= 5\sqrt{\tfrac{1}{2}(5 - \sqrt{5})}$ "

umbeschriebenen " " $= 10\sqrt{5 - 2\sqrt{5}}$ "

Der Inhalt desselben:

$\frac{5}{4}\sqrt{2(5 - \sqrt{5})}$ □ Meter.

$2\sqrt{5(5 - 2\sqrt{5})}$ "

$\frac{5}{4}\sqrt{\tfrac{1}{2}(5 + \sqrt{5})}$ "

$5\sqrt{5 - 2\sqrt{5}}$ "

Es sollen die genannten Werthe bis auf 5 Decimalstellen berechnet werden.

Im einbeschriebenen regulären Zehneck ist der Umfang $= 6{,}1803395^m$, der Inhalt $= 2{,}93892$ □$^m$.

Im umbeschriebenen regulären Zehneck ist der Umfang $= 6{,}49839^m$, der Inhalt $= 3{,}24919$ □$^m$.

Im einbeschriebenen regulären Fünfeck ist der Umfang $= 5{,}8778525^m$, der Inhalt $= 2{,}3776412$ □$^m$.

Im umbeschriebenen regulären Fünfeck ist der Umfang $= 7{,}265425^m$, der Inhalt $= 3{,}6327125$ □$^m$.

**442.** Sind in einen Kreis von dem Radius r ein reguläres n-Eck und ein reguläres 2n-Eck, jenes mit der Seite a, dieses mit der Seite b, einbeschrieben, so ist

$$b = \sqrt{r \cdot (2r - \sqrt{4r^2 - a^2})}.$$

Es soll hiernach für den Radius $r = 1$ die Seite des einbeschriebenen regulären Zwölfecks berechnet werden.

Da im gegenwärtigen Falle $a = r$ ist, so verwandelt sich obige Formel in $\sqrt{r(2r - \sqrt{3r^2})}$, oder, weil $r = 1$ gegeben ist, in $\sqrt{2 - \sqrt{3}}$, woraus die Seite des einbeschriebenen regulären Zwölfecks $= 0{,}517638$ gefunden wird.

**443.** Wie groß ist der Radius einer Kugel von 1 □$^m$ Oberfläche?

$$\frac{1}{2}\sqrt{\frac{1}{\pi}} = 0{,}28209^m, \text{ d. i. nahe } 29^{cm}.$$

**444.** Welchen Radius hat diejenige Kreisfläche, welche das Doppelte einer andern von $1^m$ Radius ist?

$$\sqrt{2} = 1{,}4142135^m.$$

**445.** Es soll $\sqrt{\sqrt{\sqrt{2}}}$ bis auf 4 Decimalstellen berechnet werden.

Das Resultat beträgt 1,0905.

(§ 22.)

## Kubikwurzeln.

### A. Rationale Kubikwurzeln.

**446.** $\sqrt[3]{46656} = 36.$ **447.** $\sqrt[3]{658503} = 87.$

**448.** $\sqrt[3]{117649} = 49.$ **449.** $\sqrt[3]{195112} = 58.$

**450.** $\sqrt[3]{157464} = 54.$ **451.** $\sqrt[3]{778688} = 92.$

**452.** $\sqrt[3]{614125} = 85.$ **453.** $\sqrt[3]{531441} = 81.$

**454.** $\sqrt[3]{912673} = 97.$ **455.** $\sqrt[3]{884736} = 96.$

**456.** $\sqrt[3]{2146689} = 129.$ **457.** $\sqrt[3]{3176523} = 147.$

**458.** $\sqrt[3]{65939264} = 404.$ **459.** $\sqrt[3]{491169069} = 789.$

**460.** $\sqrt[3]{961504803} = 987.$ **461.** $\sqrt[3]{746142643} = 907.$

**462.** $\sqrt[3]{545338513} = 817.$ **463.** $\sqrt[3]{420189749} = 749.$

**464.** $\sqrt[3]{98{,}227427544} = 4{,}614.$ **465.** $\sqrt[3]{3{,}966822287} = 1{,}583.$

**466.** $\sqrt[3]{47658422665216} = 36256.$

**467.** $\sqrt[3]{249095649088} = 6192.$

**468.** $\sqrt[3]{0{,}000613041887375} = 0{,}08495.$

**469.** $\sqrt[3]{{}^{125}/_{343}} = {}^{5}/_{7}.$ **470.** $\sqrt[3]{5132953\,{}^{1}/_{8}} = 172\,{}^{1}/_{2}.$

**471.** $\sqrt[3]{128 \, . \, 108} = 24.$ **472.** $\sqrt[3]{234^6} = 54756.$

### B. Irrationale Kubikwurzeln.

**473.** $\sqrt[3]{2} = 1{,}2599.$ **474.** $\sqrt[3]{3} = 1{,}4422.$

**475.** $\sqrt[3]{4} = 1{,}5874.$ **476.** $\sqrt[3]{5} = 1{,}7100.$

**477.** $\sqrt[3]{6} = 1{,}8171.$ **478.** $\sqrt[3]{10} = 2{,}1544.$

**479.** $\sqrt[3]{0{,}095711845} = 0{,}457.$

**480.** $\sqrt[3]{18\,{}^{2}/_{3}} = \sqrt[3]{{}^{56}/_{3}} = \sqrt[3]{{}^{504}/_{27}} = {}^{1}/_{3}\sqrt[3]{504} = \sqrt[3]{18{,}666\ldots} = 2{,}652.$

**481.** $\sqrt[3]{450} = 7{,}663\ldots$ **482.** $\sqrt[3]{110} = 4{,}791418\ldots$

**483.** $\sqrt[3]{896} = 9{,}6406.$ **484.** $\sqrt[3]{999} = 9{,}9967.$

485. Beispiel: $\sqrt[3]{9} = \overset{a}{2},\overset{b}{0}8\,0\,0\,8$

$\underbrace{a'\,b'}$ $\underbrace{a''\,b''}$ $\underbrace{a'''\,b'''}$ $\underbrace{a''''\,b''''}$

$$
\begin{array}{rcrl}
a^3 & & 8 & \\
3a^2 & = & 12 & \text{in } 10=0 \\
3a'^2 & = & 1200 & \text{in } 10000 \\
3a'^2b' & = & 9600 & \\
 & & & \overline{4000} \\
3a'b'^2 & = & 3840 & \\
 & & & \overline{1600} \\
b'^3 & = & 512 & \\
3a''^2 & = & 129792 & \text{in } \overline{10880}=0 \\
3a'''- & = & 12979200 & \text{in } 10880000=0 \\
3a'''^2 & = & 1297920000 & \text{in } 10880000000 \\
3a''''-b'''' & = & & 10383360000 \\
 & & & \overline{4966400000} \\
3a''''b''''^2 & = & & 3993600 \\
 & & & \overline{4962406400} \\
b''''^3 & = & & 512 \\
 & & & \overline{4862405888}
\end{array}
$$

C. Praktische Aufgaben.

486. Wie groß ist die Kante eines Würfels von 13,824 Kub.$^m$ Inhalt?

$$\sqrt[3]{13,824} = 2,4^m.$$

487. Wie groß ist die Kante eines Würfels, dessen Kubikinhalt das Doppelte des Inhalts eines Würfels von $1^m$ Höhe beträgt?

$$\sqrt[3]{2} = 1,2599^m.$$

488. Den Radius einer Kugel von 1 Kub.$^m$ Inhalt zu berechnen.

$$\tfrac{1}{2}\sqrt[3]{\tfrac{6}{\pi}} = 0,6203^m.$$

489. Die unbekannten Glieder folgender Proportion zu berechnen: $288 : x^2 = x : 48$.

Es findet sich $x^3 = 288 \,.\, 48 = 1728 \,.\, 8 = 12^3 \,.\, 2^3$, also $x = 12 \,.\, 2 = 24$ und $x^2 = 24^2 = 576$.

490. Ein Würfel von 3 und ein anderer von $5^m$ Höhe werden zu einem Würfel vereinigt. Welche Höhe hat letzterer?

$$\sqrt[3]{3^3 + 5^3} = \sqrt[3]{152} = 5,3368^m.$$

491. Von einem $7^m$ hohen Würfel soll ein $6^m$ hoher Würfel abgenommen und der Ueberrest wieder in Würfelform gebracht werden. Welche Höhe erhält der neue Würfel?

$$\sqrt[3]{7^3 - 6^3} = \sqrt[3]{127} = 5,0265^m.$$

492. Bezeichnet man die Oberfläche einer Kugel mit f, den Kubikinhalt mit k, so ist $f = \sqrt[3]{36 \,.\, k^2 \,.\, \pi}$. Hiernach die Oberfläche einer 10 Kub.$^m$ großen Kugel zu berechnen.

$$\sqrt[3]{36 \,.\, 10^2 \,.\, \pi} = \sqrt[3]{3600\pi} = 22,4466 \,\square^m.$$

493. Bezeichnet man den Kubikinhalt einer Kugel mit k und denjenigen des in diese Kugel einbeschriebenen Würfels mit v, so ist $v = \frac{2}{3}\sqrt{3} \cdot \frac{k}{\pi} = 2\sqrt{\frac{1}{3}} \cdot \frac{k}{\pi}$ und die Höhe dieses Würfels $= \sqrt[3]{\frac{2}{3}\sqrt{3} \cdot \frac{k}{\pi}}$. Hiernach die Höhe eines Würfels zu berechnen, welcher in eine 9 Kub.$^m$ große Kugel einbeschrieben worden ist.

Höhe des Würfels $= \sqrt[3]{\frac{2}{3} \cdot \frac{9}{\pi} \cdot \sqrt{3}} = \sqrt[3]{\frac{6}{\pi}\sqrt{3}} = 1{,}49001^m$.

494. Welchen Radius hat eine Kugel, die ebenso groß ist als eine Kugel von $\frac{1}{2}$ und eine andere von $\frac{1}{4}{}^m$ Radius zusammengenommen?

$$\sqrt[3]{(\tfrac{1}{2})^3 + (\tfrac{1}{4})^3} = \sqrt[3]{\tfrac{9}{64}} = \tfrac{1}{4}\sqrt[3]{9} = 0{,}52\ldots^m.$$

495. Welche Höhe hat ein Würfel, der ebenso groß ist als eine Kugel von $1^m$ Durchmesser?

$$\sqrt[3]{\frac{\pi}{6}} = \sqrt[3]{0{,}5235988} = 0{,}805996^m.$$

(§ 23.)

Quadratwurzeln algebraischer Summen.

496. $\sqrt{(x^2 + 4x + 4)} = x + 2.$

497. $\sqrt{(x^2 + 6x + 9)} = x + 3.$

498. $\sqrt{(4x^2 + 12x + 9)} = 2x + 3.$

499. $\sqrt{\left(x^2 + ax + \frac{a^2}{4}\right)} = x + \frac{a}{2}.$

500. $\sqrt{(x^2 - 4x + 4)} = x - 2.$

501. $\sqrt{(x^2 - 6x + 9)} = x - 3.$

502. $\sqrt{\left(x^2 - ax + \frac{a^2}{4}\right)} = x - \frac{a}{2}.$

503. $\sqrt{(4x^2 - 4x + 1)} = 2x - 1.$

504. $\sqrt{(4x^2 - 12xz + 9z^2)} = 2x - 3z.$

505. $\sqrt{\left(16x^2 + \frac{40xy}{z} + \frac{25y^2}{z^2}\right)} = 4x + \frac{5y}{z}.$

506. $\sqrt{\left(25x^2 - 2 + \frac{1}{25x^2}\right)} = 5x - \frac{1}{5x}.$

507. $\sqrt{(a + b + 2\sqrt{ab})} = \sqrt{a} + \sqrt{b}.$

508. $\sqrt{(x + y - 2\sqrt{xy})} = \sqrt{x} - \sqrt{y}.$

509. $\sqrt{(5a^2x - 10abx + 5b^2x} = \sqrt{5x\,(a^2 - 2ab + b^2)} =$
$\sqrt{5x\,(a - b)^2} = (a - b) \cdot \sqrt{5x}.$

510. $\sqrt{(15ax^2 - 12axy - 3ay^2)} = \sqrt{3a\ 4x^2 - 4xy + y^2)} =$
$\sqrt{3a\,(2x - y)^2} = (2x - y) \cdot \sqrt{3a}.$

511. $\sqrt{(\frac{9}{4}x^2 + \frac{4}{9}y^2 + 16z^2 - 2xy + 12xz - \frac{16}{3}yz)} =$
$\frac{3x}{2} - \frac{2y}{3} + 4z.$

512. $\sqrt{(49x^4 + 28x^3 + 25x^2 + 6x + \frac{9}{4})} = 7x^2 + 2x + \frac{3}{2}.$

### Kubikwurzeln aus algebraischen Summen.

513. $\sqrt[3]{(x^3 + 3x^2y + 3xy^2 + y^3)} = x + y.$

514. $\sqrt[3]{(x^3 - 3x^2y + 3xy^2 + y^3)} = x - y.$

515. $\sqrt[3]{(8x^3 - 12x^2 + 6x - 1)} = 2x - 1.$

516. $\sqrt[3]{(8x^3 - 12x^2z + 6xz^2 - z^3)} = 2x - z.$

517. $\sqrt[3]{(8x^3 - 60x^2y + 150xy^2 - 125y^3)} = 2x - 5y.$

518. $\sqrt[3]{(x^3 - 3x^2y + 3x^2z + 3xy^2 - 6xyz + 3xz^2 - y^3 + 3y^2z - 3yz^2 + z^3)} = x - y + z.$

519. $\sqrt[3]{(x^3 + 6x^2y - 3x^2z + 12xy^2 - 12xyz + 3xz^2 + 8y^3 - 12y^2z + 6yz^2 - z^3)} = x + 2y - z.$

520. $\sqrt[3]{\frac{2x^3z - 6x^2yz + 6xy^2z - 2y^3z}{(8x^3 - 4x^2 + 2x - 1)\,b}} = \left(\frac{x - y}{x - 1}\right) . \sqrt[3]{\frac{2z}{b}}.$

521. $\sqrt[3]{\left(\frac{8a^3b^4}{c^2} - \frac{16a^4b^3}{c^3}\right)} = \frac{2ab}{c} . \sqrt[3]{bc - 2a}.$

522. $\sqrt[3]{(8abx^3 - 60abx^2y + 150abxy^2 - 125aby^3} = (2x - 5y) . \sqrt[3]{ab}.$

523. $\sqrt[3]{\left(\frac{a^6 - 3a^4 + 3a^2 - 1}{a^3b}\right)} = \frac{a^2 - 1}{a\sqrt[3]{b}} = \left(a - \frac{1}{a}\right) . \sqrt[3]{\frac{1}{b}}.$

(§ 24.)

### Rechnung mit Wurzelgrößen.

1.

$$\sqrt[m]{a^m} = a.$$

524. $\sqrt{a^2} = (\pm\, a).$ 525. $\sqrt{3^2} = 3.$ 526. $\sqrt[3]{2^3} = 2.$

527. $\sqrt[4]{3^4} = 3.$ 528. $\sqrt[3]{(a + b)^3} = a + b.$

529. $\sqrt[4]{(x - y)^4} = x - y.$ 530. $\sqrt[5]{(a - b)^5} = a - b.$

2.

$$\sqrt[m]{ab} = \sqrt[m]{a} . \sqrt[m]{b}.$$

531. $\sqrt{36 . 25} = \sqrt{36} . \sqrt{25} = 6 . 5 = 30.$

532. $\sqrt{49 . 64} = \sqrt{49} . \sqrt{64} = 7 . 8 = 56.$

533. $\sqrt{a^2b^2} = \sqrt{a^2} . \sqrt{b^2} = a . b = ab.$

534. $\sqrt{a^2b^2 . b^2c^2} = ab . bc = ab^2c.$

535. $\sqrt{16 . 9 . 49} = 4 . 3 . 7 = 84.$

536. $\sqrt{8 . 3 . 6} = \sqrt{16 . 9} = 4 . 3 = 12.$

537. $\sqrt[3]{a^3b \,.\, b^2c^3} = \sqrt[3]{a^3b^3c^3} = abc.$

538. $\sqrt[3]{8 \,.\, 27 \,.\, 64} = 2 \,.\, 3 \,.\, 4 = 24.$

539. $\sqrt[3]{16 \,.\, 12 \,.\, 9} = \sqrt[3]{64 \,.\, 27} = 4 \,.\, 3 = 12.$

540. $\sqrt[4]{48} = \sqrt[4]{16 \,.\, 3} = \sqrt[4]{16} \,.\, \sqrt[4]{3} = 2\sqrt[4]{3}.$

$$\sqrt[m]{a} \,.\, \sqrt[m]{b} = \sqrt[m]{ab}.$$

541. $\sqrt{2} \,.\, \sqrt{3} = \sqrt{2 \,.\, 3} = \sqrt{6}.$

542. $3\sqrt{5} \,.\, 4\sqrt{3} = 12\sqrt{15}.$

543. $\sqrt{6} \,.\, \sqrt{8} = \sqrt{48} = \sqrt{16 \,.\, 3} = 4\sqrt{3}.$

544. $\sqrt{7} \,.\, \sqrt{2} \,.\, \sqrt{6} = \sqrt{84} = \sqrt{4 \,.\, 21} = 2\sqrt{21}.$

545. $\sqrt[3]{6} \,.\, \sqrt[3]{9} = \sqrt[3]{54} = \sqrt[3]{27 \,.\, 2} = 3\sqrt[3]{2}.$

546. $\sqrt[3]{12} \,.\, \sqrt[3]{6} \,.\, \sqrt[3]{4} = \sqrt[3]{72 \,.\, 4} = \sqrt[3]{8 \,.\, 36} = 2\sqrt[3]{36}.$

547. $\sqrt[4]{ab^2} \,.\, \sqrt[4]{a^2b} \,.\, \sqrt[4]{ab} = \sqrt[4]{a^4b^4} = ab.$

548. $\sqrt[n]{\frac{a}{b}} \,.\, \sqrt[n]{\frac{b}{c}} \,.\, \sqrt[n]{\frac{c}{a}} = \sqrt[n]{1} = 1.$

549. $\sqrt[n]{a + b} \,.\, \sqrt[n]{a - b} = \sqrt[n]{a^2 - b^2}.$

550. $(5 + \sqrt{4})\,(5 - \sqrt{4}) = 25 - 4 = 21.$

3.

$$\sqrt{a^2b} = \sqrt{a^2} \,.\, \sqrt{b} = a\sqrt{b}.$$

$$\sqrt[3]{a^3b} = \sqrt[3]{a^3} \,.\, \sqrt[3]{b} = a\sqrt[3]{b}.$$

551. $\sqrt{98} = 7\sqrt{2}.$ 552. $\sqrt{108} = 6\sqrt{3}.$ 553. $\sqrt{320} = 8\sqrt{5}.$

554. $\sqrt[3]{24} = 2\sqrt[3]{3}.$ 555. $\sqrt[3]{108} = 3\sqrt[3]{4}.$ 556. $\sqrt[3]{96} = 2\sqrt[3]{12}.$

557. $\sqrt[4]{32} = 2\sqrt[4]{2}.$ 558. $\sqrt[4]{162} = 3\sqrt[4]{2}.$ 559. $\sqrt[4]{64} = 2\sqrt[4]{4}.$

560. $\sqrt{12} + \sqrt{27} + \sqrt{48} = 2\sqrt{3} + 3\sqrt{3} + 4\sqrt{3} = 9\sqrt{3}.$

561. $\sqrt[3]{16} + \sqrt[3]{54} + \sqrt[3]{128} = 2\sqrt[3]{2} + 3\sqrt[3]{2} + 4\sqrt[3]{2} = 9\sqrt[3]{2}.$

562. $\sqrt{n^2a} \pm \sqrt{m^2a} = n\sqrt{a} \pm m\sqrt{a} = (n \pm m)\sqrt{a}.$

563. $\sqrt{175} - \sqrt{63} = 5\sqrt{7} - 3\sqrt{7} = 2\sqrt{7}.$

564. $\sqrt[3]{1250} - \sqrt[3]{270} = 5\sqrt[3]{10} - 3\sqrt[3]{10} = 2\sqrt[3]{10}.$

565. $\sqrt{845} - \sqrt{605} = 13\sqrt{5} - 11\sqrt{5} = 2\sqrt{5}.$

$$a\sqrt{b} = \sqrt{a^2b}.$$

$$a\sqrt[3]{b} = \sqrt[3]{a^3b}.$$

566. $2\sqrt{2} = \sqrt{8}.$ 567. $4\sqrt{5} = \sqrt{80}.$ 568. $3\sqrt{7} = \sqrt{63}.$

569. $3\sqrt{1/3} = \sqrt{3}.$ 570. $2\sqrt{1/2} = \sqrt{2}.$ 571. $6\sqrt{1/3} = \sqrt{12} = 2\sqrt{3}.$

572. $2\sqrt{1/2\sqrt{1/2}} = \sqrt{2\sqrt{1/2}} = \sqrt{\sqrt{2}} = \sqrt[4]{2}.$

**573.** $a\sqrt{\frac{b}{a}} = \sqrt{\frac{a^2b}{a}} = \sqrt{ab}$. **574.** $2\sqrt[3]{3} = \sqrt[3]{24}$.

**575.** $3\sqrt[3]{2} = \sqrt[3]{54}$. **576.** $4\sqrt[3]{\frac{1}{2}} = \sqrt[3]{\frac{64}{2}} = \sqrt[3]{32} = 2\sqrt[3]{4}$.

**577.** $2\sqrt[3]{\frac{1}{4}} = \sqrt[3]{2}$. **578.** $ab\sqrt[3]{\frac{1}{a^2b^2}} = \sqrt[3]{\frac{a^3b^3}{a^2b^2}} = \sqrt[3]{ab}$.

**579.** $(x + y) \cdot \sqrt{\frac{1}{x^2 + 2xy + y^2}} = 1$.

**580.** $(a - b) \cdot \sqrt{\frac{a + b}{a - b}} = \sqrt{(a + b)(a - b)} = \sqrt{a^2 - b^2}$.

4.

$$\sqrt[m]{\frac{a}{b}} = \frac{\sqrt[m]{a}}{\sqrt[m]{b}}.$$

**581.** $\sqrt{\frac{9}{16}} = \frac{3}{4}$. **582.** $\sqrt{\frac{25}{64}} = \frac{5}{8}$. **583.** $\sqrt{\frac{49}{81}} = \frac{7}{9}$.

**584.** $\sqrt{7\frac{1}{9}} = 2\frac{2}{3}$. **585.** $\sqrt[3]{3\frac{3}{8}} = 1\frac{1}{2}$. **586.** $\sqrt[3]{2\frac{10}{27}} = 1\frac{1}{3}$.

**587.** $\sqrt[4]{\frac{16}{81}} = \frac{2}{3}$. **588.** $\sqrt[4]{3\frac{526}{625}} = 1\frac{2}{5}$.

**589.** $\sqrt[3]{15\frac{5}{8}} = 2\frac{1}{2}$. **590.** $\sqrt[3]{4\frac{17}{27}} = 1\frac{2}{3}$.

$$\frac{\sqrt[m]{a}}{\sqrt[m]{b}} = \sqrt[m]{\frac{a}{b}}.$$

**591.** $\sqrt{12} : \sqrt{3} = \sqrt{4} = 2$. **592.** $\sqrt{304} : \sqrt{19} = \sqrt{16} = 4$.

**593.** $\sqrt[3]{16} : \sqrt[3]{2} = \sqrt[3]{8} = 2$. **594.** $\sqrt[3]{108} : \sqrt[3]{4} = \sqrt[3]{27} = 3$.

**595.** $\frac{\sqrt{24}}{\sqrt{6}} + \frac{\sqrt{72}}{\sqrt{8}} + \frac{\sqrt{50}}{\sqrt{2}} = \sqrt{4} + \sqrt{9} + \sqrt{25} = 2 + 3 + 5 = 10$.

**596.** $\frac{\sqrt[3]{2560}}{\sqrt[3]{5}} + \frac{\sqrt[3]{81}}{\sqrt[3]{3}} - \frac{\sqrt[3]{128}}{\sqrt[3]{2}} = \sqrt[3]{512} + \sqrt[3]{27} - \sqrt[3]{64} = 8 + 3 - 4 = 7$.

5.

Aus dem Divisor die Wurzelzeichen zu entfernen.

**597.** $\frac{3}{\sqrt{2}} = \frac{3\sqrt{2}}{2}$. **598.** $\frac{4}{\sqrt{3}} = \frac{4\sqrt{3}}{3}$. **599.** $\frac{6}{\sqrt{2}} = \frac{6\sqrt{2}}{2} = 3\sqrt{2}$.

**600.** $\frac{2 + \sqrt{3}}{\sqrt{5}} = \frac{2\sqrt{5} + \sqrt{15}}{5}$. **601.** $\frac{3 - \sqrt{5}}{\sqrt{2}} = \frac{3\sqrt{2} - \sqrt{10}}{2}$.

**601a.** $\frac{1}{3 + \sqrt{2}} = \frac{3 - \sqrt{2}}{(3 + \sqrt{2})(3 - \sqrt{2})} = \frac{3 - \sqrt{2}}{9 - 2} = \frac{3 - \sqrt{2}}{7}$.

602. $\frac{1}{5 + \sqrt{5}} = \frac{5 - \sqrt{5}}{25 - 5} = \frac{5 - \sqrt{5}}{20}$.

603. $\frac{2 - \sqrt{3}}{2 + \sqrt{3}} = \frac{(2 - \sqrt{3})^2}{(2 + \sqrt{3})(2 - \sqrt{3})} = 7 - 4\sqrt{3}$.

604. $\frac{5 - \sqrt{3}}{5 + \sqrt{3}} = \frac{(5 - \sqrt{3})^2}{(5 + \sqrt{3})(5 - \sqrt{3})} = \frac{28 - 10\sqrt{3}}{22} = \frac{14 - 5\sqrt{3}}{11}$.

605. $\frac{1}{2 - \sqrt{3}} = \frac{2 + \sqrt{3}}{(2 - \sqrt{3})(2 + \sqrt{3})} = \frac{2 + \sqrt{3}}{1} = 2 + \sqrt{3}$.

606. $\frac{1}{5 - \sqrt{5}} = \frac{5 + \sqrt{5}}{(5 - \sqrt{5})(5 + \sqrt{5})} = \frac{5 + \sqrt{5}}{25 - 5} = \frac{5 + \sqrt{5}}{20}$.

607. $\frac{3 + \sqrt{3}}{3 - \sqrt{3}} = \frac{(3 + \sqrt{3})^2}{(3 - \sqrt{3})(3 + \sqrt{3})} = \frac{12 + 6\sqrt{3}}{6} = 2 + \sqrt{3}$.

608. $\frac{5 + \sqrt{5}}{5 - \sqrt{5}} = \frac{(5 + \sqrt{5})^2}{(5 - \sqrt{5})(5 + \sqrt{5})} = \frac{30 + 10\sqrt{5}}{20} = \frac{3 + \sqrt{5}}{2}$.

609. $\frac{\sqrt{5} + \sqrt{3}}{\sqrt{5} - \sqrt{3}} = \frac{(\sqrt{5} + \sqrt{3})(\sqrt{5} + \sqrt{3})}{(\sqrt{5} - \sqrt{3})(\sqrt{5} + \sqrt{3})} = \frac{8 + 2\sqrt{15}}{2} = 4 + \sqrt{15}$.

610. $\frac{\sqrt{5} - \sqrt{3}}{\sqrt{5} + \sqrt{3}} = \frac{(\sqrt{5} - \sqrt{3})(\sqrt{5} - \sqrt{3})}{(\sqrt{5} + \sqrt{3})(\sqrt{5} - \sqrt{3})} = \frac{8 - 2\sqrt{15}}{2} = 4 - \sqrt{15}$.

## 6.

$$\sqrt[m]{a^{nm}} = a^n \text{ und } a^n = \sqrt[m]{a^{nm}}.$$

611. $\sqrt[3]{2^6} = 2^2 = 4$.

612. $\sqrt{3^6} = 3^3 = 27$.

613. $\sqrt[4]{2^{12}} = 2^3 = 8$.

614. $\sqrt{a^4} = a^2$.

615. $\sqrt[3]{a^6} = a^2$.

616. $\sqrt[4]{a^{12}} = a^3$.

617. $\sqrt{(x + y)^6} = (x + y)^3$.

618. $\sqrt[3]{(a - b)^9} = (a - b)^3$.

619. $a^3$, in eine Wurzel 12. Grades verwandelt, giebt $\sqrt[12]{a^{36}}$.

620. $b^2$, in eine Wurzel 8. Grades verwandelt, giebt $\sqrt[8]{b^{16}}$.

## 7.

$$\left(\sqrt[m]{a}\right)^n = \sqrt[m]{a^n} \text{ und } \sqrt[m]{a^n} = \left(\sqrt[m]{a}\right)^n.$$

621. $(\sqrt{2})^3 = \sqrt{2^3} = \sqrt{8} = 2\sqrt{2}$.

622. $\left(\sqrt[3]{3}\right)^2 = \sqrt[3]{3^2} = \sqrt[3]{9}$.

623. $(\sqrt{9})^4 = 3^4 = 81$.

624. $\left(\sqrt[3]{64}\right)^2 = 4^2 = 16$.

625. $\left(\sqrt{(a + b)^2}\right)^3 = (a + b)^3$.

626. $\sqrt[3]{27^2} = \left(\sqrt[3]{27}\right)^2 = 3^2 = 9$.

627. $\sqrt[4]{16^5} = \left(\sqrt[4]{16}\right)^5 = 2^5 = 32$.

628. $\sqrt[3]{45^6} = \sqrt[3]{45^3 \,.\, 45^3} = \sqrt[3]{45^3} \,.\, \sqrt[3]{45^3} = 45^2 = 2025$.

629. $\left(\sqrt{4b^2}\right)^3 = (2b)^3 = 8b^3$.

630. $\left(\sqrt[4]{a^8}\right)^3 = a^6$.

## 8.

$$\sqrt[nm]{a} = \sqrt[n]{\sqrt[m]{a}} = \sqrt[m]{\sqrt[n]{a}}.$$

631. $\sqrt[4]{16} = \sqrt{\sqrt{16}} = \sqrt{4} = 2.$

632. $\sqrt[6]{729} = \sqrt{\sqrt[3]{729}} = \sqrt{9} = 3$; oder $\sqrt[3]{\sqrt{729}} = \sqrt[3]{27} = 3.$

633. $\sqrt[9]{125} = \sqrt[3]{\sqrt[3]{125}} = \sqrt[3]{5}.$ 634. $\sqrt[12]{16} = \sqrt[3]{\sqrt[4]{16}} = \sqrt[3]{2}.$

635. $\sqrt[8]{81} = \sqrt{\sqrt[4]{81}} = \sqrt{3}.$ 636. $\sqrt[6]{a^3} = \sqrt{\sqrt[3]{a^3}} = \sqrt{a}.$

637. $\sqrt[6]{a^4} = \sqrt[3]{\sqrt{a^4}} = \sqrt[3]{a^2}.$ 638. $\sqrt[9]{a^6} = \sqrt[3]{\sqrt[3]{a^6}} = \sqrt[3]{a^2}.$

## 9.

$$\sqrt[m]{a^n} = \sqrt[mp]{a^{np}} \text{ und } \sqrt[mp]{a^{np}} = \sqrt[m]{a^n}.$$

639. $\sqrt{3}$, in eine Wurzel 6. Grades verwandelt, giebt $\sqrt[6]{3^3} = \sqrt[6]{27}.$

640. $\sqrt[3]{2}$, in eine Wurzel 6. Grades verwandelt, giebt $\sqrt[6]{2^2} = \sqrt[6]{4}.$

641. $\sqrt[4]{a^3}$, in eine Wurzel 12. Grades verwandelt, giebt $\sqrt[12]{a^9}.$

642. $\sqrt[3]{a^2}$, in eine Wurzel 9. Grades verwandelt, giebt $\sqrt[9]{a^6}.$

643. $\sqrt[5]{a^3}$, in eine Wurzel 10. Grades verwandelt, giebt $\sqrt[10]{a^6}.$

Die Wurzel auszuziehen.

644. $\sqrt[3]{a^6} = a^2.$ 645. $\sqrt{a^6} = a^3.$ 646. $\sqrt[3]{a^{12}} = a^4.$

647. $\sqrt[9]{a^{36}} = a^4.$ 648. $\sqrt{2^4} = 2^2 = 4.$

649. $\sqrt[3]{4^6} = 4^2 = 16.$ 650. $\sqrt[12]{a^4} = \sqrt[3]{a}.$

651. $\sqrt[16]{a^8} = \sqrt{a}.$ 652. $\sqrt[mn]{a^n} = \sqrt[m]{a}.$

653. $\sqrt[180]{\left((a^3)^4\right)^5} = \sqrt[3]{a}.$ 654. $\sqrt[136]{a^{17}} = \sqrt[8]{a}.$

655. $\sqrt[4]{a^7} = \sqrt[4]{a^4 \cdot a^3} = a\sqrt[4]{a^3}.$ 656. $\sqrt[5]{a^8} = \sqrt[5]{a^5 \cdot a^3} = a\sqrt[5]{a^3}.$

## 10.

$$\sqrt[m]{a} \cdot \sqrt[n]{b} = \sqrt[mn]{a^n} \cdot \sqrt[mn]{b^m} = \sqrt[mn]{a^n b^m}.$$

$$\sqrt[m]{x} : \sqrt[n]{z} = \sqrt[mn]{x^n} : \sqrt[nm]{z^m} = \sqrt[mn]{\frac{x^n}{z^m}}.$$

657. $\sqrt{2} \cdot \sqrt[3]{4} = \sqrt[6]{2^3} \cdot \sqrt[6]{4^2} = \sqrt[6]{2^3 \cdot 4^2} = \sqrt[6]{8 \cdot 16} = \sqrt[6]{2^7} = 2\sqrt[6]{2}.$

658. $\sqrt[3]{5} \cdot \sqrt[4]{2} = \sqrt[12]{5^4} \cdot \sqrt[12]{2^3} = \sqrt[12]{5^4 \cdot 2^3} = \sqrt[12]{625 \cdot 8} = \sqrt[12]{5000} = \sqrt[4]{\sqrt[3]{5 \cdot 10^3}} = \sqrt[4]{10\sqrt[3]{5}}.$

659. $\sqrt[4]{4} \cdot \sqrt[5]{2} = \sqrt[20]{4^5} \cdot \sqrt[20]{2^4} = \sqrt[20]{4^5 \cdot 2^4} = \sqrt[20]{1024 \cdot 16} = \sqrt[20]{2^{14}} = \sqrt[10]{2^7} = \sqrt{\sqrt[5]{2^5 \cdot 2^2}} = \sqrt{2\sqrt[5]{4}}.$

660. $\sqrt[5]{5} \cdot \sqrt{2} = \sqrt[10]{5^2} \cdot \sqrt[10]{2^5} = \sqrt[10]{25 \cdot 32} = \sqrt[10]{800} = \sqrt{\sqrt[5]{2^5 \cdot 25}}$ $\sqrt{2\sqrt[5]{25}}.$

661. $\sqrt[4]{3} \cdot \sqrt[3]{2} = \sqrt[12]{3^3} \cdot \sqrt[12]{2^4} = \sqrt[12]{3^3 \cdot 2^4} = \sqrt[3]{\sqrt[4]{3^3 \cdot 2^4}} = \sqrt[3]{2\sqrt[4]{3^3}} = \sqrt[3]{2\sqrt{\sqrt{3^2 \cdot 3}}} = \sqrt[3]{2\sqrt{3\sqrt{3}}}.$

662. $\sqrt[3]{4} : \sqrt{2} = \sqrt[6]{16} : \sqrt[6]{8} = \sqrt[6]{^{16}/_{8}} = \sqrt[6]{2}.$

663. $\sqrt[3]{3} : \sqrt[4]{2} = \sqrt[12]{81} : \sqrt[12]{8} = \sqrt[12]{^{81}/_{8}} = \sqrt[4]{\sqrt[3]{^{81}/_{8}}} = \sqrt[4]{^{3}/_{2}\sqrt[3]{3}}.$

664. $\sqrt{2} : \sqrt[3]{3} = \sqrt[6]{8} : \sqrt[6]{9} = \sqrt[6]{^{8}/_{9}} = \sqrt[3]{\sqrt{\frac{4 \cdot 2}{9}}} = \sqrt[3]{^{2}/_{3}\sqrt{2}}.$

665. $\sqrt[4]{3} : \sqrt[5]{2} = \sqrt[20]{3^5} : \sqrt[20]{2^4} = \sqrt[20]{^{243}/_{16}} = \sqrt[20]{\frac{81 \cdot 3}{16}} = \sqrt[5]{^{3}/_{2}\sqrt[4]{3}}.$

## 11.

$$\sqrt{a + \sqrt{b}} \pm \sqrt{a - \sqrt{b}} = \sqrt{2\,(a \pm \sqrt{a^2 - b})}.$$

666. $\sqrt{5 + \sqrt{5}} \pm \sqrt{5 - \sqrt{5}} = \sqrt{10 \pm 2\sqrt{25 - 5}} = \sqrt{10 \pm 2\sqrt{20}} = \sqrt{10 \pm 4\sqrt{5}}.$

667. $\sqrt{3 + \sqrt{5}} + \sqrt{3 - \sqrt{5}} = \sqrt{6 + 2\sqrt{9 - 5}} = \sqrt{6 + 2\sqrt{4}} = \sqrt{6 + 4} = \sqrt{10}.$

668. $\sqrt{4 + \sqrt{7}} + \sqrt{4 - \sqrt{7}} = \sqrt{8 + 2\sqrt{16 - 7}} = \sqrt{8 + 2\sqrt{9}} = \sqrt{8 + 6} = \sqrt{14}.$

669. $\sqrt{5 + \sqrt{21}} - \sqrt{5 - \sqrt{21}} = \sqrt{10 - 2\sqrt{25 - 21}} = \sqrt{10 - 2\sqrt{4}} = \sqrt{10 - 4} = \sqrt{6}.$

670. $\sqrt{3\sqrt{10} + 9} - \sqrt{3\sqrt{10} - 9} = \sqrt{6\sqrt{10} - 2\sqrt{90 - 9}} = \sqrt{6\sqrt{10} - 2\sqrt{81}} - \sqrt{6\sqrt{10} - 18} = \sqrt{6\,(\sqrt{10} - 3)}.$

671. $\sqrt{11 + 2\sqrt{10}} - \sqrt{11 - 2\sqrt{10}} = \sqrt{22 - 2\sqrt{121 - 40}} =$
$\sqrt{22 - 2\sqrt{81}} = \sqrt{22 - 18} = \sqrt{4} = 2.$

672. $\sqrt{\sqrt{3} + \sqrt{2}} + \sqrt{\sqrt{3} - \sqrt{2}} = 2 + 2\sqrt{3}.$

Dieses Resultat wird gefunden, wenn man die gegebene Summe quadrirt und aus dem Quadrate wieder die Wurzel zieht.

673. $\sqrt{\sqrt{3} + \sqrt{2}} + \sqrt{\sqrt{3} - \sqrt{2}} = 2\sqrt{3} - 2.$

674. $\sqrt{\sqrt{6} + \sqrt{5}} + \sqrt{\sqrt{6} - \sqrt{5}} = 2 + 2\sqrt{6}.$

675. $\sqrt{\sqrt{6} + \sqrt{5}} + \sqrt{\sqrt{6} - \sqrt{5}} = 2\sqrt{6} - 2.$

12.

$$\sqrt{A \pm \sqrt{B}} = \sqrt{\tfrac{1}{2}A + \tfrac{1}{2}\sqrt{A^2 - B}} \pm \sqrt{\tfrac{1}{2}A - \tfrac{1}{2}\sqrt{A^2 - B}}.$$

676. $\sqrt{11 + 6\sqrt{2}} = \sqrt{\tfrac{11}{2} + \tfrac{1}{2}\sqrt{121 - 72}} + \sqrt{\tfrac{11}{2} - \tfrac{1}{2}\sqrt{121 - 72}}$
$= \sqrt{\tfrac{11}{2} + \tfrac{1}{2}\sqrt{49}} + \sqrt{\tfrac{11}{2} - \tfrac{1}{2}\sqrt{49}} = \sqrt{\tfrac{11}{2} + \tfrac{7}{2}} + \sqrt{\tfrac{11}{2} - \tfrac{7}{2}}$
$= \sqrt{9} + \sqrt{2} = 3 + \sqrt{2}.$

677. $\sqrt{8 - 2\sqrt{15}} = \sqrt{4 + \tfrac{1}{2}\sqrt{64 - 60}} - \sqrt{4 - \tfrac{1}{2}\sqrt{64 - 60}}$
$= \sqrt{4 + \tfrac{1}{2}\sqrt{4}} - \sqrt{4 - \tfrac{1}{2}\sqrt{4}} = \sqrt{5} - \sqrt{3}.$

678. $\sqrt{3\sqrt{3} + 2\sqrt{6}} = \sqrt[4]{12} + \sqrt[4]{3}.$

679. $\sqrt{4\sqrt{2} - 2\sqrt{6}} = \sqrt[4]{18} - \sqrt[4]{2}.$

680. $\sqrt{4 + 3\sqrt{2}} = \sqrt[4]{8} + \sqrt[4]{2}.$

681. $\sqrt{5 - 2\sqrt{6}} = \sqrt{3} - \sqrt{2}.$

682. $\sqrt{12 + 2\sqrt{35}} = \sqrt{7} + \sqrt{5}.$

683. $\sqrt{10 - 2\sqrt{21}} = \sqrt{7} - \sqrt{3}.$

684. $\sqrt{73 + 12\sqrt{35}} = 2\sqrt{7} + 3\sqrt{5}.$

685. $\sqrt{30 - 12\sqrt{6}} = 3\sqrt{2} + 2\sqrt{3}.$

In Aufg. 676—685 ist die Wurzel stets positiv genommen worden. Welche Resultate ergeben sich, wenn man den negativen Werth der Wurzel betrachtet?

## Potenzen mit gebrochenen Exponenten.

(§ 25.)

Umformung der Bruchpotenzen.

686. $8^{1/3} = \sqrt[3]{8} = 2.$

687. $25^{1/2} = \sqrt{25} = 5.$

688. $81^{1/4} = \sqrt[4]{81} = 3.$

689. $2401^{1/4} = \sqrt[4]{2401} = 7.$

690. $125^{1/3} = \sqrt[3]{125} = 5.$

691. $a^{1/2} = \sqrt{a}.$

692. $a^{1/3} = \sqrt[3]{a}.$

693. $a^{1/4} = \sqrt[4]{a}.$

694. $a^{1/n} = \sqrt[n]{a}.$

695. $8^{2/3} = \sqrt[3]{8^2} = \left(\sqrt[3]{8}\right)^2 = 2^2 = 4.$

696. $36^{3/2} = (\sqrt{36})^3 = 6^3 = 216.$

697. $9^{5/6} = \sqrt[6]{9^5} = \sqrt[6]{3^{10}} = \sqrt[3]{3^5} = \sqrt[3]{3^3 \,.\, 3^2} = 3\sqrt[3]{3^2} = 3\sqrt[3]{9}.$

698. $(a + b)^{1/2} = \sqrt{a + b}.$

699. $(a + b)^{2/3} = \sqrt[3]{(a + b)^2}.$

700. $(a - b)^{n/m} = \sqrt[m]{(a - b)^n}.$

In Bruchpotenzen zu verwandeln.

701. $\sqrt{(a - b)^3} = (a - b)^{3/2}.$

702. $\sqrt[3]{(a + b)^2} = (a + b)^{2/3}.$

703. $\sqrt{a^3b^5} = a^{3/2}b^{5/2}.$

704. $\sqrt[3]{a^2b^2} = (ab)^{2/3}.$

705. $\sqrt[6]{8^3} = 8^{3/6} = 8^{1/2}.$

706. $\sqrt[3]{2^2} = 2^{2/3}.$

707. $\sqrt[4]{3^2} = 3^{2/4} = 3^{1/2}.$

708. $\sqrt[5]{2^3} = 2^{3/5}.$

709. $\sqrt[7]{4^5} = 4^{5/7}.$

710. $\sqrt[15]{7^5} = 7^{5/15} = 7^{1/3}.$

711. $\sqrt[20]{(a + b)^{10}} = (a + b)^{1/2}.$

712. $\sqrt[16]{(a - b)^8} = (a - b)^{1/2}.$

713. $\sqrt[16]{(x - y)^{12}} = (x - y)^{3/4}.$

714. $\sqrt[20]{(m + n)^{15}} = (m + n)^{3/4}.$

715. $\sqrt[m]{(a + b)^n} = (a + b)^{n/m}.$

(§ 26.)

Rechnung mit Bruchpotenzen.

716. $5^{3/4} \,.\, 5^{3/2} \,.\, 5^{7/4} = 5^{3/4 + 3/2 + 7/4} = 5^4 = 625.$

717. $3^{5/6} \,.\, 3^{4/3} \,.\, 3^{1/2} = 3^{5/6 + 4/3 + 1/2} = 3^{8/3} = 9 \,.\, 3^{2/3} = 9\sqrt[3]{9}.$

718. $2^{2/5} \,.\, 2^{3/10} \,.\, 2^{4/5} = 2^{2/5 + 3/10 + 4/5} = 2^{3/2} = 2 \,.\, 2^{1/2} = 2\sqrt{2}.$

719. $7^{3/8} \,.\, 7^{1/2} \,.\, 7^{1/8} = 7^{3/8 + 1/2 + 1/8} = 7^1 = 7.$

720. $16^{2/3} : 16^{3/4} = 16^{2/3 - 3/4} = 16^{-1/12} = 16^{0 - 1/12} = \frac{16^0}{16^{1/12}} =$

$$\frac{1}{16^{1/12}} = \frac{1}{\sqrt[12]{16}} = \sqrt[12]{1/16} = \sqrt[12]{\frac{1}{2^4}} = \sqrt[3]{1/2} = (1/2)^{1/3}.$$

721. $54^{3/2} : 54^{2/3} = 54^{3/2 - 2/3} = 54^{5/6} = \sqrt[6]{54^5} = \sqrt[6]{(3^3 \,.\, 2)^5} =$
$\sqrt[6]{3^{15} \,.\, 2^5} = 3^{5/2} \,.\, 2^{5/6} = 9 \,.\, 3^{1/2} \,.\, 2^{5/6} = 9 \,.\, 3^{3/6} \,.\, 2^{5/6} =$
$9\sqrt[6]{3^3 \,.\, 2^5} = 9\sqrt[6]{27 \,.\, 32} = 9\sqrt[6]{864} = 9 \,.\, 864^{1/6}.$

722. $2^{3/4} \,.\, 3^{2/3} = 2^{9/12} \,.\, 3^{8/12} = \left(2^9 \,.\, 3^8\right)^{1/12} = \sqrt[12]{2^9 \,.\, 3^8}$ u. s. w.

723. $4^{2/3} \,.\, 2^{1/2} = 4^{4/6} \,.\, 2^{3/6} = \left(4^4 \,.\, 2^3\right)^{1/6} = \left(2^8 \,.\, 2^3\right)^{1/6} =$
$\left(2^{8+3}\right)^{1/6} = \left(2^{11}\right)^{1/6} = \left(2^{6+5}\right)^{1/6} = 2 \,.\, 2^{5/6} = 2\sqrt[6]{2^5}.$

**724.** $12^{\frac{2}{3}} : 3^{\frac{2}{3}} = \left(\frac{12}{3}\right)^{\frac{2}{3}} = 4^{\frac{2}{3}} = \sqrt[3]{4^2} = \sqrt[3]{16} = 2\sqrt[3]{2} = 2 \,.\, 2^{\frac{1}{3}}.$

**725.** $20^{\frac{3}{4}} : 5^{\frac{3}{4}} = \left(\frac{20}{5}\right)^{\frac{3}{4}} = 4^{\frac{3}{4}} = \left(2^2\right)^{3/4} = 2^{\frac{3}{2}} = \sqrt{2^3} = 2\sqrt{2}$

**726.** $\left(a^{\frac{3}{4}}\right)^{2/3} = a^{\frac{3}{4} \cdot \frac{2}{3}} = a^{\frac{1}{2}} = \sqrt{a}.$

**727.** $\left(x^{-\frac{1}{2}}\right)^{2/3} = x^{-\frac{1}{3}} = x^{0-\frac{1}{3}} = \frac{x^0}{x^{\frac{1}{3}}} = \frac{1}{x^{\frac{1}{3}}} = \sqrt[3]{\frac{1}{x}}.$

**728.** $z^{-\frac{4}{5}} \,.\, z^{+\frac{1}{2}} = z^{\frac{1}{2}-\frac{4}{5}} = z^{0-\frac{3}{10}} = \frac{z^0}{z^{\frac{3}{10}}} = \frac{1}{z^{\frac{3}{10}}} = \sqrt[10]{\frac{1}{z^3}}.$

**729.** $a^{-\frac{3}{4}} \,.\, a^{-\frac{2}{3}} = a^{-\left(\frac{3}{4}+\frac{2}{3}\right)} = a^{-\frac{17}{12}} = \frac{1}{a^{\frac{17}{12}}} = \sqrt[12]{\frac{1}{a^{17}}} =$

$\frac{1}{a}\sqrt[12]{\frac{1}{a^5}} = \frac{1}{a \,.\, a^{\frac{5}{12}}}.$

**730.** $x^{-\frac{5}{6}} : x^{+\frac{5}{8}} = x^{-\left(\frac{5}{6}+\frac{5}{8}\right)} = x^{-\frac{35}{24}} = \frac{1}{x^{\frac{35}{24}}} = \frac{1}{x \,.\, x^{\frac{11}{24}}} =$

$\frac{1}{x}\sqrt[24]{\frac{1}{x^{11}}}.$

**731.** $x^{-\frac{5}{6}} : x^{-\frac{5}{8}} = x^{-\frac{5}{6}-\frac{5}{8}} = x^{-\frac{5}{24}} = \frac{1}{x^{\frac{5}{24}}} = \sqrt[24]{\frac{1}{x^5}}.$

# Vierter Abschnitt.

# Algebraische Gleichungen.

## I. Gleichungen des ersten Grades.

### A. Einfache Gleichungen mit einer Unbekannten.

(§ 29.)

**Gegebene Gleichungen mit einer Unbekannten.**

**732.** $4x = 42$
$x = 10\frac{1}{2}.$

**733.** $3x + 17 = 41$
$3x = 41 - 17 = 24$
$x = 8.$

**734.** $6x = 3\,(a + b)$
$x = \frac{1}{2}\,(a + b).$

**735.** $8x - 20 = 44$
$8x = 44 + 20 = 64$
$x = 8.$

**736.** $3x + 6a = 9b$
$3x = 9b - 6a$
$x = 3b - 2a.$

**737.** $4x - 8a = 12b$
$4x = 8a + 12b$
$x = 2a + 3b.$

**738.** $x + \frac{1}{2}\,(a - b) = a$
$x = a - \frac{1}{2}\,(a - b)$
$x = \frac{1}{2}\,(a + b).$

**739.** $x - \frac{1}{2}\,(a - b) = a$
$x = a + \frac{1}{2}\,(a - b)$
$x = \frac{1}{2}\,(3a - b).$

**740.** $\frac{60}{x} = 5$
$x = \frac{60}{5} = 12,$
denn der Dividend, durch den Quotienten dividirt, giebt den Divisor.

**741.** $\frac{ab}{x} = c$
$x = \frac{ab}{c}.$

**742.** $\frac{a}{x} = b + c$
$x = \frac{a}{b + c}.$

**743.** $\frac{ab}{3x} = c$
$3x = \frac{ab}{c}$
$x = \frac{ab}{3c}.$

**744.** $\frac{bc}{ax} = d$
$ax = \frac{bc}{d}$
$x = \frac{bc}{ad}.$

**745.**
$$\begin{aligned} \frac{25}{4x} &= 150 \\ \frac{1}{4x} &= 6 \\ 4x &= {}^{1}/_{6} \\ x &= {}^{1}/_{24}. \end{aligned}$$

**746.**
$$\begin{aligned} \frac{3}{2x} &= {}^{9}/_{2} \\ \frac{3}{x} &= 9 \\ \frac{1}{x} &= 3 \\ x &= {}^{1}/_{3}. \end{aligned}$$

**747.**
$$\begin{aligned} \frac{a}{x} &= \frac{b}{c} \\ x &= \frac{ac}{b}. \end{aligned}$$

**748.**
$$\begin{aligned} ax &= \frac{b}{c} \\ x &= \frac{b}{ac}. \end{aligned}$$

**749.**
$$\begin{aligned} ax &= \frac{b+c}{2} \\ x &= \frac{b+c}{2a}. \end{aligned}$$

**750.**
$$\begin{aligned} 30 - x &= 14 \\ x &= 30 - 14 \\ x &= 16. \end{aligned}$$

**751.**
$$\begin{aligned} 40 - 2x &= 30 \\ 2x &= 40 - 30 \\ 2x &= 16 \\ x &= 5. \end{aligned}$$

**752.**
$$\begin{aligned} ab - ax &= c \\ ax &= ab - c \\ x &= \frac{ab - c}{a} \\ \text{oder } x &= b - \frac{c}{a}. \end{aligned}$$

**753.**
$$\begin{aligned} a - bx &= c - d \\ bx &= a - (c - d) \\ bx &= a - c + d \\ x &= \frac{a - c + d}{b}. \end{aligned}$$

**754.**
$$\begin{aligned} \frac{x}{4} + 12 &= 17 \\ \frac{x}{4} &= 17 - 12 = 5 \\ x &= 4 : 5 = 20. \end{aligned}$$

**755.**
$$\begin{aligned} \frac{x}{8} - 14 &= 11 \\ \frac{x}{8} &= 11 + 14 = 25 \\ x &= 8 \,.\, 25 = 200. \end{aligned}$$

**756.**
$$\begin{aligned} \frac{x}{a} + b &= c \\ \frac{x}{a} &= c - b \\ x &= a\,(c - b). \end{aligned}$$

**757.**
$$\begin{aligned} \frac{x}{a} - b &= c \\ \frac{x}{a} &= b + c \\ x &= a\,(b + c) \end{aligned}$$

**758.**
$$\begin{aligned} ab - \frac{x}{a} &= c \\ \frac{x}{a} &= ab - c \\ x &= a\,(ab - c). \end{aligned}$$

**759.**
$$\begin{aligned} ab - \frac{a}{x} &= bc \\ \frac{a}{x} &= ab - bc \\ x &= \frac{a}{ab - bc} \\ \text{oder } x &= \frac{a}{b}\left(\frac{1}{a - c}\right). \end{aligned}$$

**760.**
$$\begin{aligned} (a + b) - \frac{a}{x} &= a \\ b - \frac{a}{x} &= 0 \\ \frac{a}{x} &= b \\ x &= \frac{a}{b}. \end{aligned}$$

761. $9x = 60 - 3x$
$12x = 60$
$x = 5.$

762. $ax = c - bx$
$ax + bx = c$
d. i. $(a + b)\,x = c$
$x = \frac{c}{a + b}.$

763. $8x = 72 + 5x$
$3x = 72$
$x = 24.$

764. $ax = b + cx$
$(a - c)\,x = b$
$x = \frac{b}{a - c}.$

765. $5x + 6 = 2x + 30$
$5x - 2x = 30 + 6$
$3x = 24$
$x = 8.$

766. $ax + c = bx + d$
$ax - bx = d - c$
$(a - b)\,x = d - c$
$x = \frac{d - c}{a - b}$
oder $x = \frac{c - d}{b - a}.$

767. $8x - 20 = 5x - 8$
$8x - 5x = 20 - 8$
$3x = 12$
$x = 4.$

768. $ax - c = bx - d$
$ax - bx = c - d$
$(a - b)\,x = c - d$
$x = \frac{c - d}{a - b} = \frac{d - c}{b - a}.$

769. $3 - 9x = 4x - 7 - 15x$
$3 + 7 - 9x = 4x - 15x$
$10 - 9x = (-11x)$
$11x - 9x = (-10)$
$2x = (-10)$
$x = (-5).$

770. $4x - 6 = 9x - 18 - 3x$
$4x + 3x - 9x = 6 - 18$
$(-2x) = (-12)$
$2x = 12$
$x = 6.$

Man kann aber auch so transponiren, daß überall positive Größen entstehen.

771. $16 + 7x + 4 - 2x = 12x - 3x + 4 - 2x$
$5x + 20 = 7x + 4$
$20 - 4 = 7x - 5x$
$16 = 2x$
$8 = x.$

772. $\frac{x}{2} + \frac{x}{3} + \frac{x}{4} - 5 = x$
$\frac{x}{2} + \frac{x}{3} + \frac{x}{4} - x = 5$
$(\tfrac{1}{2} + \tfrac{1}{3} + \tfrac{1}{4} - 1)\;x = 5$
$\frac{x}{12} = 5$
$x = 60.$

773. $\left(\frac{x}{3} - 40\right) - \left(\frac{x}{4} - 72\right) = 2\left(\frac{x}{3} - 19\right)$

$$\frac{x}{3} - \frac{x}{4} - 40 + 72 = \frac{2x}{3} - 38$$
$$\frac{x}{3} - \frac{x}{4} + 32 = \frac{2x}{3} - 38$$
$$\frac{x}{12} + 32 = \frac{2x}{3} - 38$$
$$38 + 32 = \frac{2x}{3} - \frac{x}{12}$$
$$70 = \frac{7x}{12}$$
$$10 = \frac{x}{12}$$
$$120 = x.$$

774. $a - (x - m)\, n = (n - x)\, m$

$$a - nx + mn = nm - mx$$
$$a - nx = - mx$$
$$a = nx - mx = (n - m)\, x$$
$$\frac{a}{n - m} = x.$$

775. $m^2 (m - x) - n^2 (n + x) = mnx$

$$m^3 - m^2x - n^3 - n^2x = mnx$$
$$m^3 - n^3 = (m^2 + mn + n^2)\, x$$
$$\frac{m^3 - n^3}{m^2 + mn + n^2} = x,$$
d. i. $m - n = x$.

776. $\frac{x + 2}{3} - \frac{4x + 5}{6} = \frac{x + 2}{6} - \frac{7x - 8}{9}$

$$\frac{x + 2}{3} + \frac{7x - 8}{9} = \frac{x + 2}{6} + \frac{4x + 5}{6}$$
$$\frac{3x + 6}{9} + \frac{7x - 8}{9} = \frac{x + 2}{6} + \frac{5x + 5}{6}$$
$$\frac{10x - 2}{9} = \frac{5x + 7}{6}$$
$$\frac{10x - 2}{3} = \frac{5x + 7}{2}$$
$$2\,(10x - 2) = 3\,(5x + 7)$$
$$20x - 4 = 15x + 21$$
$$20x - 15x = 21 + 4.$$
$$5x = 25$$
$$x = 5.$$

777. $a\left(\frac{2x-a}{a+2b}\right)+b\left(\frac{2x-b}{b+2a}\right)=x.$

Auf beiden Seiten $a\left(\frac{2x-a}{a+2b}\right)$ subtrahirt, giebt:

$$\frac{2bx-b^2}{b+2a}=\frac{2bx-ax+a^2}{a+2b}$$

Wenn man nun auf beiden Seiten mit $(b+2a)(a+2b)$ multiplicirt, alsdann alle Glieder, welche x enthalten, auf die linke Seite, die übrigen Glieder auf die rechte Seite bringt und die Gleichung durch die Summe der Coefficienten von x dividirt, so ergiebt sich schließlich:

$$x=a+b.$$

778. $\frac{1}{x}=bc+d-\frac{ab}{x}$

$$\frac{ab+1}{x}=bc+d$$

$$x=\frac{ab+1}{bc+d}.$$

779. $5-\frac{6}{x}=\frac{x-3a}{x}$

$$5-\frac{6}{x}=1-\frac{3a}{x}$$

$$\frac{3a-6}{x}=1-5=(-4)$$

$$\frac{6-3a}{x}=4$$

$$x=\frac{6-3a}{4}.$$

780. $bx+ac+cd=\frac{a^2x}{b-c}$

$$ac+cd=\frac{a^2x}{b-c}-bx$$

$$ac+cd=\frac{(a^2-b^2+bc)\,x}{b-c}$$

$$\frac{c\,(a+d)\,(b-c)}{a^2-b\,(b-c)}=x.$$

781. $a+m\left(\frac{a+x}{a-x}\right)=c$

$$\frac{a+x}{a-x}=\frac{c-a}{m}$$

(§ 12, Nr. 4.) $\frac{2x}{2a}=\frac{c-a-m}{c-a+m}$

$$\frac{x}{a}=\frac{c-a-m}{c-a+m}$$

$$x=a\left(\frac{c-a-m}{c-a+m}\right).$$

782.
$$(a + x)(b + x) - a(b + c) = \frac{a^2c}{b} + x^2$$
$$ab + (a + b)x + x^2 - ab - ac = \frac{a^2c}{b} + x^2$$
$$(a + b)x - ac = \frac{a^2c}{b}$$
$$(a + b)x = \frac{ac}{b}(a + b)$$
$$x = \frac{ac}{b}.$$

783.
$$\frac{x}{ab} + \frac{x}{ac} + \frac{x}{bc} - 1 = abc - x(a + b + c)$$
$$\frac{(a + b + c)x}{abc} - 1 = abc - x(a + b + c)$$
$$\frac{(a + b + c)x}{abc} + (a + b + c)x = abc + 1$$
$$\frac{(a + b + c)(abc + 1)x}{abc} = abc + 1$$
$$\frac{(a + b + c)x}{abc} = 1$$
$$x = \frac{abc}{a + b + c}.$$

784.
$$\frac{4}{7(x - 3)} - \frac{11}{7(x + 4)} = \frac{2}{x - 1} - \frac{3}{x + 2}$$
$$\frac{4}{7(x - 3)} + \frac{3}{x + 2} = \frac{2}{x - 1} + \frac{11}{7(x + 4)}$$
$$\frac{4(x + 2) + 21(x - 3)}{(x - 3)(x + 2)} = \frac{14(x + 4) + 11(x - 1)}{(x - 1)(x + 4)}$$
$$\frac{25x - 55}{(x - 3)(x + 2)} = \frac{25x + 45}{(x - 1)(x + 4)}$$
$$\frac{5x - 11}{x^2 - x - 6} = \frac{5x + 9}{x^2 + 3x - 4}$$
$$\frac{5x - 11}{5x + 9} = \frac{x^2 - x - 6}{x^2 + 3x - 4} \quad (\S\ 12, \text{Nr. } 4.)$$
$$\frac{10x - 2}{20} = \frac{2x^2 + 2x - 10}{4x + 2}$$
$$\frac{5x - 1}{10} = \frac{x^2 + x - 5}{2x + 1}$$
$$(5x - 1)(2x + 1) = 10(x^2 + x - 5)$$
$$3x - 1 = 10x - 50$$
$$50 - 1 = 10x - 3x$$
$$49 = 7x$$
$$7 = x.$$

785. Aus $\frac{6}{x-3} - \frac{9}{x-2} + \frac{4}{x-1} = \frac{1}{x-4}$

folgt ebenso: $x = 5$.

786. Aus $20 - \frac{2x-3}{5} - \frac{2x+3}{7} = 26 - \frac{3x-7}{4} - \frac{4x-1}{5}$

folgt: $x = 9$.

787. Aus:

$$100 - \frac{3(2x+4)}{5} - \frac{5(5x-4)}{6} = 69 + \frac{3(3x-4)}{4} - \frac{2(5x-1)}{3}$$

folgt: $x = 8$.

788. $c(a-b-x) = d(a-b-x)$

$(d-c)\,x = (d-c)(a-b)$

$x = a - b$.

789. Aus:

$$\frac{3abc}{a+b} + \frac{a^2b^2}{(a+b)^3} + \frac{(2a+b)b^2x}{a(a+b)^2} = 3cx + \frac{bx}{a}$$

folgt: $\frac{ab}{a+b}\left(3c + \frac{ab}{(a+b)^2}\right) = \left(3c + \frac{b}{a} - \frac{(2a+b)b^2}{a(a+b)^2}\right)x$

$$\frac{ab}{a+b}\left(3c + \frac{ab}{(a+b)^2}\right) = \left(3c + \frac{ab}{(a+b)^2}\right)x$$

$$\frac{ab}{a+b} = x.$$

790. Aus $\frac{a^2b^2}{(a-b)^3} - \frac{3abc}{a-b} - \frac{(2a-b)b^2x}{a(a-b)^2} = \frac{bx}{a} - 3cx$

folgt: $x = \frac{ab}{a-b}$.

---

791. $\sqrt{a-bx} = c$

$a - bx = c^2$

$bx = a - c^2$

$x = \frac{a-c^2}{b}$.

792. $\sqrt{25+x} = 7$

$25 + x = 49$

$x = 49 - 25$

$x = 24$.

793. $\sqrt{97-3x} = 4$

$97 - 3x = 16$

$3x = 97 - 16$

$3x = 81$

$x = 27$.

794. $\sqrt[m]{a-bx} = \sqrt[m]{cx-d}$

$a - bx = cx - d$

$a + d = (b+c)\,x$

$\frac{a+d}{b+c} = x$.

795. $$\sqrt[3]{a^2 + c} = \sqrt[4]{\frac{a^2 + c}{d\,(x + n)}}$$

$$\sqrt[12]{(a^2 + c)^4} = \sqrt[12]{\left(\frac{a^2 + c}{d\,(x + n)}\right)^3}$$

$$(a^2 + c)^4 = \left(\frac{a^2 + c}{d\,(x + n)}\right)^3$$

$$a^2 + c = \left(\frac{1}{d\,(x + n)}\right)^3$$

$$(d\,(x + n))^3 = \frac{1}{a^2 + c}$$

$$d\,(x + n) = \sqrt[3]{\frac{1}{a^2 + c}} = \frac{1}{\sqrt[3]{a^2 + c}}$$

$$x + n = \frac{1}{d\sqrt[3]{a^2 + c}}$$

$$x = \frac{1}{d\sqrt[3]{a^2 + c}} - n.$$

796. $$\sqrt{36 + x} = 2 + \sqrt{x}$$
$$36 + x = 4 + x + 4\sqrt{x}$$
$$32 = 4\sqrt{x}$$
$$8 = \sqrt{x}$$
$$64 = x.$$

797. $$\sqrt{3x\sqrt{3}} = 3$$
$$3x\sqrt{3} = 9$$
$$x\sqrt{3} = 3$$
$$x = \frac{3}{\sqrt{3}}$$
$$x = \sqrt{3}.$$

798. $$\sqrt{x + 4ab} = 2a + \sqrt{x}$$
$$x + 4ab = 4a^2 + x + 4a\sqrt{x}$$
$$4ab + 4a^2 = 4a\sqrt{x}$$
$$b - a = \sqrt{x}$$
$$(b - a)^2 = x$$
$$a^2 - 2ab + b^2 = x$$

799. $$\sqrt{x + 4ab} = 2b + \sqrt{x}$$
$$x + 4ab = 4b^2 + x + 4b\sqrt{x}$$
$$4ab - 4b^2 = 4b\sqrt{x}$$
$$a - b = \sqrt{x}$$
$$(a - b)^2 = x$$
$$a^2 - 2ab + b^2 = x.$$

800. $$\sqrt{4x^2 - 7x - 4} = 30 - 2x$$
$$4x^2 - 7x - 4 = 900 - 120x + 4x^2$$
$$120x - 7x = 900 + 4$$
$$113x = 904$$
$$x = 8.$$

**801.**
$$\sqrt{9x^2 - 8x + 21} = 3x - 1$$
$$9x^2 - 8x + 21 = 9x^2 - 6x + 1$$
$$21 - 1 = 8x - 6x$$
$$20 = 2x$$
$$10 = x.$$

**802.**
$$(3\sqrt{x} - 6)(\sqrt{x} + 5) = 9\sqrt{x} + 18$$
$$3x + 9\sqrt{x} - 30 = 9\sqrt{x} + 18$$
$$3x = 30 + 18$$
$$x = 10 + 6 = 16.$$

**803.**
$$\sqrt[m]{a + x} = \sqrt[2m]{x^2 + 5ax + b^2}$$
$$(a + x)^2 = x^2 + 5ax + b^2$$
$$a^2 + 2ax = 5ax + b^2$$
$$a^2 - b^2 = 3ax$$
$$\frac{a^2 - b^2}{3a} = x$$
oder $$\frac{(a + b)(a - b)}{3a} = x.$$

**804.**
$$c + b\sqrt[m]{x + d} = a$$
$$\sqrt[m]{x + d} = \frac{a - c}{b}$$
$$x + d = \left(\frac{a - c}{b}\right)^m$$
$$x = \left(\frac{a - c}{b}\right)^m = d.$$

**805.**
$$\frac{ax}{b}\sqrt{f^2x^2 + d^2} + \frac{afx^2}{b} = cx$$
$$\sqrt{f^2x^2 + d^2} = \frac{bc}{a} - fx$$
$$f^2x^2 + d^2 = \frac{b^2c^2}{a^2} - \frac{2bcfx}{a} + f^2x^2$$
$$\frac{2bcfx}{a} = \frac{b^2c^2}{a^2} - d^2.$$
$$\frac{2bcfx}{a} = \frac{b^2c^2 - a^2d^2}{a^2}$$
$$2bcfx = \frac{(bc + ad)(bc - ad)}{a}$$
$$x = \frac{(bc + ad)(bc - ad)}{2abcf}.$$

(§ 30.)

## Algebraische Aufgaben,

deren Lösung durch Gleichungen des ersten Grades mit **einer** Unbekannten erfolgt.*)

**806.** Welche Zahl ist es, die, um 123 [a] vermehrt, 321 [b] ergiebt?

$$x + 123 = 321 \qquad x + a = b$$
$$x = 198. \qquad x = a - b.$$

**807.** Welche Zahl ist es, die, um 345 [a] vermindert, 543 [b] ergiebt?

$$x - 345 = 543 \qquad x - a = b$$
$$x = 888. \qquad x = a + b.$$

**808.** Wird von 900 [a] eine gewisse Zahl subtrahirt, so ist der Rest 444 [b]. Wie groß ist die unbekannte Zahl?

$$900 - x = 444 \qquad a - x = b$$
$$x = 456. \qquad x = a - b.$$

**809.** Welche Zahl ist es, die, mit 63 [a] multiplicirt, 2268 [b] als Produkt ergiebt?

$$63x = 2268 \qquad ax = b$$
$$x = 36. \qquad x = {}^{b}/_{a}.$$

**810.** Welche Zahl muß man durch $4^{3}/_{4}$ [a] dividiren, wenn der Quotient 120 [b] betragen soll?

$$\frac{x}{4^{3}/_{4}} = 120 \qquad \frac{x}{a} = b$$
$$x = 4^{3}/_{4} \,.\, 120 \qquad x = ab.$$
$$x = 570.$$

**811.** Dividirt man 4200 [a] durch eine gewisse Zahl, so beträgt der Quotient 56 [b]. Wie heißt die unbekannte Zahl?

$$\frac{4200}{x} = 56 \qquad \frac{a}{x} = b$$
$$x = \frac{4200}{56} = 75. \qquad x = \frac{a}{b}.$$

**812.** Ein Arbeiter, der täglich 8 Mark verdient, hat für eine gewisse Anzahl Tage 96 Mark erhalten. Wie viel Tage hat er gearbeitet?

$$\frac{96}{x} = 8$$
$$x = {}^{96}/_{8} = 12 \text{ Tage}.$$

**813.** Das 8fache [afache] und 7fache [bfache] einer Zahl betragen zusammen 200 [c]. Wie heißt die unbekannte Zahl?

$$8x + 7x = 200 \qquad ax + bx = c$$
$$15x = 200 \qquad (a + b)\, x = c$$
$$x = 13^{1}/_{3}. \qquad x = \frac{c}{a + b}.$$

---

*) Die in Klammern stehenden Zahlen (Buchstabengrößen), welche für eine zweite Aufgabe gelten, sind zur Berechnung der allgemeinen Formel zu benutzen.

**814.** Das 13fache [afache] welcher Zahl ist um 9 [b] kleiner als 100 [c]?

$$13x + 9 = 100 \qquad ax + b = c$$
$$13x = 91 \qquad ax = c - b$$
$$x = 7. \qquad x = \frac{c - b}{a}.$$

**815.** Wird das 16fache [afache] einer gewissen Zahl von 1000 [b] subtrahirt, so beträgt der Rest 440 [c]. Wie heißt die unbekannte Zahl?

$$1000 - 16x = 440 \qquad b - ax = c$$
$$16x = 1000 - 440 \qquad ax = b - c$$
$$16x = 560 \qquad x = \frac{b - c}{a}.$$
$$x = 35.$$

**816.** Wird eine Zahl durch 24 [a] dividirt und der Quotient um $2\frac{1}{2}$ [b] vermehrt, so ergiebt sich 7 [c]. Wie heißt die unbekannte Zahl?

$$\frac{x}{24} + 2\frac{1}{2} = 7 \qquad \frac{x}{a} + b = c$$
$$\frac{x}{24} = 4\frac{1}{2} \qquad \frac{x}{a} = c - b$$
$$x = 108. \qquad x = a(c - b).$$

**817.** Jemand, der den zwölften [aten] Theil seines baaren Vermögens bei sich hatte, bezahlte hiervon eine Rechnung über 75 [b] Mark und behielt nun 125 [c] Mark übrig. Wie viel hat sein ganzes Baarvermögen betragen?

$$\frac{x}{12} - 75 = 125 \qquad \frac{x}{a} - b = c$$
$$\frac{x}{12} = 200 \qquad \frac{x}{a} = b + c$$
$$x = 2400 \text{ Mark}. \qquad x = a(b + c) \text{ Mark}.$$

**818.** Wird 864 [a] durch eine gewisse Zahl dividirt, der Quotient von 180 [b] subtrahirt, so beträgt der Rest 72 [c]. Wie groß ist die unbekannte Zahl?

$$180 - \frac{864}{x} = 72 \qquad b - \frac{a}{x} = c$$
$$\frac{864}{x} = 108 \qquad \frac{a}{x} = b - c$$
$$x = \frac{864}{108} = 8. \qquad x = \frac{a}{b - c}.$$

**819.** Wird eine gewisse Zahl mit 18 [a] multiplicirt, das Produkt um 19 [b] vermehrt und die Summe durch 20 [c] dividirt, so beträgt der Quotient 5 [d]. Wie groß ist die unbekannte Zahl?

$$\frac{18x + 19}{20} = 5 \qquad \frac{ax + b}{c} = d$$
$$18x + 19 = 100 \qquad ax + b = cd$$
$$18x = 81 \qquad ax = cd - b$$
$$x = 4\frac{1}{2}. \qquad x = \frac{cd - b}{a}.$$

**820.** Eine gewisse Zahl wird gefunden, wenn man ihr $\frac{3}{4}$ faches [$\frac{n}{m}$ faches] von 140 [a] subtrahirt. Wie groß ist die unbekannte Zahl?

$$140 - \frac{3x}{4} = x \qquad\qquad x = a - \frac{nx}{m}$$
$$140 = \frac{7x}{4} \qquad\qquad x + \frac{nx}{m} = a$$
$$20 = \frac{x}{4} \qquad\qquad \left(\frac{m+n}{m}\right) x = a$$
$$80 = x. \qquad\qquad x = \frac{ma}{m+n}.$$

**821.** Welche Zahl ist so beschaffen, daß sie, um 8 [a] vermehrt, ebenso viel ergiebt, als ihr 3 faches [n faches] beträgt?

$$3x = x + 8 \qquad\qquad nx = x + a$$
$$2x = 8 \qquad\qquad (n-1)\,x = a$$
$$x = 4. \qquad\qquad x = \frac{a}{n-1}.$$

**822.** Es ist gleichgültig, ob man eine gewisse Zahl durch 4 [n] dividirt, oder ob man sie von 4 [n] subtrahirt. In beiden Fällen ist das Ergebniß dasselbe. Wie heißt diese Zahl?

$$\frac{x}{4} = 4 - x \qquad\qquad \frac{x}{n} = n - x$$
$$x + \frac{x}{4} = 4 \qquad\qquad x + \frac{x}{n} = n$$
$$\frac{5x}{4} = 4 \qquad\qquad \left(\frac{n+1}{n}\right) x = n$$
$$5x = 16 \qquad\qquad x = \frac{n^2}{n+1}.$$
$$x = 3\tfrac{1}{5}.$$

**823.** Das 8 fache [n fache] einer Zahl, um 4 [a] vermehrt, ist ebenso groß als ihr um 20 [b] vermindertes 10 faches [m faches]. Wie groß ist die unbekannte Zahl?

$$10x - 20 = 8x + 4 \qquad\qquad mx - b = nx + a$$
$$2x = 24 \qquad\qquad (m-n)\,x = a + b$$
$$x = 12 \qquad\qquad x = \frac{a+b}{m-n}.$$

**824.** Welche Zahl muß man sowohl zu 3 [a] als auch zu 8 [b] addiren, wenn die sich ergebenden Summen im Verhältniß von 2 : 3 [m : n] stehen sollen?

$$3 + x : 8 + x = 2 : 3 \qquad\qquad a + x : b + x = m : n$$
$$9 + 3x = 16 + 2x \qquad\qquad na + nx = mb + mx$$
$$x = 7. \qquad\qquad (n-m)\,x = mb - na$$
$$x = \frac{mb - na}{n - m}$$
$$\text{oder } x = \frac{na - mb}{m - n}.$$

**825.** Gegenwärtig ist ein Vater 40 [a], sein Sohn 4 [b] Jahre alt. Nach wie viel Jahren wird der Vater 3mal [nmal] so alt sein als der Sohn?

In x Jahren.

$$\begin{aligned} 40 + x &= 3\,(4 + x) \\ 40 + x &= 12 + 3x \\ 28 &= 2x \\ 14 &= x. \end{aligned} \qquad \Bigg| \qquad \begin{aligned} a + x &= n\,(b + x) \\ a + x &= nb + nx \\ a - nb &= (n - 1)\,x \\ \frac{a - nb}{n - 1} &= x. \end{aligned}$$

**826.** Gegenwärtig ist ein Vater 58 [a], sein Sohn 14 [b] Jahre alt. Vor wie viel Jahren war der Vater 5mal [mmal] so alt als sein Sohn?

Vor x Jahren.

$$\begin{aligned} 58 - x &= 5\,(14 - x) \\ 58 - x &= 70 - 5x \\ 4x &= 12 \\ x &= 3 \text{ Jahre.} \end{aligned} \qquad \Bigg| \qquad \begin{aligned} a - x &= m\,(b - x) \\ a - x &= mb - mx \\ (m - 1)\,x &= mb - a \\ x &= \frac{mb - a}{m - 1} \text{ Jahre.} \end{aligned}$$

**827.** Gegenwärtig ist eine Mutter 5mal [nmal] so alt als ihre Tochter, sie wird jedoch in 8 [a] Jahren 3mal [mmal] so alt sein als letztere. Welches Alter hat jetzt diese Mutter?

Die Mutter zählt gegenwärtig 5x Jahre. | nx Jahre.
Die Tochter zählt gegenwärtig x Jahre. | x Jahre.

$$\begin{aligned} 5x + 8 &= 3\,(x + 8) \\ 5x + 8 &= 3x + 24 \\ 2x &= 16 \\ x &= 8 \\ 5x &= 40 \text{ Jahre.} \end{aligned} \qquad \Bigg| \qquad \begin{aligned} nx + a &= m\,(x + a) \\ nx + a &= mx + ma \\ (n - m)\,x &= (m - 1)\,a \\ x &= \frac{(m - 1)\,a}{n - m} \\ nx &= na\left(\frac{m - 1}{n - m}\right) \text{ Jahre.} \end{aligned}$$

**828.** Ein Buchbinder verkauft zwei gebundene Bücher Papier, das eine, 75 [a] Bogen stark, für $2\frac{1}{4}$ [m] Mark, das andere, 50 [b] Bogen stark, für $1\frac{3}{4}$ [n] Mark. Band und Papier sind in beiden Büchern gleich. Wie hoch wird der Einband gerechnet?

Der Einband gilt x Mark.

Es kommt nun darauf an, für den Preis eines Bogens Papier zwei Ausdrücke zu finden und hieraus die Bestimmungsgleichung zu bilden.

$$\begin{aligned} \frac{2\frac{1}{4} - x}{75} &= \frac{1\frac{3}{4} - x}{50} \\ \frac{2\frac{1}{4} - x}{3} &= \frac{1\frac{3}{4} - x}{2} \\ 2\,(2\tfrac{1}{4} - x) &= 3\,(1\tfrac{3}{4} - x) \\ 4\tfrac{1}{2} - 2x &= 5\tfrac{1}{4} - 3x \\ 3x - 2x &= 5\tfrac{1}{4} - 4\tfrac{1}{2} \\ x &= \tfrac{3}{4} \text{ Mark.} \end{aligned} \qquad \Bigg| \qquad \begin{aligned} \frac{m - x}{a} &= \frac{n - x}{b} \\ b\,(m - x) &= a\,(n - x) \\ bm - bx &= an - ax \\ (a - b)\,x &= an - bm \\ x &= \frac{an - bm}{a - b} \text{ Mark.} \end{aligned}$$

**829.** Zu wie viel Procent ist ein Capital ausgeliehen, wenn $\frac{3}{10}$ [$\frac{n}{m}$] desselben ebenso groß sind als die sechsjährigen [a jährigen] Zinsen des erwähnten Capitals?

Wird das Capital mit k, der Zinsfuß mit x bezeichnet, so ist

$$x = \frac{\frac{3}{10} \,.\, k \,.\, 100}{6 \,.\, k} \qquad\qquad x = \frac{\frac{n}{m} \,.\, k \,.\, 100}{a \,.\, k}$$

$$x = \frac{30}{6} = 5\,\% . \qquad\qquad x = \frac{100n}{am}\,\% .$$

**830.** Ein Capital ist zu 6 [p] % jährlichen Zinsen ausgeliehen. In wie viel Jahren wird die Summe aller Zinsen $\frac{3}{5}$ [$\frac{n}{m}$] des Capitals ausmachen?

In x Jahren.

$$\frac{6}{100} \,.\, k \,.\, x = \frac{3}{5}k \qquad\qquad \frac{p}{100} \,.\, k \,.\, x = \frac{n}{m} \,.\, k$$

$$\frac{6x}{100} = \frac{3}{5} \qquad\qquad \frac{px}{100} = \frac{n}{m}$$

$$30x = 300$$

$$x = 10 \text{ Jahre.} \qquad\qquad x = \frac{100 \,.\, n}{p \,.\, m} \text{ Jahre.}$$

**831.** Unter A und B sollen 4000 [a] Mark so vertheilt werden, daß die Antheile des A und B in dem Verhältnisse 3 : 5 [m : n] stehen. Wie viel erhält Jeder?

A erhält x, B aber 4000 — x [a — x] Mark.

$$x : 4000 - x = 3 : 5 \qquad\qquad x : a - x = m : n$$

$$5x = 12000 - 3x \qquad\qquad x : a = m : m + n$$

$$8x = 12000$$

$$x = 1500 \text{ Mark} \qquad\qquad x = \frac{ma}{m+n} \text{ Mark}$$

$$4000 - x = 2500 \text{ Mark.} \qquad\qquad a - x = \frac{na}{m+n} \text{ Mark.}$$

**832.** In zwei Kassen sind zusammen 6000 [a] Mark, und zwar in der einen 600 [b] Mark mehr als in der andern. Wie viel enthält jede der beiden Kassen?

Die eine Kasse enthält x Mark.

Die andere Kasse enthält x + 600 [x + b] Mark.

$$x + (x + 600) = 6000 \qquad\qquad x + (x + b) = a$$

$$2x + 600 = 6000 \qquad\qquad 2x + b = a$$

$$2x = 5400 \qquad\qquad 2x = a - b$$

$$x = 2700 \text{ Mark} \qquad\qquad x = \frac{a-b}{2} \text{ Mark}$$

$$x + 600 = 3300 \text{ Mark.} \qquad\qquad x + b = \frac{a+b}{2} \text{ Mark.}$$

**833.** Unter drei Brüder, von denen A 32 [a], B 28 [b], C 24 [c] Jahre zählt, sollen 8400 [m] Mark nach dem Verhältniß ihres Alters getheilt werden. Wie viel muß jeder erhalten?

$$A : B : C = 8 : 7 : 6 \; [a : b : c].$$

Bekommt A 8x [ax] Mark, so muß B 7x [bx] und C 6x [cx] Mark erhalten.

$$8x + 7x + 6x = 8400$$
$$21x = 8400$$
$$x = 400$$
A erhält $8x = 3200$ Mark.
B erhält $7x = 2800$ Mark.
C erhält $6x = 2400$ Mark.

$$ax + bx + cx = m$$
$$(a + b + c)\,x = m$$
$$x = \frac{m}{a + b + c}.$$
A erhält $ax = \frac{am}{a + b + c}$ Mark.
B erhält $bx = \frac{bm}{a + b + c}$ Mark.
C erhält $cx = \frac{cm}{a + b + c}$ Mark.

834. Zwei Hausfrauen A und B lassen sich zusammen 150 [a] Kilogramm Zucker kommen. A nimmt hiervon 80 [b] Kilogr., B behält den Rest. Erstere verbraucht wöchentlich $1\frac{1}{2}$ [m], letztere nur 1 [n] Kilogr. Nach wie viel Wochen wird der Zuckervorrath der beiden Hausfrauen gleich sein?

Nach x Wochen.

$$80 - 1\tfrac{1}{2}x = 70 - 1 \cdot x$$
$$80 - \tfrac{x}{2} = 70$$
$$\tfrac{x}{2} = 10$$
$x = 20$ Wochen.

$$b - mx = (a - b) - nx$$
$$(n - m)\,x = a - b - b = a - 2b$$
$x = \frac{a - 2b}{n - m} = \frac{2b - a}{m - n}$ Wochen.

835. In einer Gesellschaft soll für einen Armen ein feststehender Betrag gesammelt werden. Giebt jeder Anwesende $1\frac{1}{4}$ Mark, so erhält der Arme $2\frac{1}{4}$ Mark weniger, als er braucht. Giebt aber jeder Anwesende $1\frac{1}{2}$ Mark, so fallen dem Armen $1\frac{1}{2}$ Mark über das Erforderliche zu. Aus wie viel Personen besteht diese Gesellschaft?

x Personen.

Der Arme braucht $1\frac{1}{4} \cdot x + 2\frac{1}{4}$ oder $1\frac{1}{2}x - 1\frac{1}{2}$ Mark. Daher:

$$1\tfrac{1}{4}x + 2\tfrac{1}{4} = 1\tfrac{1}{2}x - 1\tfrac{1}{2}$$
$$1\tfrac{1}{2} + 2\tfrac{1}{4} = 1\tfrac{1}{2}x - 1\tfrac{1}{4}x$$
$$3\tfrac{3}{4} = \tfrac{x}{4}$$
$$15 = x.$$

836. Es will Jemand eine Uhr ausspielen und macht daher eine gewisse Anzahl Loose. Giebt er das Loos zu 1 [a] Mark, so verliert er 12 [b] Mark an der Uhr. Giebt er das Loos zu $1\frac{1}{2}$ [b] Mark, so gewinnt er 12 [d] Mark. Welchen Werth hat diese Uhr? Wie viel Loose wurden ausgegeben und wie viel muß das Loos kosten, damit weder Gewinn noch Verlust für den Eigenthümer der Uhr entsteht?

x Loose. Die Uhr kostet $x + 12$ [$ax + b$] oder $1\frac{1}{2}x - 12$ [$cx - d$] Mark. Daher:

$$1\tfrac{1}{2}x - 12 = x + 12$$
$$\frac{x}{2} = 24$$
$x = 48$ Loose.

$$cx - d = ax + b$$
$$(c - a)\,x = b + d$$
$x = \frac{b + d}{c - a}$ Loose.

Die Uhr kostet 6 Mark. | Die Uhr kostet $\frac{ad + bc}{c - a}$ Mark.

Das Loos muß $1\frac{1}{4}$ Mark betragen. | Das Loos muß $\frac{ad + bc}{b + d}$ Mark betragen.

**837.** In welche beiden Theile muß man die Zahl 100 [a] zerlegen, damit der größere, durch den kleineren dividirt, 6 [b] zum Quotienten und 9 [c] zum Rest gebe?

Der kleinere Theil sei x, so ist der größere 100 — x [a — x].

$$\frac{100 - x}{x} = 6 + \frac{9}{x}$$
$$100 - x = 6x + 9$$
$$91 = 7x$$
$$13 = x$$
$$87 = 100 - x.$$

$$\frac{a - x}{x} = b + \frac{c}{x}$$
$$a - x = bx + c$$
$$a - c = (b + 1)\,x$$
$$\frac{a - c}{b + 1} = x$$
$$\frac{ab + c}{b + 1} = a - x.$$

**838.** Von welcher Zahl ist der achte [nte] Theil um 1 [a] kleiner als der neunte [mte] Theil der um 33 [b] vermehrten Zahl?

$$\frac{x}{8} + 1 = \frac{x + 33}{9}$$
$$\frac{x}{8} - \frac{x}{9} = \frac{33 - 9}{9}$$
$$\frac{x}{72} = \frac{8}{3}$$
$$\frac{x}{24} = 8$$
$$x = 192$$

$$\frac{x}{n} + a = \frac{x + b}{m}$$
$$\frac{x}{n} - \frac{x}{m} = \frac{b}{m} - a$$
$$\left(\frac{1}{n} - \frac{1}{m}\right) x = \frac{b - am}{m}$$
$$\left(\frac{m - n}{nm}\right) x = \frac{b - am}{m}$$
$$\left(\frac{m - n}{n}\right) x = b - am$$
$$x = \frac{b - am}{m - n} = \frac{am - b}{n - m}.$$

**839.** Ein Diener, der jährlich 240 [a] Mark und eine Livree zum Lohne bekommt, erhält für 8 [m] Monate Dienstzeit beim Abgange 138 [b] Mark baar und außerdem die Livree. Wie hoch wird letztere gerechnet?

Werth der Livree = x Mark.

$$138 + x = \frac{8}{12}\,(240 + x)$$
$$138 + x = 160 + \frac{2x}{3}$$
$$x - \frac{2x}{3} = 160 - 138$$
$$\frac{x}{3} = 22$$
$$x = 66 \text{ Mark.}$$

$$b + x = \frac{m}{12}\,(a + x)$$
$$12b + 12x = ma + mx$$
$$(12 - m)\,x = ma - 12b$$
$$x = \frac{ma - 12b}{12 - m} \text{ Mark.}$$

**840.** Ein Kaufmann läßt sich ein Stück Tuch kommen und bezahlt für das Meter $7\frac{1}{2}$ [a] Mark. Beim Nachmessen findet sich, daß die Sendung 3 [b] Meter mehr enthält, als bezahlt worden sind. Dafür ist aber auch das Tuch von geringerer Güte. Da nun dasselbe nicht mehr zurückgeschickt werden kann, so benutzt dieser Kaufmann eine sich ihm darbietende Gelegenheit, das ganze Stück à Meter 6 [b] Mark zu verkaufen, wodurch ihm aber ein Verlust von $8\frac{4}{7}$ [p] % erwächst. Wie viel Meter enthielt dieses Stück Tuch?

Enthält das Stück in Wirklichkeit x Meter, so löst er daraus:

| | |
|---|---|
| 6x Mark. | cx Mark. |
| Er hat nur x — 3 Meter | x — b Meter |
| bezahlt; diese kosten ihm | |
| $\frac{15}{2}(x-3) = \frac{15x-45}{2}$ Mark | $a(x-b) = ax - ab$ Mark. |
| Sein Verlust beträgt daher | |
| $\frac{15x-45}{2} - 6x = \frac{3x-45}{2}$ Mark | $ax - ab - cx = ax - cx - ab$ Mark. |
| Da dieser Verlust | |
| $8\frac{4}{7}$ % | p % |
| oder $\frac{3}{35}$ der Auslage | oder $\frac{p}{100}$ der Auslage |
| beträgt, so ist er gleich | |
| $\frac{3}{35} \cdot \frac{15x-45}{2} = \frac{9x-27}{14}$ Mark. | $\frac{p}{100}(ax-ab) = \frac{pax-pab}{100}$ Mark. |
| Demgemäß hat man nun: | |
| $\frac{3x-45}{2} = \frac{9x-27}{14}$ | $ax - cx - ab = \frac{pax-pab}{100}$ |
| $\frac{x-15}{2} = \frac{3x-9}{14}$ | $100ax - 100cx - 100ab = pax - pab$ |
| $7x - 105 = 3x - 9$ | $(100a - 100c - ap)\,x = ab\,(100-p)$ |
| $7x - 3x = 105 - 9$ | |
| $4x = 96$ | |
| $x = 24$ Meter, | $x = \frac{ab\,(100-p)}{100a - 100c - ap}$ Meter, |
| wovon der Kaufmann | wovon der Kaufmann |
| 21 Meter | $\frac{100bc}{100a - 100c - ap}$ Meter |
| bezahlt hat. | bezahlt hat. |

**841.** Bei seinem früheren Gehalte verwendete A $\frac{1}{8}$ desselben auf Annehmlichkeiten des Lebens. Nachdem er 600 Mark Zulage erhalten hat, verwendet er $\frac{1}{6}$ seines Einkommens zu gleichem Zwecke und behält dennoch für die nothwendigen Ausgaben 425 Mark mehr übrig, als früher der Fall war. Welches Gehalt hatte er damals?

Vormaliges Gehalt = 24x Mark. (Durch diese Annahme wird die Division erleichtert.) Kosten der Annehmlichkeiten = 3x Mark. Für die nothwendigen Ausgaben bleiben 21x Mark.

Das durch die Zulage erhöhte Gehalt beträgt (24x + 600) Mark. Kosten der Annehmlichkeiten = (4x + 100) Mark. Für die nothwendigen Ausgaben bleiben (20x + 500) Mark.

Im zweiten Falle bleiben für die nothwendigen Ausgaben 425 Mark mehr als im ersten Falle. Daher:

$$21x + 425 = 20x + 500$$
$$21x - 20x = 500 - 425$$
$$x = 75$$
$$24x = 1800 \text{ Mark vor der Zulage.}$$
$$2400 \text{ Mark nach der Zulage.}$$

**842.** Welches Resultat findet sich, wenn jener Beamte vor der Zulage $\frac{1}{n}$, nach einer Zulage von a Mark aber $\frac{1}{m}$ seines Gehalts für Annehmlichkeiten verwendet und dennoch für das Nothwendige b Mark mehr übrig behält, als früher der Fall war?

Das anfängliche Gehalt sei = nmx Mark, daher das spätere = (nmx + a) Mark. Für das Nothwendige bleiben im ersten Falle m (n — 1) x, im zweiten aber (nm — n) x + a — $\frac{a}{m}$ Mark übrig. Daher ist nach der Aufgabe:

$$m(n - 1)x + b = n(m - 1)x + a - \frac{a}{m}$$
$$mnx - mx + b = mnx - nx + a - \frac{a}{m}$$
$$nx - mx = a - b - \frac{a}{m}$$
$$(n - m)x = \frac{ma - mb - a}{m}$$
$$x = \frac{ma - mb - a}{m(n - m)}$$
$$nmx = \frac{n}{n - m}(ma - mb - a) \text{ Mark.}$$

**843.** Ein Hauswirth, der bisher $\frac{1}{8}$ [$\frac{1}{n}$] des Hauszinses als Miethssteuer bezahlt hat, von nun aber $\frac{1}{7}$ [$\frac{1}{m}$] des Miethsbetrages entrichten soll, will gleichwohl, daß für ihn selbst ebenso viel übrig bleibe als ehedem. Um wie viel wird er die Hausmiethe steigern müssen?

Es sei der frühere Miethsbetrag = M, der spätere = M′, so bleiben nach Abzug der angegebenen Steuer dem Hauswirth

im ersten Falle:

$$M - \frac{M}{8} = \frac{7}{8}M \qquad M - \frac{M}{n} = \left(\frac{n - 1}{n}\right) M;$$

im zweiten Falle:

$$M' - \frac{M'}{7} = \frac{6}{7}M' \qquad M' - \frac{M'}{m} = \left(\frac{m - 1}{m}\right) M'.$$

Daher ist nach der Aufgabe:

$$\frac{7}{8}M = \frac{6}{7}M'$$
$$49M = 48M'$$
$$\frac{49}{48}M = M';$$

also $M' = M + \frac{M}{48}$,

d. i. die Miethssteigerung beträgt $\frac{1}{48}$ des früheren Miethszinses.

$$\left(\frac{n - 1}{n}\right) M = \left(\frac{m - 1}{m}\right) M'$$
$$\frac{m}{n}\left(\frac{n - 1}{m - 1}\right) M = M';$$

also $M' = M + \left[\frac{n - m}{n(m - 1)}\right] M$,

d. i. die Miethssteigerung ist = $\frac{n - m}{n(m - 1)}$ des früh. Miethsertrages.

**844.** Ein Güterzug, der in jeder Stunde $3\frac{1}{2}$ Meile zurücklegt, geht 8 Uhr Morgens in A ab und kommt gleichzeitig mit einem Eilzuge, der erst um 1 Uhr Mittags von A abgeht, aber in jeder Stunde 6 Meilen macht, in B an. Wie viel beträgt die Entfernung von A nach B?

Zur Fahrt von A nach B braucht der Eilzug x, der Güterzug x + 5 Stunden. Mithin beträgt die Länge des Weges:

$$6x = 3\tfrac{1}{2}(x + 5)$$
$$2\tfrac{1}{2}x = 17\tfrac{1}{2}$$
$$5x = 35$$
$$x = 7 \text{ Stunden.}$$

Daher ist die erwähnte Bahnstrecke $= 6 \cdot 7 = 42$ oder $3\frac{1}{2} \cdot 12 = 42$ Meilen.

**845.** Aus A ist vor n Tagen ein Bote abgegangen, der täglich a Meilen zurücklegt. Ihm wird aus demselben Orte ein zweiter Bote nachgeschickt, der täglich b Meilen macht. Wann holt dieser den ersteren ein? ($b > a$.)

In x Tagen.

Der zweite Bote legt in x Tagen bx Meilen zurück. Der erste Bote ist x + n Tage unterwegs und macht in dieser Zeit a (x + n) Meilen.

$$bx = a(x + n)$$
$$(b - a)x = an$$
$$x = \frac{an}{b - a} \text{ Tage.}$$

**846.** Zwei Freunde A und B reisen einander entgegen, und zwar legt A täglich 4, B täglich 3 Meilen zurück; jedoch begiebt sich A 2 Tage später als B auf die Reise. Wann und wo treffen sich die beiden Freunde, wenn die Entfernung ihrer Wohnorte 20 Meilen beträgt?

A ist x Tage, B hingegen x + 2 Tage unterwegs.

$$4x + 3(x + 2) = 20$$
$$7x + 6 = 20$$
$$7x = 14$$
$$x = 2 \text{ Tage.}$$

Das Zusammentreffen erfolgt also 2 Tage nach der Abreise des A, oder 4 Tage nach der Abreise des B, und zwar 8 Meilen von dem Wohnorte des A, oder 12 Meilen von dem Wohnorte des B entfernt.

**847.** Einem Boten, der täglich eine gewisse Anzahl Meilen zurücklegt, wird 2 [a] Tage nach seiner Abreise ein anderer nachgeschickt, der, um ihn in 4 [b] Tagen einzuholen, täglich $1\frac{1}{2}$ [c] Meilen mehr machen muß. Wie viel Meilen legt der erste Bote täglich zurück?

Der erste Bote ist 6 Tage unterwegs und macht täglich x Meilen.

Der zweite Bote ist 4 Tage unterwegs und macht täglich $x + 1\frac{1}{2}$ Meilen. Hiernach hat man:

$$6x = 4\left(x + 1\tfrac{1}{2}\right)$$
$$2x = 6$$
$$x = 3 \text{ Meilen.}$$

$$(a + b)\,x = b\,(x + c)$$
$$ax = bc$$
$$x = \frac{bc}{a} \text{ Meilen.}$$

**848.** Zwei Freunde reisen einander entgegen, und zwar gehen sie zu gleicher Zeit von ihren Wohnorten ab. Der eine würde den ganzen Weg in 8 [n] Stunden, der andere aber denselben in 12 [m] Sunden zurücklegen. Nach wie viel Stunden treffen sie zusammen?

Nach x Stunden.

Der Erste legt in 1 Stunde $\frac{1}{8}$ [$\frac{1}{n}$], in x Stunden $\frac{x}{8}$ [$\frac{x}{n}$] des Weges zurück.

Der Zweite legt in 1 Stunde $\frac{1}{12}$ [$\frac{1}{m}$], in x Stunden $\frac{x}{12}$ [$\frac{x}{m}$] des Weges zurück.

Beide zusammen machen in x Stunden zusammen den ganzen Weg. Daher ist:

$$\frac{x}{8} + \frac{x}{12} = 1$$
$$\frac{5x}{24} = 1$$
$$x = 4\tfrac{4}{5} \text{ Std.}$$

$$\frac{x}{n} + \frac{x}{m} = 1$$
$$\left(\frac{m + n}{nm}\right) x = 1$$
$$x = \frac{nm}{m + n} \text{ Std.}$$

**849.** Zwei sich gleichförmig bewegende Körper gehen von zwei um 6 [d] Meter von einander entfernten Orten A und B gleichzeitig nach derselben Richtung hin; der vorangehende legt in jeder Minute $\frac{3}{4}$ [a], der nachfolgende in jeder Minute $\frac{7}{8}$ [b] Meter zurück. Wann wird ihre Entfernung 4 [c] Meter betragen?

Nach x Minuten.

$$\tfrac{7}{8}x - \tfrac{3}{4}x = 6 - 4$$
$$\frac{x}{8} = 2$$
$$x = 16 \text{ Minuten,}$$

$$bx - ax = d - c$$
$$x = \frac{d - c}{b - a} \text{ Minuten,}$$

und zwar vor dem Zusammentreffen der beiden Körper.

Für dieselbe Entfernung nach dem Zusammentreffen der beiden Körper, von denen der nachfolgende den vorangehenden überholt hat, ist:

$$\tfrac{7}{8}x - \tfrac{3}{4}x = 6 + 4$$
$$\frac{x}{8} = 10$$
$$x = 80 \text{ Minuten.}$$

$$bx - ax = d + c$$
$$x = \frac{c + d}{b - a} \text{ Minuten.}$$

**850.** Ein Hase, der von einem Hunde verfolgt wird, hat anfänglich 25 [n] Sprünge voraus und macht in derselben Zeit 5 [a] Sprünge, in welcher der Hund deren 4 [b] macht. Jedoch ergeben 7 [c] Hundesprünge zusammen die Länge der Summe von 9 [d] Hasensprüngen. Wie viel Sprünge muß der Hund machen, um den Hasen einzuholen?

Während der Hund x Sprünge thut, macht der Hase $\frac{5x}{4}$ $\left[\frac{ax}{b}\right]$ Sprünge. Da letzterer 25 [n] Sprünge voraus war, so hat der Hase beim Zusammentreffen im Ganzen $\frac{5x}{4} + 25 = \frac{5x + 100}{4}$ $\left[\text{resp. } \frac{ax}{b} + n = \frac{ax + bn}{b}\right]$ Sprünge gemacht, welche die Länge von $^7/_9 \left(\frac{5x + 100}{4}\right) = \frac{35x + 700}{36}$ $\left[\text{resp. } \frac{c}{d}\left(\frac{ax + bn}{b}\right) = \frac{acx + bcn}{bd}\right]$ Hundesprüngen ergeben; und da diese gleich x Hundesprüngen sind, so hat man:

$$x = \frac{35x + 700}{36}$$
$$36x = 35x + 700$$
$$x = 700 \text{ Hundesprünge.}$$

Der Hase macht im Ganzen 900 Sprünge.

$$x = \frac{acx + bcn}{bd}$$
$$bdx - acx = bcn$$
$$x = \frac{bcn}{bd - ac} \text{ Hundesprünge.}$$

Der Hase macht im Ganzen $\frac{bdn}{bd - ac}$ Sprünge.

**851.** Von zwei Körpern, die sich auf der Peripherie eines Kreises, von einem gemeinsamen Punkte aus, in derselben Richtung bewegen, macht der erste in t Sekunden einen Umlauf, während der zweite ihn jedes Mal in T Sekunden einholt. In wie viel Sekunden macht der zweite Körper einen Umlauf?

In x Sekunden. Die Peripherie sei = p.

Der erste Körper legt in T Sekunden $\frac{pT}{t}$ zurück. Diesen Weg muß der zweite Körper nach Vollendung eines Umlaufs in T — x Sekunden einholen: mithin legt er in 1 Sekunde $\frac{pT}{t(T - x)}$ zurück. Der Aufgabe gemäß legt er aber in 1 Sekunne $\frac{p}{x}$ zurück. Da diese Wege gleich sein müssen, so findet sich:

$$\frac{pT}{t(T - x)} = \frac{p}{x}$$
$$xT = tT - xt$$
$$xt + xT = tT$$
$$x = \frac{tT}{t + T} \text{ Sekunden.}$$

| | | | | | | |
|---|---|---|---|---|---|---|
| Für | T | 4 | 5 | 6 | 20 | 10 |
| | t | 12 | 20 | 12 | 30 | 40 |
| ist | x | 3 | 4 | 4 | 12 | 8. |

**852.** Von zwei Körpern, die sich auf der Peripherie eines Kreises, von einem gemeinsamen Punkte aus, in derselben Richtung bewegen, macht der erste in 5 [a], der zweite in 60 [b] Minuten einen Umlauf. Wann treffen beide Körper wieder zusammen, und zwar zum ersten Male?

In x Minuten.

In dieser Zeit legt der erste Körper $\frac{x}{5}$ $\left[\frac{x}{a}\right]$, der zweite $\frac{x}{60}$ $\left[\frac{x}{b}\right]$ der Peripherie zurück. Der Weg des ersten Körpers enthält aber einen vollen Umlauf und den Weg des zweiten Körpers. Mithin ist, wenn die Peripherie = p gesetzt wird:

$$\frac{px}{5} = p + \frac{px}{60}$$
$$\frac{x}{5} = 1 + \frac{1}{60}$$
$$\frac{11x}{60} = 1$$
$$x = 5\tfrac{5}{11} \text{ Minuten.}$$

$$\frac{px}{a} = p + \frac{px}{b}$$
$$\frac{x}{a} = 1 + \frac{x}{b}$$
$$\left(\frac{1}{a} - \frac{1}{b}\right) x = 1$$
$$\left(\frac{b - a}{ab}\right) x = 1$$
$$x = \frac{ab}{b - a} \text{ Minuten.}$$

**853.** Die beiden Zeiger einer Uhr stehen Punkt Zwölf über einander. Wann und wie oft werden sie in den nächsten zwölf Stunden wieder über einander stehen?

Während der Stundenzeiger x Minuten vorrückt, hat der Minutenzeiger einen Weg von 60 + x Minuten zurückgelegt. Da die Geschwindigkeit des Stundenzeigers zu der des Minutenzeigers im Verhältniß von 1 : 12 steht, so muß auch der Weg des letzteren 12mal so groß sein als der Weg des ersteren. Mithin ist:

$$12x = 60 + x$$
$$11x = 60$$
$$x = 5\tfrac{5}{11} \text{ Minuten oder } \tfrac{1}{11} \text{ Stunde.}$$
$$60 + x = 65\tfrac{5}{11} \text{ Minuten oder } 1\tfrac{1}{11} \text{ Stunde.}$$

Die Deckung der Zeiger tritt um $1\frac{1}{11}$, $2\frac{2}{11}$, $3\frac{3}{11}$, $4\frac{4}{11}$, $5\frac{5}{11}$, $6\frac{6}{11}$, $7\frac{7}{11}$, $8\frac{8}{11}$, $9\frac{9}{11}$, $10\frac{10}{11}$, 12 Uhr ein und findet also $\frac{60}{5\frac{5}{11}} = \frac{12}{1\frac{1}{11}} = 11$ mal statt.

**854.** Die beiden Zeiger einer Uhr bilden Punkt Sechs einen gestreckten Winkel. Wann und wie oft werden sie in den nächsten zwölf Stunden wieder denselben Winkel bilden?

Der vorigen Aufgabe gemäß 11mal, nämlich Punkt $7\frac{1}{11}$, $8\frac{2}{11}$, $9\frac{3}{11}$, $10\frac{4}{11}$, $11\frac{5}{11}$, $12\frac{6}{11}$, $1\frac{7}{11}$, $2\frac{8}{11}$, $3\frac{9}{11}$, $4\frac{10}{11}$, 6 Uhr.

**855.** Zwei Körper, von denen der eine in jeder Sekunde C, der andere aber c Meter durchläuft, bewegen sich in gerader Linie auf einander zu. Wann werden sie zusammentreffen, wenn die beiden Oerter, aus denen sie gleichzeitig abgehen, d Meter von einander entfernt sind?

In x Sekunden legt der eine Körper Cx, der andere aber cx Meter zurück. Da nach Verlauf dieser Zeit die beiden Körper zusammentreffen, so ist:

$$Cx + cx = d$$
$$x = \frac{d}{C + c} \text{ Sekunden.}$$

856. Welche Veränderung erleidet das Resultat der vorigen Aufgabe, wenn $C > c$ angenommen wird und und derjenige Körper, welcher C Meter in jeder Sekunde zurücklegt, hinter dem andern Körper herläuft?

Erfolgt das Zusammentreffen in x Sekunden, so hat nach Verlauf dieser Zeit der erste Körper Cx, der andere aber cx Meter zurückgelegt. Da der Weg des ersteren aus dem Wege des zweiten Körpers und der anfänglichen Entfernung von d Metern besteht, so ist:

$$Cx = cx + d$$
$$Cx - cx = d$$
$$x = \frac{d}{C - c} \text{ Sekunden.}$$

857. Auf der Peripherie eines Kreises, welche p Meter beträgt, bewegen sich zwei Körper hinter einander. Anfänglich sind sie um einen Bogen von d Meter von einander entfernt. In jeder Sekunde legt der vorangehende Körper c Meter, der zweite C Meter zurück. Wann werden diese Körper zum ersten, zweiten 2c. Male zusammentreffen, vorausgesetzt, daß sie einander in der Bewegung nicht stören? ($C > c$.)

Nach Aufg. 856 erreicht der zweite Körper den ersten in $\frac{d}{C - c}$ Sekunden, und zwar zum ersten Male. Beim zweiten Zusammentreffen hat der zweite außer dem Wege des ersten Körpers noch die ganze Peripherie p durchlaufen. Es ist also bei Beginn des zweiten Umlaufs die Entfernung der beiden Körper = p Meter zu setzen und findet daher, von diesem Beginn an gerechnet, das zweite Zusammentreffen in $\frac{p}{C - c}$ Sekunden statt oder $\frac{d}{C - c} + \frac{p}{C - c} = \frac{d + p}{C - c}$ Sekunden nach Beginn der ersten Bewegung. Vom zweiten bis dritten Zusammentreffen verfließen wieder $\frac{p}{C - c}$ Sekunden u. s. f., so daß das dritte Zusammentreffen nach $\frac{d + 2p}{C - c}$ Sekunden, das vierte nach $\frac{d + 3p}{C - c}$ Sekunden, das fünfte nach $\frac{d + 4p}{C - c}$ Sekunden 2c. stattfindet, jedes Mal vom Beginn der ersten Bewegung an gerechnet.

858. Zwei Körper, von denen der vorangehende in jeder Minute c Meter, der nachfolgende aber C Meter zurücklegt, bewegen sich hinter einander nach derselben Richtung. Der Ort, von wo der erste Körper

ausgeht, liegt d Meter von dem Ausgangsorte des nachfolgenden Körpers entfernt. Wann werden diese Körper zusammentreffen, wenn der erste t Minuten früher abgeht als der zweite? ($C > c$.)

Das Zusammentreffen geschehe x Minuten nach Beginn der Bewegung des zweiten Körpers. Dann hat sich der erste Körper $t + x$ Minuten bewegt und in dieser Zeit einen Weg von $c(t + x) = ct + cx$ Meter zurückgelegt. Wird hierzu die Entfernung von d Meter addirt, so findet sich der Weg des zweiten Körpers, welcher in x Minuten Cx Meter durchläuft. Daher ist:

$$Cx = cx + ct + d,$$
$$Cx - cx = ct + d,$$
$$x = \frac{ct + d}{C - c} \text{ Minuten.}$$

**859.** Auf der Peripherie eines Kreises, welche p Meter beträgt, bewegen sich zwei Körper hinter einander, und zwar durchläuft der vorangehende in jeder Sekunde c Meter, der nachfolgende aber C Meter. Anfänglich sind sie um einen Bogen von d Meter von einander entfernt. Die Bewegung des zweiten Körpers beginnt t Sekunden später als die des ersten. Wann werden diese Körper zusammentreffen? ($C > c$.)

Nach Aufg. 858 und 857 findet ihr Zusammentreffen statt:

zum ersten Male in $\frac{ct + d}{C - c}$ Sekunden,

zum zweiten Male in $\frac{p + ct + d}{C - c}$ Sekunden,

zum dritten Male in $\frac{2p + ct + d}{C - c}$ Sekunden,

zum vierten Male in $\frac{3p + ct + d}{C - c}$ Sekunden ꝛc.

**860.** Ein Reisender sagt: Um nach B zu gelangen, fahre ich 7 Uhr Morgens mit dem Eilwagen von A ab; $\frac{1}{2}$ Stunde später geht in B der Eisenbahnzug ab, der nach A fährt. Diesem Zuge begegne ich 9 Uhr Morgens in C und treffe, weil der Eilwagen Mittags 1 Stunde anhält, um 5 Uhr Nachmittags in B ein. Um wie viel Uhr kommt der erwähnte Eisenbahnzug in A an?

Zur Zurücklegung des Weges von C nach B braucht der Reisende die Zeit von 9 Uhr Morgens bis 5 Uhr Nachmittags, mithin, nach Abzug der Ruhestunde am Mittage, 7 Stunden. Da er nun die Reise von A bis C in 2 Stunden ausgeführt hat, so braucht er zur Reise von A nach B im Ganzen $7 + 2 = 9$ Stunden. Den Weg von B nach C legt der Eisenbahnzug in der Zeit von $7\frac{1}{2}$ bis 9 Uhr Vormittags, d. i. in $1\frac{1}{2}$ Stunde zurück. Demgemäß verhält sich die Geschwindigkeit des Eilwagens zu der des Eisenbahnzuges wie $1\frac{1}{2} : 7$, oder wie $3 : 14$, d. i. wie $1 : 4\frac{2}{3}$. Fährt also der Eisenbahnzug von B nach A in x Stunden, so braucht der Eilwagen zur Zurücklegung derselben Wagenstrecke $4\frac{2}{3}x$ Stunden. Der Eilwagen macht aber diesen Weg in 9 Stunden. Daher ist:

$$4\tfrac{2}{3}x = 9$$
$$14x = 27$$
$$x = 1\tfrac{13}{14} \text{ Stunden.}$$

Da der Eisenbahnzug um $7\frac{1}{2}$ Uhr Vormittags in B abgegangen ist, so muß er hiernach um $7\frac{1}{2} + 1\frac{13}{14} = 9\frac{3}{7}$ Uhr, d. i. 9 Uhr $25\frac{5}{7}$ Minuten Vormittags, in A ankommen.

**861.** Aus zwei kreisrunden Oeffnungen eines Behälters fließt das Wasser mit ungleicher Geschwindigkeit heraus. Es verhalten sich die Durchmesser der erwähnten Oeffnungen wie 3 : 4, die Geschwindigkeiten der Wasserströme aber wie 8 : 7. Ferner weiß man, daß in einem gewissen Zeitraume aus der einen Oeffnung 5 Kub.m Wasser mehr floß als aus der andern. Wie viel Wasser gab nun jede Oeffnung in diesem Zeitraume?

Die Oeffnungen verhalten sich ihrer Größe nach wie die Quadrate ihrer Durchmesser, also wie $3^2 : 4^2$, d. i. wie 9 : 16. Da ferner die Geschwindigkeiten der Wasserströme in dem Verhältniß 8 : 7 stehen, so verhalten sich die in einerlei Zeit ausströmenden Wassermengen (weil beide Mal das Verhältniß ein directes ist) wie (9 . 8) : (16 . 7) oder (9 . 1) : (2 . 7), d. i. wie 9 : 14. Fließen nun aus der ersten Oeffnung x Kub.m Wasser, so muß die aus der zweiten Oeffnung geströmte Wassermenge x + 5 Kub.m betragen. Daher ist:

$$9 : 14 = x : x + 5$$
$$9 : 5 = x : 5$$
$$x = 9 \text{ Kub.}^{m}$$
$$x + 5 = 14 \quad "$$

Anmerk. Es seien m, M, M′ drei Wassermengen; c, C, c die zugehörigen Geschwindigkeiten, und a, A, A die Größe der Abfluß-Oeffnungen, so findet sich:

$M' : M = c : C$ wegen der gleichen Oeffnungen,
$m : M' = a : A$ wegen der gleichen Geschwindigkeiten;

mithin durch Zusammensetzung dieser beiden Proportionen:

$$m : M = ac : AC;$$

d. h. die Wassermengen, welche in einerlei Zeit aus zwei Oeffnungen fließen, verhalten sich wie die Produkte derjenigen Zahlen, welche die Größe der Oeffnungen und die entsprechenden Ausfluß-Geschwindigkeiten ausdrücken. (Die beiden Maßzahlen derselben Oeffnung treten hier als Faktoren eines Produktes auf.)

**862.** Ein Dampfschiff, welches alle 4 Stunden 5 Meilen zurücklegt, fährt stromaufwärts von A nach B. Eine Stunde nach dem Abgange dieses Schiffes fährt aus B ein anderes Dampfschiff nach A, welches alle 2 Stunden $5\frac{1}{2}$ Meile zurücklegt. Nach einer gewissen Zeit begegnen die beiden Schiffe einander, und es findet sich, daß das stromabwärts fahrende einen doppelt so großen Weg zurückgelegt hat als das stromaufwärts fahrende. Wie viel Meilen sind die Städte A und B von einander entfernt?

Ist A von B x Meilen entfernt, so hat das stromaufwärts fahrende Schiff $\frac{x}{3}$, das stromabwärts fahrende $\frac{2x}{3}$ Meilen zurückgelegt. Zu $\frac{x}{3}$ Meilen braucht das erstere $\frac{4}{5} \cdot \frac{x}{3} = \frac{4x}{15}$ Stunden; zu $\frac{2x}{3}$ Meilen braucht das letztere $\frac{2}{5^1/_2} \cdot \frac{2x}{3} = \frac{4}{11} \cdot \frac{2x}{3} = \frac{8x}{33}$ Stunden. Da das erstere 1 Stunde länger unterwegs ist als letzteres, so findet sich:

$$\frac{4x}{15} - \frac{8x}{33} = 1$$

woraus $x = 41^1/_4$ Meilen folgt.

**863.** Ein Eilzug, der jede Stunde 6 Meilen zurücklegt, führt von A nach einem westlich gelegenen Orte B, der mit A gleiche geographische Breite hat. Wegen Verschiedenheit der Ortsuhren gewinnen die mit diesem Zuge Reisenden außerdem bei je 10 Meilen Fahrt 1 Minute an Zeit. Der Eilzug geht in A Morgens 8 Uhr (nach der Uhr dieses Ortes) ab und kommt 6 Minuten vor 6 Uhr Abends (nach der Uhr des Ortes B) in B an. Wie viel beträgt die Entfernung von A nach B?

Die gesuchte Entfernung betrage x Meilen, so legt der Eilzug diesen Weg in $^x/_6$ Stunden zurück. Wegen Verschiedenheit der Ortsuhren gewinnt er aber bei 600 Meilen 1 Stunde an Zeit, mithin bei x Meilen Fahrt $\frac{x}{600}$ Stunden, so daß nur eine Fahrzeit von $\left(\frac{x}{6} - \frac{x}{600}\right)$ Stunden in Rechnung kommt. Da nach der Aufgabe diese Zeit $9^9/_{10}$ Stunden beträgt, so ist:

$$\frac{x}{6} - \frac{x}{600} = 9^9/_{10}$$

und daher $x = 60$ Meilen.

**864.** Ein Wasserbehälter kann durch drei Röhren gefüllt werden, nämlich durch die erste in 2 [a], durch die zweite in 5 [b], durch die dritte in $7^1/_2$ [c] Stunden. In welcher Zeit wird der Behälter gefüllt sein, wenn alle drei Röhren fließen?

Der Behälter sei in x Stunden voll, so füllt die erste Röhre in in dieser Zeit $\frac{x}{2}$ $\left[\frac{x}{a}\right]$, die zweite $\frac{x}{5}$ $\left[\frac{x}{b}\right]$, die dritte $\frac{x}{7^1/_2}$ $\left[\frac{x}{c}\right]$ des Behälters. Daher ist:

| | |
|---|---|
| $\frac{x}{2} + \frac{x}{5} + \frac{x}{7^1/_2} = 1$ | $\frac{x}{a} + \frac{x}{b} + \frac{x}{c} = 1$ |
| $2x(^1/_4 + ^1/_{10} + ^1/_{15}) = 1$ | $x\left(\frac{1}{a} + \frac{1}{b} + \frac{1}{c}\right) = 1$ |
| $\frac{5x}{6} = 1$ | $x\left(\frac{bc + ac + ab}{abc}\right) = 1$ |
| $x = 1^1/_5$ Std. | $x = \frac{abc}{ab + ab + bc}$ Std. |

**865.** Wie gestaltet sich das Resultat der vorigen Aufgabe, wenn die erste Röhre 10 [m] Minuten vor den beiden andern Röhren zu fließen beginnt?

In 10 [m] Minuten füllt die Röhre $\frac{1}{12}$ $\left[\frac{m}{60 \,.\, a}\right]$ des Behälters. Mithin haben die drei Röhren zusammen noch $\frac{11}{12}$ $\left[\frac{60a - m}{60a}\right]$ des Behälters zu füllen. Sind hierzu x Stunden erforderlich, so ist gegenwärtig:

| | |
|---|---|
| $\frac{x}{2} + \frac{x}{5} + \frac{x}{7\frac{1}{2}} = \frac{11}{12}$ | $\frac{x}{a} + \frac{x}{b} + \frac{x}{c} = \frac{60a - m}{60a}$ |
| $\frac{5x}{6} = \frac{11}{12}$ | $x\left(\frac{ab + ac + bc}{abc}\right) = \frac{60a - m}{60a}$ |
| $10x = 11$ | |
| $x = 1\frac{1}{10}$ | $x = \frac{bc\,(60a - m)}{60\,(ab + ac + bc)}$ |

Stunden nach Beginn der gemeinschaftlichen Thätigkeit der drei Röhren.

**866.** An einem Mühlenteiche befinden sich drei Schleusen, nämlich zwei zum Zufluß und die dritte zum Abfluß. Ist der Teich leer, so kann er durch Oeffnung der ersten Schleuse in 24 [a] Stunden, durch Oeffnung der zweiten Schleuse in 30 [b] Stunden gefüllt werden. Ist aber der Teich voll, so kann ihn die dritte Schleuse in 16 [c] Stunden leeren. In wie viel Stunden wird der Teich angefüllt sein, wenn alle drei Schleusen zugleich geöffnet werden?

Die Anfüllung geschehe in x Stunden, so füllt die erste Schleuse in dieser Zeit $\frac{x}{24}$ $\left[\frac{x}{a}\right]$, die zweite aber $\frac{x}{30}$ $\left[\frac{x}{b}\right]$ des Teiches an, während die dritte Schleuse in derselben Zeit $\frac{x}{16}$ $\left[\frac{x}{c}\right]$ des Teiches leert. Demnach ist:

| | |
|---|---|
| $\frac{x}{24} + \frac{x}{30} - \frac{x}{16} = 1$ | $\frac{x}{a} + \frac{x}{b} - \frac{x}{c} = 1$ |
| $\frac{x}{80} = 1$ | $x\left(\frac{bc + ac - ab}{abc}\right) = 1$ |
| $x = 80$ Std. | $x = \frac{abc}{ac + bc - ab}$ Std. |

**867.** Ein Wasserbehälter kann, wenn er leer ist, durch eine Röhre in 8 [a] Stunden gefüllt, und wenn er voll ist, durch eine zweite Röhre in 6 [b] Stunden geleert werden. Wann wird der gegenwärtig volle Behälter leer sein, wenn beide Röhren gleichzeitig offen stehen?

In x Stunden.

| | |
|---|---|
| $\frac{x}{6} - \frac{x}{8} = 1$ | $\frac{x}{b} - \frac{x}{a} = 1$ |
| $\frac{x}{24} = 1$ | $x\left(\frac{a - b}{ab}\right) = 1$ |
| $x = 24$ Stunden. | $x = \frac{ab}{a - b}$ Stunden. |

868. Ein voller Wasserbehälter soll geleert werden. Hierzu wird ein Arbeiter angestellt, welcher mit einer Kanne von 24 Liter Rauminhalt in jeder Stunde 40mal schöpft. Um schneller zum Ziele zu kommen, stellt man nach Verlauf von 4 Stunden einen zweiten Arbeiter an, der mit einer Kanne von 50 Liter Rauminhalt in jeder Stunde 32mal schöpft. In wiel Stunden werden beide Arbeiter gleich viel Wasser geschöpft haben?

Braucht der zweite Arbeiter x Stunden, so schöpft er in dieser Zeit 50 . 32 . x Liter. Da der erste Arbeiter (x + 4) Stunden in Thätigkeit ist, so schöpft derselbe in dieser Zeit 40 . 24 (x + 4) Liter. Daher ist:

$$50 \cdot 32 \cdot x = 40 \cdot 24\,(x + 4)$$
$$5 \cdot 4 \cdot x = 4 \cdot 3\,(x + 4)$$
$$5x = 3\,(x + 4)$$
$$2x = 12$$
$$x = 6 \text{ Stunden.}$$

869. Eine Hausfrau hat 9 [n] Pfund Wollengarn. Der Strumpfwirker soll ihr hiervon Strümpfe wirken, für den Webelohn aber Wolle zurückbehalten. Das Pfund Wollengarn kostet 7 [a] Mark; das Webelohn für jedes Paar Strümpfe beträgt 1 [b] Mark. Wie viel Paar Strümpfe muß diese Frau zurückerhalten, wenn jedes Paar $^1/_2$ [c] Pfund wiegen soll?

x Paar Strümpfe.

Die Wolle hierzu wiegt $^x/_2$ [cx] Pfund und kostet $\frac{7x}{2}$ [acx] Mark. Der Webelohn beträgt im Ganzen x [bx] Mark. Da nun das dem Strumpfwirker gelieferte Wollengarn einen Gesammtbetrag von 9 . 7 = 63 [na] Mark ergiebt, so ist:

$$\frac{7x}{2} + x = 63$$
$$\frac{9x}{2} = 63$$
$$x = 14 \text{ P. Strümpfe.}$$

$$acx + bx = na$$
$$x = \frac{na}{ac + b} \text{ P. Strümpfe.}$$

870. Eine Hausfrau, welche für ein halbes Stück Leinwand weniger 5 Meter 23,75 Mark gezahlt hat, läßt sich, weil diese Leinwand von vorzüglicher Güte ist, bald darauf noch den Rest schicken und bezahlt hierfür 36,25 Mark. Wie viel Meter enthielt das gange Stück?

Enthält das ganze Stück x Meter, so werden das erste Mal $\frac{x}{2} - 5 = \frac{x - 10}{2}$ Meter mit 23,75 Mark bezahlt, und kostet daher das Meter $\frac{2\,(23{,}75)}{x - 10} = \frac{47{,}50}{x - 10}$ Mark. Beim zweiten Einkauf kosten $\frac{x}{2} + 5 = \frac{x + 10}{2}$ Meter 36,25 Mark, und zahlt man hiernach für das Meter $\frac{2\,(36{,}25)}{x + 10} = \frac{72{,}50}{x + 10}$ Mark. Da beide Mal der Preis derselbe ist, so findet sich:

$$\frac{47,50}{x - 10} = \frac{72,50}{x + 10}$$
$$19\,(x + 10) = 29\,(x - 10)$$
$$48 \,.\, 10 = 10x$$
$$48 = x.$$

**871.** An einer Arbeit, die aus 37 [n] Tagewerken besteht, haben die damit beauftragten Tagelöhner A, B, C gleich viel verdient. A erhält täglich 1 [a], B $1\frac{1}{4}$ [b], C $1\frac{1}{2}$ [c] Mark. Wie viel hat Jeder von ihnen gearbeitet?

Hat Jeder x Mark verdient, so hat A $\frac{x}{1}$, B $\frac{x}{1\frac{1}{4}}$, C $\frac{x}{1\frac{1}{2}}$ Tage gearbeitet. Da die Summe dieser Tage = 37 ist, so findet sich:

$$x + \frac{x}{1\frac{1}{4}} + \frac{x}{1\frac{1}{2}} = 37$$
$$x(1 + \tfrac{4}{5} + \tfrac{2}{3}) = 37$$
$$\frac{37x}{15} = 37$$
$$x = 15 \text{ Mk.}$$

$$\frac{x}{a} + \frac{x}{b} + \frac{x}{c} = n$$
$$x\left(\frac{1}{a} + \frac{1}{b} + \frac{1}{c}\right) = n$$
$$x\left(\frac{bc + ac + ab}{abc}\right) = n$$
$$x = \frac{nabc}{ab + ac + bc} \text{ Mk.}$$

Demgemäß hat gearbeitet:

A 15 Tage,

B $\frac{15}{1\frac{1}{4}} = 12$ Tage.

C $\frac{15}{1\frac{1}{2}} = 10$ Tage.

A $\frac{nbc}{ab + ac + bc}$ Tage.

B $\frac{nac}{ab + ac + bc}$ Tage.

C $\frac{nab}{ab + ac + bc}$ Tage.

**872.** Ein Weinhändler will zwei Weinsorten, die eine das Liter zu $2\frac{1}{2}$ [a], die andere das Liter zu $3\frac{1}{4}$ [b] Mark, in solchen Quantitäten mit einander vermischen, daß er 120 Liter à 3 Mark [n Liter à c Mark] erhält. Wie viel Liter muß er von jeder Sorte zu dieser Mischung nehmen?

x Liter à $2\frac{1}{2}$ [a] Mark und 120 — x [n — x] Liter à $3\frac{1}{4}$ [b] Mark.

$$2\tfrac{1}{2}x + 3\tfrac{1}{4}(120 - x) = 3 \,.\, 120$$
$$2\tfrac{1}{2}x - 3\tfrac{1}{4}x + 390 = 360$$
$$30 = \frac{3x}{4}$$
$$40 = x.$$

Also 40 Liter à $2\frac{1}{2}$ Mark und 80 Liter à $3\frac{1}{4}$ Mark.

$$ax + b(n - x) = nc$$
$$ax - bx = n(c - b)$$
$$x = \frac{n(c - b)}{a - b} = \frac{n(b - c)}{b - a}$$
$$n - x = \frac{n(a - c)}{a - b} = \frac{n(c - a)}{b - a}$$

d. i. $n\left(\frac{b - c}{b - a}\right)$ od. $n\left(\frac{c - b}{a - b}\right)$ Liter à a Mk.

und $n\left(\frac{c - a}{b - a}\right)$ od. $n\left(\frac{a - c}{a - b}\right)$ Liter à b Mk.

**873.** Wie viel Wasser muß man unter 80 Liter Wein à $2\frac{1}{2}$ Mark [n Liter à a Mark] mischen, wenn das Liter der Mischung 2 [b] Mark gelten soll?

$$80 \,.\, 2\tfrac{1}{2} = (x + 80)\, 2$$
$$200 = 2x + 160$$
$$40 = 2x$$
$$20 = x.$$

$$b\,(n + x) = na$$
$$bx = n\;(a - b)$$
$$x = \tfrac{n}{b}\,(a - b \text{ Liter Wasser.}$$

**874.** Wie viel feines Gold muß man unter 50 [n] Gramm Gold von 0,784 $\left[\frac{a}{1000}\right]$ Feingehalt schmelzen, wenn der Feingehalt = 0,800 $\left[\frac{b}{1000}\right]$ werden soll?

$$50 \,.\, 0{,}784 + x = 0{,}800 \,.\; 50 + x)$$
$$39{,}200 + x = 40{,}000 + 0{,}800 \,.\, x$$
$$0{,}200x = 0{,}800$$
$$x = 4 \text{ Gr.}$$

$$\frac{na}{1000} + x = (n + x)\,\frac{b}{1000}$$
$$na + 1000x = nb + bx$$
$$1000 - b)\,x = n\;\,b\;\;\;a)$$
$$x = n\left(\frac{b - a}{1000 - b}\right)\text{Gr.}$$

**875.** Eine Arbeit könnte von 12 [a] Männern in 10 [m] Tagen, oder von 8 [b] Frauen in 20 [n] Tagen geleistet werden. Nun sind aber 6 [c] Männer bereits 5 [p] Tage an diesem Werke thätig. Wie viel Frauen müssen noch hinzutreten, wenn sie mit den Männern zusammen die Arbeit in $7\frac{1}{2}$ [t] Tagen vollenden sollen?

Die 6 Männer leisten in $5 + 7\frac{1}{2} = 12\frac{1}{2}$ Tagen $\frac{25}{2} \,.\, \frac{1}{20} = \frac{5}{8}$ des Werkes, so daß die Frauen noch $\frac{3}{8}$ des Werkes auszuführen haben. Es seien x Frauen erforderlich, so machen dieselben in $7\frac{1}{2}$ Tagen $7\frac{1}{2} \,.\, \frac{x}{160} = \frac{3x}{64}$ des Werkes. Mithin ist $\frac{3x}{64} = \frac{3}{8}$, woraus $x = 8$ Frauen folgt.

Es leisten c Männer in $(p + t)$ Tagen $(p + t) \,.\, \frac{c}{am} = \frac{cp + ct}{am}$ des Werkes, so daß für die x Frauen noch $1 - \left(\frac{cp + ct}{am}\right) = \frac{am - cp - ct}{am}$ der Arbeit übrig bleibt. Die x Frauen leisten aber in t Tagen $\frac{tx}{bn}$ des Werkes. Daher ist:

$$\frac{tx}{bn} = \frac{am - cp - ct}{am}$$
$$x = \frac{bn}{t}\left(\frac{am - cp - ct}{am}\right) \text{ Frauen.}$$

**876.** Ein Meister nimmt einen Gesellen an, und zwar unter folgenden Bedingungen. Der Geselle erhält für jeden Tag, den er bei dem Meister arbeitet, 2 [a] Mark und die Kost, muß aber für jeden Tag, den er nicht arbeitet, die Kost mit $\frac{1}{2}$ [b] Mark vergütigen. Nach Verlauf von 30 [n] Tagen wird Rechnung gehalten, und der Geselle empfängt im Ganzen 40 [m] Mark. Wie viel Tage hat er gearbeitet?

Der Geselle hat x Tage gearbeitet, 30 — x [n — x] Tage gefeiert.

| | |
|---|---|
| $2x - \frac{1}{2}(30 - x) = 40$ | $ax - b(n - x) = m$ |
| $4x - 30 + x = 80$ | $ax + bx = m + bn$ |
| $5x = 110$ | $x = \frac{m + bn}{a + b}$ Tage. |
| $x = 22$ Tage. | |

877. Wenn A täglich 9 [a] Stunden arbeitet, so verdient er in 6 [m] Tagen ebenso viel als B in 5 [n] Tagen, wenn dieser täglich 10 [b] Stunden arbeitet. Einige Zeit hindurch haben aber A und B gemeinschaftlich jeden Tag gleich viel Stunden gearbeitet und zusammen 78 [p] Mark verdient. Wie viel gebührt Jedem hiervon?

A verdient in 54 [am] Stunden ebenso viel als B in 50 [bn] Stunden. Es verhält sich daher die Arbeitskraft des ersteren zu der des letzteren wie $1 : \frac{27}{25}$ $\left[1 : \frac{am}{bn}\right]$. Wenn also A x Mark erhält, so müssen dem B $\frac{27x}{25}$ $\left[\frac{amx}{bn}\right]$ Mark zufallen. Hiernach ist:

| | |
|---|---|
| $x + \frac{27x}{25} = 78$ | $x + \frac{amx}{bn} = p$ |
| $x = 37\frac{1}{2}$ Mark | $x = \frac{bnp}{bn + am}$ Mark. |
| $\frac{27x}{25} = 40\frac{1}{2}$ Mark. | B erhält $\frac{amp}{bn + am}$ Mark. |

878. Ein Spieler verliert bei dem ersten Spiele $\frac{3}{8}$ seiner mitgebrachten Baarschaft, gewinnt alsdann $\frac{1}{5}$ des Restes, verliert hierauf wieder $\frac{5}{9}$ seiner vergrößerten Summe, gewinnt aber nun die Hälfte des neuen Restes, verliert jedoch hierauf wieder $\frac{1}{3}$ dessen, was er zuletzt hatte, weshalb er nun zu spielen aufhört. Beim Nachzählen seiner Baarschaft findet er, daß er im Ganzen 50 Mark verloren hat. Wie viel besaß er anfänglich?

Hatte er anfänglich x Mark, so besaß er:

nach dem 1. Spiele $\frac{5x}{8}$,

nach dem 2. Spiele $\frac{5x}{8} \cdot \frac{6}{5} = \frac{3x}{4}$,

nach dem 3. Spiele $\frac{3x}{4} \cdot \frac{4}{9} = \frac{x}{3}$,

nach dem 4. Spiele $\frac{x}{3} \cdot \frac{3}{2} = \frac{x}{2}$,

nach dem 5. Spiele $\frac{x}{2} \cdot \frac{2}{3} = \frac{x}{3}$.

Da er der Aufgabe gemäß zuletzt x — 50 Mark übrig behält, so ist:

$$x - 50 = \frac{x}{3}$$
$$\frac{2x}{3} = 50$$
$$x = 75 \text{ Mark.}$$

**879.** Eine Bäuerin bringt eine gewisse Anzahl Eier zu Markte. Zuerst verkaufte sie die Hälfte ihres Vorraths und noch ein halbes Ei, ohne eines zu zerbrechen; hierauf die Hälfte des Restes und abermals ein halbes Ei dazu; ebenso zum dritten und vierten Male, worauf sie nur noch ein Ei im Korbe hat. Wie viel Eier brachte sie anfänglich zum Verkauf?

Hatte sie anfänglich x Eier, so war der erste Rest $\frac{x}{2} - \frac{1}{2}$, der zweite Rest $\frac{x}{4} - \frac{3}{4}$, der dritte Rest $\frac{x}{8} - \frac{7}{8}$, der vierte Rest $\frac{x}{16} - \frac{15}{16}$. Da dieser Rest $= 1$ ist, so erhält man:

$$\frac{x}{16} - \frac{15}{16} = 1$$
$$\frac{x}{16} = \frac{31}{16}$$
$$x = 31 \text{ Eier.}$$

**880.** Ein Bauer bringt einen Korb mit Eiern zu Markte und bietet je 20 Eier zu 1 Mark aus. Ein Vorübergehender stößt zufällig mit dem Fuße daran und zerbricht ihm dadurch 5 Eier. Als der Bauer Schadenersatz erhalten hatte, beschließt er, den Rest der Eier das Stück zu 0,06 Mark zu verkaufen, wodurch er außer der empfangenen Entschädigung noch 0,30 Mark profitiren würde. Wie viel Eier brachte er zur Stadt?

Sind zuerst x Eier vorhanden gewesen, so hätten dieselben $\frac{x}{20}$ Mark eingebracht. Der Bauer verkauft $(x - 5)$ Eier und löst dafür $0{,}06 \cdot (x - 5)$ Mark. Da er 0,30 Mark gewinnt, so ist:

$$0{,}06\,(x - 5) - \frac{x}{20} = 0{,}30$$
$$0{,}01x - 0{,}30 = 0{,}30$$
$$0{,}01x = 0{,}60$$
$$x = 60 \text{ Eier.}$$

**881.** Ein Kapitalist giebt eine gewisse Summe zu 5% auf Zinsen. Nach 2 Jahren verbraucht er $\frac{1}{6}$ des Kapitals und läßt den Rest $\frac{3}{4}$ Jahre auf Zinsen stehen. Hierauf verbraucht er $\frac{1}{5}$ des nunmehrigen Kapitals und läßt den Rest $1\frac{1}{4}$ Jahre stehen. Dann fordert er das Kapital zurück. Wie viel besaß er anfänglich, wenn er in der angegebenen Zeit im Ganzen 4150 Mark Zinsen erhalten hat?

Wegen der verlangten Theilung durch 6 und 5 setzen wir das anfängliche Kapital $= 30x$ Mark. Diese tragen zu 5% in 2 Jahren $2 \cdot \frac{5}{100} \cdot 30x = 3x$ Mark Zinsen. Da nun das Kapital um 5x Mark vermindert wird, so bleiben $30x - 5x = 25x$ Mark übrig, welche zu 5% in $\frac{3}{4}$ Jahren $\frac{3}{4} \cdot \frac{5}{100} \cdot 25x = \frac{15x}{16}$ Mark Zinsen bringen. Die abermalige Verminderung des Kapitals beträgt 5x, mithin der Bestand $25x - 5x = 20x$ Mark, welche zu 5% in $1\frac{1}{4}$ Jahren $1\frac{1}{4} \cdot \frac{5}{100} \cdot 20x = \frac{5x}{4}$ Mark Zinsen tragen. Daher ist der Aufgabe gemäß:

$$3x + \frac{15x}{16} + \frac{5x}{4} = 4150$$
$$(48 + 15 + 20)\,x = 16 \cdot 4150$$
$$83x = 16 \cdot 4150$$
$$x = 16 \cdot 50 = 800$$
$$30x = 24000 \text{ Mark.}$$

882. A hinterläßt seinen Kindern ein gewisses Vermögen. Das erste erhielt 300 Mark und $\frac{1}{6}$ des Restes, das zweite 600 Mark und noch $\frac{1}{6}$ des letzten Restes, das dritte 900 Mark und $\frac{1}{6}$ des abermaligen Restes, das vierte 1200 Mark und $\frac{1}{6}$ des letzten Restes u. s. f. Alle erhalten gleich viel. Wie viel Kinder und welches Vermögen hat A hinterlassen?

Beträgt das hinterlassene Vermögen 36x Mark, so erhält das erste Kind 300 Mark und außerdem noch $\frac{36x - 300}{6} = 6x - 50$ Mark, also im Ganzen $300 + 6x - 50 = 6x + 250$ Mark. Dann sind noch $30x - 250$ Mark zu vertheilen. Hiervon erhält das zweite Kind $600 + \frac{30x - 250 - 600}{6} = 600 + 5x - 141\frac{2}{3} = 5x + 458\frac{1}{3}$ Mark. Da die Erbantheile gleich sind, so findet sich nun:

$$6x + 250 = 5x + 458\tfrac{1}{3}$$
$$x = 208\tfrac{1}{3}$$
$$36x = 7500 \text{ Mark.}$$

Der Antheil eines Kindes ist $6x + 250 = 1250 + 250 = 1500$ Mark. Demnach hinterläßt A $\frac{7500}{1500} = 5$ Kinder.

883. Welche Resultate ergeben sich in voriger Aufgabe, wenn das erste Kind a Mark nebst dem n ten Theile des Restes, das zweite Kind 2a Mark nebst dem n ten Theile des neuen Restes, das dritte Kind 3a Mark nebst dem n ten Theile des letzten Restes ꝛc. erhält und dennoch die Erbantheile gleich groß werden?

Beträgt das hinterlassene Vermögen $n^2x$ Mark, so erhält das erste Kind $a + \frac{n^2x - a}{n} = (nx + a - \frac{a}{n})$ Mark. Dann sind noch $(n^2x - nx - a + \frac{a}{n})$ Mark zu vertheilen. Hiervon erhält das zweite Kind $2a + \frac{n^2x - nx - 3a + \frac{a}{n}}{n} = 2a + nx - x - \frac{3a}{n} + \frac{a}{n^2}$. Wegen der Gleichheit der Antheile ist nun:

$$nx + a - \frac{a}{n} = 2a + nx - x - \frac{3a}{n} + \frac{a}{n^2}$$
$$x = a - \frac{2a}{n} + \frac{a}{n^2}$$
$$x = a\left(1 - \frac{2}{n} - \frac{1}{n^2}\right)$$
$$n^2x = a\,(n^2 - 2n + 1)$$
$$n^2x = a\,(n - 1)^2 \text{ Mark.}$$

Der Antheil eines Kindes beträgt $nx + a - \frac{a}{n} = a\,(n - 2 + \frac{1}{n}) + a - \frac{a}{n} = a\,(n - 2 + \frac{1}{n} + 1 - \frac{1}{n}) = a\,(n - 1)$ Mark.

Folglich erben $\frac{(n-1)^2}{n-1} = n - 1$ Kinder.

Anmerk. Um die Rechnung zu vereinfachen, setze man das gesuchte Vermögen $= n^2x + (n+1)\,a$ Mark.

**884.** Auf einer gewissen Strecke hat jedes Vorderrad eines Wagens 1500 [n] Umläufe mehr gemacht als jedes Hinterrad. Der Umfang eines Vorderrades beträgt $1\frac{3}{4}$ [a] Meter, der eines Hinterrades $2\frac{3}{8}$ [b] Meter. Wie groß ist der zurückgelegte Weg?

Beträgt der zurückgelegte Weg x Meter, so macht ein Vorderrad $\frac{x}{1\frac{3}{4}}$ $\left[\frac{x}{a}\right]$, ein Hinterrad $\frac{x}{2\frac{3}{8}}$ $\left[\frac{x}{b}\right]$ Umläufe. Daher ist:

$$\frac{x}{1\frac{3}{4}} - \frac{x}{2\frac{3}{8}} = 1500$$
$$\frac{4x}{7} - \frac{8x}{19} = 1500$$
$$\frac{x}{7} - \frac{2x}{19} = 375$$
$$\frac{5x}{133} = 375$$
$$\frac{x}{133} = 75$$
$$x = 9975 \text{ Meter}$$

oder 1,33 metrische Meilen.

$$\frac{x}{a} - \frac{x}{b} = n$$
$$x\left(\frac{1}{a} - \frac{1}{b}\right) = n$$
$$\left(\frac{b-a}{ab}\right) x = n$$
$$x = \frac{nab}{b-a} \text{ Meter.}$$

**885.** In einer Gesellschaft befanden sich anfangs doppelt [n mal] so viel Herren als Damen. Nachdem aber 6 [a] Herren hinzugekommen und 2 [b] Damen weggegangen waren, befanden sich in der Gesellschaft dreimal [m mal] so viel Herren als Damen. Aus wie viel Herren und Damen bestand die Gesellschaft anfänglich?

Anfänglich waren x Damen und 2x Herren gegenwärtig [x Damen und nx Herren].

$$3(x-2) = 2x + 6$$
$$x = 12 \text{ Damen}$$
$$2x = 24 \text{ Herren.}$$

$$m(x-b) = nx + a$$
$$x = \frac{a+mb}{m-n} \text{ Damen.}$$
$$nx = n\left(\frac{a+mb}{m-n}\right) \text{ Herren.}$$

**886.** Eine Bauerfrau bringt Gänse und Enten zur Stadt, zusammen 10 [n] Stück und löst dafür 35 [m] Mark. Sie verkauft jede Gans zu $4\frac{1}{2}$ [a] Mark, jede Ente zu 2 [b] Mark. Wie viel Gänse und Enten hatte sie?

x Gänse, 10 — x Enten.

$$4\tfrac{1}{2}x + 2(10-x) = 35$$
$$2\tfrac{1}{2}x = 15$$
$$x = 6 \text{ Gänse,}$$
$$10 - x = 4 \text{ Enten.}$$

x Gänse und n — x Enten.

$$ax + b(n-x) = m$$
$$(a-b)\,x = m - bn$$
$$x = \frac{m-bn}{a-b} \text{ Gänse,}$$
$$n - x = \frac{an-m}{a-b} \text{ Enten.}$$

887. Ein Kaufmann verliert $2\frac{1}{2}\,\%$, wenn er einen Waarenvorrath zu $48\frac{3}{4}$ Mark verkauft. Wie viel Procent Gewinn oder Verlust hat er, wenn er für denselben Waarenvorrath 52 Mark löst?

Beträgt der Einkaufspreis des Waarenvorraths x Mark, so verliert er hieran $\frac{2\frac{1}{2} \cdot x}{100} = \frac{x}{40}$ Mark und löst hiernach $x - \frac{x}{40} = \frac{39x}{40}$ Mark. Daher ist $\frac{39x}{40} = 48\frac{3}{4}$; folglich $x = 50$ Mark.

Verkauft er nun die Waare für 52 Mark, so gewinnt er mit 50 Mark Auslage 2 Mark, also $2 \cdot 2 = 4\,\%$.

888. Jemand verliert $n\,\%$, wenn er einen Waarenvorrath für p Mark verkauft; wie viel Procent gewinnt oder verliert er, wenn der Preis der Waare q ist?

$$\text{Erster Fall: } q > \frac{100p}{100 - n}.$$

Wird der Einkaufspreis der Waare wieder $= x$ gesetzt, so ist:

$$x - \frac{nx}{100} = p; \text{ folglich } x = \frac{100p}{100 - n} \text{ Mark,}$$

und gewinnt man alsdann:

$$q - \frac{100p}{100 - n} \text{ Mark,}$$

was einen Gewinn von:

$$100\left(q - \frac{100p}{100 - n}\right) : \frac{100p}{100 - n} = \frac{q\,(100 - n) - 100p}{p}\,\%$$

ergiebt.

$$\text{Zweiter Fall: } q < \frac{100p}{100 - n}.$$

Diesmal entsteht ein Verlust von $\frac{100p}{100 - n} - q$ Mark oder

$$100\left(\frac{100p}{100 - n} - q\right) : \frac{100p}{100 - n} = \frac{100p - q\,(100 - n)}{p}\,\%.$$

889. Jemand, der sogleich Geld braucht, will, ohne dabei zu verlieren, eine Obligation, die noch auf 12 [n] Jahre zu 6 [p] % steht, an einen reichen Freund ablassen, der sein Geld nicht höher als zu 5 [$q < p$] % benutzen will. Wie viel muß daher der Käufer dieser Obligation auf jedes Hundert mehr geben, damit dem Willen Beider entsprochen werde?

Der Käufer muß auf jedes Hundert der Obligation x Mark zulegen. Da 100 Mark zu 6 % in 12 Jahren auf 172 Mark anwachsen und andererseits $(100 + x)$ Mark zu 5 % in 12 Jahren auf $\frac{160}{100}\,(100 + x) = 160 + \frac{8x}{5}$ Mark, so ist der Aufgabe gemäß:

$$160 + \frac{8x}{5} = 172$$

$$x = 7\tfrac{1}{2} \text{ Mark.}$$

Der Käufer muß also für jedes Hundert der Obligation $107\frac{1}{2}$ Mark geben.

In n Jahren betragen 100 Mark zu p % (100 + np) Mark und andererseits (100 + x) Mark zu q % in n Jahren $\frac{100 + nq}{100}$ (100 + x) Mark. Daher:

$$\frac{100 + nq}{100}(100 + x) = 100 + np$$

$$100 + x = 100\left(\frac{100 + np}{100 + nq}\right) \text{ Mark,}$$

welche der Käufer für jedes Hundert der Obligation zahlen muß.

Demgemäß ist:

$$x = 100\left(\frac{100 + np}{100 + nq}\right) - 100$$

$$x = \frac{100 \,.\, n\,(p - q)}{100 + nq} \text{ Mark,}$$

welche der Käufer auf jedes Hundert der Obligation zulegen muß.

**890.** Wie viel hat in voriger Aufgabe der Käufer für die Obligation zu zahlen, wenn dieselbe über 4000 Mark [a Mark] lautet?

$$107\tfrac{1}{2} \,.\, 40 = 4300 \text{ Mark.}$$

$$\frac{a}{100} \,.\, 100 \,.\, \frac{100 + np}{100 + nq} = a\left(\frac{100 + np}{100 + nq}\right) \text{ Mark.}$$

**891.** Ein Kapitalist macht sich verbindlich, einem Kaufmanne 12000 [n] Mark auf 18 [m] Monate zu leihen. Da er aber diese Summe nicht auf einmal herbeizuschaffen vermag, so vereinigen sich beide Theile dahin, daß der Kapitalist sogleich 3000 [a] Mark, nach Verlauf von 6 [p] Monaten noch 4000 [b] Mark und wieder 6 [q] Monate später den Rest hergeben solle. Wie lange kann der Kaufmann dann noch die ganze Summe behalten, wenn keinem von beiden Theilen Unrecht geschehen soll?

Behält der Kaufmann die 12000 [n] Mark noch x Monate, so kann er benutzen:

| | | | |
|---|---|---|---|
| 3000 Mark | (6 + 6 + x) Mon. | a Mark | (p + q + x) Mon. |
| 4000 „ | (6 + x) „ | b „ | (q + x) „ |
| 5000 „ | x „ | (n — a — b) „ | x „ |

Er benutzt also:

| | | | |
|---|---|---|---|
| 3000 Mark | 12 Monate. | a Mark | (p + q) Monate. |
| 4000 „ | 6 „ | b „ | q „ |
| 12000 „ | x „ | n „ | x „ |

Da dies gleichbedeutend sein soll mit der Benutzung von 12000 Mark auf 18 Monate, n Mark auf m Monate, so ist erstlich:

$$(3000 \,.\, 12) + (4000 \,.\, 6) + 12000x = 12000 \,.\, 18$$

$$3 + 2 + x = 18$$

$$x = 13 \text{ Monate.}$$

nach Empfang der letzten Zahlung.

Ferner ist:

$$a(p+q) + bq + nx = nm$$

$$x = nm - \frac{a(p+q) - bq}{n} \text{ Monate.}$$

**892.** Von welchem specifischen Gewichte ist eine Silberlegirung, welche aus 42 Gramm feinem Silber und 6 Gramm Kupfer besteht, wenn das specifische Gewicht des Silbers $= 10\frac{1}{2}$, das des Kupfers $= 8\frac{7}{10}$ ist?

$$(42 + 6)\,x = 42 \,.\, 10\tfrac{1}{2} + 6 \,.\, 8\tfrac{7}{10}$$

$$48x = 493\tfrac{1}{5}$$

$$x = 10\tfrac{11}{40},$$

d. h. das specifische Gewicht der Legirung ist $= 10\frac{11}{40}$.

**893.** Die Volumina zweier Körper seien v und V, die entsprechenden specifischen Gewichte s und S. Wie groß ist das specifische Gewicht der Mischung beider Körper, vorausgesetzt (wie in voriger Aufgabe), daß keine Verdichtung stattfindet?

$$(V + v)\,x = VS + vs$$

$$x = \frac{VS + vs}{V + v}.$$

**894.** Wie viel Seiten hat dasjenige Vieleck, dessen innere Winkel zusammen n Rechte betragen?

Hat das Polygon x Seiten, so ist die Summe der Polygonwinkel $= (2x - 4)$ Rechte. Daher ist $2x - 4 = n$, woraus $\frac{n+4}{2} = \frac{n}{2} + 2$ folgt; d. h. das erwähnte Polygon hat $(\frac{n}{2} + 2)$ Seiten.

**895.** Wie viel Seiten hat dasjenige reguläre Vieleck, dessen Polygonwinkel $\frac{a}{b}$ Rechte beträgt?

$$\frac{2x - 4}{x} = \frac{a}{b}$$

$$2bx - 4b = ax$$

$$(2b - a)\,x = 4b$$

$$x = \frac{4b}{2b - a} \text{ Seiten.}$$

**896.** Hätte ich 4 Mark mehr, so könnte ich die Markstücke, die in meinem Besitze sind, in Form eines Quadrats neben einander legen. Vermindre ich aber jede Seite des Quadrats um 1 Markstück, so bleiben mir 15 Mark übrig. Wie viel Mark besitze ich?

Lege ich das erste Mal $(x + 1)$ Geldstücke in jede Seite des Quadrats, so ist mein Besitzthum $(x + 1)^2 - 4$ Mark. Kommen aber nur x Geldstücke in jede Seite des Quadrats, so ist meine Baarschaft $x^2 + 15$ Mark. Da beide Beträge dieselbe Summe ausmachen, so ist:

$$(x + 1)^2 - 4 = x^2 + 15$$

$$2x - 3 = 15$$

$$2x = 18$$

$$x = 9$$

$$x^2 + 15 = 96 \text{ Mark,}$$

$$(x + 1)^2 - 4 = 96 \text{ Mark.}$$

897. Jemand besitzt eine gewisse Anzahl Goldstücke à 20 Mark, welche er in Form eines gleichseitigen Dreiecks neben einander legen kann. Nachdem er hierzu noch eine gewisse Anzahl Goldstücke gewonnen hatte, versuchte er es, das gleichseitige Dreieck zu vergrößern. Legte er jedoch zwei Reihen dazu, so blieben ihm 7 Goldstücke übrig; und wollte er drei Reihen hinzulegen, so fehlten ihm 6 Goldstücke. a) Wie viel Goldstücke enthielt ursprünglich jede äußere Seite des Dreiecks? b) Wie viel betrug das anfängliche Besitzthum? c) Wie viel Goldstücke wurden gewonnen?

Lagen an jeder Seite des Dreiecks x Goldstücke, so enthält die zunächst hinzugefügte Reihe $x + 1$, die darauf folgende $x + 2$ Goldstücke. Die Summe dieser beiden Reihen ergiebt also $2x + 3$ Goldstücke. Da aber hierbei 7 Goldstücke übrig bleiben, so muß der Gewinn $2x + 3 + 7 = 2x + 10$ Goldstücke betragen. Wird noch eine dritte Reihe hinzugefügt, so muß dieselbe $x + 2$ Goldstücke enthalten. Die Summe der drei hinzugefügten Reihen ist $= (x + 1) + (x + 2) + (x + 3) = 3x + 6$ Goldstücke. Da hierzu 6 Goldstücke fehlen, so ist hiernach der Gewinn $= 3x$ Goldstücke. Man hat also nun:

$$(x + 1) + (x + 2) + 7 = (x + 1) + (x + 2) + (x + 3) - 6$$
$$6 + 7 = x + 3$$
$$10 = x,$$

d. h. das gleichseitige Dreieck zählt in jeder Seite 10 Goldstücke, oder es besteht aus 10 Reihen, von denen die erste 1, die zweite 2, die dritte 3, die vierte 4 2c. Goldstücke enthält. Demgemäß waren anfänglich $1 + 2 + 3 + 4 + \ldots\ldots + 10 = 55$ Goldstücke vorhanden.

Gewonnen wurden $2x + 10 = 30$, oder $3x = 30$ Goldstücke.

898. A legt auf einem rechtwinkligen Gartenstück, dessen Länge und Breite im Verhältniß von 8 : 3 stehen, eine Baumschule an. Setzt er die Bäumchen in gleichen Entfernungen neben einander, so bleiben ihm von seinem Vorrath 72 Stück übrig. Deshalb entschließt er sich, die Bäumchen näher zusammenzusetzen, und zwar derartig, daß auf die längere Seite 8, auf die kürzere Seite 3 Bäumchen mehr kommen als vorher. Es stellt sich jedoch heraus, daß ihm hierzu 144 Bäumchen fehlen. Wie viel Bäumchen besitzt A?

Setzt A anfänglich auf die längere Seite 8x, auf die kürzere Seite 3x Bäumchen, so besteht sein Vorrath aus $24x^2 + 72$ Bäumchen. Im zweiten Falle kommen auf die längere Seite $8x + 8$, auf die kürzere Seite $3x + 3$ Stück. Hiernach ist sein Vorrath $(8x + 8)(3x + 3) - 144 = 24x^2 + 48x - 120$ Bäumchen. Daher ist:

$$(8x + 8)(3x + 3) - 144 = 24x^2 + 72$$
$$(8x + 8)(3x + 3) = 24x^2 + 216$$
$$(x + 1)(x + 1) = x^2 + 9$$
$$2x + 1 = 9$$
$$2x = 8$$
$$x = 4$$
$$24x^2 + 72 = 456 \text{ Bäumchen.}$$

## B. Einfache Gleichungen mit zwei Unbekannten.

(§ 31.)

### Gegebene Gleichungen mit zwei Unbekannten.

899. $x + y = 5555$ und $x - y = 3087$.
Die halbe Summe der beiden Gleichungen giebt $x = 4321$.
Die halbe Differenz der beiden Gleichungen giebt $y = 1234$.

900. $x + y = 2a$ und $x - y = 2b$.
Es findet sich $x = a + b$ und $y = a - b$.

901. Aus $x + 19y = 207$ und $x + 12y = 137$
folgt durch Subtraction:
$7y = 70$, daher $y = 10$, mithin $x = 17$.

902. $x + ay = c$ und $bx + y = d$.
Die erste Gleichung mit b multiplicirt und dann um die zweite vermindert, giebt:

$$(ab - 1)\,y = bc - d,$$

$$\text{also:}\quad y = \frac{bc - d}{ab - 1}.$$

Die zweite der gegebenen Gleichungen mit a multiplicirt und dann um die erste vermindert, giebt:

$$(ab - 1)\,x = ad - c,$$

$$\text{daher:}\quad x = \frac{ad - c}{ab - 1}.$$

903. Aus $x + 3\frac{2}{5}y = 80$ und $4\frac{3}{4}y - x = 83$
folgt durch Addition:
$8\frac{3}{20}y = 163$, mithin $y = 20$ und daher $x = 12$.

904. Aus $ax + y = c$ und $bx - y = d$
folgt durch Addition:

$$(a + b)\,x = c + d,\ \text{also}\ x = \frac{c + d}{a + b};\ \text{ferner}\ y = a\left(\frac{b - d}{a + b}\right).$$

905. $x + 13y = 99$ und $9x - y = 65$.
Die mit 9 multiplicirte erste Gleichung um die zweite vermindert, giebt: $118y = 826$, also $y = 7$.
Wird die zweite der gegebenen Gleichungen mit 13 multiplicirt und dann zu der ersten addirt, so findet sich:
$118x = 944$, mithin $x = 8$.

906. Aus $x + ay = c$ und $bx - y = d$
folgt:

$$x = \frac{ad + c}{ab + 1}\ \text{und}\ y = \frac{bc - d}{ab + 1}.$$

907. Aus $12x + 7y = 81$ und $12x - 7y = 39$
folgt durch Addition: $24x = 120$, also $x = 5$;
durch Subtraction: $14y = 42$, mithin $y = 3$.

908. Aus $ax + by = m$ und $ax - by = n$
folgt:

$$x = \frac{m + n}{2a}\ \text{und}\ y = \frac{m - n}{2b}.$$

**909.** $\frac{x + 187}{7y + 16} = 2$ und $\frac{253 - x}{8y - 16} = 3$.

Aus der ersten Gleichung folgt: $x + 155 = 14y$, aus der zweiten: $301 - x = 24y$.

Durch Addition der beiden letzten Gleichungen erhält man:

$$38y = 456, \text{ mithin } y = 12.$$

Dieser Werth statt y in die Gleichung $x + 155 = 14y$ eingesetzt, giebt: $x + 155 = 168$, folglich $x = 13$.

**910.** Aus $\frac{x + c}{ay + b} = m$ und $\frac{d - x}{fy - g} = n$

$$\text{folgt } y = \frac{c + d - bm + gn}{am + fn}$$

$$\text{und } x = \frac{mn\,(ag + bf) + m\,(ad - cf)}{am + fn}.$$

**911.** $\frac{x}{2} - \frac{y}{3} = 10$ und $\frac{x}{5} + \frac{y}{6} = 3$.

Die erste durch 2 dividirt und dann zu der zweiten addirt, giebt:

$$\frac{9x}{20} = 18, \text{ daher } x = 40.$$

Die zweite der gegebenen Gleichungen mit 5, die erste mit 2 multiplicirt und das erste Ergebniß um das zweite vermindert, giebt:

$$\frac{3y}{2} = 45, \text{ also } y = 30.$$

**912.** Aus $\frac{x}{a + b} - \frac{y}{a - b} = \frac{1}{a + b}$ und $\frac{x}{a + b} + \frac{y}{a - b} = \frac{1}{a - b}$

folgt durch Addition:

$$\frac{2x}{a + b} = \frac{2a}{a^2 - b^2}, \text{ daher } x = \frac{a}{a - b},$$

durch Subtraction:

$$\frac{2y}{a - b} = \frac{2b}{a^2 - b^2}, \text{ daher } y = \frac{b}{a + b}.$$

**913.** $\frac{1}{x} = 3 - \frac{1}{y}$ und $\frac{1}{y} = \frac{1}{x} - 2$

Die erste Gleichung läßt sich umformen in $\frac{1}{x} + \frac{1}{y} = 3$, die zweite in $\frac{1}{x} - \frac{1}{y} = 2$, und erhält man hieraus durch Addition, resp. Subtraction im ersten Falle $\frac{2}{x} = 5$, daher $x = {}^2/_5$; im zweiten Falle $\frac{2}{y} = 1$, mithin $y = 2$.

**914.** Aus $\frac{1}{x} = m - \frac{1}{y}$ und $\frac{1}{y} = \frac{1}{x} - n$

folgt:

$$x = \frac{2}{m + n} \text{ und } y = \frac{2}{m - n}.$$

**915.** $\sqrt{x + y} = 5$ und $\frac{x + 3}{4} + y - 7 = 9$.

Die erste dieser Gleichungen giebt $x + y = 25$, die zweite: $x + 4y = 61$, und aus diesen beiden Gleichungen erhält man durch Subtraction:

$3y = 36$, also $y = 12$, mithin $x = 25 - 12 = 13$.

**916.** Aus $\sqrt{x + y} = a + b$ und $x - y = (a - b) \sqrt{x + y}$ folgt: $x = a (a + b)$ und $y = b (a + b)$.

Es ist nämlich die zweite der gegebenen Gleichungen, wenn man den Werth von $\sqrt{x + y}$ aus der ersten einträgt:

$$x - y = (a - b) (a + b) = a^2 - b^2.$$

Quadrirt man die erste der gegebenen Gleichungen, so ist:

$$x + y = a^2 + 2ab + b^2.$$

Aus dieser und der vorher gefundenen Gleichung ergeben sich aber in bekannter Weise die beiden Unbekannten.

**917.** $3\frac{1}{3}x = 4\frac{1}{2}y + 1\frac{1}{2}$ und $2\frac{5}{6}x = 5\frac{1}{3}y - 18\frac{1}{3}$.

Um die Brüche fortzuschaffen, multiplicire man beide Gleichungen mit 6 und verfahre alsdann in bekannter Weise. Es findet sich:

$$x = 18 \text{ und } y = 13.$$

**918.** Aus $\frac{a}{x} - \frac{b}{y} = c$ und $\frac{m}{x} - \frac{n}{y} = p$ folgt:

$$x = \frac{an - bm}{cn - bp} \text{ und } y = \frac{an - bm}{cm - ap}.$$

Das einfachste Verfahren besteht hier darin, daß man die erste der gegebenen Gleichungen mit m, die zweite mit a multiplicirt, das zweite Ergebniß von dem ersten subtrahirt und sodann y bestimmt.

Um auch x unmittelbar zu finden, multiplicire man die erste der gegebenen Gleichungen mit n, die zweite mit b, subtrahire das zweite Ergebniß von dem ersten und bestimme nun x.

**919.** $x^2 - y^2 = a$ und $x - y = b$.

Die erste durch die zweite dividirt, giebt $x + y = \frac{a}{b}$, woraus in Verbindung mit der zweiten der gegebenen Gleichungen:

$$x = \frac{a + b^2}{2b} \text{ und } y = \frac{a - b^2}{2b}$$

gefunden wird.

**920.** Aus $x^2 - y^2 = 120$ und $x - y = 6$ folgt:

$$x = 13 \text{ und } y = 7.$$

**921.** Aus $x^2 - y^2 = a$ und $x + y = b$ folgt:

$$x = \frac{b^2 + a}{2b} \text{ und } y = \frac{b^2 - a}{2b}.$$

**922.** Aus $x^2 - y^2 = 208$ und $x + y = 26$ folgt:

$$x = 17 \text{ und } y = 9.$$

**923.** $5\sqrt{x} + 3\sqrt{y} = 8$ und $3\sqrt{x} + 4\sqrt{y} = 7$.

Die erste mit 4, die zweite mit 3 multiplicirt, giebt

im ersten Falle: $20\sqrt{x} + 12\sqrt{y} = 32$

im zweiten Falle: $9\sqrt{x} + 12\sqrt{y} = 21$

und wenn man subtrahirt: $11\sqrt{x} = 11$,

daher: $\sqrt{x} = 1$,

also: $x = 1$,

wozu sich $y = 1$

leicht finden läßt.

**924.** Aus $7\sqrt{x} + 2\sqrt{y} = 34$ und $5\sqrt{x} - 3\sqrt{y} = 11$

folgt: $x = 16$ und $y = 9$.

**925.** Aus $a\sqrt{x} + \sqrt{y} = c$ und $\sqrt{x} + b\sqrt{y} = d$

folgt:

$$x = \left(\frac{bc - d}{ab - 1}\right)^2 \text{ und } y = \left(\frac{ad - c}{ab - 1}\right)^2.$$

**926.** $\frac{1}{\sqrt{x-3}} - \frac{1}{\sqrt{y-2}} = 1/6$ und $\sqrt{\frac{2-y}{3+x}} \cdot \sqrt{\frac{3+x}{3-x}} = 1\frac{1}{2}$.

Die zweite giebt sogleich $\sqrt{\frac{2-y}{3-x}} = 3/2$; oder wenn man den Zähler und Nenner des Radikanden mit $(-1)$ multiplicirt:

$$\sqrt{\frac{y-2}{x-3}} = 3/2, \text{ d. i.}$$

$$\text{I.} \quad \frac{\sqrt{y-2}}{\sqrt{x-3}} = 3/2.$$

Wird nun $\sqrt{x-3} = z$ und $\sqrt{y-2} = u$ gesetzt, so verwandelt sich die erste der gegebenen Gleichungen in:

$$\text{II.} \quad \frac{1}{z} - \frac{1}{u} = 1/6,$$

und Gleichung I in:

$$\text{III.} \quad \frac{u}{z} = 3/2.$$

Die II mit u multiplicirt und alsdann um die III vermindert, giebt:

$$\frac{u}{6} - 3/2 = (-1);$$

$$\text{daher} \quad \frac{u}{6} = 1/2,$$

$$\text{also} \quad u = 3,$$

wozu sich $z = 2$ ergiebt.

Demgemäß ist nun:

$\sqrt{x-3} = 2$, folglich $x = 2^2 + 3 = 7$.

ferner: $\sqrt{y-2} = 3$, folglich $y = 3^2 + 2 = 11$.

(§ 32).

## Algebraische Aufgaben,

### die sich durch Gleichungen des ersten Grades mit zwei Unbekannten lösen lassen.*)

**927.** Das Alter des A und B beträgt zusammen 100 [n] Jahre; B ist 12 [d] Jahre jünger als A. Wie alt ist Jeder von Beiden?

A zählt $\frac{100 + 12}{2} = 56$, resp. $\frac{n + d}{2}$ Jahre.

B zählt $\frac{100 - 12}{2} = 44$, resp. $\frac{n - d}{2}$ Jahre.

**928.** Die Summe zweier Zahlen beträgt 560 [2s], ihre Differenz 286 [2d]. Wie heißen die beiden unbekannten Zahlen?

423 und 137, resp. $s + d$ und $s - d$.

**929.** Die Summe zweier Zahlen beträgt 210 [a], ihr Quotient 4 [b]. Wie heißen diese Zahlen?

Wird die größere mit x, die kleinere mit y bezeichnet, so ist:

$x + y = 210$ und $x/y = 4$

daher I. $y = 210 - x$; II. $x = 4y$.

Der Werth von x aus der II in die I eingesetzt, giebt:

$y = 210 - 4y$,

daher: $5y = 210$;

mithin: $y = 42$,

und der II gemäß: $x = 168$.

Ebenso folgt aus:

$x + y = a$ und $x/y = b$

erstlich $y = \frac{a}{b + 1}$, alsdann $x = \frac{ab}{b + 1}$.

**930.** Die Differenz zweier Zahlen beträgt 884 [d], ihr Quotient 18 [b]. Wie heißen diese Zahlen?

$x - y = 884$ | $x/y = 18$

$x = y + 884$ | $x = 18y$.

Daher: $18y = y + 884$

$17y = 884$

$y = 52$,

wozu sich nach der ersten Gleichung

$x = 52 + 884 = 936$

ergiebt.

Allgemein ist

$$x = \frac{bd}{b - 1} \text{ und } y = \frac{d}{b - 1}.$$

**931.** A sagt zu B: Gieb mir 30 Mark, so habe ich so viel als du. Nein, entgegnet ihm A, gieb du mir 30 Mark, so habe ich gar doppelt so viel als du. Wie viel besitzt Jeder?

*) Die leichteren Aufgaben können auch zur Anwendung der Gleichungen mit einer Unbekannten dienen.

Hat A x, B y Mark, so ist:

$$x + 30 = y - 30 \text{ und } 2(x - 30) = y + 30$$
$$x = y - 60 \qquad 2x - 60 = y + 30$$
$$\text{I. } 2x = 2y - 120 \qquad \text{II. } 2x = y + 90.$$

Aus I und II folgt:

$$2y - 120 = y + 90$$
$$y = 210 \text{ Mark.}$$

Daher: $x = 210 - 60 = 150$ Mark.

**932.** A und B besitzen zusammen 1200 Mark. Das 6fache Vermögen des A und das 8fache des B würden zusammen gerade 8000 Mark ausmachen. Wie viel hat Jeder?

Hat A x, B y Mark, so ist:

$$\text{I. } x + y = 1200 \text{ und II. } 6x + 8y = 8000.$$

Die I mit 8 multiplicirt und um die II vermindert, giebt:

$$2x = 1600, \text{ mithin } x = 800 \text{ Mark.}$$

Wird die I mit 6 multiplicirt und dann von der II subtrahirt, so findet sich:

$$2y = 800, \text{ mithin } y = 400 \text{ Mark.}$$

**933.** Wird von zwei Zahlen die eine um a vermehrt, die andere um ebenso viel vermindert, so entsteht Gleiches. Wird aber die größere dieser beiden Zahlen um a vermehrt, die kleinere um a vermindert, so ist die entstehende Summe n mal so groß als die zuletzt gefundene Differenz. Wie heißen die beiden unbekannten Zahlen?

Die größere sei $= x$, die kleinere $= y$. Dann findet sich:

$$x - a = y + a \text{ und } x + a = n(y - a)$$
$$\text{I. } x = y + 2a \qquad \text{II. } x = ny - a(n + 1).$$

Aus I und II folgt:

$$ny - a(n + 1) = y + 2a$$
$$(n - 1)y = a(n + 3)$$
$$y = a\left(\frac{n + 3}{n - 1}\right)$$

wozu die I

$$x = a\left(\frac{3n + 1}{n - 1}\right)$$

ergiebt.

**934.** Wird die eine zweier Zahlen mit a, die andere mit b multiplicirt, so ist die Summe der Produkte $= p$. Wird aber die erste mit c, die zweite mit d multiplicirt, so ist die Summe der Produkte $= s$. Es sollen diese Zahlen gefunden werden.

$$\text{I. } ax + by = p \text{ und II. } cx + dy = s.$$

Man multiplicire die I mit d, die II mit b, subtrahire alsdann und bestimme x, wodurch sich findet:

$$x = \frac{bs - dp}{bc - ad} = \frac{dp - bs}{ad - bc}.$$

Wird die I mit c, die II mit a multiplicirt, sodann subtrahirt und y bestimmt, so ist:

$$y = \frac{cp - as}{bc - ad} = \frac{as - cp}{ad - bc}.$$

935. Wird die eine zweier Zahlen um 20 vermehrt, so ist sie doppelt so groß als die andere. Wird aber letztere um 20 vermehrt, so ist diese nur $^3/_4$ mal so groß als die erste der gegebenen Zahlen. Wie heißen dieselben?

$$x + 20 = 2y \qquad\qquad y + 20 = \frac{3x}{4}$$
$$x = 2y - 20$$
$$\text{I.}\quad 3x = 6y - 60 \qquad \text{II.}\quad 4y + 80 = 3x.$$

Aus I und II folgt:

$$6y - 60 = 4y + 80$$
$$2y = 140$$
$$y = 70,$$

wozu sich $x = 120$ ergiebt.

936. Eine um a vermehrte Zahl ist m mal so groß als eine andere. Wird aber letztere um b vergrößert, so ist sie n mal so groß als erstere ohne Vermehrung. Es sollen diese beiden Zahlen gefunden werden.

Heißt die erste Zahl x, die zweite y, so ist:

$$\text{I.}\quad x + a = my \qquad \text{II.}\quad y + b = nx$$
$$x = my - a,$$

welcher Werth, in die II substituirt, giebt:

$$y + b = n(my - a)$$
$$b + na = (mn - 1)\,y$$
$$\frac{b + na}{mn - 1} = y.$$

Der I gemäß ist:

$$x = m\left(\frac{b + na}{mn - 1}\right) - a = \frac{a + mb}{mn - 1}.$$

937. A verkauft 2 Hl. Roggen und 3 Hl. Weizen zusammen für 75 Mark, ein anderes Mal bei demselben Preise 3 Hl. Roggen und 2 Hl. Weizen zusammen für $71\frac{1}{2}$ Mark. Welchen Preis haben hiernach Roggen und Weizen?

1 Hl. Roggen gelte x, 1 Hl. Weizen y Mark, so ist:

$$\text{I.}\quad 2x + 3y = 75 \qquad \text{II.}\quad 3x + 2y = 71\tfrac{1}{2}.$$

Wird die I mit 2, die II mit 3 multiplicirt, so findet sich durch Subtraction:

$$5x = 64\tfrac{1}{2}, \text{ mithin } x = 12{,}90 \text{ Mark.}$$

Multiplicirt man aber die I mit 3, die II mit 2, so ergiebt sich durch Subtraction:

$$5y = 82, \text{ mithin } y = 16{,}40 \text{ Mark.}$$

938. Ein Vater sagte zu seinem Sohne: Vor 8 Jahren war ich achtmal so alt als du; in 16 Jahren aber würde ich nur doppelt so alt sein als du. Welches Alter haben gegenwärtig Vater und Sohn?

Der Vater sei jetzt x, der Sohn y Jahre, so ist:

$$x - 8 = 8(y - 8) \qquad x + 16 = 2(y + 16)$$
$$\text{I.}\quad x = 8y - 56 \qquad \text{II.}\quad x = 2y + 16.$$

Aus I und II folgt:

$$8y - 56 = 2y + 16$$
$$6y = 72$$
$$y = 12 \text{ Jahr}$$
und daher $x = 40$ Jahr.

939. Jemand besitzt zwei Becher und einen hierzu passenden Deckel. Ohne diesen Deckel ist jeder der beiden Becher 30 Mark weniger werth als mit Deckel. Wird der Deckel auf den ersten Becher gelegt, so ist letzterer $1\frac{2}{3}$ mal so viel werth als der zweite Becher. Wird aber der Deckel auf den zweiten Becher gelegt, so hat dieser mit dem ersten Becher gleichen Werth. Wie viel kostet jeder der beiden Becher?

Der erste Becher koste x, der zweite y Mark.

Wird vorläufig angenommen, daß der Deckel b Mark werth sei, so findet sich:

$$(x + b) - (x - b) = 30$$
oder $(y + b) - (y - b) = 30,$
woraus $b = 15$ Mark
folgt.

Ferner ist:

$$\text{I. } \frac{5y}{3} = x + 15 \qquad \text{II. } x = y + 15.$$

Der Werth von x aus der II in die I eingesetzt, giebt:

$$\frac{5y}{3} = y + 30;$$
daher $\frac{2y}{3} = 30,$
also $y = 45$ Mark,
wozu die I $x = 45 + 15 = 60$ Mark
ergiebt.

940. Jemand hat zwei Pferde und dazu zwei Sättel, von welchen der eine 100 Mark, der andere 40 Mark kostet. Legt er den besseren Sattel auf das erste, den geringeren auf das zweite Pferd, so ist jenes 200 Mark mehr werth als dieses. Legt er aber den geringeren Sattel auf das erste, den besseren auf das zweite Pferd, so ist letzteres nur $\frac{9}{11}$ mal so viel werth als das erste Pferd. Welchen Preis hat jedes der beiden Pferde?

Das erste Pferd koste x, das zweite y Mark, so ist:

$x + 100 = y + 40 + 200$ und $\frac{9}{11}(x + 40) = y + 100.$

$$\text{I. } x = y + 140 \qquad \text{II. } \frac{9x - 740}{11} = y.$$

Den Werth von y aus der II in die I gesetzt, giebt:

$$x = \frac{9x - 740}{11} + 140$$
$$2x = 1540 - 740 = 800$$
$$x = 400 \text{ Mark},$$
und der I gemäß:
$$y = 400 - 140 = 260 \text{ Mark}.$$

941. Es wird ein Bruch von folgender Beschaffenheit gesucht. Wenn man zum Zähler und Nenner 1 addirt, so ist der Werth $= \frac{9}{10}$. Wird aber vom Zähler und Nenner 1 subtrahirt, so ist der Werth $= \frac{8}{9}$.

Der Bruch sei $\frac{x}{y}$, dann ist:

$$\frac{x+1}{y+1} = \frac{9}{10} \quad \text{und} \quad \frac{x-1}{y-1} = \frac{8}{9}$$

oder $10x + 1 = 9y$ oder $9x - 1 = 8y$

auch I. $80x + 8 = 72y$, daher II. $81x - 9 = 72y$.

Aus I und II folgt:

$$80x + 8 = 81x - 9$$
$$17 = x,$$

wozu sich $y = 19$ ergiebt, so daß der gesuchte Bruch $= \frac{17}{19}$ ist.

942. In einen Wasserbehälter führen zwei Röhren. Steht die erste $4\frac{1}{2}$, die zweite 3 Stunden offen, so geben sie zusammen 24 Kub.$^m$ Wasser. Ist aber die erste 5, die zweite 4 Stunden geöffnet, so geben sie zusammen 29 Kub.$^m$ Wasser. Wie viel Wasser giebt jede dieser Röhren einzeln in einer Stunde?

Stündlich giebt die erste Röhre x, die zweite y Kub.$^m$ Wasser.

I. $4\frac{1}{2}x + 3y = 24$. II. $5x + 4y = 29$.

Die dreifache II von der vierfachen I subtrahirt, giebt:

$$3x = 9, \text{ also } x = 3.$$

Die neunfache II um die zehnfache I subtrahirt, giebt:

$$6y = 21, \text{ daher } y = 3\frac{1}{2}.$$

943. Ein Weinhändler hat zweierlei Weine. Mischt er 2 Liter der geringeren Sorte unter 3 Liter der besseren, so kostet das Liter der Mischung 2,20 Mark. Vermischt er aber 2 Liter der besseren Sorte mit 3 Liter der geringeren, so muß er das Liter der Mischung zu 2,30 Mark verkaufen. Wie viel kostet 1 Liter jeder Sorte?

Es koste das Liter der besseren Sorte x, das der geringeren y Mark, so ist:

$$3x + 2y = 5 \cdot 2{,}20 \text{ und } 2x + 3y = 5 \cdot 2{,}30,$$

d. i. I. $3x + 2y = 11$, II. $2x + 3y = 11{,}5$.

Die dreifache I um die zweifache II vermindert, giebt:

$$5x = 10, \text{ also } x = 2 \text{ Mark}.$$

Die dreifache II um die zweifache I vermindert, giebt:

$$5y = 12{,}5, \text{ daher } y = 2{,}50 \text{ Mark}.$$

944. Ein Kaufmann hat eine Waare in zwei verschiedenen Sorten vorräthig. Vermischt er a Kilogr. der besseren Sorte mit b Kilogr. der geringeren, so kostet das Kilogr. der Mischung c Mark. Vermischt er aber f Kilogr. der besseren mit g Kilogr. der geringeren Sorte, so ist der mittlere Preis h Mark. Wie viel kostet das Kilogr. jeder Sorte?

I. $ax + by = c(a + b)$. II. $fx + gy = h(f + g)$.

Man multiplicire die I mit g, die II mit b, so findet sich durch Subtraction und nachfolgende Division der Preis der ersten Sorte pro Kilogr., nämlich:

$$x = \frac{(a + b)\,cg - (f + g)\,bh}{ag + bf} \text{ Mark.}$$

Multiplicirt man die **I** mit f, die II mit a, so findet sich durch Subtraction und nachfolgende Division der Preis der zweiten Sorte pro Kilogr., nämlich:

$$y = \frac{(a + b)\,cf - (f + g)\,ah}{bf - ag} \text{ Mark.}$$

**945.** Ein Capital zu einem gewissen Procentsatze wächst durch die einfachen Zinsen von 10 Jahren auf 36000 Mark an. Wäre dasselbe Capital zu 1 °/o höher verliehen, so würde es nach Verlauf von 8 Jahren mit den einfachen Zinsen 35520 Mark betragen. Wie groß ist das erwähnte Capital und zu wie viel Procent ist es verliehen?

Das Capital betrage 100x Mark, der Zinsfuß y °/o; dann ist:

I. $100x + 10xy = 36000$. II. $100x + 8x(y + 1) = 35520$.

Aus II folgt:

$$27x + 2xy = 8880$$

oder III. $$135x + 10xy = 44400.$$

Die III um die I vermindert, giebt:

$$35x = 8400$$
$$x = 240$$
$$100x = 24000 \text{ Mark,}$$

wozu die I. $y = 5$ °/o ergiebt.

**946.** A tilgt einen in 4 Monaten fälligen Betrag nach Abrechnung eines gewissen Procentsatzes für das jährliche Disconto mit 2336 Mark baar. Bei demselben jährlichen Disconto zahlt **B** für einen ebenso großen, aber erst in 9 Monaten fälligen Betrag baar 2256 Mark. Welche Summe sollte Jeder von ihnen nach Verlauf der bewilligten Frist zahlen, und wie viel Procent beträgt der jährliche Disconto?

Jeder von beiden ist 100x Mark schuldig.

Der jährliche Disconto beträgt y °/o.

| | |
|---|---|
| $100x - \frac{4yx}{12} = 2336$ | $100x - \frac{9yx}{12} = 2256,$ |
| oder I. $300x - xy = 7008$ | oder II. $400x - 3xy = 9024.$ |

Die II von der dreifachen I subtrahirt, giebt:

$$500x = 12000, \text{ also } 100x = 2400 \text{ Mark.}$$

Hierzu findet sich nach I.:

$$7200 - 24y = 7008, \text{ oder } 24y = 7200 - 7008 = 192;$$

mithin $y = 8$ °/o jährl. Disconto.

**947.** Welche Resultate ergeben sich in Aufg. 945, wenn das gesuchte Capital das eine Mal durch die Zinsen von a Jahren auf b Mark, das andere Mal durch die Zinsen zu 1 °/o mehr in c Jahren auf d Mark anwächst?

Capital = 100x Mark, Zinsfuß = y °/o.

I. $100x + axy = b$. II. $100x + cx(y + 1) = d$

$$100x + cxy + cx = d$$
$$(100 + c)\,x + cxy = d.$$

Man multiplicire die I mit c, die III mit a, subtrahire das erste Ergebniß von dem zweiten und dividire zuletzt durch den Coefficienten von x, so ergiebt sich:

$$x = \frac{ad - bc}{100\,(a - c) + ac},$$

$$\text{mithin } 100x = \frac{100\,(ad - bc)}{100\,(a - c) + ac} = \frac{ad - bc}{a - c + \frac{ac}{100}} \text{ Mark.}$$

Der Zinsfuß beträgt:

$$y = \frac{100\,(b - d) + bc}{ad - bc}\ \%.$$

**948.** Welche Resultate ergeben sich in Aufgabe 946, wenn A in a Monaten zu zahlen hätte und sogleich b Mark baar entrichtet, und wenn B den in c Monaten fälligen Betrag jetzt mit d Mark tilgt?

Schuldsumme = 100x Mark, jährlicher Disconto = y %.

$$100x - \frac{axy}{12} = b \qquad\qquad 100x - \frac{cxy}{12} = d$$

$$\text{I. } 1200x - axy = 12b. \qquad \text{II. } 1200x - cxy = 12d.$$

Aus I und II folgt durch Subtraction:

$$\text{III. } xy = 12\left(\frac{b - d}{c - a}\right) = 12\left(\frac{d - b}{a - c}\right).$$

Wird einer dieser Werthe in die I oder II eingetragen und alsdann in bekannter Weise weiter operirt, so findet sich zuletzt:

$$100x = \frac{bc - ad}{c - a} = \frac{ad - bc}{a - c} \text{ Mark.}$$

Substituirt man nun den Werth von x in obige III, so ist:

$$y = 1200\left(\frac{b - d}{bc - ad}\right) = 1200\left(\frac{d - b}{ad - bc}\right)\ \%.$$

**949.** Eine gewisse zweiziffrige Zahl hat zur Quersumme 16. Liest man die Ziffern jener Zahl in entgegengesetzter Folge, so entsteht eine um 18 kleinere Zahl. Wie heißt die unbekannte Zahl?

Enthält die gesuchte Zahl x Zehner und y Einer, so hat man:

$$\text{I. } (10x + y) - (10y + x) = 18 \text{ und II. } x + y = 16.$$

Aus I folgt:

$$9x - 9y = 18$$

$$\text{oder III. } x - y = 2.$$

Die II und III ergeben sogleich:

$$x = \frac{16 + 2}{2} = 9 \text{ und } y = \frac{16 - 2}{2} = 7,$$

d. h. die gesuchte Zahl heißt 97.

**950.** Der dritte Theil eines Capitals zu $4\frac{3}{4}$ % und der vierte Theil eines zweiten Capitals zu $4\frac{1}{2}$ % geben zusammen in 5 Jahren 880 Mark Zinsen. Der Rest des ersten Capitals, zu 5 %, und der Rest des zweiten, zu 6 %, geben zusammen in $1\frac{1}{2}$ Jahren 786 Mark Zinsen. Wie groß ist jedes der beiden Capitalien?

Das erste Capital sei = 1200x, das zweite = 1200y Mark, so findet sich:

$(4x \,.\, 4\frac{3}{4}) + (3y \,.\, 4\frac{1}{2}) = \frac{880}{5}$ und $(8x \,.\, 5) + (9y \,.\, 6) = \frac{786}{1\frac{1}{2}}$

$19x + 13\frac{1}{2}y = 176 \qquad 40x + 54y = 524$

I. $38x + 27y = 352 \qquad$ II. $20x + 27y = 262.$

Die II von I subtrahirt, giebt: $18x = 352 - 262 = 90$, also $x = 5$ und daher $1200x = 6000$ Mark.

Der I gemäß ist:

$27y = 352 - 190 = 162$, daher $y = 6$; mithin

$1200y = 7200$ Mark.

**951.** Jemand hat 2 Fässer und in jedem eine gewisse Quantität Wein. Er gießt aus dem ersten Fasse so viel in das zweite, als dieses bereits enthält; gießt hierauf aus dem zweiten so viel in das erste, als letzteres jetzt enthält, und endlich aus dem ersten so viel in das zweite, daß der Inhalt des letzteren verdoppelt wird. Es findet sich nun, daß in jedem der beiden Fässer 120 Liter Wein sind. Wie viel Wein war anfänglich in jedem Fasse?

Das erste Faß enthalte anfänglich x, das zweite y Liter, so ist ihr Inhalt, der Reihe nach, folgender:

$$x \quad y$$
$$x - y \quad 2y$$
$$2(x - y) \quad 2y - (x - y) = 3y - x$$
$$2(x - y) - (3y - x) = 3x - 5y \quad 2(3y - x) = 6y - 2x.$$

Mithin hat man nun:

I. $3x - 5y = 120$ und II. $6y - 2x = 120$.

Die II mit $1\frac{1}{2}$ multiplicirt und dann zu I addirt, giebt:

$4y = 300$, also $y = 75$ Liter.

Die 6fache I um die 5fache II vermehrt, giebt;

$8x = 1320$, mithin $x = 165$ Liter.

**952.** Welche Resultate erhält man in voriger Aufgabe, wenn zuletzt in jedem Fasse n Liter Wein sind?

I. $3x - 5y = n$ und II. $6y - 2x = n$.

Aus I und II folgt:

$$3x - 5y = 6y - 2x$$
$$5x = 11y$$
$$x = \frac{11}{5}y.$$

Dieser Werth in I substituirt, giebt:

$$\frac{33y}{5} - 5y = n,$$

woraus sich findet: $y = \frac{5}{8}n$ Liter,

und demgemäß: $x = \frac{11}{8}n$ Liter.

Es verhält sich daher der anfängliche Inhalt des ersten Fasses zu dem des zweiten wie 11 : 5.

**953.** Ein Meister und ein Geselle erhalten zusammen 110 Mark Arbeitslohn. Der Meister arbeitete 12, der Geselle 20 Tage. Wie groß war ihr Tagelohn, wenn man weiß, daß der Meister für 3 Arbeitstage 5 Mark mehr erhält als der Geselle für 4 Arbeitstage?

Tägliches Arbeitslohn des Meisters $= x$, des Gesellen $= y$ Mark.

I. $3x - 4y = 5$. II. $12x + 20y = 110$.
I mit 5 multiplicirt, giebt: III. $15x - 20y = 25$.
Addirt man II und III, so findet sich:
$27x = 135$; mithin $x = 5$ Mark.
Hierzu giebt die I.:
$4y = 10$; also $y = 2^1/_2$ Mark.

954. Jemand läßt sich zwei große Krüge mit Wein füllen, und zwar den einen mit Wein à Liter 1 Mark, den andern mit Wein à Liter $1^1/_2$ Mark. Den gekauften Wein will er mit $13^1/_4$ Mark bezahlen, erhält aber, weil der Weinhändler die Krüge verwechselt hat, $^1/_4$ Mark zurück. Wie viel Liter enthält jeder Krug?

Es enthält der erste Krug x, der andere y Liter.
I. $x + 1^1/_2 y = 13^1/_4$. II. $1^1/_2 x + y = 13$.
Die II mit $1^1/_2$ multiplicirt und dann um die I vermindert, giebt:
$\frac{5x}{4} = 6^1/_4$, daher $x = 5$ Liter,
wozu der I oder II gemäß gefunden wird:
$y = 5^1/_2$ Liter.

955. Ein Herr nimmt einen Diener und einen Kutscher an, jeden für einen jährlichen Lohn von 240 Mark. Außerdem soll Jeder einen vollständigen Anzug und ein Paar Stiefel, beides zu einem bestimmten Preise gerechnet, von ihm erhalten. Nach 9 Monaten verläßt der Diener, der bereits den versprochenen Anzug besaß, den Dienst und bekommt nun $170^1/_4$ Mark ausgezahlt. Einen Monat später geht auch der Kutscher ab, welcher bereits die versprochenen Stiefel erhalten hatte. Der Herr zahlt demselben $267^1/_2$ Mark aus. Zu welchem Preise berechnete der Herr den Anzug und das Paar Stiefel?

Der Anzug koste x, das Paar Stiefel y Mark.
Der Diener erhält:
$$^3/_4\,(240 + x + y) = 170^1/_4 + x$$
oder $$180 + \frac{3x}{4} + \frac{3y}{4} = 170^1/_4 + x.$$
Daher ist $$9^3/_4 = \frac{x - 3y}{4}$$
d. i. I. $$39 = x - 3y.$$
Der Kutscher erhält:
$$^5/_6\,(240 + x + y) = 267^1/_2 + y$$
oder $$200 + \frac{5x}{6} + \frac{5y}{6} = 267^1/_2 + y.$$
Daher ist $$\frac{5x - y}{6} = 67^1/_2$$
oder II. $$5x - y = 405.$$
Die 5fache I von der II subtrahirt, giebt:
$14y = 210$; mithin $y = 15$ Mark.
Setzt man diesen Werth in II ein, so findet sich:
$5x = 420$; daher $x = 84$ Mark.

956. Zwei Zahlen zu finden, deren Differenz $\frac{1}{4}$ [a] mal und deren Produkt $7\frac{1}{2}$ [b] mal so groß ist als ihre Summe?

$$\text{I. } x - y = \frac{x + y}{4}, \quad \text{II. } xy = 7\tfrac{1}{2} \,.\, (x + y),$$

daher $3x = 5y,$

$$\text{III. } \frac{3x}{5} = y.$$

Dieser Werth statt y in die Klammer der II eingetragen, giebt:

$$xy = 7\tfrac{1}{2} \,.\, \frac{8x}{5} = 12x,$$

mithin $y = 12$
und der III gemäß: $x = 20.$

Allgemein ist:

$$\text{I. } x - y = a\,(x + y) \quad \text{II. } xy = b\,(x + y).$$

$$-\,(1 + a)\,y = (a - 1)\,x$$

oder $(1 + a)\,y = (1 - a)\,x;$

daher III. $y = \left(\frac{1 - a}{1 + a}\right) x.$

Aus II und III folgt in angegebener Weise:

$$x = \frac{2b}{1 - a}$$

und hierzu nach III.: $y = \frac{2b}{1 + a}.$

957. Zwei Zahlen zu finden, deren Differenz, Summe und Produkt im Verhältniß 1 : 2 : 3 stehen.

Aus $x - y : x + y : xy = 1 : 2 : 3$
ergiebt sich zunächst:

$$x - y : x + y = 1 : 2$$
$$x + y = 2x - 2y$$
$$\text{I. } 3y = x;$$

Ferner:

$$x - y : xy = 1 : 3$$

oder nach I. $2y : xy = 1 : 3,$
auch $2 : x = 1 : 3;$
daher $x = 6$
und nach I. $y = 2.$

958. Zwei Zahlen zu finden, deren Differenz, Summe und Produkt im Verhältniß a : b : c stehen.

$$x - y : x + y = a : b$$

giebt I. $y = \left(\frac{b - a}{b + a}\right) x.$

Ferner ist:

$$x - y : xy = a : c$$

oder nach I. $\frac{2}{b + a} : y = 1 : c;$

daher $$y = \frac{2c}{b + a}$$

und der I gemäß: $$x = \frac{2c}{b - a}.$$

**959.** Zwei Zahlen verhalten sich wie 4 : 3, während ihre Differenz und ihr Produkt im Verhältniß 1 : 36 stehen. Wie groß sind die beiden Zahlen?

$$\text{I. } x : y = 4 : 3. \quad \text{II. } x - y : xy = 1 : 36.$$
$$4y = 3x$$
$$\text{III. } y = \frac{3x}{4}.$$

Der III gemäß verwandelt sich II in:

$$\frac{x}{4} : xy = 1 : 36$$
$$1 : y = 4 : 36.$$

Daher ist $$y = 9$$

und nach III. $$x = 12.$$

**960.** Zwei Zahlen verhalten sich wie a : b, während Differenz und Produkt derselben im Verhältniß c : d stehen. Welche Resultate finden sich hier?

Aus $$x : y = a : b$$

folgt $$y = \frac{bx}{a},$$

und hiernach verwandelt sich die andere Bestimmungsgleichung:

$$x - y : xy = c : d$$

in $$\left(1 - \frac{b}{a}\right) x : xy = c : d$$

oder $$\frac{a - b}{a} : y = c : d,$$

woraus folgt: $$y = \frac{d\,(a - b)}{c\,.\,a}$$

und daher, weil $x = \frac{a}{b}\,.\,y$ ist:

$$x = \frac{d\,(a - b)}{c\,.\,b}.$$

**961.** Zwei Zahlen verhalten sich wie a : b; Summe und Produkt derselben stehen im Verhältniß c : d. Es sollen beide Zahlen gefunden werden.

Zunächst ist $y = \frac{bx}{a}$

und daher $$x + y : xy = c : d$$
$$\frac{a + b}{a} : y = c : d$$

woraus folgt: $$y = \frac{d\,(a + b)}{c\,.\,a}$$

und demgemäß: $$x = \frac{d\,(a + b)}{c\,.\,b}.$$

**962.** Wird eine gewisse zweiziffrige Zahl durch ihre Quersumme dividirt, so ist der Quotient = 8. Subtrahirt man 45 von der zuerst erwähnten Zahl, so ergiebt sich eine Zahl, welche dieselben Ziffern, aber in entgegengesetzter Folge, enthält. Wie heißt die erwähnte Zahl?

Die Zahl enthalte x Zehner und y Einer.

I. $\frac{10x + y}{x + y} = 8.$ II. $(10x + y) - (10y + x) = 45.$

Aus I folgt III. $y = \frac{2x}{7}.$

Dieser Werth in die reducirte II substituirt, giebt:

$$\frac{5x}{7} = 5;$$

daher $x = 7$

und der III gemäß: $y = 2;$

d. h. die gesuchte Zahl ist 72.

**963.** Mit einer bestimmten Summe zahlt man täglich eine gewisse Anzahl Arbeiter aus, von denen jeder gleich viel erhält. Ebenso viel beträgt die Ausgabe, wenn 5 Arbeiter mehr vorhanden sind und jeder Arbeiter $\frac{1}{2}$ Mark weniger bekommt. Wären aber 4 Mann weniger zu bezahlen und bekäme jeder Arbeiter $\frac{1}{2}$ Mark mehr, so würde die Ausgabe 2 Mark weniger betragen als im ersten Falle. Wie viel Arbeiter waren anfänglich vorhanden und wie viel erhielt jeder täglich?

Anfänglich sind x Arbeiter vorhanden, von denen jeder täglich y Mark erhält.

$$xy = (x + 5)(y - \tfrac{1}{2}). \quad xy - 2 = (x - 4)(y + \tfrac{1}{2}).$$

Daher I. $\frac{5}{2} = 5y - \frac{x}{2}.$ Daher II. $0 = \frac{x}{2} - 4y.$

I und II addirt, ergeben sogleich:

$y = 2\frac{1}{2}$ Mark,

mithin nach II $x = 20$ Arbeiter.

**964.** Ein Kaufmann A verkauft Waare, die eine Sorte mit 10 % Gewinn, die andere dagegen mit 3 % Verlust. Von diesen beiden Waaren setzt er eine bestimmte Quantität an einen Händler B ab und erhält 32 Mark mehr, als ihm die an B verkaufte Waare gekostet hat. Einem andern Kaufmann C verkauft er von der ersten Waare doppelt so viel, und von der zweiten Waare dreimal so viel, als B erhalten hat, und nimmt dafür 46 Mark mehr ein, als der Einkaufspreis beider Waaren zusammen betrug. Wie viel hatte ihm der Händler B für jede der beiden Waaren zu bezahlen?

Kostet dem A die erste Waare, die er an B verkauft, 100x Mark, die zweite Waare 100y Mark, so bekommt er dafür von B:

$110x + 97y$ Mark.,

oder nach der Aufgabe:

$100x + 100y + 32$ Mark.

Daher ist:

$$110x + 97y = 100x + 100y + 32,$$

woraus folgt I.

$$10x - 3y = 32.$$

Dem C verkauft A für 200x Mark Waare der ersten Sorte und für 300y Mark Waare der zweiten Sorte, erhält aber dafür von C:

$$220x + 291y \text{ Mark},$$

oder nach der Aufgabe:

$$200x + 300y + 46 \text{ Mark}.$$

Demgemäß ist

$$220x + 291y = 200x + 300y + 46,$$

woraus folgt II.

$$20x - 9y = 46.$$

Die II von der dreifachen I subtrahirt, giebt:

$$10x = 50;$$

mithin $100x = 500$ Mark,

und der I gemäß: $100y = 600$ Mark;

d. h. B hat für die erste Waare 500 Mark, für die zweite 600 Mark zu bezahlen.

**965.** A und B machen einen Wettlauf bis zum ersten Hause des nächsten Ortes O, und von da wieder zurück. Bei der Rückkehr trifft A den B 150 Meter von dem erwähnten Hause entfernt und erreicht den Ausgangspunkt 5 Minuten eher als B. Wäre A jetzt wieder zurückgekehrt, so würde er den B so weit vom Ausgangspunkte entfernt getroffen haben, als $\frac{1}{5}$ der Entfernung bis O beträgt. Wie viel Meter liegt der Ort O von dem Ausgangspunkte der beiden Wettläufer entfernt, und wie viel Minuten dauerte der Wettlauf?

Die Entfernung des Ortes O betrage x Meter und A vollende seinen Wettlauf in y Minuten.

Nach der Aufgabe macht A $2\frac{1}{5}$ des Weges, während B nur $1\frac{4}{5}$ des Weges zurücklegt. Die von ihnen zurückgelegten Wege verhalten sich daher wie $2\frac{1}{5} : 1\frac{4}{5}$, oder $11 : 9$; mithin bei gleichem Wege die Zeiten wie $9 : 11$.

Bei der ersten Begegnung hat B $x - 150$ Meter, A $x + 150$ Meter zurückgelegt. Demgemäß ist

$$x + 150 : x - 150 = 11 : 9,$$

woraus folgt: $x = 1500$ Meter.

Da der Wettlauf von A in y, von B in $y + 5$ Minuten vollendet wird und die Zeiten in dem Verhältniß $9 : 11$ stehen, so ist ferner

$$y : y + 5 = 9 : 11,$$

oder $y : 5 = 9 : 2$,

mithin $y = 22\frac{1}{2}$.

Es läuft also A $22\frac{1}{2}$, B $22\frac{1}{2} + 5 = 27\frac{1}{2}$ Minute, Hin- und Herweg zusammen gerechnet.

**966.** Zwei Kaufleute A und B legen ihre Capitalien zusammen, um gemeinschaftlich Handel zu treiben. Nach 5 Monaten zieht jedoch A sein Geld zurück und B beendet 1 Monat später das Geschäft, welches im Ganzen einen Gewinn von 7600 Mark abwirft. Zu einer zweiten gemeinschaftlichen Unternehmung giebt A sein anfängliches Capital auf 7 Monate her, und B das seinige auf 8 Monate. Sie gewinnen hierbei zusammen 10400 Mark. Ein drittes Mal handeln sie wieder zusammen, und zwar giebt hierzu A sein anfängliches Capital und noch 600 Mark, beides auf 4 Monate, während das Capital des B 5 Monate im Geschäft bleibt. Ihr gemeinschaftlicher Gewinn beträgt nun 6440 Mark. Wie viel betragen die erwähnten Capitalien des A und B, wenn der Gewinn bei allen drei Geschäften verhältnißmäßig gleich groß war?

Besitzt A x Mark, B y Mark, so beträgt die Einlage des A 5x Mark auf 1 Monat, die des B 6y Mark auf 1 Monat. Sie gewinnen also zusammen mit 1 Mark monatlich $\frac{7600}{5x + 6y}$ Mark. Beim zweiten Male gewinnen sie zusammen mit 1 Mark monatlich $\frac{10400}{7x + 8y}$ Mark. Bei dem dritten Handel ist der monatliche Gewinn von 1 Mark $= \frac{6440}{4(x + 600) + 5y} = \frac{6440}{4x + 5y + 2400}$ Mark. Da diese Gewinne gleich sein sollen, so ist:

$$\text{I. } \frac{7600}{5x + 6y} = \frac{10400}{7x + 8y} \text{ und II. } \frac{7600}{5x + 6y} = \frac{6440}{4x + 5y + 2400}.$$

Aus I folgt: III. $3x = 4y$,
und aus II.: IV. $45x + 16y = 456000$,
oder der III gemäß: $45x + 12x = 456000$,
d. i. $57x = 456000$;
daher $x = 8000$ Mark,
wozu die III $y = 6000$ Mark
ergiebt.

967. A, der für jährlich 1000 Mark ein Gut gepachtet hat, mußte, wegen Ausgaben für die Haushaltung und für die Steuern, 100 Mark von der Pachtsumme schuldig bleiben. Deshalb setzte er seine Haushaltungskosten im zweiten Jahre um $^1/_5$ herab. Außerdem wurden ihm die Steuern um $^1/_6$ verringert, wie auch der Pachtzins um 6 %, erniedrigt. Obendrein vermehrte sich der Ertrag des Gutes im zweiten Jahre um $^1/_{12}$, so daß nun A nicht nur seine Schuld abtragen konnte, sondern auch noch 186 Mark übrig behielt. Im dritten Jahre brachte das Pachtgut noch $^1/_{10}$ mehr ein als im zweiten. Dagegen hatte aber A in diesem Jahre seine Ausgaben für die Haushaltung um die Hälfte des vorjährigen Betrages zu erhöhen, und dennoch konnte er im Laufe des dritten Jahres noch 169 Mark erübrigen. Wie groß war der Ertrag des Gutes, die Steuer und die Ausgabe für den Haushalt im ersten Jahre?

Betragen die gesuchten Haushaltungskosten x Mark, die Steuern y Mark, so ist der Ertrag des Gutes im ersten Jahre $= x + y + 900$ Mark. Im zweiten Jahre ist der Pachtzins $= 1000 \cdot {}^{94}/_{100} = 940$ Mark, die Steuer $= \frac{5y}{6}$, die Ausgabe für den Haushalt $= \frac{4x}{5}$ Mark. Ueberdies werden 100 Mark Schulden bezahlt und bleiben noch 186 Mark übrig. Das Pachtgut trägt also im zweiten Jahre $\frac{4x}{5} + \frac{5y}{6} + 940 + 100 + 186 = \frac{4x}{5} + \frac{5y}{6}$ $+ 1226$ Mark oder nach der Aufgabe $^{13}/_{12}\,(x + y + 900) =$ $^{13}/_{12}\,(x + y) + 975$. Daher ist

$$^{13}/_{12}\,(x + y) + 975 = \frac{4x}{5} + \frac{5y}{6} + 1226,$$

$$\text{I.}\quad 17x + 15y = 15060.$$

Im dritten Jahre ist die Pacht wieder $= 940$ Mark, die Steuer $= \frac{5y}{6}$, jedoch die Ausgabe für den Haushalt $^{3}/_{2} \cdot \frac{4x}{5} = \frac{6x}{5}$ Mark. Außerdem ist noch ein Ueberschuß von 169 Mark vorhanden. Das Gut trägt also nun $\frac{6x}{5} + \frac{5y}{6} + 940 + 169 = \frac{6x}{5} + \frac{5y}{6} +$ 1109 Mark oder $^{11}/_{10}$ des vorjährigen Betrages, d. i.

$$^{11}/_{10}\left(\frac{4x}{5} + \frac{5y}{6} + 1226\right) = \frac{22x}{25} + \frac{11y}{12} + 1348{,}6 \text{ Mark.}$$

Demgemäß ist:

$$\frac{6x}{5} + \frac{5y}{6} + 1109 = \frac{22x}{25} + \frac{11y}{12} + 1348{,}6,$$

woraus folgt: $\quad \text{II.}\quad 96x - 25y = 71880.$

Die Gleichungen I und II ergeben in bekannter Weise:

$$x = 780 \text{ Mark und } y = 120 \text{ Mark.}$$

**968.** 21 Gramm Silber verlieren im Wasser 2 Gramm (d. h. das durch 21 g. Silber verdrängte Wasser wiegt 2 g.), und 96 Gramm Gold verlieren im Wasser 5 Gramm. Eine Legirung von Gold und Silber, welche 1,14 Kilogr. wiegt, verliert im Wasser 92 Gramm. Wie viel Silber und Gold ist in dieser Legirung?

Die Legirung, welche 1140 Gramm wiegt, enthalte 21x Gramm Silber und 96y Gramm Gold; dann ist:

$$\text{I.}\quad 21x + 96y = 1140.$$

1 Gramm Silber verliert im Wasser $^{2}/_{21}$ Gramm, und 21x Gramm Silber verlieren im Wasser $^{2}/_{21} \cdot 21x = 2x$ Gramm. Ebenso findet sich, daß 96y Gramm Gold im Wasser $^{5}/_{96} \cdot 96y =$ 5y Gramm verlieren. Daher ist

$$\text{II.}\quad 2x + 5y = 92.$$

Aus I und II ergiebt sich aber in bekannter Weise:

$$x = 36 \text{ und } y = 4,$$

also $\quad 21x = 756$ g. Silber

und $\quad 96y = 384$ g. Gold.

**969.** Zwei Metalle A und B sind in solchen Quantitäten zusammengeschmolzen worden, daß eine Composition entstanden ist, welche a Kilogr. wiegt und im Wasser p Kilogr. verliert. Wie viel befindet sich von jedem Metalle in der Composition, wenn man weiß, daß b Kilogr. von A im Wasser m Kilogr., und c Kiloge. von B im Wasser n Kilogr. verlieren?

bx Kilogr. des Metalls A und cy Kilogr. des Metalls B.

$$\text{I. } bx + cy = a \quad \text{und} \quad \text{II. } mx + ny = p,$$

woraus folgt:

$$x = \frac{an - cp}{bn - cm} = \frac{cp - an}{cm - bn}$$

und $$y = \frac{bp - am}{bn - cm} = \frac{am - bp}{cm - bn};$$

also:

$$bx = b\left(\frac{an - cp}{bn - cm}\right) = b\left(\frac{cp - an}{cm - bn}\right) \text{ Kilogr. von A,}$$

$$cy = c\left(\frac{bp - am}{bn - cm}\right) = c\left(\frac{am - bp}{cm - bn}\right) \text{ Kilogr. von B.}$$

**970.** Ein 1,96 Kilogr. schwere Composition aus Kupfer und Zinn hat 8 zum specifischen Gewicht. Wie viel enthält sie von jedem der beiden Metalle, wenn das specifische Gewicht des Kupfers $= 8\frac{4}{5}$, das des Zinnes $= 7\frac{1}{20}$ ist?

Die 1960 Gramm schwere Composition enthalte $8\frac{4}{5}x$ Gramm Kupfer und $7\frac{1}{20}y$ Gramm Zinn, so ist:

$$8\frac{4}{5}x + 7\frac{1}{20}y = 1960,$$

oder I. $$176x + 141y = 39200.$$

Da $8\frac{4}{5}x$ Gramm Wasser einen Rauminhalt von $8\frac{4}{5}x$ Kub.cm ergeben und das Kupfer $8\frac{4}{5}$ mal so dicht ist als Wasser, so nehmen $8\frac{4}{5}x$ Gramm Kupfer einen Raum von nur x Kub.cm ein. Ebenso findet sich, daß $7\frac{1}{20}y$ Gramm Zinn einen Raum von y Kub.cm ausfüllen. Beide zusammen ergeben also einen Rauminhalt von $(x + y)$ Kub.cm. Dieser Rauminhalt beträgt aber nach der Aufgabe $\frac{1960}{8} = 245$ Kub.cm. Daher ist hinsichtlich der Größe:

$$\text{II. } x + y = 245.$$

Aus I und II ergiebt sich aber in bekannter Weise:

$$x = 133 \text{ und } y = 112,$$

also $8\frac{4}{5}x = 1170{,}4$ g. $= 1{,}1704$ Kg. Kupfer
und $7\frac{1}{20}y = 789{,}6$ g. $= 0{,}7896$ Kg. Zinn.

**971.** Ein aus den Stoffen A und B bestehender Körper wiegt p Kg. und hat s zum specifischen Gewicht. Wie viel von den Stoffen A und B enthält er, wenn A amal, B bmal so schwer als Wasser ist?

Enthält der entstandene Körper ax Kg. von A und by Kg. von B, so sind die Bestimmungsgleichungen:

$$ax + by = p \quad \text{und} \quad x + y = \frac{p}{s},$$

aus denen folgt:

$$x = \frac{p}{s}\left(\frac{s - b}{a - b}\right) = \frac{p}{s}\left(\frac{b - s}{b - a}\right)$$

$$y = \frac{p}{s}\left(\frac{a - s}{a - b}\right) = \frac{p}{s}\left(\frac{s - a}{b - a}\right);$$

mithin $$ax = \frac{ap}{s}\left(\frac{s - b}{a - b}\right) = \frac{ap}{s}\left(\frac{b - s}{b - a}\right) \text{ Kg. von A}$$

und $$by = \frac{bp}{s}\left(\frac{a - s}{a - b}\right) = \frac{bp}{s}\left(\frac{s - a}{b - a}\right) \text{ Kg. von B.}$$

**972.** Zwei Freunde A und B wohnen 32 Meilen von einander entfernt. Reisen sie gleichzeitig einander entgegen, so treffen sie in 4 Tagen zusammen. Reist jedoch, bei gleichzeitigem Aufbruch, B hinter dem A her, so holt er letzteren in 16 Tagen ein. Es fragt sich nun, wie viel Meilen jeder von ihnen täglich zurücklegt?

Täglich macht A x, B y Meilen. Dann ist:

$$4\,(x + y) = 32 \quad \text{und} \quad 16\,(y - x) = 32$$

$$\text{oder I. } x + y = 8 \qquad \text{II. } y - x = 2.$$

Aus I und II ergiebt sich:

$$x = 3 \text{ Meilen und } y = 5 \text{ Meilen.}$$

**973.** Zwei Körper A und B, welche d Meter von einander entfernt sind, treffen, wenn sie sich mit gleichförmigen Geschwindigkeiten gegen einander bewegen, nach a Sekunden zusammen. Bewegen sie sich aber mit denselben Geschwindigkeiten hinter einander, so wird A in b Sekunden von B eingeholt. Wie viel Meter legt hiernach jeder der beiden Körper in einer Sekunde zurück?

In jeder Sekunde legt A x, B y Meter zurück.

$$a\,(x + y) = d \qquad b\,(y - x) = d$$

$$\text{oder I. } x + y = \frac{d}{a}. \qquad \text{oder II. } y - x = \frac{d}{b}.$$

Aus I und II folgt:

$$x = \frac{d}{2}\left(\frac{1}{a} - \frac{1}{b}\right) = \frac{d}{2}\left(\frac{b - a}{ab}\right) \text{ Meter,}$$

$$y = \frac{d}{2}\left(\frac{1}{a} + \frac{1}{b}\right) = \frac{d}{2}\left(\frac{b + a}{ab}\right) \text{ Meter.}$$

**974.** Zwei Punkte O und P sind 240 Meter von einander entfernt. Zwischen diesen Punkten bewegen sich zwei Körper A und B, deren Geschwindigkeiten zwar gleichförmig, aber verschieden sind, rastlos hin und her. Der Körper A geht von O nach P und zurück. Acht Sekunden nach dem Abgange dieses Körpers verläßt B den Ort P, um nach O und von dort wieder zurückzugehen. Nachdem sich B 12 Sekunden bewegt hat, trifft er mit A zusammen. Ein zweites Zusammentreffen beider Körper erfolgt 42 Sekunden nach dem Abgange des B. Wie groß ist hiernach die Geschwindigkeit der Körper A und B?

Legt A in jeder Sekunde x Meter, B hingegen y Meter zurück, so ist bei dem ersten Zusammentreffen:

$$(8 + 12)\,x + 12y = 240,$$

$$\text{d. i.} \qquad 20x + 12y = 240$$

$$\text{oder I.} \qquad 5x + 3y = 60.$$

Bei dem zweiten Zusammentreffen, welches 42 Sekunden nach dem Abgange des B, oder 50 Sekunden nach dem Abgange des A stattfindet, hat A 50x Meter, B 42y Meter zurückgelegt. Der Weg des A enthält aber erstlich die Strecke von O bis P, alsdann die Strecke, welche B auf der Tour von P nach O gemacht hat. Mithin ist der Weg des A nun um $240^m$ größer als der des B, so daß sich findet:

$$\text{II. } 50x - 42y = 240.$$

Aus I und II folgt:

$x = 9^m$ und $y = 5^m$.

Das erste Zusammentreffen erfolgt $60^m$ von P, also $180^m$ von O entfernt. Bei dem zweiten Zusammentreffen befinden sich beide Körper $30^m$ von O, mithin $210^m$ von P.

975. Welche Resultate ergeben sich in voriger Aufgabe, wenn die Entfernung von O nach P = d Meter ist, der Abgang des Körpers B a Sekunden später stattfindet als der des A und wenn das erste Zusammentreffen b Sekunden, das zweite c Sekunden nach dem Abgange des B erfolgt?

Findet das erste Zusammentreffen in einem Punkte X zwischen O und P statt und wird die Strecke OX = x Meter, die Strecke XP = y Meter gesetzt, so hat A in $(a + b)$ Sekunden x Meter, mithin in 1 Sekunde $\frac{x}{a + b}$ Meter zurückgelegt, während B in b Sekunden y Meter, also in 1 Sekunde $y/_b$ Meter macht. Bei dem zweiten Zusammentreffen hat sich bereits A $(a + c)$ Sekunden, B hingegen nur c Sekunden bewegt. Demgemäß ist der ganze Weg des $A = (a + c) \cdot \frac{x}{a + b} = \left(\frac{a + c}{a + b}\right) x$ Meter, der des B $= \frac{cy}{b}$ Meter. Da der Unterschied dieser beiden Wege d Meter beträgt, so ist:

$$\text{I.} \quad \left(\frac{a + c}{a + b}\right) x - \frac{cy}{b} = d,$$

wozu die obige Annahme die Gleichung

$$\text{II.} \quad x + y = d$$

ergiebt.

Multiplicirt man II mit $c/_b$ und addirt das Produkt zu I, so findet sich:

$$\left(\frac{a + c}{a + b} + \frac{c}{b}\right) x = \left(\frac{b + c}{b}\right) d, \text{ woraus folgt:}$$

$$\left(\frac{ab + ac + 2bc}{a + b}\right) x = (b + c) d,$$

mithin $$x = \frac{(a + b)(b + c) d}{a(b + c) + 2bc} \text{ Meter,}$$

und der II gemäß: $$y = \left[\frac{c - b}{a(b + c) + 2bc}\right] bd \text{ Meter.}$$

Da $\frac{x}{a + b}$ die Geschwindigkeit des A, ferner $y/_b$ die Geschwindigkeit des B bezeichnet, so legt in jeder Sekunde

$$A \ \frac{(b + c) d}{a(b + c) + 2bc} \text{ Meter, } B \ \frac{(c - b) d}{a(b + c) + 2bc} \text{ Meter}$$

zurück.

976. Welche Resultate ergeben sich in Aufg. 975, wenn B den Punkt P nicht a Sekunden nach, sondern a Sekunden vor dem Abgange des A aus O verläßt?

Es gelte wieder die in voriger Aufgabe gewählte Bezeichnung. Es macht A in (b — a) Sekunden x Meter, in 1 Sekunde $\frac{x}{b - a}$ Meter, in c — a Sekunden $\left(\frac{c - a}{b - a}\right)$ x Meter. Ferner macht B in b Sekunden y Meter, in 1 Sekunde $\frac{y}{b}$, in c Sekunden $\left(\frac{c}{b}\right)$ y Meter. Daher ist:

$$\text{I.} \quad \left(\frac{c - a}{b - a}\right) x - \left(\frac{c}{b}\right) y = d,$$

während außerdem: $\quad$ II. $x + y = d$

bekannt ist.

Wird II mit $\frac{c}{b}$ multiplicirt, das Produkt zu I addirt und die neue Gleichung nach x aufgelöst, so findet sich:

$$x = \frac{(b + c)(b - a) d}{2bc - a(b + c)} \text{ und } y = \frac{(c - b) bd}{2bc - a(b + c)}.$$

Daher macht in jeder Sekunde

$$A \; \frac{(b + c) d}{2bc - a(b + c)} \text{ Meter, } B \; \frac{(c - b) d}{2bc - a(b + c)} \text{ Meter.}$$

977. A wohnt $9\frac{1}{4}$ Meile von B entfernt. Beide wollen auf der Strecke zwischen ihren Wohnorten zusammenkommen. Macht sich A 2 Stunden eher auf den Weg als B, so treffen sie einander $7\frac{1}{2}$ Stunde nach Abgang des B. Begiebt sich aber B $1\frac{2}{3}$ Stunden früher auf die Reise als A, so treffen sie $7\frac{1}{2}$ Stunde nach Abgang des A zusammen. Welche Strecke legt Jeder von ihnen in 1 Stunde zurück?

Stündlich legt A x, B y Meilen zurück. Dann ist:

I. $9\frac{1}{2}x + 7\frac{1}{2}y = 9\frac{1}{4}$ und II. $7\frac{1}{2}x + 9\frac{1}{6}y = 9\frac{1}{4}$.

Aus I und II folgt:

$$x = \frac{5}{6}y \text{ und } y = \frac{6x}{5}.$$

Wird der Werth von y in I substituirt, so findet sich:

$$9\frac{1}{2}x + 9x = 9\frac{1}{4} \text{ oder } 18\frac{1}{2}x = 9\frac{1}{4},$$

woraus folgt: $\quad x = \frac{1}{2}$ Meile.

Wird aber der Werth von x in II substituirt, so findet sich:

$$6\frac{1}{4}y + 9\frac{1}{6}y = 9\frac{1}{4} \text{ oder } 15\frac{5}{12}y = 9\frac{1}{4},$$

woraus folgt: $\quad y = \frac{3}{5}$ Meilen.

978. A und B reisen einander entgegen. Geht A a Stunden früher ab als B, so kommen sie in m Stunden nach Abgang des B zusammen. Geht aber B b Stunden eher ab als A, so treffen sie einander n Stunden nach Abgang des A. Welche Strecke legt Jeder von ihnen in 1 Stunde zurück, wenn ihre Wohnorte d Meilen von einander entfernt sind?

Stündlich legt A x, B y Meilen zurück.

I. $(a + m) x + my = d$ und II. $nx + (b + n) y = d$.

Man multiplicire I mit (b + n), hingegen II mit m, subtrahire das zweite Produkt von dem ersten und dividire schließlich durch den Coefficienten von x, so ergiebt sich:

$$x = \frac{(b + n - m) d}{bm + a (b + n)} \text{ Meilen.}$$

Ferner multiplicire man I mit n, hingegen II mit (a + m), subtrahire das erste Produkt von dem zweiten und dividire alsdann durch den Coefficienten von y, so findet sich:

$$y = \frac{(a + m - n) d}{bm + a (b + n)} \text{ Meilen.}$$

979. Ein Garten, der die Form eines Rechtecks hat, soll in 8 gleiche Theile zerlegt werden. Giebt man jedem Theile $^1/_4$ der Gartenbreite, und die Hälfte der Gartenlänge zu Ausdehnungen, so ist der Umfang jedes Theils = 128 Meter. Betragen aber die betreffenden Ausdehnungen $^3/_8$ der Gartenbreite und $^1/_3$ der Gartenlänge, so ist der Umfang jedes Theils = 112 Meter. Welche Länge und Breite hat der zu theilende Garten?

Wir setzen, der vorkommenden Brüche wegen, die Länge des Gartens = 6x Meter, die Breite = 8y Meter. Dann ist der Umfang jedes Theils im ersten Falle 2 (3x + 2y) = 6x + 4y. Da dieser Umfang 128 Meter beträgt, so findet sich:

$$2 (3x + 2y) = 128$$

oder I. $3x + 2y = 64.$

Im zweiten Falle ist der Umfang jedes Theils 2 (2x + 3y) = 4x + 6y, daher der Aufgabe gemäß:

$$2 (2x + 3y) = 112$$

oder II. $2x + 3y = 56.$

Aus I und II folgt in bekannter Weise:

$$x = 16 \quad \text{und} \quad y = 8,$$

mithin 6x = 96 Meter Länge und 8y = 64 Meter Breite.

980. Ein Garten, der die Form eines Rechtecks hat, soll in eine gewisse Anzahl gleicher Theile zerlegt werden. Betragen die Ausdehnungen eines solchen Theiles $^1/_a$ der Gartenlänge und $^1/_b$ der Gartenbreite, so hat jedes der kleineren Rechtecke m Meter Umfang. Betragen aber die betreffenden Ausdehnungen $^1/_b$ der Gartenlänge und $^1/_a$ der Gartenbreite, so ist der entsprechende Umfang = n Meter. Wie lang und breit ist hiernach der zu theilende Garten?

Gartenlänge = abx Meter, Gartenbreite = aby Meter. Daher:

I. $bx + ay = {}^m/_2$ und II. $ax + by = {}^n/_2$.

Man multiplicire I mit b, II mit a, so ergiebt sich in bekannter Weise:

$$x = \tfrac{1}{2} \left(\frac{an - bm}{a^2 - b^2}\right) = \tfrac{1}{2} \left(\frac{bm - an}{b^2 - a^2}\right),$$

daher $abx = \dfrac{ab (an - bm)}{2 (a + b) (a - b)} = \dfrac{ab (bm - an)}{2 (b + a) (b - a)}$ Mtr. Länge.

Multiplicirt man ferner I mit a, II mit b, so findet sich in bekannter Weise:

$$y = \tfrac{1}{2} \left(\frac{am - bn}{a^2 - b^2}\right) = \tfrac{1}{2} \left(\frac{bn - am}{b^2 - a^2}\right),$$

daher $aby = \dfrac{ab (am - bn)}{2 (a + b) (a - b)} = \dfrac{ab (bn - am)}{2 (b + a) (b - a)}$ Mtr. Breite.

Der getheilte Garten zerfällt in ab gleiche Rechtecke.

## C. Einfache Gleichungen mit drei und mehr Unbekannten.

(§ 33.)

### Gegebene Gleichungen mit mehreren Unbekannten.

**981.** I. $x + y = 24$; II. $x + z = 20$ und III. $y + z = 18$.
Subtrahirt man II von I, so findet sich IV. $y - z = 4$.

Ferner ist $\frac{III + IV}{2} = y = 11$

und $\frac{III - IV}{2} = z = 7$,

wozu die I oder II ergiebt: $x = 13$.

**982.** I. $x + y = 2a$; II. $x + z = 2b$; III. $y + z = 2c$.
Hiernach ist:

$$\frac{I + II + III}{2} = x + y + z = a + b + c. \quad (IV.)$$

IV — III giebt: $x = a + b - c$,
IV — II giebt: $y = a - b + c$,
IV — I giebt: $z = b + c - a$.

**983.** I. $x + 3y = 21$; II. $2x + 5z = 27$ und III. $3y + 7z = 36$.
Die verdoppelte I um II vermindert, giebt: IV. $6y - 5z = 15$.
Die verdoppelte III um IV vermindert, giebt: $19z = 57$,
mithin: $z = 3$
und daher nach III oder IV: $y = 5$,
sowie nach II oder I: $x = 6$.

**984.** I. $ax + by = m$; II. $cx + dz = n$; III. $fy + gz = p$.
Man multiplicire I mit c, II mit a und subtrahire alsdann, so ist:

$$IV. \quad bcy - adz = cm - an.$$

Wird nun IV mit f, III mit bc multiplicirt und hierauf wieder subtrahirt, so ist:

$$(adf + bcg)\, z = anf + bcp - cmf,$$

daher: $$z = \frac{anf + bcp - cmf}{adf + bcg}.$$

Hierzu giebt die III: $$y = \frac{adp - agn + cgm}{adf + bcg}$$

und die II oder I: $$x = \frac{bgn - bdp + dfm}{adf + bcg}.$$

**985.** I. $x = 22 - 2y$; II. $y = 22 - 3z$ und III. $z = 37 - 4x$.
Aus diesen Gleichungen folgt der Reihe nach:
IV. $x + 2y = 22$; V. $y + 3z = 22$ und VI. $4x + z = 37$.
Die vierfache IV um VI vermindert, giebt:

$$VII. \quad 8y - z = 51.$$

Ferner ergiebt die dreifache VII zu V addirt: $25y = 175$, also:

$$y = 7.$$

Subtrahirt man aber die VII von der achtfachen V, so findet sich:

$$25z = 125, \text{ daher } z = 5.$$

Hierzu ergiebt die I oder III: $x = 8$.

**986.** Aus
I. $x + y - z = 14$; II. $x - y + z = 10$ und III. $y + z - x = 6$ folgt durch Addition sämmtlicher Gleichungen:

$$\text{IV. } x + y + z = 30.$$

$\frac{1}{2}$ (IV — III) giebt ferner $x = 12$,
$\frac{1}{2}$ (IV — II) giebt $y = 10$,
$\frac{1}{2}$ (IV — I) giebt $z = 8$.

**987.** I. $\frac{2}{3}x - \frac{3}{4}y = 2$; II. $\frac{1}{4}x + \frac{2}{5}z = 7$ und III. $2\frac{1}{2}y - z = 10$.

Durch Fortschaffung der Brüche erhält man hieraus:
IV. $8x - 9y = 24$; V. $5x + 8z = 144$ und VI. $5y - 2z = 20$.

Die vierfache VI zu V addirt, giebt: $5x + 20y = 220$ oder

$$\text{VII. } x + 4y = 44.$$

Die IV von der achtfachen VII subtrahirt, giebt: $41y = 328$, mithin $y = 8$.

Substituirt man den Werth von y in jede der Gleichungen I und III, so findet sich:

$$x = 12 \quad \text{und} \quad z = 10.$$

**988.** I. $x + y - z = 10$; II. $2x - 3y = c$ und III. $\frac{y}{2} + z = 8$.

I + III giebt: IV. $x + 1\frac{1}{2}y = 18$.

Subtrahirt man II von der verdoppelten IV, so findet sich $6y = 36$,
mithin $y = 6$,
und der III gemäß $z = 5$,
sowie nach I oder II $x = 9$.

**989.** I. $x - y + z = 16$; II. $\frac{2}{3}x - \frac{3}{4}y + \frac{1}{2}z = 8$ und III. $\frac{1}{2}x + \frac{1}{2}y + \frac{1}{5}z = 17$.

Multiplicirt man II mit 12, so ergiebt sich:

$$\text{IV. } 8x - 9y + 6z = 96.$$

Durch Multiplication der III mit 10 entsteht:

$$\text{V. } 5x + 5y + 2z = 170.$$

Die 6fache I von der IV subtrahirt, giebt:

$$\text{VI. } 2x - 3y = 0.$$

Die IV von der 3fachen V subtrahirt, giebt:

$$\text{VII. } 7x + 24y = 414.$$

Wird die 8fache VI zu VII addirt, so ist $23x = 414$, folglich $x = 18$.
Hierzu giebt die VI: $y = 12$
und endlich die I: $z = 10$.

**990.** I. $x + y + z = 18$; II. $x - y - z = 0$ und III. $y - \frac{2}{3}x + \frac{1}{2}z = 2$.

$\frac{1}{2}$ (I + II) giebt sogleich: $x = 9$.

Substituirt man diesen Werth in I und III, so findet sich der Reihe nach:

$$\text{IV. } y + z = 9 \quad \text{und} \quad \text{V. } y + \tfrac{1}{2}z = 8.$$

Ferner ist IV — V $= \frac{1}{2}z = 1$.
Daher ist $z = 2$
und der I gemäß: $9 + y + 2 = 18$,
woraus folgt: $y = 7$.

991. I. $x + y + z = 50$; II. $1\frac{1}{2}x - 1\frac{2}{3}y + \frac{3}{4}z = 9$ und III. $3x = 2(y + z)$.

III läßt sich umformen in: IV. $3x - 2y - 2z = 0$.

Die IV zur doppelten I addirt, giebt: $5x = 100$, mithin

$$x = 20.$$

Substituirt man diesen Werth in II und III, so ergiebt sich der Reihe nach:

$$1\frac{2}{3}y - \frac{3}{4}z = 21$$

oder V. $20y - 9z = 252$

und VI. $2y - 2z = 60$.

Die V von der 10fachen VI subtrahirt, giebt $29z = 348$, daher

$$z = 12,$$

und in ähnlicher Weise $y = 18$.

992. I. $3x + y + 2z = 80$; II. $x - 2y + 3z = 15$ und III. $2x + 3y - 4z = 50$.

Die 3fache II von I subtrahirt, giebt: $7y - 7z = 34$, also:

$$\text{IV. } y - z = 5.$$

Die verdoppelte II von III subtrahirt, giebt:

$$\text{V. } 7y - 10z = 20.$$

Aus IV und V ergiebt sich

das eine Mal: $y = 10$

das andere Mal: $z = 5$.

Substituirt man gleichzeitig diese beiden Werthe in eine der gegebenen Gleichungen I, II und III, so findet sich zuletzt auch

$$x = 20.$$

993. I. $\frac{x}{2} + \frac{y}{3} + \frac{z}{4} = 58$; II. $\frac{x}{4} + \frac{y}{2} + \frac{z}{3} = 50$ und III. $\frac{x}{3} + \frac{y}{4} + \frac{z}{2} = 48$.

Die Summe dieser drei Gleichungen ist:

$$\left(\frac{1}{2} + \frac{1}{3} + \frac{1}{4}\right)(x + y + z) = 58 + 50 + 48,$$

d. i. $\frac{13}{12}(x + y + z) = 156$,

woraus folgt: IV. $x + y + z = 144$.

IV von der 4fachen II subtrahirt, giebt:

$$\text{V. } y + \frac{1}{3}z = 56.$$

Die doppelte I von IV subtrahirt, giebt:

$$\text{VI. } \frac{1}{3}y + \frac{1}{2}z = 28.$$

Aus V und VI ergeben sich durch Combination:

$$y = 48 \text{ und } z = 24,$$

wozu man durch die IV zuletzt

$$x = 72$$

erhält.

994. I. Proportion: $x : y : z = 2 : 3 : 4$; II. $3x + 2y + z = 96$.

Aus I folgt: $y = \frac{3}{2}x$ und $z = 2x$.

Substituirt man diese beiden Werthe statt $y$ und $z$ in II, so findet sich $8x = 96$, also $x = 12$

und daher $y = 18$ und $z = 24$.

995. I. Proportion: $x : y : z = a : b : c$.

II. $mx + ny + pz = s$.

Aus I folgt: $y = \frac{b}{a}x$ und $z = \frac{c}{a}x$.

Durch Substitution der beiden Werthe in II findet sich:

$$\left(m + \frac{bn}{a} + \frac{cp}{a}\right) x = s,$$

woraus folgt: $x = \dfrac{as}{am + bn + cp}$

und daher $y = \dfrac{bs}{am + bn + cp}$

$$z = \frac{cs}{am + bn + cp}.$$

**996.** I. Proportion: $x : y : z = 2 : 3 : 5$.
II. $4x + 5y = 4z - y + 18$.

Nach I ist

III. $y = \frac{3}{2}x$ und IV. $z = \frac{5}{2}x$,

während aus II folgt:

$$4x + 6y = 4z + 18$$

oder $2x + 3y = 2z + 9$

und nach III und IV:

$$2x + 4\tfrac{1}{2}x = 5x + 9$$

d. i. $6\frac{1}{2}x = 5x + 9$,

woraus folgt: $1\frac{1}{2}x = 9$

$$x = 6;$$

daher nach III und IV:

$$y = 9 \quad \text{und} \quad z = 15.$$

**997.** I. $\frac{1}{x} + \frac{1}{y} = a$; II. $\frac{1}{x} + \frac{1}{z} = b$ und III. $\frac{1}{y} + \frac{1}{z} = c$.

Es ist $\frac{1}{2}(I + II + III) = \frac{1}{x} + \frac{1}{y} + \frac{1}{z} = \frac{1}{2}(a + b + c)$; IV)

daher IV — III $= \frac{1}{x} = \frac{1}{2}(a + b - c)$

und $x = \dfrac{a}{a + b - c}$;

ferner IV — II $= \frac{1}{y} = \frac{1}{2}(a - b + c)$

und $y = \dfrac{2}{a - b + c}$;

ferner IV — I $= \frac{1}{z} = \frac{1}{2}(b + c - a)$

und $z = \dfrac{2}{b + c - a}$.

**998.** Aus I. $\frac{1}{x} + \frac{1}{y} = \frac{7}{12}$; II. $\frac{1}{x} + \frac{1}{z} = \frac{3}{4}$ und III. $\frac{1}{y} + \frac{1}{z} = \frac{5}{6}$
folgt IV. $\frac{1}{x} + \frac{1}{y} + \frac{1}{z} = \frac{13}{12}$;
ferner IV — III giebt:

$\frac{1}{x} = \frac{1}{4}$, also $x = 4$.

IV — II giebt: $\frac{1}{y} = \frac{1}{3}$, daher $y = 3$.

IV — I giebt: $\frac{1}{z} = \frac{1}{2}$, mithin $z = 2$.

**999.** Aus I. $\frac{1}{x} + \frac{1}{y} - \frac{1}{z} = a$, II. $\frac{1}{x} - \frac{1}{y} + \frac{1}{z} = b$ und
III. $\frac{1}{y} + \frac{1}{z} - \frac{1}{x} = c$
folgt I + II + III =

IV. $\frac{1}{x} + \frac{1}{y} + \frac{1}{z} = a + b + c$.

Ferner $\frac{1}{2}$ (IV — III) giebt: $\frac{1}{x} = \dfrac{a + b}{2}$, also $x = \dfrac{2}{a + b}$.

$\frac{1}{2}$ (IV — II) giebt: $\frac{1}{y} = \frac{a+c}{2}$, daher $y = \frac{2}{a+c}$.

$\frac{1}{2}$ (IV — I) giebt: $\frac{1}{z} = \frac{b+c}{2}$, mithin $z = \frac{2}{b+c}$.

**1000.** Aus I. $\frac{1}{x} + \frac{1}{y} - \frac{1}{z} = \frac{7}{60}$, II. $\frac{1}{x} - \frac{1}{x} + \frac{1}{z} = \frac{23}{60}$ und III. $\frac{1}{y} + \frac{1}{z} - \frac{1}{x} = \frac{17}{60}$
folgt: IV. $\frac{1}{x} + \frac{1}{y} + \frac{1}{z} = \frac{47}{60}$.
Ferner $\frac{1}{2}$ (IV — III) giebt: $\frac{1}{x} = \frac{1}{4}$, also $x = 4$.
$\frac{1}{2}$ IV — II) giebt: $\frac{1}{y} = \frac{1}{5}$, daher $y = 5$.
$\frac{1}{2}$ (IV — I) giebt: $\frac{1}{z} = \frac{1}{3}$, mithin $z = 3$.

**1001.** I. $x + y = axy$; II. $x + z = bxz$ und III. $y + z = cyz$.
Dividirt man I durch xy, II durch xz und III durch yz, so findet sich:
IV. $\frac{1}{x} + \frac{1}{y} = a$; V. $\frac{1}{z} + \frac{1}{x} = b$ und III. $\frac{1}{z} + \frac{1}{y} = c$.
Dies sind aber die Gleichungen der 997. Aufgabe. Mithin ist
$$x = \frac{2}{a+b-c},\ y = \frac{2}{a-b+c} \text{ und } z = \frac{2}{b+c-a}.$$

**1002.** I. $x + y = \frac{1}{3}xy$, II. $x + z = 2\frac{1}{12}xz$ und III. $y + z = 2\frac{1}{4}yz$.
In bekannter Weise erhält man hieraus zunächst:
IV. $\frac{1}{y} + \frac{1}{x} = \frac{1}{3}$, V. $\frac{1}{z} + \frac{1}{x} = 2\frac{1}{12}$, VI. $\frac{1}{z} + \frac{1}{y} = 2\frac{1}{4}$,
alsdann:
VII. $\frac{1}{x} + \frac{1}{y} + \frac{1}{z} = \frac{1}{2}\left(\frac{1}{3} + 2\frac{1}{12} + 2\frac{1}{4}\right) = 2\frac{1}{3}$;
ferner VII — VI giebt: $\frac{1}{x} = \frac{1}{12}$, also $x = 12$.
VII — V giebt: $\frac{1}{y} = \frac{1}{4}$, daher $y = 4$.
VII — IV giebt: $\frac{1}{z} = 2$, mithin $z = 2$.

**1003.** I. $\frac{9}{x} + \frac{12}{y} + \frac{6}{z} = 1\frac{1}{4}$; II. $\frac{12}{x} + \frac{18}{y} + \frac{8}{z} = 1\frac{3}{4}$ und
III. $\frac{6}{x} + \frac{4}{y} + \frac{3}{z} = \frac{7}{12}$.
Die 4fache I von der 3fachen II subtrahirt, giebt: $\frac{6}{y} = \frac{1}{4}$,
IV. $y = 24$.
Die doppelte III von I subtrahirt, giebt: $\frac{4}{y} - \frac{3}{x} = \frac{1}{12}$,
daher nach IV: $\frac{3}{x} = \frac{4}{24} - \frac{1}{12} = \frac{1}{12}$,
woraus folgt: V. $x = 36$.
Substituirt man die Werthe von x und y in eine der gegebenen Gleichungen I, II und III, so ergiebt sich schließlich auch:
$z = 12$.

**1004.** I. $\frac{60}{x} + \frac{48}{y} + \frac{36}{z} = 34$; II. $\frac{48}{x} + \frac{36}{y} + \frac{60}{z} = 37$;
III. $\frac{36}{x} + \frac{60}{y} + \frac{48}{z} = 37$.
Addirt man die Gleichungen I, II und III, so ist die Summe:
$$144\left(\frac{1}{x} + \frac{1}{y} + \frac{1}{z}\right) = 108,$$
woraus folgt: IV. $\frac{1}{x} + \frac{1}{y} + \frac{1}{z} = \frac{3}{4}$.
Die 36fache IV von I subtrahirt, giebt:
$$\text{V. } \frac{24}{x} + \frac{12}{y} = 7.$$

Die 60fache IV um II vermindert, giebt:

$$\text{VI.}\quad \frac{12}{x} + \frac{24}{y} = 8.$$

Die VI von der doppelten V subtrahirt, giebt: $\frac{36}{x} = 6$, also:

$$x = 6.$$

Die doppelte VI um V vermindert, giebt: $\frac{36}{y} = 9$, daher:

$$y = 4.$$

Demgemäß verwandelt sich nun Gleichung IV in:

$$\tfrac{1}{6} + \tfrac{1}{4} + \tfrac{1}{z} = \tfrac{3}{4},$$

woraus folgt: $\tfrac{1}{z} = \tfrac{1}{2} - \tfrac{1}{6} = \tfrac{1}{3}$,

mithin $z = 3$.

1005. I. $x + y + z - u = 18$; II. $x + y - z - u = 4$;
III. $x - y + z - u = 2$; IV. $3x + y - z = 19$.

$\tfrac{1}{2}$ (I + II) giebt: V. $x + y = 11$.

$\tfrac{1}{2}$ (I — II) giebt: VI. $z + u = 7$.

$\tfrac{1}{2}$ (I + III) giebt: VII. $x + z = 10$.

Die IV von der 3fachen I subtrahirt, giebt:

$$2y + 4z + 3u = 35,$$

und wenn man diese Gleichung noch um die 3fache VI vermindert:

$$\text{VIII.}\quad 2y + z = 14.$$

V — VII giebt: IX. $y - z = 1$.

VIII + IX giebt: $3y = 15$,

daher $y = 5$

und nach IX: $z = 4$,

nach V oder VII: $x = 6$,

nach VI oder I: $u = 3$.

1006. I. $x + y + z = 21$, II. $x + y + u = 18$,
III. $z + u = 7$, IV. $x - y = 2$.

I — II giebt: V. $z - u = 3$.

Aus III und IV folgt durch Addition, resp. Subtraction:

$$\text{VI.}\ z = 5 \quad \text{und} \quad \text{VII.}\ u = 2.$$

I + IV giebt: $2x + z = 23$

oder nach VI: $2x + 5 = 23$,

woraus folgt: $x = 9$.

Hierzu giebt I, II oder IV: $y = 7$.

1007. I. $x + 2y - z = 24$, II. $3y - 2z + p = 18$,
III. $4z + 2x + y = 20$, IV. $x - 2u = 1$.

I — IV giebt: V. $2y - z + 2u = 23$.

Diese Gleichung von der doppelten II subtrahirt, giebt:

$$\text{VI.}\quad 4y - 3z = 13.$$

Die doppelte IV zu III addirt, giebt:

$$\text{VII.}\quad y + 4z - 4u = 22.$$

Die VII zur doppelten V addirt, giebt:

$$\text{VIII.}\quad 5y + 2z = 68.$$

Die doppelte VI zur dreifachen VIII addirt, giebt $23y = 230$,

$y = 10.$
Hierzu giebt die VI: $z = 9,$
ferner die I: $x = 13$
und die II oder IV: $u = 6.$

1008. I. $x + y = 22$, II. $y + z = 18$, III. $z + u = 14$ und IV. $x - u = 6$.
I — II giebt: V. $x - z = 4.$
V + III giebt: VI. $x + u = 18.$
$\frac{1}{2}$ (VI + IV) giebt: $x = 12.$
$\frac{1}{2}$ (VI — IV) giebt: $u = 6.$
Daher nach III: $z = 8.$
und nach I oder II: $y = 10.$

1009. I. Proportion: $x : y : z = 3 : 5 : 7$; II. $x + y = u + 2$ und III. $\frac{3}{4}z = u - 9$.
Aus I folgt:

$$\text{IV. } y = \tfrac{5}{3}x \quad \text{und} \quad \text{V. } z = \frac{7x}{3}.$$

II — III giebt: $x + y - \frac{3}{4}z = 11$
oder nach IV u. V: $(1 + \frac{5}{3} - \frac{7}{4})\,x = 11,$
woraus folgt: $x = 12$
und nach I: $y = 20$ und $z = 28,$
sowie nach II oder III: $u = 30.$

1010. I. $x + y + z = 10$, II. $x + y + u = 6$, III. $x + z + u = 3$ und IV. $y + z + u = 20$.
$\frac{1}{3}$ (I + II + III + IV) giebt:
V. $x + y + z + u = 13.$
V — IV giebt: $x = (-7).$
V — III giebt: $y = 10.$
V — II giebt: $z = 7.$
V — I giebt: $u = 3.$

(§ 34).

## Algebraische Aufgaben,

welche durch Gleichungen ersten Grades mit mehreren Unbekannten gelöst werden.

1011. Die drei Seiten x, y, z eines Dreiecks zu finden, wenn
$x + y = 179^m$, $x + z = 166^m$ und $y + z = 155^m$
gegeben ist.

Die halbe Summe der drei Gleichungen ergiebt den Umfang des Dreiecks =

$$x + y + z = 250^m.$$

Wird hiervon einzeln genommen jede der drei obigen Gleichungen subtrahirt, so findet sich der Reihe nach:

$$z = 250 - 179 = 71^m$$
$$y = 250 - 166 = 84^m$$
$$x = 250 - 155 = 95^m.$$

**1012.** Drei Zahlen zu finden, welche paarweise zusammengefaßt, der Reihe nach 2a, 2b und 2c als Summen ergeben.

Bezeichnen x, y, z die gesuchten drei Zahlen, so ist wie in voriger Aufgabe:

I. $x + y = 2a$, II. $x + z = 2b$, III. $y + z = 2c$,

und daher: IV. $x + y + z = a + b + c$,

ferner IV — III: $x = a + b - c$,

IV — II: $y = a - b + c$,

IV — I: $z = b + c - a$.

**1013.** Die Summe dreier Zahlen beträgt 200. Die erste durch die zweite dividirt, ergiebt 2 als Quotienten mit einem Reste = 14; die zweite durch die dritte dividirt, ergiebt 3 als Quotienten mit einem Reste = 12. Wie heißen diese drei Zahlen?

Die erste Zahl sei x, die zweite y, die dritte z, so hat man:

I. $\frac{x - 14}{y} = 2$, II. $\frac{y - 12}{z} = 3$ und III. $x + y + z = 200$.

Aus I folgt:

$$\text{IV.} \quad y = \frac{x - 14}{2} = \frac{1}{2}x - 7.$$

Aus II folgt:

$$\text{V.} \quad z = \frac{y - 12}{3} = \frac{1}{3}y - 4,$$

oder wenn der in IV angegebene Werth von y substituirt wird:

$$\text{VI.} \quad z = \frac{x - 38}{6} = \frac{1}{6}x - 6\frac{1}{3}.$$

Nach IV und VI verwandelt sich Gleichung III in:

$x + (\frac{1}{2}x - 7) + (\frac{1}{6}x - 6\frac{1}{3}) = 200$

d. i. $(1 + \frac{1}{2} + \frac{1}{6})\, x = 200 + 7 + 6\frac{1}{3}$

oder $\frac{5}{3}x = 213\frac{1}{3}$,

woraus folgt: $x = 128$

und nach IV, resp. VI:

$$y = 57 \quad \text{und} \quad z = 15.$$

**1014.** A, B und C sind zusammen 8800 Mark schuldig. Sie können aber diese Summe nur dann bezahlen, wenn B $\frac{2}{3}$ seines Vermögens zu dem ganzen Vermögen des A, oder wenn A $\frac{1}{2}$ seines Vermögens zu dem des B, oder wenn B $\frac{3}{5}$ seines Vermögens zu dem des C legt. Wie viel besitzt hiernach Jeder?

Es besitze A 12x, B 15y, C z Mark, so ist:

$$12x + 10y = 7x + 15y = 9y + z = 8800.$$

Hieraus folgt:

I. $12x + 10y = 8800$, II. $7x + 15y = 8800$ und

III. $9y + z = 8800$.

Die 7fache I von der 12fachen II subtrahirt, giebt:

$$110y = 5 \,.\, 8800,$$

daher: IV. $y = 400$;

also: $15y = 6000$ Mark.

Die 2fache II von der 3fachen I subtrahirt, giebt $22x = 8800$,

$$x = 400;$$
$$12x = 4800 \text{ Mark.}$$

Wird der Werth von y aus IV in III substituirt, so findet sich:

$$z = 8800 - 3600,$$

d. i. $z = 5200$ Mark.

Demgemäß besitzt A 4800, B 6000 und C 5200 Mark.

**1015.** A und B besitzen zusammen nur $\frac{4}{5}$ von dem Vermögen des C; B und C haben zusammen dreimal so viel als A. Bekäme B 6500 Mark von C, so würde B ebenso viel besitzen als C. Wie groß ist das Vermögen des A, B, C?

Es besitze A x, B y und C 5z Mark, so ist:

I. $x + y = 4z$; II. $y + 5z = 3x$ und III. $y + 6500 = 5z - 6500$.

Aus II folgt: IV. $3x - y = 5z$.

IV zu I addirt, giebt: V. $4x = 9z$.

Aus III folgt: VI. $y + 13000 = 5z$.

VI + IV giebt: VII. $3x + 13000 = 10z$.

Wird die 10fache V um die 9fache VII vermindert, so ist:

$$13x - 117000 = 0$$

oder $13x = 117000$,

also $x = 9000$ Mark.

Hierzu giebt die V: $z = 4000$,

mithin $5z = 20000$ Mark;

ferner ist nach I, II oder III: $y = 7000$ Mark.

Es besitzt also A 9000, B 7000, C 20000 Mark Vermögen.

**1016.** Ein Vater sagte zu seinen beiden Söhnen, deren Alter um 4 Jahre differirte: Vor 4 Jahren war ich dreimal so alt als ihr beide zusammen. Wenn ich noch 20 Jahre lebe, so werde ich alsdann ebenso alt sein als ihr beide zusammen. Welches Alter hat hiernach gegenwärtig der Vater und jeder seiner Söhne?

Der Vater sei x, der eine Sohn y, der andere z Jahr alt; dann ist:

I. $y - z = 4$; II. $x - 4 = 3(y - 4) + 3(z - 4)$

und III. $x + 20 = (y + 20) + (z + 20)$.

Aus II folgt: IV. $x + 20 = 3y + 3z$.

Aus III folgt: V. $x - 20 = y + z$.

Die dreifache V von der IV subtrahirt, giebt:

$$80 - 2x = 0$$

oder $2x = 80$,

daher $x = 40$ Jahr.

Dieser Werth in V substituirt, giebt:

VI. $y + z = 20$.

Aus VI und I folgt: $y = 12$ Jahr.

und $z = 8$ Jahr.

**1017.** Drei Capitalien stehen in dem Verhältniß 3 : 4 : 5. Das 6fache des ersten Capitals, das 3fache des zweiten und das Doppelte des dritten betragen zusammen 48000 Mark. Wie groß sind diese Capitalien?

Die Capitalien betragen x, y, z Mark. Dann ist:
I. $x : y = 3 : 4$; II. $x : z = 3 : 5$ und III. $6x + 3y + 2z = 4800$.
Aus I folgt: $y = \frac{4}{3}x$.
Aus II folgt: $z = \frac{5}{3}x$.
Durch Substitution der Werthe von y und z in III erhält man:
$$6x + 4x + 3\tfrac{1}{3}x = 48000,$$
d. i. $13\tfrac{1}{3}x = 48000$,
woraus folgt: $x = 3600$ Mark.
Demgemäß ist: $y = 4800$ Mark,
$z = 6000$ Mark.

1018. Drei Zahlen zu finden, welche folgendermaßen beschaffen sind. Dividirt man 48 durch die erste, 24 durch die zweite und 12 durch die dritte, so ist 35 die Summe der Quotienten. Dividirt man 24 durch die erste, 12 durch die zweite und 48 durch die dritte, so ist 28 die Summe der Quotienten. Dividirt man 12 durch die erste, 48 durch die zweite und 24 durch die dritte, so beträgt die Summe der Quotienten ebenfalls 28.

Die drei Zahlen seien der Reihe nach x, y, z. Dann ist:
$$\text{I. } \frac{48}{x} + \frac{24}{y} + \frac{12}{z} = 35; \text{ II. } \frac{24}{x} + \frac{12}{y} + \frac{48}{z} = 28 \text{ und}$$
$$\text{III. } \frac{12}{x} + \frac{48}{y} + \frac{24}{z} = 28.$$
I + II + III giebt:
$$(48 + 24 + 12)\left(\frac{1}{x} + \frac{1}{y} + \frac{1}{z}\right) = 35 + 28 + 28,$$
woraus folgt: IV. $\frac{1}{x} + \frac{1}{y} + \frac{1}{z} = \frac{13}{12}$.
Die 12fache IV von I subtrahirt, giebt:
$$\text{V. } \frac{36}{x} + \frac{12}{y} = 22.$$
Die II von der 48fachen IV subtrahirt, giebt:
$$\text{VI. } \frac{24}{x} + \frac{36}{y} = 24.$$
Die VI von der 3fachen V subtrahirt, giebt:
$$\frac{84}{x} = 42,$$
woraus folgt: $x = 2$.
Die doppelte V von der 3fachen VI subtrahirt, giebt:
$$\frac{84}{y} = 28,$$
mithin $y = 3$,
und der IV gemäß: $z = 4$.

1019. A, B und C vergleichen ihr Vermögen. A sagt zu B: Gieb mir 1000 Mark, so habe ich ebenso viel als du. Da sagt C zu A: Gieb du mir 1000 Mark, so habe ich 4mal so viel als du. Hierauf sagt B zu C: Gieb du mir 1250 Mark, so besitze ich 3mal so viel als du. Wie viel besitzt hiernach jeder von ihnen?

Hat A x, B y, C z Mark, so ist:

I. $x + 1000 = y - 1000$; II. $4(x - 1000) = z + 1000$ und III. $y + 1250 = 3(z - 1250)$.

Aus I folgt: IV. $x = y - 2000$.
Aus II folgt: V. $4x = z + 5000$.
Aus III folgt: VI. $y = 3z - 5000$.

Die V und die 4fache IV ergeben:
$$4y - 8000 = z + 5000,$$
daher VII. $4y = z + 13000$.

Die VII und die 4fache VI ergeben:
$$16z - 20000 = z + 13000$$
oder $11z = 33000$,
mithin $z = 3000$ Mark.
Hierzu giebt die II: $x = 2000$ Mark
und dann die I: $y = 4000$ Mark.

**1020.** Drei Zahlen zu finden, welche folgendermaßen beschaffen sind. Die Hälfte der ersten Zahl ist um 8 größer als $\frac{1}{3}$ der zweiten. Die Hälfte der zweiten Zahl ist um 8 größer als $\frac{1}{3}$ der dritten. $\frac{1}{4}$ der ersten, $\frac{1}{6}$ der zweiten und $\frac{1}{5}$ der dritten Zahl betragen zusammen 60.

Die drei Zahlen sind der Reihe nach x, y, z; dann ist:
I. $\frac{x}{2} = \frac{y}{3} + 8$; II. $\frac{y}{2} = \frac{z}{3} + 8$ und III. $\frac{x}{4} + \frac{y}{6} + \frac{z}{5} = 60$.

Aus I folgt: IV. $3x - 2y = 48$.
Aus II folgt: V. $3y - 2z = 48$.
Aus III folgt: VI. $15x + 10y + 12z = 3600$.

Die 5fache IV von VI subtrahirt, giebt:
$$\text{VII. } 20y + 12z = 3360.$$
Die 6fache V zu VII addirt, giebt:
$$38y = 3648,$$
also $y = 96$,
mithin nach I, resp. II:
$$x = 80 \quad \text{und} \quad z = 120.$$

**1021.** Jemand hat zwei volle Fässer, A, B und ein leeres C, welches größer ist als jedes der beiden vollen. Alle drei Fässer können zusammen 1900 Liter aufnehmen. Um das leere Faß C zu füllen, bedarf es entweder des Inhalts des Fasses A und $\frac{2}{5}$ des Inhalts des Fasses B, oder des Inhalts des Fasses B und der Hälfte des Fasses A. Wie viel Liter kann hiernach jedes der drei Fässer aufnehmen?

Das Faß A enthalte 2x, das Faß B 5y, das Faß C z Liter, so ist:
I. $2x + 5y + z = 1900$; II. $2x + 2y = z$ und III. $x + 5y = z$.

II — III giebt: $x - 3y = 0$,
daher IV. $x = 3y$
unn der III gemäß: V. $z = 8y$.

Substituirt man nun die in IV und V angegebenen Werthe von x und z in obige Gleichung I, so findet sich:

$6y + 5y + 8y = 1900,$
d. i. $19y = 1900,$
mithin $y = 100,$
also $2x$ oder $6y = 600$ Liter als Inhalt des Fasses A,
ferner $5y = 500$ Liter als Inhalt des Fasses B,
und $z$ oder $8y = 800$ Liter als Inhalt des Fasses C.

**1022.** Mit einer 120 Kg. schweren Composition, welche aus 2 Theilen Zink, 3 Theilen Kupfer und 5 Theilen Zinn besteht, wird eine andere, aus denselben Metallen bestehende und 88 Kg. schwere Composition zusammengeschmolzen. Hierdurch entsteht eine Composition, welche 3 Theile Zink, 5 Theile Kupfer und 8 Theile Zinn enthält. In welchem Verhältniß befinden sich Zink, Kupfer und Zinn in der 88 Kg. schweren Composition?

Enthält die 88 Kg. schwere Composition x Kg. Zink, y Kg. Kupfer und z Kg. Zinn, so ist:

$$\text{I. } x + y + z = 88.$$

Die 120 Kg. schwere Composition enthält $\frac{2}{2+3+5} \cdot 120 = 24$ Kg. Zink, $\frac{3}{2+3+5} \cdot 120 = 36$ Kg. Kupfer und $\frac{5}{2+3+5} \cdot 120 = 60$ Kg. Zinn.

Demgemäß befinden sich in der durch Zusammenschmelzung dieser beiden Compositionen entstandenen Mischung $x + 24$ Kg. Zink, $y + 36$ Kg. Kupfer und $z + 60$ Kg. Zinn. Daher verhält sich:

$$\text{II. } x + 24 : y + 36 : z + 60 = 3 : 5 : 8.$$

Aus II ergeben sich die beiden Proportionen:

$$\text{III. } x + 24 : y + 36 = 3 : 5$$
und
$$\text{IV. } x + 24 : z + 60 = 3 : 8.$$

Aus III folgt: V. $3y = 12 + 5x.$
Aus IV folgt: VI. $3z = 12 + 8x.$

Die I mit 3 multiplicirt, giebt:

$$3x + 3y + 3z = 264$$

oder nach V und VI:

$$16x + 24 = 264,$$
daher $16x = 240,$
also $x = 15$ Kg. Zink
und der V gemäß: $y = 29$ Kg. Kupfer
der VI gemäß: $z = 44$ Kg. Zinn.

**1023.** Ein Billeteur hat für die Eisenbahnstrecke von A nach B Billete ausgegeben und findet nun, daß in der zweiten Wagenklasse 78 Personen mehr sind als in der ersten Klasse, ferner in der dritten Klasse 312 Personen mehr als in der zweiten. Im Ganzen hat er für die verkauften Billete 1197 Mark eingenommen, und zwar für die zweite Wagenklasse 171 Mark mehr als für die erste, oder 288 Mark weniger als für die dritte. Wie viel Personen befanden sich in jeder der drei Wagenklassen, wenn ein Billet erster Klasse gerade so viel kostet als ein Billet zweiter und dritter Klasse zusammengenommen?

Ist der Betrag der Billete
für die erste Klasse im Ganzen b Mark,
also für die zweite Klasse im Ganzen b + 171 Mark,
und für die dritte Klasse im Ganzen b + 171 + 288 = b + 459 Mk.,
so findet sich:

$$b + b + 171 + b + 459 = 1197,$$

d. i.

$$3b + 630 = 1197,$$

woraus folgt:

$$b = 189 \text{ Mark.}$$

Es kosten also sämmtliche Billete erster Klasse 189 Mark, die der zweiten Klasse 189 + 171 = 360 Mark, die der dritten Klasse 189 + 459 = 648 Mark.

Wird nun die Zahl der Billete erster, zweiter und dritter Klasse der Reihe nach mit x, y, z bezeichnet, so findet sich den Bedingungen der Aufgabe gemäß:

$$y = x + 78$$

$$z = y + 312 = x + 390,$$

mithin I. $y + z = 2x + 468.$

| Kosten | so ist der Preis |
|---|---|
| x Billete der 1. Klasse 189 Mark, | für 1 Billet $\frac{189}{x}$ Mark. |
| y „ „ 2. „ 360 „ | „ „ $\frac{360}{y}$ „ |
| z „ „ 3. „ 648 „ | „ „ $\frac{648}{z}$ „ |

Da aber 1 Billet erster Klasse $1\frac{1}{2}$ mal so viel kostet als 1 Billet zweiter Klasse und 3mal so viel als 1 Billet dritter Klasse, so ist:

$$\text{II. } \frac{189}{x} = 1\tfrac{1}{2} \cdot \frac{360}{y} \quad \text{und} \quad \text{III. } \frac{189}{x} = 3 \cdot \frac{648}{z}.$$

Aus II folgt: IV. $7y = 20x$
und aus III folgt: V. $7z = 72x.$
IV + V giebt: VI. $7y + 7z = 92x.$

Wird von VI die 7fache I subtrahirt, so findet sich:

$$78x - 3276 = 0,$$

also $78x = 3276,$
daher $x = 42$ Passagiere erster Klasse,
und der IV gemäß: $y = 120$ Passagiere zweiter Klasse.
der V gemäß: $z = 432$ Passagiere dritter Klasse.

Es kostet 1 Billet der 1. Klasse $\frac{189}{42} = 4\frac{1}{2}$ Mark,
„ 2. „ $\frac{360}{120} = 3$ „
„ 3. „ $\frac{648}{432} = 1\frac{1}{2}$ „ .

**1024.** Jemand hat drei Metallcompositionen, von denen die erste 35g Gold, 50g Silber und 75g Kupfer, die zweite 28g Gold, 32g Silber und 60g Kupfer, die dritte 12g Gold, 18g Silber und 30g Kupfer enthält. Er will von jeder Composition etwas hinwegnehmen und dies zu einer Masse zusammenschmelzen, welche 18g Gold, 24g Silber und 40g Kupfer enthält. Wie viel ist von jeder der drei Metallcompositionen hierzu erforderlich?

Werden die Theile, die man von den drei Metallcompositionen zu nehmen hat, der Reihe nach mit x, y, z bezeichnet, so findet sich:

I. $35x + 28y + 12z = 18$; II. $50x + 32y + 18z = 24$;

III. $75x + 60y + 30z = 40$.

Die dreifache I um die doppelte II vermindert, giebt:

IV. $5x + 20y = 6$.

Die fünffache I um die doppelte III vermindert, giebt:

$25x + 20y = 10$,

daher V. $5x + 4y = 2$.

IV — V giebt: $16y = 4$,

mithin $y = \frac{1}{4}$.

Hierzu findet sich nach IV oder V:

$x = \frac{1}{5}$

und nach jeder der Gleichungen I, II und III:

$z = \frac{1}{3}$.

Hiernach ist $\frac{1}{5}$ der ersten, $\frac{1}{4}$ der zweiten und $\frac{1}{3}$ der dritten Composition zu dem angegebenen Zwecke erforderlich. Es sind also zu nehmen vom

1. Stück 7g Gold + 10g Silber + 15g Kupfer = 32g
2. " 7g Gold + 8g Silber + 15g Kupfer = 30g
3. " 4g Gold + 6g Silber + 10g Kupfer = 20g

zusammen 18g Gold + 24g Silber + 40g Kupfer = 82g.

**1025.** Drei Zahlen, deren Summe 200 beträgt, zu finden, die folgende Beschaffenheit haben. Wird von der ersten und zweiten 10 subtrahirt, so verhalten sich die Reste wie 3 : 5. Wird aber von der zweiten und dritten 10 subtrahirt, so ist das Verhältniß der Reste = 5 : 9.

Die gesuchten drei Zahlen seien x, y, z, so findet sich:

I. $x + y + z = 200$; II. $x - 10 : y - 10 = 3 : 5$

und III. $y - 10 : z - 10 = 5 : 9$.

Aus II folgt: IV. $3y = 5x - 20$.

Aus III folgt: V. $9y = 5z + 40$.

IV und V ergeben zusammen:

$z = 3x - 20$,

also VI. $3z = 9x - 60$.

Substituirt man in die dreifache I die entsprechenden Werthe von 3y und 3z aus IV und VI, so ergiebt sich:

$17x - 80 = 600$,

und daher $x = 40$,

mithin nach IV: $y = 60$,

und nach VI: $z = 100$.

1026. Drei Zahlen von folgender Beschaffenheit zu finden. Addirt man die erste zum $m$fachen der übrigen, so ist die Summe $= a$. Wird die zweite zum $n$fachen der übrigen addirt, so ist die Summe $= b$. Wenn man aber die dritte zum $p$fachen der übrigen addirt, so ist die Summe $= c$.

Wird die Summe der drei gesuchten Zahlen, nämlich

$$x + y + z = s$$

gesetzt, so ist:

$$x + m\,(s - x) = a, \text{ daher I. } x = \frac{ms - a}{m - 1};$$

$$y + n\,(s - y) = b, \text{ daher II. } y = \frac{ns - b}{n - 1};$$

$$z + p\,(s - z) = c, \text{ daher III. } z = \frac{ps - c}{p - 1},$$

und demgemäß findet sich nun:

$$\frac{ms - a}{m - 1} + \frac{ns - b}{n - 1} + \frac{ps - c}{p - 1} = s, \text{ oder:}$$

$$\left(\frac{m}{m-1} + \frac{n}{n-1} + \frac{p}{p-1}\right) s - \left(\frac{a}{m-1} + \frac{b}{n-1} + \frac{c}{p-1}\right) = s.$$

Setzt man der Kürze wegen:

$$\left(\frac{m}{m-1} + \frac{n}{n-1} + \frac{p}{p-1}\right) = A$$

und

$$\left(\frac{a}{m-1} + \frac{b}{n-1} + \frac{c}{p-1}\right) = B,$$

so ist hiernach: $As - B = s$,

also: $(A - 1)\,s = B$,

mithin $s = \frac{B}{A - 1}$.

Dieser Werth von $s$ in jede der Gleichungen I, II, III substituirt, giebt:

$$x = \frac{1}{m - 1} \cdot \left(\frac{mB}{A - 1} - a\right),$$

$$y = \frac{1}{n - 1} \cdot \left(\frac{nB}{A - 1} - b\right),$$

$$z = \frac{1}{p - 1} \cdot \left(\frac{pB}{A - 1} - c\right).$$

1027. Drei Arbeiter A, B, C sollen zusammen eine Arbeit ausführen. Bei gemeinschaftlicher Arbeit könnte dies von A und B in $a$ Tagen, von A und C in $b$ Tagen, von B und C in $c$ Tagen geschehen. Wie viel Zeit wird jeder einzelne zu der ganzen Arbeit brauchen und in welcher Zeit werden sie, gemeinschaftlich arbeitend, damit fertig?

Wird die ganze Arbeit von A in $x$, von B in $y$, von C in $z$ Tagen geleistet, so ist

I. $1/x + 1/y = 1/a$, II. $1/x + 1/z = 1/b$ und III. $1/y + 1/z = 1/c$.

$$\text{IV.}\quad \frac{1}{x} + \frac{1}{y} + \frac{1}{z} = \frac{1}{2}\left(\frac{1}{a} + \frac{1}{b} + \frac{1}{c}\right)$$

oder $$\text{V.}\quad \frac{1}{x} + \frac{1}{y} + \frac{1}{z} = \frac{ab + ac + bc}{2abc},$$

woraus folgt, daß die gemeinschaftliche Leistung der drei Arbeiter täglich $\frac{ab + ac + bc}{2abc}$ des ganzen Werkes beträgt. Sie würden also zusammen dasselbe in $\frac{2abc}{ab + ac + bc}$ Tagen vollenden.

Setzt man der Kurze wegen

$$\frac{ab + ac + bc}{2abc} = \frac{1}{s},$$

so verwandelt sich Gleichung IV oder V in:

$$\text{VI.}\quad 1/x + 1/y + 1/z = 1/s.$$

VI — III giebt aber

$$1/x = 1/s - 1/c,$$

woraus folgt: $$x = \frac{cs}{c - s} \text{ Tage.}$$

VI — II giebt: $$1/y = 1/s - 1/b,$$

woraus folgt: $$y = \frac{bs}{b - s} \text{ Tage.}$$

VI — I giebt $$1/z = 1/s - 1/a,$$

woraus folgt: $$z = \frac{as}{a - s} \text{ Tage.}$$

1028. Drei Schüler A, B, C sollen zwei mehrstellige Zahlen mit einander multipliciren. Bei Durchsicht der Berechnung findet der Lehrer, daß alle drei falsch gerechnet haben. A hatte nämlich bei der Addition der Produkte an einer gewissen Stelle Eins zu wenig gerechnet. Als er zur Probe seiner Rechnung das erhaltene Produkt durch die kleinere der gegebenen Zahlen dividirte, ergab sich 986 als Quotient und 356 als Rest. B hatte zwar an der erwähnten Stelle keinen Fehler gemacht, dafür aber bei Addition der nächstfolgenden Colonne zur Linken eine Zwei herüberzunehmen vergessen. Die Probe durch die Division ergab bei ihm 982 als Quotient und 280 als Rest. C hingegen hatte bei der nächsthöheren Stelle übersehen, daß noch eine Zwei zugezählt werden müsse. Bei ihm ergab die Probe 943 als Quotient und 64 als Rest. Welche Zahlen waren mit einander zu multipliciren und bei welchen Stellen wurde von A, B, C gefehlt?

Die kleinere Zahl sei x, die größere sei y, so ist das Produkt derselben = xy. Wird angenommen, daß A bei der Addition z Einer zu wenig gerechnet habe, so ist nach den Ergebnissen der Probe:

$$\text{I.}\quad 986x + 356 + z = xy.$$

Ferner hat nach dieser Annahme B bei der Addition 2 . 10z = 20z zu wenig gerechnet. Daher ist nach der angegebenen Probe:

$$\text{II.}\quad 982x + 280 + 20z = xy.$$

Der Fehler des C beträgt $2 \cdot 100z = 200z$. Mithin ist nach der Probe des C:

$$\text{III.}\quad 943x + 64 + 200z = xy.$$

I — II ergiebt aber $4x + 76 - 19z = 0$,

daher $$\text{IV.}\quad 19z - 4x = 76.$$

II — III giebt: $39x + 216 - 180z = 0$

oder $$13x + 72 - 60z = 0,$$

daher $$\text{V.}\quad 60z - 13x = 72.$$

Die 60fache IV um die 19fache V vermindert, giebt:

$$7x = 3192,$$

mithin $$x = 456.$$

Hierzu findet sich ferner $z = 100$

und $$y = 987.$$

Es waren also die Zahlen 456 und 987 zu multipliciren. A fehlte bei den Hunderten, B bei den Tausenden, C bei den Zehntausenden.

**1029.** A, B, C, welche zusammen 164 Stück Vieh besitzen, haben vier Weideplätze benutzt, und zwar für einen feststehenden Preis pro Stück und pro Woche. A schickte sein Vieh drei Wochen auf die erste, 4 Wochen auf die zweite, 2 Wochen auf die dritte und 5 Wochen auf die vierte Weide; B das seinige 2 Wochen auf die erste, 5 Wochen auf die zweite, 3 Wochen auf die dritte und 4 Wochen auf die vierte Weide; C das seinige 4 Wochen auf die erste, 3 Wochen auf die zweite, 4 Wochen auf die dritte und 6 Wochen auf die vierte Weide. Für die erste Weide haben sie zusammen 244 Mark, für die zweite 330 Mark, für die dritte 241 Mark bezahlt.

a. Wie viel Stück Vieh hatte Jeder von ihnen?
b. Wie viel beträgt das wöchentliche Weidegeld für ein Stück?
c. Wie viel mußten sie für die Benutzung des vierten Weideplatzes bezahlen?

Hat A x, B y, C z Stück Vieh, so ist zunächst:

$$\text{I.}\quad x + y + z = 164.$$

A läßt seine x Stück Vieh 3 Wochen auf dem ersten Platze weiden und muß dafür ebenso viel bezahlen, als wenn er 3x Stück für eine Woche auf die Weide geschickt hätte. In gleicher Weise auch bei B und C schließend, und zwar in Bezug auf jeden der vier Weideplätze, erfahren wir, daß A, B und C zusammen für eine Woche

$3x + 2y + 4z$ Stück Vieh auf die erste Weide,
$4x + 5y + 3z$ „ „ „ „ zweite „
$2x + 3y + 4z$ „ „ „ „ dritte „
$5x + 4y + 6z$ „ „ „ „ vierte „

schicken. Mithin ist das wöchentliche Weidegeld pro Stück

$$\frac{244}{3x + 2y + 4z} \text{ oder } \frac{330}{4x + 5y + 3z} \text{ oder } \frac{241}{2x + 3y + 4z}$$

Mark. Da dieser Betrag in jedem Falle derselbe ist, so ergeben sich hieraus die beiden Gleichungen:

$$\text{II.}\quad \frac{244}{3x + 2y + 4z} = \frac{330}{4x + 5y + 3z}$$

$$\text{III.}\quad \frac{330}{4x + 5y + 3z} = \frac{241}{2x + 3y + 4z}.$$

Aus II folgt: IV. $40y = x + 42z$.

Aus III folgt: V. $215y = 597z - 304x$.

Die 304fache IV zu V addirt, giebt

$$12375y = 13365z,$$

daher VI. $25y = 27z$.

Die 8fache V um die 43fache IV vermindert, giebt:

$$0 = 2970z - 2475x,$$

also $0 = 6z - 5x$,

daher $5x = 6z$,

folglich VII. $25x = 30z$.

Den Gleichungen VI und VII gemäß verwandelt sich die 25fache I in:

$$30z + 27z + 25z = 25 \,.\, 164,$$

d. i. $82z = 25 \,.\, 164$,

woraus folgt: $z = 25 \,.\, 2$,

d. i. $z = 50$ Stück Vieh.

Hiezu giebt die VI: $y = 54$ Stück Vieh,

und die VII: $x = 60$ Stück Vieh.

Wöchentlich muß pro Stück $\frac{244}{3x + 2y + 4z} = \frac{244}{488}$ oder $\frac{1}{2}$ Mark Weidegeld bezahlt werden.

A, B, C zahlen für die Benutzung des vierten Weideplatzes zusammen $\frac{5x + 4y + 6z}{2} = 2\frac{1}{2}x + 2y + 3z = 150 + 108 + 150 = 408$ Mark.

**1030.** Eine gewisse Zahl wird mit drei Ziffern geschrieben, von denen die innere gleich ist der halben Summe der beiden äußeren. Dividirt man die erwähnte dreistellige Zahl durch ihre Quersumme, so beträgt der Quotient 48. Wird ferner die dreistellige Zahl um 396 vermindert, so ergiebt sich eine Zahl, welche die Ziffern der gesuchten Zahl in entgegengesetzter Folge enthält. Wie heißt die erwähnte dreistellige Zahl?

Die gesuchte Zahl enthalte x Hunderte, y Zehner und z Einer, so ist:

$$\text{I.}\quad \frac{100x + 10y + z}{x + y + z} = 48;$$

$$\text{II.}\quad 100x + 10y + z - 396 = 100z + 10y + x,$$

und III. $2y = x + z$.

Aus I folgt: IV. $52x = 38y + 47z$.

Aus II folgt: V. $x - z = 4$.

Die Gleichungen III und V ergeben zusammen:

VI. $x = y + 2$ und VII. $z = y - 2$.

Setzt man diese beiden Werthe statt x und z in IV ein, so findet sich:

$$52y + 104 = 38y + 47y - 94$$

oder $$52y + 198 = 85y,$$

also $$198 = 33y,$$

mithin $$6 = y,$$

folglich den Gleichungen VI und VII gemäß:

$$x = 8 \quad \text{und} \quad z = 4.$$

Die gesuchte Zahl heißt also 864.

**1031.** A, B, C und D besitzen zusammen 512 Goldstücke à 10 Mark. Sie beschließen, mit einander zu spielen, und zwar setzen sie fest, daß jedes Mal der Verlierende jedem der Uebrigen so viel zahlen muß, als dieser gerade besitzt. Zuerst verliert A, nachher B, alsdann C, zuletzt D, und es stellt sich nun heraus, daß jeder von ihnen gleich viel hat. Wie viel Goldstücke hat Jeder anfänglich gehabt?

Es habe anfänglich A x, B y, C z, D u Goldstücke gehabt. Ferner werde a statt 512 gesetzt, so ist

$$x + y + z + u = a.$$

Vor dem ersten Spiele besaß A x Goldstücke, die Uebrigen zusammen a — x Goldstücke. Mithin verliert A a — x Goldstücke; er behält $x - (a - x) = 2x - a$ Goldstücke übrig. Hiernach hat am Ende des ersten Spieles

A $2x - a$, B $2y$, C $2z$ und D $2u$ Goldstücke.

Da B jetzt 2y Goldstücke hat, so besitzen die Uebrigen zusammen a — 2y Goldstücke; folglich verliert er a — 2y Goldstücke und behält $2y - (a - 2y) = 4y - a$ Goldstücke übrig. Demnach hat am Ende des zweiten Spieles

A $4x - 2a$, B $4y - a$, C $4z$ und D $4u$ Goldstücke.

Besitzt C jetzt 4z Goldstücke, so haben die Uebrigen zusammen a — 4z Goldstücke; er verliert also a — 4z Goldstücke und behält $4z - (a - 4z) = 8z - a$ Goldstücke übrig. Demnach hat am Ende des dritten Spieles

A $8x - 4a$, B $8y - 2a$, C $8z - a$ und D $8u$ Goldstücke.

Hat D gegenwärtig 8u Goldstücke, so besitzen die Uebrigen zusammen a — 8u Goldstücke; er verliert also a — 8u und behält $8u - (a - 8u) = 16u - a$ Goldstücke übrig. Mithin hat zuletzt A $16x - 8a$, B $16y - 4a$, C $16z - 2a$ und D $16u - a$ Goldstücke, was bei jedem von ihnen $\frac{a}{4}$ ausmacht. Hiernach besitzt

A $16x - 8a = \frac{a}{4}$, woraus folgt $x = \frac{33a}{16 . 4} = \frac{33 . 512}{16 . 4} = 264$

B $16y - 4a = \frac{a}{4}$, „ „ $y = \frac{17 . a}{16 . 4} = \frac{17 . 512}{16 . 4} = 136$

C $16z - 2a = \frac{a}{4}$, „ „ $z = \frac{9 . a}{16 . 4} = \frac{9 . 512}{16 . 4} = 72$

D $16u - a = \frac{a}{4}$, „ „ $u = \frac{5 . a}{16 . 4} = \frac{5 . 512}{16 . 4} = 40$

Goldstücke.

**1032.** A, B, C, D, welche ein Geldspiel machen wollen, kommen überein, daß der Verlierende jedem der Uebrigen stets die Hälfte von dem geben soll, was dieser gerade besitzt. Zuerst verliert A, nachher B, hierauf C, zuletzt D. Es findet sich nun, daß Jeder von ihnen 324 Mark hat. Wie viel besaß Jeder vor Anfang des Spiels?

Wir nehmen an, anfänglich habe A 16x, B 16y, C 16z, D 16u Mark gehabt, und setzen $16x + 16y + 16z + 16u = 16a$, wo $a = \frac{4 \cdot 324}{16}$ ist.

Besitzt A 16x Mark, so haben hiernach die Uebrigen zusammen $16a - 16x$ Mark; er verliert also $\frac{1}{2}(16a - 16x) = 8a - 8x$ Mark und behält $16x - (8a - 8x) = 24x - 8a$ Mark übrig. Demnach hat am Ende des ersten Spieles

A $24x - 8a$, B $24y$, C $24z$, D $24u$ Mark.

Besitzt nun B 24y Mark, so haben die Uebrigen zusammen $16a - 24y$ Mark; er verliert daher $\frac{1}{2}(16a - 24y) = 8a - 12y$ Mark und behält $24y - (8a - 12y) = 36y - 8a$ Mark übrig. Mithin hat am Ende des zweiten Spieles

A $36x - 12a$, B $36y - 8a$, C $36z$, D $36u$ Mark.

Da C 36z Mark besitzt, so haben die Uebrigen zusammen $16a - 36z$ Mark. C verliert also $\frac{1}{2}(16a - 36z) = 8a - 18z$ Mark und behält $36z - (8a - 18z) = 54z - 8a$ Mark übrig. Daher hat am Ende des dritten Spieles

A $54x - 18a$, B $54y - 12a$, C $54z - 8a$, D $54u$ Mark.

Da D 54u Mark besitzt, so haben die Uebrigen zusammen $16a - 54u$ Mark; er verliert also $\frac{1}{2}(16a - 54u) = 8a - 27u$ Mark und behält $54u - (8a - 27u) = 81u - 8a$ Mark übrig. Demnach hat am Ende des vierten Spieles

A $81x - 27a$, B $81y - 18a$, C $81z - 12a$, D $81u - 8a$ Mark.

Da nun Jeder von ihnen 4a Mark besitzt, so ist für

A $81x - 27a = 4a$, woraus folgt $81x = 31a = 31 \cdot \frac{4 \cdot 324}{16}$,

also $16x = \frac{31 \cdot 4 \cdot 324 \cdot 16}{81 \cdot 16} = 496$ Mark;

B $81y - 18a = 4a$, woraus folgt $81y = 22a = 22 \cdot \frac{4 \cdot 324}{16}$,

also $16y = \frac{22 \cdot 4 \cdot 324 \cdot 16}{81 \cdot 16} = 352$ Mark;

C $81z - 12a = 4a$, woraus folgt $81z = 16a = 16 \cdot \frac{4 \cdot 324}{16}$,

also $16z = \frac{16 \cdot 4 \cdot 324 \cdot 16}{81 \cdot 16} = 256$ Mark;

D $81u - 8a = 4a$, woraus folgt $27u = 4a = 4 \cdot \frac{4 \cdot 324}{16}$,

mithin $16u = \frac{4 \cdot 4 \cdot 324 \cdot 16}{27 \cdot 16} = 192$ Mark.

# II. Gleichungen des zweiten Grades.

## A. Gleichungen vom zweiten Grade mit einer unbekannten Größe.

(§ 35.)

### Reine quadratische Gleichungen.

#### a. Gegebene rein-quadratische Gleichungen,

resp. Gleichungen, die auf die Form rein-quadratischer Gleichungen gebracht werden können.

**1033.** $13x^2 = 2206672$
giebt $x^2 = 169744,$
also $x^2 = \sqrt{169744} = \pm 412.$

**1034.** $ax^2 = b$
giebt $x^2 = \frac{b}{a},$
$x = \pm \sqrt{\frac{b}{a}}.$

**1035.** $2x^2 - 32 = 148 - 3x^2$
giebt $5x^2 = 180$
$x^2 = 36$
$x = \pm 6.$

**1036.** $\frac{3x}{14 - x} = \frac{14 + x}{x}$
giebt $3x^2 = 196 - x^2$
$4x^2 = 196$
$x^2 = 49$
$x = \pm 7.$

**1037.** $\frac{ax}{b - x} = \frac{b + x}{x}$
giebt $ax^2 = b^2 - x^2$
$(a + 1)\, x^2 = b^2$
$x^2 = \frac{b^2}{a + 1}$
$x = \pm b \sqrt{\frac{1}{a + 1}}.$

**1038.** $12 = 120 - \frac{3}{4}x^2$
giebt $\frac{3}{4}x^2 = 108$
$\frac{1}{4}x^2 = 36$
$x^2 = 144.$
$x = \pm 12.$

**1039.** $2ab + x^2 = a^2 + b^2$
giebt $x^2 = a^2 - 2ab + b^2$
$x = a - b$
oder $x = b - a.$

**1040.** $\frac{a}{x} = \frac{4x}{b}$
giebt $4x^2 = ab$
$2x = \pm \sqrt{ab}$
$x = \pm \frac{1}{2}\sqrt{ab}.$

**1041.** $x^2 - 169 = 0.$ Diese Gleichung als das Produkt zweier Gleichungen vom ersten Grade darzustellen.

Da $x^2 = 169$ ist, so findet sich der positive Werth von $x = 13$, und ist daher $x - 13 = 0$. Wird nun die Gleichung $x^2 - 169 = 0$ durch die so eben gefundene $x - 13 = 0$ dividirt, so erhält man $x + 13 = 0$. Hieraus folgt:

$$x^2 - 169 = (x + 13) \,.\, (x - 13).$$

**1042.** $x^2 - a = 0.$ Diese Gleichung als das Produkt zweier Gleichungen vom ersten Grade darzustellen.

Es ist

$$x^2 - a = (x + \sqrt{a}) \,.\, (x - \sqrt{a}),$$

da man $x = \pm \sqrt{a}$ hat.

**1043.** $1 - \frac{x+3}{x^2} = \frac{5}{8} - \frac{x-3}{x^2}$

giebt mit $x^2$ multiplicirt:

$x^2 - x - 3 = \frac{5}{8}x^2 - x + 3,$

daher $\frac{3}{8}x^2 = 6$

$$x^2 = \frac{6 \cdot 8}{3} = 16$$

$$x = \pm 4.$$

**1044.** $a - \frac{x+c}{x^2} = b - \frac{x-c}{x^2}$

giebt $ax^2 - x - c = bx^2 - x + c$

$$(a-b)\,x^2 = 2c$$

$$x^2 = \frac{2c}{a-b}$$

$$x = \pm \sqrt{\frac{2c}{a-b}}.$$

**1045.** $x + \sqrt{x^2 - 1} = \frac{4}{\sqrt{x^2 - 1}}$

giebt mit $\sqrt{x^2 - 1}$ multiplicirt:

$x\sqrt{x^2 - 1} + x^2 - 1 = 4,$

daher $x\sqrt{x^2 - 1} = 5 - x^2$

und quadrirt: $x^4 - x^2 = 25 - 10x^2 + x^4,$

also $9x^2 = 25$

$$3x = \pm 5$$

$$x = \pm 1\tfrac{2}{3}.$$

**1046.** $x + \sqrt{x^2 - a} = \frac{c}{\sqrt{x^2 - a}}$

giebt:

$x\sqrt{x^2 - a} + x^2 - a = c$

$x\sqrt{x^2 - a} = a + c - x^2,$

quadrirt: $x^4 - ax^2 = a^2 + c^2 + x^4 + 2ac - 2ax^2 - 2cx^2,$

daher $(a + 2c)\,x^2 = (a + c)^2,$

woraus folgt: $x = \pm (a + c) \cdot \sqrt{\frac{1}{a + 2c}}.$

**1047.** $\sqrt{\frac{82}{x^2} + 4\tfrac{1}{2}} - \sqrt{\frac{82}{x^2} - 4\tfrac{1}{2}} = 1$

giebt quadrirt:

$$\frac{164}{x^2} - 2\sqrt{\frac{6724}{x^4} - \frac{81}{4}} = 1,$$

daher $\frac{164}{x^2} - 1 = 2\sqrt{\frac{6724}{x^4} - \frac{81}{4}}$

und quadrirt: $\frac{26896}{x^4} - \frac{328}{x^2} + 1 = \frac{26896}{x^4} - 81,$

mithin $82 = \frac{328}{x^2}$

$$82x^2 = 328$$
$$x^2 = 4$$
$$x = \pm 2.$$

**1048.** $\sqrt{\frac{a}{x^2} + c} - \sqrt{\frac{a}{x^2} - c} = b$

quadrirt, giebt:

$$\frac{2a}{x^2} - 2\sqrt{\frac{a^2}{x^4} - c^2} = b^2,$$

daher $\frac{2a}{x^2} - b^2 = 2\sqrt{\frac{a^2}{x^4} - c^2}$

oder quadrirt:

$$\frac{4a^2}{x^4} - \frac{4ab^2}{x^2} + b^4 = \frac{4a^2}{x^4} - 4c^2;$$

mithin $b^4 + 4c^2 = \frac{4ab^2}{x^2},$

woraus folgt: $x = \pm \sqrt{\frac{4ab^2}{b^4 + 4c^2}} = (\pm 2b) \cdot \sqrt{\frac{a}{b^4 + 4c^2}}.$

**1049.** $9\,(5 - x^2 - 25 = 27 - 4\,(5 - x)^2$

giebt $9\,(5 - x)^2 = 52 - 4\,(5 - x)^2,$

daher $13\,(5 - x)^2 = 52$

oder $(5 - x)^2 = 4,$

also $5 - x = \pm 2$

$$x = 5 \mp 2 = \begin{cases} 3 \\ 7. \end{cases}$$

**1050.** $m\,(c - x)^2 - a = b - n\,(c - x)^2$

giebt, wenn man $c - x = y$ setzt:

$$my^2 - a = b - ny^2;$$

also $(m + n)\,y^2 = a + b,$

woraus folgt: $y = \pm \sqrt{\frac{a + b}{m + n}} = c - x,$

daher $x = c \mp \sqrt{\frac{a + b}{m + n}}.$

### b. Algebraische Aufgaben,

welche sich durch rein-quadratische Gleichungen mit einer unbekannten Größe lösen lassen.

**1051.** Eine Zahl zu finden, deren vierter und dritter Theil mit einander multiplicirt, 9408 als Produkt ergeben.

Die gesuchte Zahl sei 12x, so findet sich:

$$3x \,.\, 4x = 9408,$$

d. i.
$$12x^2 = 9408,$$

daher
$$x^2 = 784$$
$$x = \pm 28$$
$$12x = \pm 336.$$

**1052.** Der mte Theil einer Zahl mit dem nten Theile derselben multiplicirt, giebt a als Produkt. Wie heißt diese Zahl?

Die gesuchte Zahl sei mnx, so ist:

$$nx \,.\, mx \text{ oder } mnx^2 = a,$$

woraus folgt:
$$x = \pm \sqrt{\frac{a}{mn}}$$

mithin
$$mnx = \pm \sqrt{amn}.$$

**1053.** Wird das $2\frac{3}{4}$fache [m fache] einer Zahl mit ihrem $3\frac{1}{8}$fachen [n fachen] multiplicirt, so erhält man zum Produkt 2200 [a]. Wie heißt die erwähnte Zahl?

Die gesuchte Zahl sei 32x,

so ist $88x \,.\, 100x = 2200$
$$88x^2 = 22$$
$$x^2 = \frac{1}{4}$$
$$x = \pm \frac{1}{2}$$
$$32x = \pm 16.$$

Die gesuchte Zahl sei x,

so ist $mx \,.\, nx = a$
$$x^2 = \frac{a}{mn}$$
$$x = \pm \sqrt{\frac{a}{mn}}.$$

**1054.** Zwei Zahlen zu finden, die in dem Verhältniß 4 : 5 [m : n] stehen und die mit einander multiplicirt, 4500 [a] als Produkt ergeben.

Die beiden Zahlen seien 4x und 5x, so ist:
$$4x \,.\, 5x = 4500$$
$$20x^2 = 4500$$
$$x^2 = 225$$
$$x = \pm 15$$
$$4x = \pm 60$$
und
$$5x = \pm 75.$$

Die beiden Zahlen seien mx und nx, so ist:
$$mx \,.\, nx = a$$
$$mnx^2 = a$$
$$x = \pm \sqrt{\frac{a}{mn}}.$$
$$mx = \pm \sqrt{\frac{am}{n}}.$$
$$nx = \pm \sqrt{\frac{an}{m}}.$$

**1055.** Zwei Zahlen verhalten sich wie $\frac{2}{3} : \frac{3}{4}$; die Summe ihrer Quadrate beträgt 7105. Wie heißen diese Zahlen?

Das Verhältniß der gesuchten Zahlen ist 8 : 9; wir bezeichnen daher die eine mit 8x, die andere mit 9x. Dann ist:

$$64x^2 + 81x^2 = 7105,$$

d. i.

$$145x^2 = 7105$$
$$x^2 = 49$$
$$x = \pm 7;$$

mithin die eine Zahl $\pm (8 . 7) = \pm 56$, die andere $\pm (9 . 7) = \pm 63$.

**1056.** Zwei Zahlen zu finden, die im Verhältniß m : n stehen und deren Quadratsumme a beträgt.

Die gesuchten Zahlen seien mx und nx, so ist:

$$m^2x^2 + n^2x^2 = a$$
$$(m^2 + n^2)\, x^2 = a,$$

daher

$$x = \pm \sqrt{\frac{a}{m^2 + n^2}}.$$

Folglich ist die eine Zahl $\pm m\sqrt{\frac{a}{m^2 + n^2}}$, die andere $\pm n\sqrt{\frac{a}{m^2 + n^2}}$.

**1057.** Zwei Zahlen zu finden, die im Verhältniß m : n stehen und deren Quadratendifferenz a beträgt.

Diesmal ist:

$$(m^2 - n^2)\, x^2 = a$$
$$x = \pm \sqrt{\frac{a}{m^2 - n^2}},$$

mithin die eine Zahl $\pm m\sqrt{\frac{a}{m^2 - n^2}}$, die andere $\pm n\sqrt{\frac{a}{m^2 - n^2}}$.

**1058.** Wie groß ist die Diagonale eines Quadrats von 20 [a] Meter Seitenlänge?

Bezeichnet x die Diagonale, so ist:

| | |
|---|---|
| $x^2 = 20^2 + 20^2 = 2 . 400$ | $x^2 = 2a^2$ |
| $x = 20\sqrt{2} = 28{,}28427$ Meter | $x = a\sqrt{2}$ Meter. |

**1059.** Wie groß ist die Höhe und der Inhalt eines gleichseitigen Dreiecks von 20 [a] Meter Seitenlänge?

Die gesuchte Höhe x ist die Kathete eines rechtwinkligen Dreiecks, dessen andere Kathete = 10 [$\frac{a}{2}$] Meter und dessen Hypotenuse = 20 [a] Meter ist. Daher hat man:

| | |
|---|---|
| $x^2 = 20^2 - 10^2 = 3 . 100$ | $x^2 = a^2 - (\frac{a}{2})^2 = \frac{3}{4}a^2$ |
| $x = 10\sqrt{3} = 17{,}320508^m$ | $x = \frac{a}{2}\sqrt{3}$ Meter. |

Die Hälfte des Produkts aus Grundlinie und Höhe ergiebt den Inhalt. Derselbe beträgt

im ersten Falle $100\sqrt{3} = 173{,}20508\ \square^m$,

im zweiten Falle $\frac{a^2}{4}\sqrt{3} = a^2 . 0{,}4330127\ \square^m$.

**1060.** Ein rechtwinkeliger Garten ist $87^m$ lang und $29^m$ breit. Man vergrößert die Breite um eine gewisse Anzahl von Metern und vermindert die Länge um das Dreifache dieser Zahl, wodurch die Größe des Gartens um 507 $□^m$ abnimmt. Wie viel beträgt die erwähnte Vergrößerung der Breite?

Der Garten enthält zuerst $87 \,.\, 29 = 2523$ $□^m$, zuletzt $2523 - 507 = 2016$ $□^m$. Wird die Breite um x Meter vergrößert und die Länge um 3x Meter verkleinert, so ist die Größe des Gartens:

$$(87 - 3x) \,.\, (29 + x) = 2016,$$

woraus folgt:

$$3x^2 = 507$$
$$x^2 = 169$$
$$x = 13^m.$$

Es ist also die Breite um $13^m$ vergrößert, die Länge um $39^m$ verkleinert worden.

**1061.** Den Umfang eines Quadrats zu bestimmen, wenn man weiß, daß derselbe $40^m$ mehr beträgt als der Umfang eines zweiten Quadrats, dessen Inhalt $= \frac{25}{36}$ des ersteren ist.

Die Seite des zweiten Quadrats sei $= x$, daher der Umfang desselben $= 4x$, der Umfang des ersten Quadrats $= 4x + 40$, die Seite desselben $= x + 10$ Meter. Dann ist der Inhalt des ersten Quadrats $= (x + 10)^2$, der des zweiten $\frac{25}{36}(x + 10)^2$ oder $x^2$ $□^m$, woraus folgt:

$$x^2 = \tfrac{25}{36}(x + 10)^2,$$

also

$$x = \tfrac{5}{6}(x + 10)$$
$$\tfrac{x}{6} = \tfrac{50}{6}$$
$$x = 50.$$

Der Umfang des ersten Quadrats, welcher $= 4x + 40$ Meter ist, beträgt mithin $240^m$.

**1062.** Wie groß ist die Seite eines Quadrats, dessen Inhalt sich um das $\frac{9}{16}$fache vergrößert, wenn man die Seite um $5^m$ verlängert?

Die Seite des Quadrats betrage x Meter, daher der Inhalt desselben $x^2$ Quadratmeter. Wird die Seite des Quadrats um $5^m$ verlängert, so ist der Inhalt $(x + 5)^2$ oder $(x^2 + \frac{9}{16}x^2)$ $□^m$.

Demnach ist:

$$\tfrac{25}{16}x^2 = (x + 5)^2$$
$$\tfrac{5}{4}x = x + 5$$
$$\tfrac{x}{4} = 5$$
$$x = 20^m.$$

**1063.** In einem rechtwinkeligen Dreiecke, dessen Hypotenuse $260^m$ beträgt, ist die eine Kathete das $2\frac{2}{5}$fache der andern. Es soll die Länge der beiden Katheten gefunden werden.

Wird die kleinere Kathete $= 5x$ gesetzt, so ist die größere $= 12x$ und nach dem Pythagoräischen Lehrsatze das Quadrat der Hypotenuse:

$$(12x)^2 + (5x)^2 = 260^2,$$

woraus folgt:

$$169x^2 = 260^2$$
$$13x = 260$$
$$x = 20;$$

daher ist die eine Kathete $5x = 100^m$, die andere $12x = 240^m$.

1064. Wie lang und breit ist ein Rechteck, dessen Diagonale $246^m$ beträgt, wenn sich die Länge zur Breite wie 40 : 9 verhält?

Länge = 40x, Breite = 9x.

$$(40x)^2 + (9x)^2 = 246^2$$
$$1681x^2 = 246^2$$
$$41x = 246$$
$$x = 6;$$

daher die Länge $40x = 240^m$, die Breite $9x = 54^m$.

1065. Gleichzeitig verlassen A und B denselben Ort. A, der täglich $3^3/_4$ Meilen zurücklegt, reist nach Norden. B, der täglich 5 Meilen zurücklegt, reist nach Westen. Nach wie viel Tagen werden sie 25 Meilen von einander entfernt sein?

In 4x Tagen.

Alsdann hat A $4x \,.\, 3^3/_4 = 15x$ Meilen, B hingegen $4x \,.\, 5 = 20x$ Meilen zurückgelegt. Da ihre Wege die Katheten eines rechtwinkeligen Dreiecks mit $25^m$ langer Hypotenuse sind, so findet sich:

$$(15x)^2 + (20x)^2 = 25^2$$
$$625x^2 = 25^2$$
$$25x = 25$$
$$x = 1$$
$$4x = 4 \text{ Tage.}$$

1066. In einem quadratförmigen Weingarten sind die senkrecht stehenden Stöcke so gestellt, daß die Entfernung von je zwei auf einander folgenden $1^1/_4{}^m$ beträgt. Da man diese Entfernung um $^1/_8{}^m$ vermindern will, so wird eine Umpflanzung vorgenommen, zu welcher noch 4864 Stöcke erforderlich sind. Wie viel Meter beträgt hiernach jede Seite des erwähnten Weingartens?

Der Abstand der Weinstöcke beträgt im ersten Falle $^5/_4$, im zweiten $^9/_8$ Meter. Wir setzen daher die Seite des Weingartens $= 45x$ Meter. Im ersten Falle stehen in jeder Reihe $\frac{45x \,.\, 4}{5} = 36x$, also in dem ganzen Garten $(36x)^2$ Stöcke. Im zweiten Falle stehen in jeder Reihe $\frac{45x \,.\, 8}{9} = 40x$, also in dem ganzen Garten $(40x)^2$ Stöcke. Demgemäß hat man:

$$(40x)^2 - (36x)^2 = 4864$$
$$304x^2 = 4864$$
$$x^2 = 16$$
$$x = 4$$
$$45x = 180 \text{ Meter Seitenlänge.}$$

1067. Zwei Körper A und B, welche a Meter von einander entfernt sind, bewegen sich mit derselben gleichförmigen Geschwindigkeit auf den Schenkeln eines rechten Winkels nach dem Scheitelpunkte desselben. A geht n Sekunden eher ab als B. Nach c Sekunden gemeinsamen Laufes treffen sie in dem Scheitel des rechten Winkels zusammen. Wie viel Meter legt jeder der Körper A und B in einer Sekunde zurück?

Legt jeder der beiden Körper x Meter in einer Secunde zurück, so ist der Weg des B = cx Meter, der des A = (n + c) x Meter. Mithin hat man:

$$(cx)^2 + (n + c)^2x^2 = a^2,$$

woraus folgt: $$x = a\sqrt{\frac{1}{c^2 + (n + c)^2}} \text{ Meter.}$$

**1068.** Welches Resultat findet sich, wenn in voriger Aufgabe a = 292^m^, n = 7 und c = 48 Sekunden gesetzt wird:

$$\begin{aligned}(55x)^2 + (48x)^2 &= 292^2\\ 5329x^2 &= 292^2\\ 73x &= 292\\ x &= 4^m.\end{aligned}$$

**1069.** Jemand verkauft 88 Kg. Waare und gewinnt daran eine gewisse Zahl von Procenten. Für das gelöste Geld kauft er von einer zweiten Waare und verkauft dieselbe mit dem nämlichen Procentgewinn, wodurch er in Stand gesetzt wird, 125 Kg. einer dritten Waare zu kaufen, deren Preis 10 % höher steht als derjenige der ersten Waare. Wie viel Procent hatte er bei dem Verkaufe gewonnen?

Wir nehmen an, er habe für das Kg. der ersten Waare m Mark bezahlt und bei dem Verkaufe x % gewonnen, so ist sein erster Erlös $= \frac{88m\,(100 + x)}{100}$ Mark. Da er hiermit wieder x % gewinnt, so löst er das zweite Mal $88m\left(\frac{100 + x}{100}\right)^2$ Mark. Dies ist der Betrag für 125 Kg. Waare, von denen das Kg. $\frac{110\,.\,m}{100}$ Mark kostet. Mithin findet sich:

$$\begin{aligned}88m\left(\frac{100 + x}{100}\right)^2 &= \frac{110m\,.\,125}{100}\\ \tfrac{88}{100}\,(100 + x)^2 &= 110\,.\,125\\ (100 + x)^2 &= \frac{110\,.\,100\,.\,125}{88}\end{aligned}$$

oder $$(100 + x)^2 = 125\,.\,125,$$

also $$\begin{aligned}100 + x &= 125\\ x &= 25\,\%.\end{aligned}$$

**1070.** Zwei Fruchthändler A und B bringen zusammen 140 Apfelsinen auf den Markt und lösen beide gleich viel. Nun sagt A zu B: Bei meinem Preise hätte ich für deine Apfelsinen 9 Mark gelöst. Ihm erwidert B: Ich würde aber bei meinem Preise für deine Apfelsinen 16 Mark eingenommen haben. Wie viel Apfelsinen brachte hiernach Jeder von ihnen zu Markte?

Hat A x Apfelsinen zu Markte gebracht, so war bei B die Zahl der Apfelsinen = 140 — x. Bei seinem Preise hätte A für 140 — x Apfelsinen 9 Mark gelöst; daher verkaufte er das Stück zu $\frac{9}{140 - x}$ Mark und nahm für seine x Apfelsinen $\frac{9x}{140 - x}$ Mark ein. B hätte für x Apfelsinen 16 Mark gelöst, verkaufte also das Stück zu $^{16}{}_{x}$ Mark und nahm daher für seine 140 — x Apfelsinen $^{16}{}_{x}$ (140 — x) Mark ein. Da ihr beiderseitiger Erlös gleich ist, so hat man:

$$\frac{9x}{140 - x} = \frac{16}{x}(140 - x),$$

woraus folgt:

$$9x^2 = 16\,(140 - x)^2$$
$$3x = 4\,(140 - x)$$
$$7x = 4 \,.\, 140$$
$$x = 4 \,.\, 20 = 80 \text{ Stück.}$$

Es hatte also A 80, B 140 — 80 = 60 Apfelsinen zu Markte gebracht.

1071. Welche Ausdrücke erhält man, wenn in voriger Aufgabe statt der Zahlen 140, 9 und 16 die Buchstaben a, b, c gesetzt werden?

A hatte x Stück, B a — x Stück. Der Preis pro Stück beträgt bei A $\frac{a}{a - x}$ Mark, bei B hingegen $\frac{c}{x}$ Mark. Daher ist:

$$\frac{bx}{a - x} = \frac{c}{x}(a - x)$$
$$bx^2 = c\,(a - x)^2$$
$$x\sqrt{b} = (a - x)\sqrt{c}$$
$$(\sqrt{b} + \sqrt{c})\,x = a\sqrt{c}$$
$$\text{I.}\quad x = \frac{a\sqrt{c}}{\sqrt{b} + \sqrt{c}},$$

oder, wenn man Zähler und Nenner der Bruchform mit $(\sqrt{c} - \sqrt{b})$ multiplicirt:

$$\text{II.}\quad x = \frac{a\,(c - \sqrt{bc})}{c - b} \text{ Stück}$$

$$a - x = \frac{a\,(\sqrt{bc} - b)}{c - b} \text{ Stück.}$$

A löste für das Stück $\frac{b\,(c - b)}{a\,(\sqrt{bc} - b)} = \frac{b + \sqrt{bc}}{a}$ Mark.

B löste für das Stück $\frac{c\,(c - b)}{a\,(c - \sqrt{bc})} = \frac{c + \sqrt{bc}}{a}$ Mark.

Bei der Berechnung dieser Preise ist es bequemer, von Gleichung I auszugehen.

1072. Zu gleicher Zeit treten A und B eine Reise an. A reist von C nach D, B hingegen von D nach C. Unterwegs begegnen sie einander in E, wo sich findet, daß A schon 9 Meilen mehr zurückgelegt hat als B, und daß, nach dem Verhältniß der Schnelligkeit, womit sie reisen, A darauf rechnen kann, in 4 Tagen den Ort D, B hingegen erst in 9 Tagen den Ort C zu erreichen.

a. Wie viel beträgt die Entfernung von C nach D?
b. In wie viel Tagen treffen A und B in E ein?
c. Wie viel Meilen legt Jeder täglich zurück?

In E hat A schon $x + 9$, B aber nur x Meilen zurückgelegt. A braucht zu x Meilen 4 Tage und B zu $x + 9$ Meilen 9 Tage. Demgemäß braucht

A zu 1 Meile $\frac{4}{x}$ und zu $x + 9$ Meilen $\frac{4}{x}(x + 9)$ Tage,

B zu 1 Meile $\frac{9}{x + 9}$ und zu x Meilen $\frac{9x}{x + 9}$ Tage.

Da sie bei der Ankunft in E gleich viel Tage gereist sind, so findet sich:

$$\frac{9x}{x+9} = \frac{4}{x}(x + 9)$$
$$9x^2 = 4(x + 9)^2$$
$$3x = 2(x + 9)$$
$$x = 18 \text{ Meilen}$$
$$x + 9 = 27 \text{ Meilen.}$$

Die Entfernung von C nach D beträgt $2x + 9 = 45$ Meilen, die von C nach E beträgt 27, die von D nach E aber 18 Meilen. A legt die 18 Meilen in 4 Tagen, B die 27 Meilen in 9 Tagen zurück. Daher macht A täglich $\frac{18}{4} = 4\frac{1}{2}$ Meile, B hingegen $\frac{27}{9} = 3$ Meilen. Beide treffen in E zusammen nach $\frac{27}{4\frac{1}{2}} = \frac{18}{3} = 6$ Tagen.

1073. Zu gleicher Zeit treten A und B eine Reise an, jener von C nach D, dieser von D nach C. Unterwegs begegnen sie einander in E, wo sich findet, daß A bereits m Meilen mehr gemacht hat als B, und daß, nach dem Verhältniß der Schnelligkeit, womit sie reisen, A den Ort D in a Tagen, B aber den Ort C in b Tagen erreichen wird.

a. Wie weit ist es von C nach D?
b. Wie viel Tage braucht Jeder, um nach E zu gelangen?
c. Wie viel Tage braucht Jeder zu der ganzen Reise?

Der Weg von C nach E beträgt $x + m$ Meilen.
Der Weg von D nach E beträgt x Meilen.
Die Entfernung von C nach D ist $= 2x + m$ Meilen.

A macht den Weg von C nach E in $\frac{a(x + m)}{x}$ Tagen.

B macht den Weg von D nach E in $\frac{bx}{x + m}$ Tagen.

Da die Zahl dieser Tage beide Mal dieselbe ist, so hat man:

$$\frac{bx}{x + m} = \frac{a(x + m)}{x}$$
$$bx^2 = a(x + m)^2$$
$$x\sqrt{b} = (x + m)\sqrt{a},$$

woraus folgt $x = \frac{m\sqrt{a}}{\sqrt{b} - \sqrt{a}} = m \cdot \frac{\sqrt{ab} + a}{b - a}$ Meilen.

$$x + m = \frac{m\sqrt{b}}{\sqrt{b} - \sqrt{a}} = m \cdot \frac{\sqrt{ab} + b}{b - a}$$

$$2x + m = m \,.\, \frac{\sqrt{b} + \sqrt{a}}{\sqrt{b} - \sqrt{a}} = m \,.\, \frac{a + b + 2\sqrt{ab}}{b - a} \text{ Meilen,}$$

womit die Entfernung von C nach D gefunden ist.

A kommt nach E in $\frac{a\,(x + m)}{x} = a \,.\, \frac{\sqrt{ab} + b}{\sqrt{ab} + a} = \sqrt{ab}$ Tagen.

B kommt nach E in $\frac{bx}{x + m} = b \,.\, \frac{\sqrt{ab} + a}{\sqrt{ab} + a} = \sqrt{ab}$ Tagen.

Das Zusammentreffen in E erfolgt also nach $\sqrt{ab}$ Tagen.

Zur ganzen Reise bedarf daher A $a + \sqrt{ab}$ Tage, B hingegen $b + \sqrt{ab}$ Tage.

(§ 36.)

## Gemischte quadratische Gleichungen.

### a. Gegebene gemischte quadratische Gleichungen mit einer unbekannten Größe.

1074. $x^2 + 8x = 240.$

Da die Summe $x^2 + 8x$ in das Quadrat eines Binoms verwandelt werden muß, so hat man das Quadrat des zweiten Theiles hinzuzufügen. Es ist nämlich $x^2$ das Quadrat des ersten Theiles, ferner $8x$ das doppelte Produkt der beiden Theile, mithin $^8/_2 = 4$ der zweite Theil, also das Quadrat des zweiten Theils $= 4^2 = 16$. Wird nun auf beiden Seiten der gegebenen Gleichung dieses Quadrat addirt, so erhält man:

$$x^2 + 8x + 4^2 = 240 + 4^2,$$

d. i. $(x + 4)^2 = 256$

und wenn man auf beiden Seiten die Quadratwurzel auszieht:

$$x + 4 = \pm 16,$$

folglich $x = \pm 16 - 4 = \begin{cases} 12. \\ -20. \end{cases}$

1075. $x^2 + 2ax = b$

$$x^2 + 2ax + a^2 = a^2 + b,$$

d. i. $(x + a)^2 = a^2 + b,$

daher $x + a = \pm \sqrt{a^2 + b}$

$$x = -a \pm \sqrt{a^2 + b}.$$

1076. $3x^2 + 18x = 216.$

Dividirt man auf beiden Seiten durch 3, so findet sich:

$$x^2 + 6x = 72.$$

Addirt man auf beiden Seiten $(^6/_2)^2 = 3^2 = 9$, so ist:

$$x^2 + 6x + 3^2 = 72 + 9$$

oder $(x + 3)^2 = 81,$

also wenn man auf beiden Seiten die Quadratwurzel auszieht:

$$x + 3 = \pm 9,$$

woraus folgt: $x = \pm 9 - 3 = \begin{cases} 6. \\ -12. \end{cases}$

1077. $ax^2 + bx = c$

durch a dividirt, giebt: $x^2 + {}^b/_a x = {}^c/_a,$

und wenn man auf beiden Seiten $\left(\frac{b}{2a}\right)^2 = \frac{b^2}{4a^2}$ addirt:

$$x^2 + \frac{b}{a}x + \frac{b^2}{4a^2} = \frac{c}{a} + \frac{b^2}{4a^2}$$

oder $$\left(x + \frac{b}{2a}\right)^2 = \frac{4ac + b^2}{4a^2};$$

mithin $$x + \frac{b}{2a} = \pm \frac{\sqrt{4ac + b^2}}{2a},$$

also $$x = \frac{1}{2a}(-b \pm \sqrt{4ac + b^2}).$$

**1078.** Aus $x^2 - 4x = 117$
folgt $(x - 2)^2 = 121$

$$x - 2 = \pm 11$$
$$x = 2 \pm 11 = \begin{cases} 13. \\ -9. \end{cases}$$

**1079.** Aus $x^2 - ax = b$
folgt $(x - \frac{a}{2})^2 = \frac{1}{4}(a^2 + 4b)$

$$x - \frac{a}{2} = \pm \frac{1}{2}\sqrt{a^2 + 4b}$$
$$x = \frac{1}{2}(a \pm \sqrt{a^2 + 4b}).$$

**1080.** Aus $9x^2 - 72x = -135$
folgt $x^2 - 8x = -15$

$$(x - 4)^2 = 16 - 15 = 1$$
$$x - 4 = \pm 1$$
$$x = 4 \pm 1 = \begin{cases} 5. \\ 3. \end{cases}$$

**1081.** Aus $ax^2 - bx = c$
folgt $x^2 - \frac{b}{a}x = \frac{c}{a}$

$$\left(x - \frac{b}{2a}\right)^2 = \frac{1}{4a^2}(b^2 + 4ac)$$
$$x - \frac{b}{2a} = \pm \frac{1}{2a}\sqrt{b^2 + 4ac}$$
$$x = \frac{1}{2a}(b \pm \sqrt{b^2 + 4ac}.$$

**1082.** Aus $9000x - 25x^2 = -9025$
folgt $25x^2 - 9000x = 9025$

$$x^2 - 360x = 361$$
$$(x - 180)^2 = 180^2 + 361 = 32761$$
$$x - 180 = \pm 181$$
$$x = 180 \pm 181 = \begin{cases} 361. \\ -1. \end{cases}$$

**1083.** Aus $ax - bx^2 = c$
folgt $bx^2 - ax = -c$

$$x^2 - \frac{a}{b}x = -\frac{c}{b}$$
$$\left(x - \frac{a}{2b}\right)^2 = \frac{1}{4b^2}(a^2 - 4bc)$$
$$x = \frac{1}{2b}(a \pm \sqrt{a^2 - 4bc}).$$

**1084.** Aus $$4x + 17 = \frac{578}{4x}$$
folgt $16x^2 + 68x = 578$
oder wenn $4x = z$ gesetzt wird:
$$z^2 + 17z = 578,$$
daher $$(z + {}^{17}/_{2})^2 = {}^{2601}/_{4}$$
$$z + {}^{17}/_{2} = {}^{51}/_{2}$$
$$z = \frac{-17 \pm 51}{2} = \left\{\begin{matrix} 17 \\ -34 \end{matrix}\right\} = 4x$$
$$x = \left\{\begin{matrix} 4\,{}^{1}/_{4}. \\ -8\,{}^{1}/_{2}. \end{matrix}\right.$$

**1085.** Aus $$\frac{x}{4} + \frac{20}{x + 5} = 3\,{}^{5}/_{6}$$
folgt $$\frac{x^2 + 5x + 80}{4x + 20} = {}^{23}/_{6}$$
$$6x^2 + 30x + 480 = 92x + 460$$
$$6x^2 - 62x = -20$$
$$x^2 - \frac{31x}{3} = -{}^{10}/_{3}$$
$$(x - {}^{31}/_{6})^2 = {}^{841}/_{36}$$
$$x = \frac{31 \pm 29}{6} = \left\{\begin{matrix} 10. \\ {}^{1}/_{3}. \end{matrix}\right.$$

**1086.** Aus $$\frac{1}{x + 1} - \frac{1}{x + 2} = {}^{1}/_{30}$$
folgt $$\frac{(x + 2) - (x + 1)}{(x + 1)\,(x + 2)} = {}^{1}/_{30}$$
$$\frac{1}{x^2 + 3x + 2} = {}^{1}/_{30}$$
also $$x^2 + 3x + 2 = 30$$
$$x^2 + 3x = 28$$
$$(x + {}^{3}/_{2})^2 = {}^{121}/_{4}$$
$$x = \frac{-3 \pm 11}{2} = \left\{\begin{matrix} 4. \\ -7. \end{matrix}\right.$$

**1087.** Aus $$\frac{x - 1}{x - 2} - \frac{x - 3}{x - 4} = -{}^{1}/_{24}$$
folgt $$\frac{-2}{x^2 - 6x + 8} = -{}^{1}/_{24},$$
oder $$\frac{2}{x^2 - 6x + 8} = {}^{1}/_{24},$$
ferner $$\frac{1}{x^2 - 6x + 8} = {}^{1}/_{48},$$
also $$x^2 - 6x + 8 = 48,$$
daher $$x^2 - 6x = 40$$
$$(x - 3)^2 = 49$$
$$x = 3 \pm 7 = \left\{\begin{matrix} 10. \\ -4. \end{matrix}\right.$$

**1088.** Aus
$$\frac{5x + 2}{x} = \frac{4x}{5x - 2} + 5$$
folgt
$$\frac{5x + 2}{x} - \frac{4x}{5x - 2} = 5$$
$$\frac{25x^2 - 4 - 4x^2}{5x^2 - 2x} = 5$$
$$25x^2 - 4x^2 - 4 = 26x^2 - 10x$$
$$-4x^2 - 4 = -10x$$
oder
$$4x^2 + 4 = 10x,$$
daher
$$4x^2 - 10x = -4$$
$$x^2 - \tfrac{5x}{2} = -1$$
$$(x - \tfrac{5}{4})^2 = \tfrac{9}{16}$$
$$x - \tfrac{5}{4} = \pm \tfrac{3}{4}$$
$$x = \frac{5 \pm 3}{4} = \begin{cases} 2. \\ \tfrac{1}{2}. \end{cases}$$

**1089.** Aus
$$acx^2 - adx = bd - bcx$$
folgt
$$acx^2 + (bc - ad)\,x = bd$$
$$x^2 + \left(\frac{bc - ad}{ac}\right) x = \frac{bd}{ac}$$
$$\left(x + \frac{bc - ad}{2ac}\right)^2 = \left(\frac{bc + ad}{2ac}\right)^2$$
$$x = \tfrac{d}{c} \text{ oder } x = -\tfrac{b}{a}.$$

**1090.** Aus
$$x + \sqrt{x + 3} = 9$$
folgt
$$x - 9 = -\sqrt{x + 3}$$
$$x^2 - 18x + 81 = x + 3$$
$$x^2 - 19x = -78$$
$$(x - \tfrac{19}{2})^2 = \tfrac{49}{4}$$
$$x - \tfrac{19}{2} = \pm \tfrac{7}{2}$$
$$x = \frac{19 \pm 7}{2} = \begin{cases} 13. \\ 6. \end{cases}$$

Für die gegebene Gleichung gilt aber nur $x = 6$. Der Werth $x = 13$ entspricht aber der Gleichung $x - \sqrt{x + 3} = 9$.

**1091.** Aus
$$\sqrt{x + 2} + \sqrt{x - 3} = \sqrt{3x + 4}$$
folgt, wenn man quadrirt:
$$2x - 1 + 2\sqrt{x^2 - x - 6} = 3x + 4$$
oder
$$2\sqrt{x^2 - x - 6} = x + 5,$$
daher
$$4x^2 - 4x - 24 = x^2 + 10x + 25$$
oder
$$3x^2 - 14x = 49,$$
also
$$x^2 - \tfrac{14x}{3} = \tfrac{49}{3}$$
$$(x - \tfrac{7}{3})^2 = \tfrac{196}{9}$$
$$x - \tfrac{7}{3} = \pm \tfrac{14}{3}$$
$$x = \frac{7 \pm 14}{3} = \begin{cases} 7 \\ -\tfrac{7}{3}, \end{cases}$$

wo $x = 7$ zu nehmen ist, wenn sämmtliche Wurzelausdrücke der Gleichung reelle Größen vorstellen sollen.

1092. Aus $\sqrt{x+1} + \sqrt{x+2} = \sqrt{x+5}$ folgt:

$$2x + 3 + 2\sqrt{x^2 + 3x + 2} = x + 5$$
$$\sqrt{x^2 + 3x + 2} = -x + 2$$
$$4x^2 + 12x + 8 = x^2 - 4x + 4$$
$$3x^2 + 16x = -4$$
$$x^2 + \frac{16x}{3} = -4/3$$
$$(x + 8/3)^2 = 52/9$$
$$x + 8/3 = \pm 2/3\sqrt{13}$$
$$x = 2/3(-4 \pm \sqrt{13} = \begin{cases} -0{,}26296. \\ -5{,}07036. \end{cases}$$

1093. Aus $x - \sqrt{x - a} = b$

folgt
$$x - b = \sqrt{x - a}$$
$$x^2 - 2bx + b^2 = x - a$$
$$x^2 - (2b + 1)x = -a - b^2$$
$$\left(x - \frac{2b + 1}{2}\right)^2 = \frac{4b - 4a + 1}{4}$$
$$x - \frac{2b + 1}{2} = \pm 1/2\sqrt{4b - 4a + 1}$$
$$x = 1/2(2b + 1 \pm \sqrt{4b - 4a + 1}).$$

1094. Aus $x \pm \sqrt{x} = 30$

folgt
$$x - 30 = \mp \sqrt{x}$$
$$x^2 - 60x + 900 = x$$
$$x^2 - 61x = -900$$
$$(x - 61/2)^2 = 121/4$$
$$x - 61/2 = \pm 11/2$$
$$x = \frac{61 \pm 11}{2} = \begin{cases} 36 \\ 25, \end{cases}$$

wo der Werth $x = 36$ für die Gleichung $x - \sqrt{x} = 30$, hingegen der Werth $x = 25$ für die Gleichung $x + \sqrt{x} = 30$ gilt.

1095. Aus $x \pm \sqrt{x} = a$

folgt
$$x - a = \mp \sqrt{x}$$
$$x^2 - 2ax + a^2 = x$$
$$x^2 - (2a + 1)x = -a^2$$
$$\left(x - \frac{2a + 1}{2}\right)^2 = \frac{4a + 1}{4}$$
$$x = 1/2(2a + 1 \pm \sqrt{4a + 1}),$$

wo das obere Zeichen für die Gleichung $x - \sqrt{x} = a$, das untere für die Gleichung $x + \sqrt{x} = a$ gilt.

1096. Aus $\frac{x^3 - 1}{x - 1} = 0$

folgt
$$x^2 + x + 1 = 0$$
$$x^2 + x = -1$$
$$(x + 1/2)^2 = -3/4$$
$$x + 1/2 = \pm 1/2\sqrt{-3}$$
$$x = 1/2(-1 \pm \sqrt{-3}).$$

**1097.** Aus
$$x^4 + 16x^2 = 225$$
folgt
$$(x^2 + 8)^2 = 289$$
$$x^2 + 8 = \pm 17$$
$$x^2 = \pm 17 - 8 = \begin{cases} 9 \\ -25 \end{cases}$$
$$x = \begin{cases} \pm 3 \\ \pm 5\sqrt{-1}. \end{cases}$$

**1098.** Aus
$$x^6 - 214x^3 = 432$$
folgt
$$(x^3 - 107)^2 = 11881$$
$$x^3 - 107 = \pm 109$$
$$x^3 = 107 \pm 109 = \begin{cases} 216 \\ -2 \end{cases}$$
$$x = \begin{cases} 6 \\ \sqrt[3]{-2} = -1,2599\ .\ . \end{cases}$$

**1099.** Aus
$$x^4 + 16a^2x^2 = 80a^4$$
folgt
$$(x^2 + 8a^2)^2 = 144a^4$$
$$x^2 + 8a^2 = \pm 12a^2$$
$$x^2 = a^2(\pm 12 - 8) = \begin{cases} 4a^2 \\ -20a^2 \end{cases}$$
$$x = \begin{cases} \pm 2a \\ \pm 2a\sqrt{-5}. \end{cases}$$

**1100.** Aus
$$x^6 - 4a^3x^2 = -3a^6$$
folgt
$$(x^3 - 2a^3)^2 = a^6$$
$$x^3 - 2a^3 = \pm a^3$$
$$x^3 = (2 \pm 1)\,a^3 = \begin{cases} 3a^3 \\ a^3 \end{cases}$$
$$x = \begin{cases} a\sqrt{3} \\ a. \end{cases}$$

## b. Algebraische Aufgaben,

welche sich durch gemischte quadratische Gleichungen mit einer unbekannten Große losen lassen.

**1101.** Ein Acker, der die Form eines Rechtecks hat, enthält 2,58 Hektar. Seine Länge beträgt 22 Meter mehr als seine Breite. Wie viel betragen diese Ausdehnungen?

Breite = x, Länge = x + 22 Meter, Inhalt = $258^a$ = 25800 $□^m$.
$$x(x + 22) = 25800$$
$$x^2 + 22x = 25800$$
$$(x + 11)^2 = 25921$$
$$x + 11 = \pm 161.$$
$$x = \pm 161 - 11 = \begin{cases} 150. \\ -172. \end{cases}$$

Da hier nur positive Werthe gelten können, so ist x = 150, d. h. die Breite beträgt $150^m$, die Länge 150 + 22 = $171^m$.

**1102.** Eine Linie von $36^m$ Länge so in zwei Theile zu zerlegen, daß das Rechteck aus diesen beiden Theilen 320 $□^m$ enthält.

Beträgt der eine Theil der Linie x Meter, so ist der andere Theil $= 36 - x$ Meter, also der Inhalt des Rechtecks $=$

$$x\,(36 - x) = 320$$
$$36x - x^2 = 320,$$

woraus folgt
$$x^2 - 36x = -320$$
$$(x - 18)^2 = 4$$
$$x = 18 \pm 2 = \begin{cases} 20 \\ 16. \end{cases}$$

Der eine Theil beträgt $20^m$, der andere $16^m$.

1103. Welche Ausdrücke ergeben sich, wenn man in voriger Aufgabe a statt 36, und n statt 320 setzt?

Der eine Theil ist x Meter, der andere $a - x$ Meter lang. Daher ist der Inhalt $=$

$$x\,(a - x) = n$$
$$ax - x^2 = n,$$

woraus folgt
$$x^2 - ax = -n$$
$$(x - a/2)^2 = 1/4\,(a^2 - 4n)$$
$$x - a/2 = \pm\, 1/2\sqrt{a^2 - 4n}$$
$$x = 1/2\,(a \pm \sqrt{a^2 - 4n}).$$

Der eine Theil beträgt $1/2\,(a + \sqrt{a^2 + 4n})$ Meter, der andere hingegen $1/2\,(a - \sqrt{a^2 - 4n})$ Meter, wobei vorausgesetzt wird, daß $a^2 > 4n$ ist.

1104. Wie lang ist die Seite eines regulären Zehnecks, welches in einen Kreis von $20^m$ Radius beschrieben worden ist?

Die Seite x des regulären Zehnecks wird gefunden, wenn man den Radius nach dem goldenen Schnitt theilt, also daß sich verhält

$$20 : x = x : 20 - x$$

woraus folgt
$$x^2 = 400 - 20x$$
$$x^2 + 20x = 400$$
$$(x + 10)^2 = 500$$
$$x + 10 = \pm\, 10\sqrt{5}$$
$$x = 10\,(-1 \pm \sqrt{5}),$$

und zwar ist hier $x = 10\,(-1 + \sqrt{5}) = 12{,}360679775^m$ zu nehmen.

1105. Zwei quadratförmige Aecker, von denen der eine 10 Meter länger ist als der andere, enthalten zusammen 313 Ar. Welche Größe haben diese Aecker einzeln genommen?

Der kleinere Acker ist x Meter lang und enthält $x^2$ □$^m$ oder $1/100\,x^2$ Ar. Der größere Acker ist $x + 10$ Meter lang und enthält $(x + 10)^2$ □$^m$ oder $1/100\,(x + 10)^2$ Ar. Daher ist die Summe der beiden Aecker $=$

$$1/100\,x^2 + 1/100\,(x + 10)^2 = 313$$
$$x^2 + x^2 + 20x + 100 = 31300$$
$$2x^2 + 20x = 31200$$
$$x^2 + 10x = 15600$$
$$(x + 5)^2 = 15625$$
$$x = -5 + 125 = 120^m.$$

Der kleinere Acker ist $120^{m}$ lang und enthält 144 Ar. Der größere Acker ist $130^{m}$ lang und enthält 169 Ar.

1106. Eine Gesellschaft hat durch gleichmäßige Beiträge ihrer Mitglieder 2160 Mark aufzubringen. Wie viel Personen zählt diese Gesellschaft, wenn man weiß, daß durch das Ausscheiden von 6 Mitgliedern der Beitrag eines Jeden um 12 Mark steigt?

Die Gesellschaft zählt anfänglich x, nachher aber x — 6 Personen. Im ersten Falle ist der Beitrag eines Jeden $\frac{2160}{x}$ Mark, im zweiten Falle $\frac{2160}{x-6}$ Mark, welche Summe 12 Mark mehr beträgt als die erstere. Daher ist

$$\frac{2160}{x-6} - \frac{2160}{x} = 12$$

oder
$$\frac{1}{x-6} - \frac{1}{x} = \frac{12}{2160}$$

d. i.
$$\frac{6}{x^2-6x} = \frac{1}{180},$$

also
$$x^2 - 6x = 1080$$
$$(x-3)^2 = 1089$$
$$x - 3 = 33$$
$$x = 36 \text{ Mitglieder.}$$

1107. Welcher Ausdruck ergiebt sich, wenn man in voriger Aufgabe statt der Zahlen 2160, 6 und 12 der Reihe nach die allgemeinen Zeichen m, a und c setzt?

$$m\left(\frac{1}{x-a} - \frac{1}{x}\right) = c$$
$$\frac{1}{x-a} - \frac{1}{x} = \frac{c}{m}$$
$$\frac{a}{x^2-ax} = \frac{c}{m},$$

woraus folgt
$$x^2 - ax = \frac{am}{c}$$
$$(x - a/2)^2 = 1/4 \,.\, a\left(\frac{ac+4m}{c}\right)$$
$$x - a/2 = 1/2\sqrt{a/c\,(ac+4m)}$$
$$x = 1/2\left(a + \sqrt{a/c\,(ac+4m)}\right).$$

1108. In der Mitte eines Grasplatzes, der die Form eines Rechtecks von $40^{m}$ Länge und $30^{m}$ Breite hat, soll ein Blumengarten angelegt werden, dessen Umzäunung überall gleich weit von den Seiten des Grasplatzes entfernt ist. Auch soll dieser Blumengarten ebenso groß sein als der Rest des Grasplatzes. Welche Länge und Breite muß dieser Blumengarten erhalten?

Der Abstand der Seiten des Blumengartens von den homologen Seiten des Grasplatzes betrage überall x Meter, so ist der Blumengarten, welcher $\frac{40 \cdot 30}{2} = 600 \,\square^{m}$ enthält, $40 - 2x$ Meter lang und $30 - 2x$ Meter breit. Hieraus ergiebt sich:

$$(40 - 2x) \cdot (30 - 2x) = 600$$
$$4x^2 - 140x = -600$$
$$x^2 - 35x = -150$$
$$\left(x - \tfrac{35}{2}\right)^2 = \tfrac{625}{4}$$
$$x - \tfrac{35}{2} = \pm \tfrac{25}{2}$$
$$x = \frac{35 \pm 25}{2} = \begin{cases} 30 \\ 5. \end{cases}$$

Hier gilt nur $x = 5$ Meter. Daher ist der Blumengarten $40 - 10 = 30^m$ lang und $30 - 10 = 20^m$ breit anzulegen.

**1109.** Ein Rechteck von a Meter Länge und b Meter Breite schließt ein anderes Rechteck derartig ein, daß die Seiten des ersteren von denen des letzteren überall gleich weit abstehen. Wie viel beträgt dieser Abstand, wenn das eingeschlossene Rechteck die Hälfte des einschließenden Rechtecks ist?

Abstand der Perimeter = x Meter.

$$(a - 2x)(b - 2x) = \frac{ab}{2}$$
$$4x^2 - 2(a + b)x = -\frac{ab}{2}$$
$$x^2 - \tfrac{1}{2}(a + b)x = -\frac{ab}{8}$$
$$\left(x - \frac{a + b}{4}\right)^2 = \frac{a^2 + b^2}{16}$$
$$x = \tfrac{1}{4}\left(a + b \pm \sqrt{a^2 + b^2}\right),$$

wo aber nur das untere Zeichen (—) gilt.

**1110.** Ein Kaufmann hat zweierlei Sorten eines Zeuges. Es kosten $10^m$ der besseren Sorte 5 Mark mehr als $10^m$ der geringeren Sorte. Kauft man von jeder Sorte für 20 Mark, so erhält man von der geringeren Sorte 2 Meter mehr als von der besseren. Wie viel kostet hiernach das Meter von jeder Sorte?

Das Meter der besseren Sorte kostet $\tfrac{5}{10}$ oder $\tfrac{1}{2}$ Mark mehr als das der geringeren. Ist also der Preis pro Meter der geringeren Sorte = x Mark, so gilt das Meter der besseren Sorte $x + \tfrac{1}{2}$ Mark. Daher ist:

$$\frac{20}{x} - \frac{20}{x + \tfrac{1}{2}} = 2,$$

woraus folgt

$$\frac{1}{x} - \frac{1}{x + \tfrac{1}{2}} = \tfrac{2}{20}$$
$$\frac{\tfrac{1}{2}}{x^2 + \tfrac{1}{2}x} = \tfrac{1}{10}$$
$$x^2 + \tfrac{1}{2}x = 5$$
$$\left(x + \tfrac{1}{4}\right)^2 = \tfrac{81}{16}$$

$$x + \tfrac{1}{4} = \tfrac{9}{4}$$
$$x = 2 \text{ Mark.}$$

Von der geringeren Sorte kostet das Meter 2 Mark, von der besseren aber $2\tfrac{1}{2}$ Mark.

1111. Welche Ausdrücke ergeben sich, wenn man in voriger Aufgabe statt der Zahlen 10, 5, 20 und 2 der Reihe nach die allgemeinen Zeichen m, a, b und d setzt?

Von der geringeren Sorte kostet das Meter x Mark, von der besseren aber $x + \frac{a}{m}$ Mark. Daher ist:

$$b\left(\frac{1}{x} - \frac{1}{x + \frac{a}{m}}\right) = d$$
$$\frac{1}{x} - \frac{1}{x + \frac{a}{m}} = \frac{d}{b}$$
$$\frac{\frac{a}{m}}{x^2 + \frac{ax}{m}} = \frac{d}{b}$$
$$x^2 + \frac{ax}{m} = \frac{ab}{dm}$$
$$\left(x + \frac{a}{2m}\right)^2 = \frac{1}{4m^2}\left(\frac{a^2d + 4abm}{d}\right)$$
$$x = \frac{1}{2m}\left(- a + \sqrt{\tfrac{a}{d}\,(ad + 4bm)}\right) \text{ Mark.}$$

Von der besseren Sorte kostet das Meter $x + \frac{a}{m} =$
$$\frac{1}{2m}\left(a + \sqrt{\tfrac{a}{d}\,(ad + 4bm)}\right) \text{ Mark.}$$

1112. Ein Krämer kauft Reis und Kaffee ein, und zwar von jeder Gattung für 120 Mark, so daß er an Reis 200 Pfund mehr erhält als an Kaffee. Bald nachher verkauft er 35 Pfund Kaffee und 50 Pfund Reis zusammen für $69\tfrac{3}{4}$ Mark, wodurch er $12\tfrac{1}{2}\,\%$ verdient. Wie viel Pfund Kaffee und wie viel Pfund Reis hat er eingekauft?

x Pfund Kaffee und x + 200 Pfund Reis.

Das Pfund Kaffee kostet dem Krämer $\frac{120}{x}$ Mark, das Pfund Reis $\frac{120}{x + 200}$ Mark. Daher ist:

$$\left(\frac{35\,.\,120}{x} + \frac{50\,.\,120}{x + 200}\right)\frac{112\frac{1}{2}}{100} = 69\tfrac{3}{4}$$
$$\left(\frac{42}{x} + \frac{60}{x + 200}\right)112\tfrac{1}{2} = 69\tfrac{3}{4}$$
$$\left(\frac{7}{x} + \frac{10}{x + 200}\right)675 = \frac{279}{4}$$
$$\frac{7}{x} + \frac{10}{x + 200} = \frac{279}{675\,.\,4}$$
$$\frac{17x + 1400}{x^2 + 200x} = \frac{31}{300}$$

$$31x^2 + 6200x = 5100x + 420000$$
$$31x^2 + 1100x = 420000$$
$$x^2 + \frac{1100x}{31} = \frac{420000}{31}$$
$$\left(x + \frac{550}{31}\right)^2 = \frac{13322500}{31}$$
$$x + \frac{550}{31} = \frac{3650}{31}$$
$$x = 100 \text{ Pfund Kaffee}$$
$$x + 200 = 300 \text{ Pfund Reis.}$$

**1113.** Jemand hat für eine gewisse Summe einen Garten erstanden, den er bald nachher für 1500 Mark wieder verkauft. Er gewinnt hierdurch so viel Procent des Einkaufspreises, als der zwanzigste Theil desselben beträgt. Welche Summe bezahlte er selbst für den Garten?

Beträgt der Einkaufspreis x Mark, so ist der Gewinn = 1500 — x Mark. Es sind also mit x Mark 1500 — x Mark gewonnen worden, mit 1 Mark $\frac{1500 - x}{x}$ Mark, mit 100 Mark $\frac{100\,(1500 - x)}{x}$ Mark. Da dieser Gewinn $\frac{x}{20}$ Procent beträgt, so hat man:

$$\frac{x}{20} = \frac{100\,(1500 - x)}{x}$$
$$x^2 = 3000000 - 2000x$$
$$x^2 + 2000x = 3000000$$
$$(x + 1000)^2 = 4000000$$
$$x + 1000 = 2000$$
$$x = 1000 \text{ Mark.}$$

**1114.** Jemand kaufte für 450 Mark Hafer und bezahlte für das Hektoliter einen gewissen Preis. Hätte er seinen Einkauf eine Woche später gemacht, so würde er, weil inzwischen der Preis des Hektoliter um $\frac{1}{2}$ Mark gestiegen war, 10 Hektoliter weniger erhalten haben als vorher. Wie viel Hektoliter Getreide kaufte er?

Er hat x Hektoliter gekauft.

$$\frac{450}{x - 10} - \frac{450}{x} = \frac{1}{2}$$
$$\frac{1}{x - 10} - \frac{1}{x} = \frac{1}{900}$$
$$\frac{10}{x^2 - 10x} = \frac{1}{900}$$
$$x^2 - 10x = 9000$$
$$(x - 5)^2 = 9025$$
$$x - 5 = 95$$
$$x = 100 \text{ Hektoliter.}$$

1115. A und B haben zu einem gemeinschaftlichen Unternehmen zusammen 10600 Mark beigetragen. A ließ sein Geld 1 Jahr, B das seinige $1\frac{1}{4}$ Jahr im Geschäft. Bei der Theilung erhielt A an Einlage und Gewinn zusammen 6720 Mark, B hingegen an Einlage und Gewinn zusammen 5290 Mark. Wie viel hatte Jeder eingelegt?

Einl. d. A $= x$ Mk. auf 1 Jahr $= x$ Mk. ⎫ auf
" " B $= 10600 - x$ " " $1\frac{1}{4}$ " $= 13250 - \frac{5x}{4}$ " ⎭ 1 Jahr.

zusammen $13250 - \frac{x}{4}$ Mark.

Beide zusammen gewinnen also mit $13250 - \frac{x}{4}$ Mark $6720 + 5290 - 10600 = 1410$ Mark, mit 1 Mark $\frac{1410}{13250 - \frac{x}{4}}$ Mark. Mithin ist der Gewinn des $A = \frac{1410x}{13250 - \frac{x}{4}}$ Mark. Folglich betragen die Einlage und der Gewinn des A zusammen

$$6720 = x + \frac{1410x}{13250 - \frac{x}{4}}.$$

Daher ist:

$$89040000 - 1680x = 13250x - \frac{x^2}{4} + 1410x$$

$$\frac{x^2}{4} - 16340x = -89040000$$

$$x^2 - 65360x = -356160000$$

$$(x - 32680)^2 = 711822400$$

$$x - 32680 = \pm 26680$$

$$x = 32680 \pm 26680 = \begin{cases} 39360 \\ 6000. \end{cases}$$

Von diesen beiden Werthen kann selbstverständlich nur der kleinere genommen werden. Demnach beträgt die Einlage des A 6000 Mark, die des B 4600 Mark.

1116. A und B treten zu einem Geschäft zusammen. A legt 2600 Mark ein und läßt diesen Betrag 5 Monate stehen. B legt eine gewisse Summe ein, so daß er nach 4 Monaten an Einlage und Gewinn zusammen 3672 Mark zurückerhält. Beide haben zusammen 1400 Mark verdient. Es soll die Einlage des B und der Gewinn des A gefunden werden.

Die Einlage des B sei $= x$ Mark, so findet sich:

A $2600 \,.\, 5 = 13000$
B $x \,.\, 4 = 4x$

zusammen $13000 + 4x$,

womit 1400 Mark gewonnen werden.

Daher ist der Gewinn des B =

$$\frac{1400 \,.\, 4x}{13000 + 4x} = \frac{1400x}{3250 + x} \text{ Mark.}$$

Da die Einlage des B x Mark beträgt, so ist der Aufgabe gemäß:

$$x + \frac{1400x}{3250 + x} = 3672,$$

woraus folgt: $x^2 + 978x = 11934000$

$$(x + 489)^2 = 12173121$$

$$x + 489 = 3489$$

$$x = 3000 \text{ Mark.}$$

Es hat also B 3000 Mark eingelegt und 672 Mark gewonnen. Der Gewinn des A beträgt demnach 1400 — 672 = 728 Mark.

1117. A und B haben in einem gemeinschaftlichen Geschäft zusammen 10000 Mark; jeder gewinnt jährlich im Verhältniß seiner Einlage. Ohne den Gewinn verzinslich zum Kapital zu schlagen, hat A am Ende des dritten Jahres im Ganzen 9900 Mark, B am Ende des zweiten Jahres ebenso viel. Wie viel beträgt die Einlage und der jährliche Gewinn eines Jeden?

Einlage des A = x Mark, die des B = 10000 — x Mark.

A $x \,.\, 3 = 3x$

B $(10000 - x) \,.\, 2 = 20000 - 2x$

zusammen $20000 + x$ Mark auf 1 Jahr.

Beider Einlage und Gewinn beträgt zusammen 2 . 9900 = 19800 Mark, so daß A und B zusammen 19800 — 10000 = 9800 Mark verdient haben. Es sind also mit 20000 + x Mark jährlich 9800 Mark verdient worden. Demnach beträgt der Gewinn des A $\frac{9800 \,.\, 3x}{20000 + x} = \frac{29400x}{20000 + x}$ Mark. Wird hierzu seine Einlage addirt, so findet sich:

$$x + \frac{29400x}{20000 + x} = 9900,$$

woraus folgt $x^2 + 39500x = 198000000$

$$(x + 19750) = 588062500$$

$$x + 19750 = 24250$$

$$x = 4500 \text{ Mark.}$$

A hat 4500 Mark eingelegt und im Ganzen 9900 — 4500 = 5400 Mark, also jährlich $^{5400}{}_{3}$ = 1800 Mark gewonnen.

B hat 10000 — 4500 = 5500 Mark eingelegt, im Ganzen 9900 — 5500 = 4400 Mark, also jährlich $^{4400}{}_{2}$ = 2200 Mark gewonnen.

1118. Zwei Waarenrechnungen, deren Ziel um 2 Monate differirt, werden gegen 9 % jährlichen Disconto sofort baar bezahlt, und zwar die erste mit 764 Mark, die zweite mit 1128 Mark. Die Beträge der beiden in Rechnung gestellten Summen machen zusammen 2000 Mark aus. Man soll hieraus die beiden Rechnungsbeträge und das Ziel derselben bestimmen.

Beträgt die erste Rechnung x Mark, die zweite also 2000 — x Mark, so ist der Abzug im ersten Falle = x — 764 Mark, im zweiten Falle = (2000 — x) — 1128 = 872 — x Mark, und zwar beide Male den ganzen Rechnungsbetrag betreffend. Für

1 Mark ist demnach der Disconto im ersten Falle $= \frac{x - 764}{x}$ Mark, im zweiten Falle $\frac{872 - x}{2000 - x}$ Mark. Der monatliche Disconto für 1 Mark beträgt aber der Aufgabe gemäß $\frac{9}{12 \cdot 100} = \frac{3}{400}$ Mark; mithin ist die erste Rechnung nach $\frac{400}{3}\left(\frac{x - 764}{x}\right)$ Monaten, die zweite nach $\frac{400}{3}\left(\frac{872 - x}{2000 - x}\right)$ Monaten zu bezahlen. Da nun die zweite Rechnung 2 Monate später berichtigt werden sollte als die erste, so findet sich:

$$\frac{400}{3}\left(\frac{872 - x}{2000 - x} - \frac{x - 764}{x}\right) = 2,$$

woraus folgt:

$$\frac{872 - x}{2000 - x} - \frac{x - 764}{x} = \frac{3 \cdot 2}{400}$$

$$\frac{1528000 - 1892x}{2000x - x^2} = \frac{3}{200}$$

$$305600000 - 378400x = 6000x - 3x^2$$

$$3x^2 - 384400x = -305600000$$

$$x^2 - \frac{384400x}{3} = -\frac{305600000}{3}$$

$$\left(x - \frac{192200}{3}\right)^2 = \frac{36024040000}{9}$$

$$x - \frac{192200}{3} = \pm\frac{189800}{3}$$

$$x = \frac{192200 \pm 189800}{3} = \begin{cases} 127333\tfrac{1}{3} \\ 800, \end{cases}$$

von welchen beiden Werthen nur der zweite brauchbar ist. Demnach sollten das erste Mal 800 Mark, das zweite Mal 2000 — 800 = 1200 Mark bezahlt werden. Die erste Rechnung ist nach $\frac{400}{3}\left(\frac{x - 764}{x}\right) = \frac{400}{3}\left(\frac{800 - 764}{800}\right) = 6$ Monaten, die zweite nach $\frac{400}{3}\left(\frac{872 - x}{1200 - x}\right) = \frac{400}{3}\left(\frac{872 - 800}{1200}\right) = 8$ Monaten fällig.

**1119.** Anstatt 12000 Mark nach 8 Monaten und 4050 Mark nach 12 Monaten zu entrichten, bezahlt Jemand die ganze Schuldsumme von 16050 Mark auf ein Mal nach einer gewissen Zahl von Monaten. Wann ist dieser mittlere Zahlungstermin, wenn der Schuldner die Summe, die er später erlegt, mit 5% p. a. verzinsen muß, während ihm für die Summe, die er früher bezahlt, 5% jährlicher Rabatt auf Hundert bewilligt werden?

Der Zahlungstermin, an welchem ohne Benachtheiligung des

Gläubigers und des Schuldners die ganze Schuldsumme von 16050 Mark erlegt werden kann, sei nach x Monaten. Demgemäß werden die 12000 Mark x — 8 Monate später, die 4050 Mark hingegen 12 — x Monate früher erlegt, als anfänglich bestimmt worden ist. Es bringen aber 12000 Mark zu 5 % in x — 8 Monaten $120 \cdot \frac{5}{12}(x-8) = 50(x-8)$ Mark Zinsen. Dieselben müssen, damit weder der Gläubiger, noch der Schuldner benachtheiligt werde, ebenso viel betragen als der Rabatt von 5 % auf Hundert p. a. für die 12 — x Monate früher geleistete Zahlung von 4050 Mark. Da der jährliche Rabatt = 5 % ist, so beträgt der Abzug für 12 — x Monate $\frac{5}{12}(12-x) = 5 - \frac{5x}{12}$ %, mithin der Abzug für 4050 Mark in derselben Zeit $\frac{4050\left(5-\frac{5x}{12}\right)}{100+\left(5-\frac{5x}{12}\right)} = \frac{48600-4050x}{252-x}$ Mark. Es ist also:

$$\frac{48600-4050x}{252-x} = 50(x-8)$$

oder
$$\frac{972-81x}{252-x} = x-8,$$

woraus folgt:

$$x^2 - 341x = -2988$$
$$(x-170{,}5)^2 = 26082{,}25$$
$$x - 170{,}5 = \pm 161{,}5$$
$$x = 170{,}5 \pm 161{,}5 = \begin{cases} 332 \text{ Monate} \\ 9 \text{ Monate.} \end{cases}$$

Von diesen beiden Werthen ist offenbar nur der kleinere brauchbar. Demnach müssen die 16050 Mark auf ein Mal nach 9 Monaten bezahlt werden.

**1120.** Die Diagonale eines Rechtecks von $534^m$ Umfang beträgt $195^m$; welche Länge und Breite hat dieses Rechteck?

Der halbe Umfang, d. i. die Summe der Länge und Breite, beträgt $267^m$. Wird also die Länge mit x bezeichnet, so ist die Breite = 267 — x und daher:

$$x^2 + (267-x)^2 = 195^2$$

oder $2x^2 - 534x + 267^2 = 195^2$,

woraus folgt: $2x^2 - 534x = 195^2 - 267^2 = -33264$

$$x^2 - 267x = -16632$$
$$(x-133{,}5)^2 = 1190{,}25$$
$$x - 133{,}5 = \pm 34{,}5$$
$$x = 133{,}5 \pm 34{,}5 = \begin{cases} 168^m \\ 99^m. \end{cases}$$

Die Länge beträgt $168^m$, die Breite $99^m$.

**1121.** Die Diagonale eines Rechtecks, dessen Länge um a Meter größer ist als die Breite, beträgt b Meter. Welche Länge und Breite hat dieses Rechteck?

Breite = x Meter, Länge = x + a Meter.

$$x^2 + (x+a)^2 = b^2$$
$$2x^2 + 2ax + a^2 = b^2$$

$$x^2 + ax = \tfrac{1}{2}(b^2 - a^2)$$
$$(x + \tfrac{a}{2})^2 = \tfrac{1}{4}(2b^2 - a^2)$$
$$x = \tfrac{1}{2}(-a + \sqrt{2b^2 - a^2}) \text{ Meter}$$
$$x + a = \tfrac{1}{2}(a + \sqrt{2b^2 - a^2}) \text{ Meter.}$$

1122. Von einem Quadrat sind (an den Eckpunkten) vier Dreiecke derartig abgeschnitten worden, daß ein reguläres Achteck übrig geblieben ist. Die Seite dieses Achtecks zu finden, wenn die Seite des Quadrats $= a$ gegeben ist.

Die Seite des regulären Achtecks sei $= x$, so zerfällt die Seite des Quadrats in drei Theile, deren mittlerer $= x$ ist, während jeder der beiden andern Theile sich $= \tfrac{1}{2}(a - x)$ ergiebt. Da an jeder Seite des Quadrats ein rechtwinkliges Dreieck abgeschnitten wird, in welchem die Hypotenuse $= x$ und jede der beiden Katheten $= \tfrac{1}{2}(a - x)$ ist, so findet sich:

$$x^2 = \tfrac{1}{4}(a - x)^2 + \tfrac{1}{4}(a - x)^2$$
$$4x^2 = 2a^2 - 4ax + 2x^2$$
$$2x^2 = 2a^2 - 4ax$$
$$x^2 = a^2 - 2ax$$
$$x^2 + 2ax = a^2$$
$$(x + a)^2 = 2a^2$$
$$x = -a + \sqrt{2a^2} = a(-1 + \sqrt{2}),$$

d. i. $x = 0{,}4142135 \,.\, a.$

1123. Eine Zahl a in zwei Summanden zu zerlegen, deren Produkt ein Maximum ist, d. h. größer als das Produkt aus irgend zwei andern Summanden, in welche die Zahl a zerlegt werden kann.

Wird die Differenz der beiden gesuchten Summanden mit x bezeichnet, so ist der größere derselben $= \tfrac{1}{2}(a + x)$, der kleinere $= \tfrac{1}{2}(a - x)$. Setzt man nun das Produkt dieser beiden Summanden $= m$, so findet sich:

$$\tfrac{1}{2}(a + x) \,.\, \tfrac{1}{2}(a - x) = m,$$

woraus folgt $\tfrac{1}{4}(a^2 - x^2) = m,$

mithin $\tfrac{1}{4}x^2 = \tfrac{1}{4}a^2 - m$

$$\tfrac{1}{2}x = \pm\sqrt{\tfrac{1}{4}a^2 - m}.$$

Damit der Werth von x reell werde, darf höchstens $m = \tfrac{1}{4}a^2$ sein. Wird aber $m = \tfrac{1}{4}a^2$ gesetzt, so ergiebt sich $\tfrac{1}{2}x = 0$. Hieraus erhellt, daß die Zahl a in zwei gleiche Summanden zerlegt werden muß, wenn das Produkt derselben ein Maximum sein soll.

1124. Eine Zahl a in zwei Factoren zu zerlegen, deren Summe ein Minimum ist, d. h. kleiner als die Summe irgend zweier anderen Factoren, in welche die Zahl a sich zerlegen läßt.

Wird der eine Factor mit x bezeichnet, so ist der andere Factor $= \tfrac{a}{x}$, die Summe der beiden Factoren $= x + \tfrac{a}{x}$. Setzt man diese Summe $= m$, so findet sich:

$$x + \tfrac{a}{x} = m,$$

woraus folgt $x^2 - mx = -a$

$$(x - \tfrac{m}{2})^2 = \tfrac{1}{4}m^2 - a$$

$$x - \frac{m}{2} = \pm \sqrt{\frac{1}{4}m^2 - a}$$
$$x = \frac{1}{2}m \pm \sqrt{\frac{1}{4}m^2 - a}.$$

Da $\frac{1}{4}m^2$ mindestens $= a$ sein muß, wodurch der Wurzelausdruck gleich Null wird, so findet sich hiernach $\frac{1}{2}m = \sqrt{a}$, mithin auch $x = \sqrt{a}$, folglich der andere Factor $\frac{a}{x} = \frac{a}{\sqrt{a}} = \sqrt{a}$, woraus erhellt, daß die Zahl a in zwei gleiche Factoren zerlegt werden muß, wenn die Summe derselben ein Minimum sein soll.

**1125.** Welchen Inhalt hat das größte aller Rechtecke von $40^m$ Umfang?

Der halbe Umfang ist gleich der Summe der Länge und Breite. Wird also die Länge und Breite addirt, so ist die Summe $= 20^m$. Setzt man die Differenz dieser beiden Ausdehnungen $= 2x$ und das Produkt derselben $= p$, so findet sich die Länge $= 10 + x$, die Breite $= 10 - x$ Meter und demgemäß:

$$p = (10 + x) \cdot (10 - x),$$

woraus folgt
$$x^2 = 100 - p$$
$$x = \sqrt{100 - p}.$$

Wird $p = 100$ angenommen, so ist $x = 0$; mithin die Länge $10 + x = 10^m$, die Breite $10 - x = 10^m$, d. h. die gesuchte Figur ist ein Quadrat von $10^m$ Seitenlänge?

**1126.** Welchen Umfang hat ein $144\ \square^m$ großes Rechteck, wenn dieser Umfang ein Minimum ist?

Setzt man den Umfang $= u$, die Länge $= x$, daher die Breite $= \frac{144}{x}$ Meter, so ist:

$$x + \frac{144}{x} = \frac{u}{2},$$

woraus folgt
$$x^2 - \frac{ux}{2} = -144$$
$$\left(x - \frac{u}{4}\right)^2 = \frac{1}{16}u^2 - 144$$
$$x = \frac{u}{4} \pm \sqrt{\frac{1}{16}u^2 - 144}.$$

Aus der bekannten Annahme $\frac{1}{16}u^2 = 144$, mithin $\frac{1}{4}u = \sqrt{144} = 12^m$ und $u = 4 \cdot 12 = 48^m$, folgt $x = \frac{144}{x} = 12^m$, d. h. das erwähnte Rechteck ist ein Quadrat von $12^m$ Seitenlänge oder von $48^m$ Umfang.

**1127.** Die Größe zweier Würfel zu finden, deren Kubikinhalt um $21\frac{1}{8}$ Kub.$^m$ verschieden ist, wenn man weiß, daß die Seite des größern Würfels $\frac{1}{2}$ Meter mehr beträgt als die des kleineren Würfels?

Wird die Seite des kleineren Würfels $= x$ gesetzt, so ist die Seite des größeren Würfels $= x + \frac{1}{2}$ und demgemäß:

$$\left(x + \frac{1}{2}\right)^3 - x^3 = 21\frac{1}{8},$$

woraus folgt
$$\frac{3}{2}x^2 + \frac{3}{4}x = 21$$
$$x^2 + \frac{1}{2}x = 14$$
$$\left(x + \frac{1}{4}\right)^2 = \frac{225}{16}$$

$$x = \tfrac{1}{4}(-1 + 15) = 3\tfrac{1}{2}^{m}$$
$$x + \tfrac{1}{2} = 3\tfrac{1}{2} + \tfrac{1}{2} = 4^{m}.$$

Der eine Würfel enthält $(3\tfrac{1}{2})^3 = 42\tfrac{7}{8}$ Kub.$^m$, der andere hingegen $4^3 = 16$ Kub.$^m$.

1128. Welche Ausdrücke ergeben sich in voriger Aufgabe, wenn man statt der Zahlen $21\tfrac{1}{8}$ und $\tfrac{1}{2}$ der Reihe nach die allgemeinen Zeichen a und b setzt?

$(x + b)^3 - x^3 = a$, woraus folgt:

$$3bx^2 + 3b^2x = a - b^3$$
$$x^2 + bx = \frac{a - b^3}{3b}$$
$$\left(x + \frac{b}{2}\right)^2 = \tfrac{1}{4}\left(\frac{4a - b^3}{3b}\right)$$
$$x = \tfrac{1}{2}\left(-b + \sqrt{\frac{4a - b^3}{3b}}\right) \text{ Meter}$$
$$x + b = \tfrac{1}{2}\left(b + \sqrt{\frac{4a - b^3}{3b}}\right) \text{ Meter.}$$

Der kleinere Würfel enthält $x^3 = 4\left(\frac{a + 2b^3}{3b}\right) \cdot \sqrt{\frac{4a - b^3}{3b}} - 4a$ Kub.$^m$, der größere aber $(x + b)^3 = 4\left(\frac{a + 2b^3}{3b}\right) \cdot \sqrt{\frac{4a - b^3}{3b}} - 3a$ Kub.$^m$.

1129. In einem rechtwinkligen Dreiecke ist der Unterschied der Katheten = 1 Meter, während die Hypotenuse 9 Meter mehr beträgt als die kleinere Kathete. Es sollen die Seiten dieses Dreiecks gefunden werden.

Ist die kleinere Kathete = x, so ist die andere Kathete = x + 1, die Hypotenuse = x + 9 Meter und daher:

$$x^2 + (x + 1)^2 = (x + 9)^2,$$

woraus folgt

$$x^2 - 16x = 80$$
$$(x - 8)^2 = 144$$
$$x - 8 = 12$$
$$x = 20^m$$
$$x + 1 = 21^m$$
$$x + 9 = 29^m.$$

1130. In einem rechtwinkligen Dreieck ist die eine Kathete a Meter größer als die andere Kathete, und der Unterschied zwischen der Hypotenuse und der kleineren Kathete = b Meter. Die Seiten dieses Dreiecks zu finden.

Die kleinere Kathete ist = x, die größere Kathete = x + a, die Hypotenuse = x + b und daher:

$$x^2 + (x + a)^2 = (x + b)^2,$$

woraus folgt $x^2 + 2(a - b)x = b^2 - a^2$

$$(x + a - b)^2 = 2b\,(b - a)$$
$$x + a - b = \sqrt{2b\,(b - a)}$$
$$x = b - a + \sqrt{2b\,(b - a)} \text{ Meter}$$
$$x + a = b + \sqrt{2b\,(b - a)} \text{ Meter}$$
$$x + b = 2b - a + \sqrt{2b\,(b - a)} \text{ Meter.}$$

1131. Ein Landwirth, der 15 Hl. Weizen zur Aussaat verwendet hat, sät im zweiten Jahre den geernteten Weizen weniger 882 Hl. und erhält bei gleicher Fruchtbarkeit des Ackerlandes das 50fache seiner Aussaat nebst 180 Hl. Wie viel hat er im ersten Jahre geerntet?

Hat er im ersten Jahre x Hl. geerntet, so war die Ernte das $\frac{x}{15}$fache der Aussaat. Im zweiten Jahre beträgt die Aussaat $x - 882$, mithin die Ernte $\frac{x}{15}(x - 882)$ Hl., oder nach den Bedingungen der Aufgabe $50\,(x - 882) + 180$ Hl. Demgemäß ist:

$$\frac{x}{15}(x - 882) = 50\,(x - 882) + 180,$$

woraus folgt $x^2 - 1632x = -658800$

$$(x - 816)^2 = 7056$$
$$x - 816 = 84$$
$$x = 900 \text{ Hl.}$$

1132. Welches Resultat ergiebt sich, wenn man in voriger Aufgabe statt der Zahlen 15, 882, 50 und 180 die allgemeinen Zeichen a, b, c und d setzt?

Die Ernte des ersten Jahres beträgt x Hl., mithin das $\frac{x}{a}$fache der Aussaat. Im zweiten Jahre ist die Aussaat $= x - b$, die Ernte $= \frac{x}{a}(x - b)$ oder der Aufgabe gemäß $= c\,(x - b) + d$ Hl. Daher ist:

$$\frac{x}{a}(x - b) = c\,(x - b) + d, \text{ woraus folgt:}$$
$$x^2 - (ac + b)\,x = -abc + ad$$
$$\left(x - \frac{ac + b}{2}\right)^2 = \frac{(ac - b)^2 + 4ad}{4}$$
$$x - \frac{ac + b}{2} = \frac{1}{2}\sqrt{(ac - b)^2 + 4ad}$$
$$x = \frac{1}{2}\left(ac + b + \sqrt{(ac - b)^2 + 4ad}\right) \text{ Hl.}$$

1133. Ein Kapital von 120000 Mark ist zu einem gewissen Procentsatze ausgeliehen worden. Am Ende des ersten Jahres behält der Kapitalist 4000 Mark für seinen Unterhalt zurück und vermehrt das verliehene Kapital mit dem Ueberschuß der Zinsen. Am Ende des zweiten Jahres behält er wieder 4000 Mark zurück und schlägt den Ueberschuß der Zinsen zum Kapital. Er besitzt nun, da der anfängliche Zinsfuß unverändert geblieben ist, im Ganzen ein zinstragendes Kapital von 124100 Mark. Wie viel Procent Zinsen trägt ihm sein Kapital?

Der Zinsfuß sei $= x\,\%$; dann ist:

$$\left[120000\left(\frac{100 + x}{100}\right) - 4000\right] . \frac{100 + x}{100} = 124100 + 4000$$
$$[1200\,(100 + x) - 4000] . (100 + x) = 12810000$$

$$[3\,(100 + x) - 10]\,.\,(100 + x) = 32025$$
$$3\,(10 + x)^2 - 10\,(100 + x) = 32025,$$

oder wenn $100 + x = y$ gesetzt wird:

$$3y^2 - 10y = 32025,$$

woraus folgt
$$y^2 - \tfrac{10}{3}y = 10675$$
$$(y - \tfrac{5}{3})^2 = \tfrac{96100}{9}$$
$$y - \tfrac{5}{3} = \tfrac{310}{3}$$
$$y = 105.$$

Daher ist
$$100 + x = 105$$
$$x = 5\,\%.$$

1134. Welches Resultat ergiebt sich, wenn man in der vorigen Aufgabe statt der Zahlen 4000, 120000 und 124100 der Reihe nach die allgemeinen Zeichen a, b und c setzt?

$$\left[b\left(\frac{100+x}{100}\right) - a\right].\frac{100+x}{100} = a + c$$
$$b\left(\frac{100+x}{100}\right)^2 - a\left(\frac{100+x}{100}\right) = a + c,$$

oder wenn $\frac{100+x}{100}$ mit y bezeichnet wird:

$$by^2 - ay = a + c$$
$$y^2 - \frac{ay}{b} = \frac{a+c}{b}$$
$$\left(y - \frac{a}{2b}\right)^2 = \frac{a^2 + 4b\,(a+c)}{4b^2}$$
$$y = \frac{1}{2b}\left(a + \sqrt{a^2 + (a+c)4b}\right) = \frac{100+x}{100},$$

woraus folgt
$$x = \frac{50}{b}\left(a - 2b + \sqrt{a^2 + 4\,(a+c)\,b}\right)\,\%.$$

Zusatz. Wird das Kapital zu Ende jedes Jahres um a Mark nebst den Zinsen vermehrt, so ergiebt sich:

$$x = \frac{50}{b}\left(-a - 2b + \sqrt{(c-a)\,4b + a^2}\right)\,\%.$$

Ist z. B. $a = 4000$, $b = 120000$ und $c = 140500$ Mark, so erhält man $x = 5\,\%$.

1135. A und B übernehmen zusammen ein Werk, das sie, nachdem B bereits $1\tfrac{1}{2}$ Tag allein daran gearbeitet hat, gemeinschaftlich in 6 Tagen vollenden. In wie viel Tagen würde Jeder von ihnen einzeln dasselbe Werk verrichten, wenn man weiß, daß B hierzu 3 Tage mehr braucht als A?

Vollendet A das Werk in x Tagen, B also dasselbe in $x + 3$ Tagen, so macht der erstere täglich $\frac{1}{x}$, der zweite $\frac{1}{x+3}$ des Werkes. In 6 Tagen leistet A also $\tfrac{6}{x}$ der ganzen Arbeit, während B, der $6 + 1\tfrac{1}{2} = 7\tfrac{1}{2}$ Tage arbeitet, $\frac{7\frac{1}{2}}{x+3}$ des Werkes vollbringt. Demgemäß ist:

$$\frac{6}{x} + \frac{7^1/_2}{x+3} = 1,$$

woraus folgt
$$x^2 + 3x = 13^1/_2 x + 18$$
$$x^2 - \frac{21x}{2} = 18$$
$$(x - {}^{21}/_4)^2 = {}^{729}/_{16}$$
$$x - {}^{21}/_4 = {}^{27}/_4$$
$$x = 12 \text{ Tage.}$$
$$x + 3 = 15 \text{ Tage.}$$

1136. Man setze in voriger Aufgabe statt der Zahlen $1^1/_2$, 6 und 3 der Reihe nach die allgemeinen Zeichen a, b und c.

$$\frac{b}{x} + \frac{a+b}{x+c} = 1,$$

woraus folgt:

$$x^2 + (c-a-2b)x = bc$$
$$\left(x + \frac{c-a-2b}{2}\right)^2 = \frac{4b(a+b)+(c-a)^2}{4}$$

Allein braucht A $x = {}^1/_2\left(a+2b-c+\sqrt{4b(a+b)+(c-a)^2}\right)$ Tage,
B. $x + c = {}^1/_2\left(a+2b+c+\sqrt{4b(a+b)+(c-a)^2}\right)$ Tage.

1137. Zwei Röhren, die gleichzeitig geöffnet sind, füllen einen Wasserbehälter in 6 Stunden. Einzeln genommen würde die eine dieser Röhren zur Füllung des Behälters 5 Stunden mehr brauchen als die andere. In wie viel Stunden füllt jede Röhre einzelngenommen den Behälter?

Der Behälter wird durch die eine Röhre in x Stunden, durch die andere in $x + 5$ Stunden gefüllt. Mithin füllt in 1 Stunde die erstere $\frac{1}{x}$, die andere $\frac{1}{x+5}$ des Behälters. Da sie zusammen in 1 Stunde ${}^1/_6$ des Behälters füllen, so ist:

$$\frac{1}{x} + \frac{1}{x+5} = {}^1/_6,$$

woraus folgt
$$x^2 - 7x = 30$$
$$(x - {}^7/_2)^2 = {}^{169}/_4$$
$$x - {}^7/_2 = {}^{13}/_2$$
$$x = 10 \text{ Stunden}$$
$$x + 5 = 15 \text{ Stunden.}$$

1138. Man setze in voriger Aufgabe a statt 6, und b statt 5.

$$\frac{1}{x} + \frac{1}{x+b} = \frac{1}{a}, \text{ woraus folgt}$$
$$x^2 + (b - 2a)\,x = ab$$
$$\left(x + \frac{b-2a}{2}\right)^2 = \frac{4a^2+b^2}{4}$$

Allein braucht

die eine Röhre $x = {}^1/_2\left(2a - b + \sqrt{4a^2+b^2}\right)$ Stunden,

die andere Röhre $x + b = {}^1/_2\left(2a + b + \sqrt{4a^2+b^2}\right)$ Stunden.

**1139.** Zwei Personenwagen gehen gleichzeitig ab, der eine von A nach B, der andere von B nach A, und zwar braucht der eine von ihnen zu jeder Meile $^1/_6$ Stunde mehr als der andere. Sie kommen nach 5 Stunden unterwegs zusammen. In welcher Zeit legt jeder der beiden Personenwagen 1 Meile zurück, wenn die Entfernung von A nach B 11 Meilen beträgt?

Der eine Wagen legt in x Stunden, der andere in $x + {}^1/_6$ Stunden eine Meile zurück; der erstere macht also in 1 Stunde $^1/_x$ Meile, in 5 Stunden $^5/_x$ Meilen; der zweite macht in 1 Stunde $\frac{1}{x + {}^1/_6}$ Meilen, in 5 Stunden $\frac{5}{x + {}^1/_6}$ Meilen. Daher ist:

$$5\left(\frac{1}{x} + \frac{1}{x + {}^1/_6}\right) = 11$$

$$\frac{1}{x} + \frac{1}{x + {}^1/_6} = \frac{11}{5}$$

$$\frac{2x + {}^1/_6}{x^2 + {}^x/_6} = \frac{11}{5},$$

woraus folgt

$$11x^2 - \frac{49x}{6} = \frac{5}{6}$$

$$x^2 - \frac{49x}{66} = \frac{5}{66}$$

$$\left(x - \frac{49}{132}\right)^2 = \frac{3721}{132 \,.\, 132}$$

$$x - \frac{49}{132} = \frac{61}{132}$$

$$x = {}^5/_6 \text{ Stunden}$$

$$x + {}^1/_6 = 1 \text{ Stunde.}$$

**1140.** Man setze in voriger Aufgabe statt der Zahlen $^1/_6$, 5 und 11 die allgemeinen Zeichen $^n/_m$, a und b.

$$a\left(\frac{1}{x} + \frac{1}{x + {}^n/_m}\right) = b$$

$$\frac{1}{x} + \frac{1}{x + {}^n/_m} = \frac{b}{a}$$

$$\frac{2x + {}^n/_m}{x^2 + {}^{nx}/_m} = \frac{b}{a},$$

woraus folgt:

$$bx^2 + \left(\frac{bn - 2am}{m}\right)x = \frac{an}{m}$$

$$x^2 + \left(\frac{bn - 2am}{bm}\right)x = \frac{an}{bm}$$

$$\left(x + \frac{bn - 2am}{2bm}\right)^2 = \frac{(2am)^2 + (bn)^2}{(2bm)^2}.$$

Der eine Wagen braucht

$$x = \frac{1}{2bm}\left(2am - bn + \sqrt{(2am)^2 + (bn)^2}\right) \text{ Stunden,}$$

der andere Wagen braucht

$$x + \frac{n}{m} = \frac{1}{2bm}\left(2am + bn + \sqrt{(2am)^2 + (bn)^2}\right) \text{ Stunden,}$$

um 1 Meile zurückzulegen.

1141. Zwei Couriere A und B gehen gleichzeitig nach D ab, und zwar A aus C, B hingegen von einem $1\frac{1}{3}$ Meilen mehr rückwärts gelegenen Orte. Der Weg wird von A in 15 Stunden zurückgelegt. Da B mit A gleichzeitig in D eintreffen will, so beschleunigt er seine Reise derartig, daß er bei je 4 Meilen eine halbe Stunde an Zeit gewinnt. Wie viel Meilen ist C von D entfernt?

Beträgt die Entfernung von C nach D x Meilen, so macht A in 1 Stunde $\frac{x}{15}$ Meilen. Derselbe legt daher 1 Meile in $\frac{15}{x}$ Stunden, 4 Meilen in $\frac{4 \cdot 15}{x} = \frac{60}{x}$ Stunden zurück. Um 4 Meilen zurückzulegen braucht aber B nur $\frac{60}{x} - \frac{1}{2} = \frac{120 - x}{2x}$ Stunden; mithin macht letzterer in 1 Stunde $\frac{4 \cdot 2x}{120 - x} = \frac{8x}{120 - x}$ Meilen, in 15 Stunden $\frac{15 \cdot 8x}{120 - x} = \frac{120x}{120 - x}$ Meilen. Da dieser Weg $x + 1\frac{1}{3}$ Meilen enthält, so ist:

$$\frac{120x}{120 - x} = x + 1\tfrac{1}{3},$$

woraus folgt

$$x^2 + \frac{4x}{3} = 160$$

$$\left(x + \tfrac{2}{3}\right)^2 = \tfrac{1444}{9}$$

$$x + \tfrac{2}{3} = \tfrac{38}{3}$$

$$x = 12 \text{ Meilen.}$$

1142. Man setze in voriger Aufgabe statt der Zahlen $1\frac{1}{3}$, 15, 4 und $\frac{1}{2}$ die allgemeinen Zeichen **a**, b, c und n.

In b Stunden legt A x Meilen, B x + a Meilen zurück. Zu jeder Meile braucht A $\frac{b}{x}$ Stunden, zu c Meilen $\frac{bc}{x}$ Stunden. Nach der Aufgabe legt B c Meilen in $\frac{bc}{x} - n = \frac{bc - nx}{x}$ Stunden zurück; derselbe macht also in 1 Stunde $\frac{cx}{bc - nx}$ Meilen, in b Stunden $\frac{bcx}{bc - nx}$ Meilen oder x + a Meilen. Daher ist:

$$\frac{bcx}{bc - nx} = x + a,$$

woraus folgt:

$$nx^2 + anx = abc$$

$$x^2 + ax = \frac{abc}{n}$$

$$(x + a/2)^2 = \frac{a^2n + 4abc}{4n}$$

$$x = 1/2 \left(-a + \sqrt{a^2 + \frac{4abc}{n}}\right) \text{ Meilen,}$$

womit die Entfernung von C nach D bestimmt ist. B legt im Ganzen

$$x + a = 1/2 \left(a + \sqrt{a^2 + \frac{4abc}{n}}\right) \text{ Meilen}$$

zurück.

**1143.** Zwei Boten A und B gehen einander entgegen, nämlich A von C nach D, B von D nach C; jedoch beginnt A seinen Weg $1^1/_2$ Stunde früher als B. $2^2/_3$ Stunden nach dem Abgange des B treffen beide Boten unterwegs zusammen, und gelangen sie später zu gleicher Zeit an den Ort ihrer Bestimmung, nämlich A nach D, und B nach C. In wie viel Stunden hat jeder Bote seinen Weg zurückgelegt?

Vollendet A seinen Weg in x Stunden, B also den seinigen in $x - 1^1/_2$ Stunden, so macht jener stündlich $\frac{1}{x}$, dieser $\frac{1}{x - 1^1/_2}$ des Weges. Im Augenblicke des Zusammentreffens ist B $2^2/_3$ Stunden, A $2^2/_3 + 1^1/_2 = 4^1/_6$ Stunden unterwegs und hat daher nun A $\frac{4^1/_6}{x}$, B $\frac{2^2/_3}{x - 1^1/_2}$ des Weges zurückgelegt. Da die Summe dieser beiden Strecken den ganzen Weg ergiebt, so ist:

$$\frac{4^1/_6}{x} + \frac{2^2/_3}{x - 1^1/_2} = 1$$

und folgt hieraus

$$x^2 - \frac{25x}{3} = -\frac{25}{4}$$

$$(x - 25/6)^2 = 400/36$$

$$x - 25/6 = 20/6$$

A braucht $x = 7^1/_2$ Stunden,

B braucht $x - 1^1/_2 = 6$ Stunden.

**1144.** Man setze in voriger Aufgabe statt der Zahlen $1^1/_2$ und $2^2/_3$ die allgemeinen Zeichen a und b.

Der Weg wird von A in x Stunden, von B in x — a Stunden vollendet.

$$\frac{a + b}{x} + \frac{b}{x - a} = 1,$$

woraus folgt:

$$x^2 - 2(a+b)x = -a^2 - ab$$

$$(x - (a+b)) = ab + b^2$$

$$x = a + b + \sqrt{(a+b)b} \text{ Stunden,}$$

$$x - a = b + \sqrt{(a+b)b} \text{ Stunden.}$$

1145. A und B reisen einander entgegen. Die Entfernung ihrer Wohnorte C und D beträgt 240 Meilen. A reist von C 2 Tage früher ab als B von D, und treffen sie daher beide auf der Mitte des Weges zusammen. Hätten aber A und B gleichzeitig ihre Reise angetreten, so wären sie nach Verlauf von 9 Tagereisen noch 42 Meilen von einander entfernt gewesen. In wie viel Tagen würde hiernach Jeder von ihnen die 240 Meilen lange Strecke CD zurücklegen? (Gleichmäßige Tagereisen sind bei A, wie bei B vorausgesetzt.)

Braucht A zur Reise von C nach D x Tage, so macht er täglich $\frac{240}{x}$ Meilen. Um mit B auf der Mitte des Weges zusammenzutreffen, muß A 2 Tage früher abreisen. Mithin braucht B zu der Reise von D nach C 4 Tage weniger als A, d. h. er braucht hierzu x — 4 Tage und legt daher täglich $\frac{240}{x-4}$ der Strecke DC zurück. Bei gleichzeitigem Beginn der Reise sind A und B nach 9 Tagen 42 Meilen von einander entfernt, sie haben also am Ende des neunten Tages zusammen 240 — 42 = 198 Meilen zurückgelegt. Hiervon kommen auf A $9 \cdot \frac{240}{x}$ Meilen, auf B $9 \cdot \frac{240}{x-4}$ Meilen. Demgemäß ist:

$$9\left(\frac{240}{x} + \frac{240}{x-4}\right) = 198$$

$$240\left(\frac{1}{x} + \frac{1}{x-4}\right) = 22$$

$$\frac{1}{x} + \frac{1}{x-4} = \frac{11}{120},$$

woraus folgt

$$11x^2 - 284x = -480$$

$$x^2 - \frac{284x}{11} = -\frac{480}{11}$$

$$\left(x - \frac{142}{11}\right)^2 = \frac{14884}{121}$$

$$x - \frac{142}{11} = \frac{122}{11}$$

$$x = 24 \text{ Tage,}$$

$$x - 4 = 20 \text{ Tage.}$$

1146. Man setze in voriger Aufgabe statt der Zahlen 240, 2, 9 und 42 die allgemeinen Zeichen m, a, b und c.

A legt die Strecke CD in x Tagen, B die Strecke CD in x — 2a Tagen zurück. Täglich macht also A $\frac{m}{x}$ Meilen, B $\frac{m}{x-2a}$ Meilen. Beide zusammen haben nach Verlauf von b Tagen zusammen m — c Meilen zurückgelegt, wovon auf A $\frac{bm}{x}$ Meilen, auf B $\frac{bm}{x-2a}$ Meilen kommen. Demgemäß ist:

$$bm\left(\frac{1}{x}+\frac{1}{x-2a}\right)=m-c$$

$$\frac{1}{x}+\frac{1}{x-2a}=\frac{m-c}{bm}$$

$$(m-c)\,x^2-2\,(am+bm-ac)\,x=-2abm$$

$$x^2-2\left(\frac{am+bm-ac}{m-c}\right)x=-\frac{2abm}{m-c}$$

$$\left(x-\frac{am+bm-ac}{m-c}\right)^2=\frac{(am-ac)^2+(bm)^2}{(m-c)^2}.$$

Daher ist:

$$x=\frac{1}{m-c}\left(am+bm-ac+\sqrt{(am-ac)^2+(bm)^2}\right)$$

oder $x=\frac{1}{m-c}\left((am-ac)+bm+\sqrt{(am-ac)+(bm)^2}\right)$

Tage, und:

$$x-2a=\frac{1}{m-c}\left(-(am-ac)+bm+\sqrt{(am-ac)^2+(bm)^2}\right)$$

Tage.

1147. Aus den Orten C und D, welche 70 Meilen von einander entfernt sind, reisen zwei Freunde A und B einander entgegen. Sie treffen, weil B 2 Tage früher abreist als A, gerade auf der Mitte des Weges zusammen. Wie viel Meilen legt Jeder von ihnen täglich zurück, wenn jede Tagereise des A 2 Meilen mehr beträgt als jede Tagereise des B?

Täglich legt A x Meilen, B x — 2 Meilen zurück. Beim Zusammentreffen hat jeder von ihnen $^{70}/_{2} = 35$ Meilen gemacht und ist daher nun A $\frac{35}{x}$ Tage, B $\frac{35}{x-2}$ Tage unterwegs. Da B 2 Tage vor A abreiste, so hat man:

$$35\left(\frac{1}{x-2}+\frac{1}{x}\right)=2,$$

$$\frac{2}{x^2-2x}=\frac{2}{35}$$

$$x^2-2x=35$$

$$(x-1)^2=36$$

$$x-1=6$$

$$x=7 \text{ Meilen}$$

$$x-2=5 \text{ Meilen.}$$

1148. Man setze in voriger Aufgabe statt 70 Meilen m Meilen, statt 2 Tage a Tage, statt 2 Meilen c Meilen.

Täglich legt A x Meilen, B x — c Meilen zurück. Um den halben Weg, nämlich $\frac{m}{2}$ Meilen, zurückzulegen, braucht A $\frac{m}{2x}$ Tage, B $\frac{m}{2(x-c)}$ Tage. Da B a Tage länger unterwegs ist als A, so findet sich nun:

$$\frac{m}{2}\left(\frac{1}{x-c}+\frac{1}{x}\right)=a,$$

woraus folgt:

$$\frac{c}{x^2-cx}=\frac{2a}{m}$$

$$x^2-cx=\frac{cm}{2a}$$

$$(x-c/2)^2=1/4\left(c^2+\frac{2cm}{a}\right)$$

$$x=1/2\left(c+\sqrt{c^2+\frac{2cm}{a}}\right)\text{ Meilen}$$

$$x-c=1/2\left(-c+\sqrt{c^2+\frac{2cm}{a}}\right)\text{ Meilen.}$$

1149. Zwei Körper A und B, welche 212 Meter von einander entfernt sind, bewegen sich auf den Schenkeln eines rechten Winkels nach dem Scheitel zu. Der Körper A, welcher 8 Sekunden früher als B abgeht, legt in jeder Sekunde 5 Meter zurück, während die Geschwindigkeit des B in jeder Sekunde 4 Meter beträgt. In wie viel Sekunden nach dem Abgange des B treffen beide Körper im Scheitel des rechten Winkels zusammen?

Legt B seinen Weg in x Sekunden zurück, so kommt A in x + 8 Sekunden im Scheitel des rechten Winkels an. Der Weg des B beträgt 4x Meter, der des A 5 (x + 8) Meter. Da diese Wege die Katheten eines rechtwinkligen Dreiecks mit $212^m$ langer Hypotenuse sind, so findet sich:

$$(4x)^2+5^2(x+8)^2=212^2,$$

woraus folgt

$$41x^2+400x=43344$$

$$x^2+\frac{400x}{41}=\frac{43344}{41}$$

$$\left(x+\frac{200}{41}\right)^2=\frac{1817104}{41\,.\,41}$$

$$x+\frac{200}{41}=\frac{1348}{41}$$

$$x=28\text{ Sekunden.}$$

1150. Man setze in voriger Aufgabe statt der Zahlen 212, 8, 5 und 4 die allgemeinen Zeichen m, s, a und b.

Im Scheitel des rechten Winkels trifft A nach x + s Sekunden, B nach x Sekunden ein. Der Weg des ersteren beträgt a (x + s) Meter, der Weg des zweiten bx Meter. Daher ist:
$a^2(x+s)^2 + (bx)^2 = m^2$,
woraus folgt:
$$(a^2+b^2)x^2+2a^2sx = m^2 - a^2s^2$$
$$x^2 + \frac{2a^2sx}{a^2+b^2} = \frac{m^2 - a^2s^2}{a^2+b^2}$$
$$\left(x + \frac{a^2s}{a^2+b^2}\right)^2 = \frac{m^2(a^2+b^2) - (abs)^2}{(a^2+b^2)^2}$$
$$x = \left(\frac{1}{a^2+b^2}\right)\left(-a^2s+\sqrt{m^2(a^2+b^2)-(abs)^2}\right)$$
Sekunden.

In diesem Ausdruck darf $m^2(a^2+b^2)$ nicht kleiner als $(abs)^2$ sein, denn dann führt die Aufgabe zu einem imaginären Werthe. Ist $m^2(a^2+b^2) = (abs)^2$, so wird $x = \frac{-a^2s}{a^2+b^2}$, welcher Ausdruck anzeigt, daß jeder der beiden Körper bereits seit $\frac{a^2s}{a^2+b^2}$ Sekunden über den Scheitel des rechten Winkels hinaus ist.

1151. Zwei Körper A und B, von denen der erste in jeder Sekunde $5^m$, der zweite in derselben Zeit stets $4^m$ zurücklegt, bewegen sich auf den Schenkeln eines rechten Winkels von dem Scheitel aus. A beginnt seine Bewegung 9 Sekunden eher als B. Wie viel Sekunden nach dem Abgange des B werden diese beiden Körper $153^m$ von einander entfernt sein?

x Sekunden nach dem Abgange des B.
$$5^2(x+9)^2 + (4x)^2 = 153^2,$$
woraus folgt
$$41x^2 + 450x = 153^2 - 45^2$$
$$x^2 + \frac{450x}{41} = \frac{21384}{41}$$
$$\left(x + \frac{225}{41}\right)^2 = \frac{927369}{41^2}$$
$$x + \frac{225}{41} = \frac{963}{41}$$
$$x = 18 \text{ Sekunden.}$$

1152. Man setze in voriger Aufgabe statt der Zahlen 5, 4, 9 und 153 die allgemeinen Zeichen a, b, s und m.

Auflösung wie bei Aufg. 1150.
$$x = \left(\frac{1}{a^2+b^2}\right)\left(-a^2s+\sqrt{m^2(a^2+b^2)-(abs)^2}\right) \text{ Sekunden.}$$

1153. Auf zwei sich rechtwinklig schneidenden geraden Linien bewegen sich zwei Körper A und B, von denen der erste in jeder Sekunde 3 Meter, der andere in derselben Zeit stets 2 Meter zurücklegt. Den Durchschnittspunkt der beiden Linien erreicht B 6 Sekunden später als A. Wie viel Sekunden sind nach dem Eintreffen des Körpers

A in dem erwähnten Schnittpunkte erforderlich, bis die Entfernung der beiden Körper von einander $102^m$ beträgt?

A hat sich x Sekunden, B aber x — 6 Sekunden lang vom Schnittpunkte aus zu bewegen. Nach Verlauf dieser Zeiten ist, vom Schnittpunkte aus gerechnet, der Weg des A = 3x, der des B = 2 (x — 6) Meter, und daher:

$$3x)^2 + 2^2 (x - 6)^2 = 102^2,$$

woraus folgt

$$13x^2 - 48x = 102^2 - 12^2$$

$$x^2 - \frac{48x}{13} = \frac{10260}{13}$$

$$\left(x - \frac{24}{13}\right)^2 = \frac{133956}{13^2}$$

$$x - \frac{24}{13} = \frac{366}{13}$$

$$x = 30 \text{ Sekunden}$$

$$x - 6 = 24 \text{ Sekunden.}$$

**1154.** Aus einem Fasse, welches mit 200 Liter Weingeist gefüllt ist, nimmt A eine gewisse Zahl von Litern heraus und setzt dafür ebenso viel Wasser zu. Nachdem der Inhalt des Fasses gehörig unter einander gemischt worden ist, schöpft A 20 Liter mehr als das erste Mal heraus und füllt das Faß wieder mit Wasser. Es findet sich nun, daß die im Fasse enthaltene Mischung 72procentig ist. Wie viel Liter Weingeist hat A das erste Mal herausgenommen?

Hat A zuerst x Liter herausgenommen, so blieben im Fasse 200 — x Liter Weingeist zurück. Da nun x Liter Wasser hinzukamen, so enthielt jedes Liter der Mischung $\frac{200 - x}{200}$ Liter Weingeist und $\frac{x}{200}$ Liter Wasser. Das zweite Mal werden x + 20 Liter der erhaltenen Mischung abgezapft. Diese Quantität enthält $(x + 20) \left(\frac{200 - x}{200}\right)$ Liter Weingeist, mithin bleiben nun

$(200 - x) - (x + 20) \left(\frac{200 - x}{200}\right)$ Liter Weingeist im Fasse zurück. Die angegebene Beimischung von Wasser macht die 200 Liter, die zuletzt im Fasse sind, 72prozentig. Demnach enthält die Mischung jetzt nur noch $^{72}/_{100} \,.\, 200 = 144$ Liter Weingeist und 200 — 144 = 56 Liter Wasser. Es ist also:

$$(200 - x) - \frac{(200 - x)\,(x + 20)}{200} = 144$$

oder

$$(200 - x)\,(200 - (x + 20)) = 144 \,.\, 200$$

$$(200 - x)\,(180 - x) = 28800$$

$$x^2 - 380x = -\,7200$$

$$(x - 190)^2 = 28900$$

$$x - 190 = \pm 170$$

$$x = 190 \pm 170 = \begin{cases} 360 \text{ Liter} \\ 20 \text{ Liter.} \end{cases}$$

Der erste dieser beiden Werthe ist unbrauchbar. Man hat also

$$x = 20 \text{ Liter.}$$

1155. Man setze in voriger Aufgabe statt der Zahlen 200 und 20 die allgemeinen Zeichen a und b, und nehme an, daß der zuletzt vorhandene Weingeist $^a/_n$ Liter betrage.

$$(a - x) - \frac{(a - x)(x + b)}{a} = \frac{a}{n}$$

$$(a - x)(a - x - b) = \frac{a^2}{n},$$

woraus folgt:

$$x^2 + (b - 2a)x = \frac{a^2}{n} - a^2 + ab$$

$$(x + {}^b/_2 - a)^2 = \frac{a^2}{n} + \frac{b^2}{4}$$

$$x = a - \frac{b}{2} - \sqrt{\frac{a^2}{n} + \frac{b^2}{4}} \text{ Liter.}$$

1156. Ein Krämer hat dreierlei Waaren, A, B, C, und zwar von B 18 Pfund weniger als von A, von C hingegen 50 Pfund mehr als von B. Da er diese Vorräthe gänzlich verkauft, so löst er für jeden derselben 24 Mark. Jedes Pfund der Waare B kostet ebenso viel als 1 Pfund der Waare A und 1 Pfund der Waare C zusammengenommen. Wie viel Pfund besaß er von jeder Sorte?

Vorräthig waren von der Waare A x Pfund, von B x — 18 Pfund, von C $x - 18 + 50 = x + 32$ Pfund. Da jeder der drei Vorräthe 24 Mark einbringt, so kostet jedes Pfund der Waare A $\frac{24}{x}$ Mark, das Pfund der Waare B $\frac{24}{x - 18}$ Mark, das Pfund der Waare C $\frac{24}{x + 32}$ Mark, und ist daher:

$$\frac{24}{x - 18} = \frac{24}{x} + \frac{24}{x + 32}$$

oder

$$\frac{1}{x - 18} = \frac{1}{x} + \frac{1}{x + 32},$$

woraus folgt

$$x^2 - 36x = 576$$

$$(x - 18)^2 = 900$$

$$x - 18 = 30$$

$$x = 48 \text{ Pfund (A).}$$

$$x - 18 = 30 \text{ Pfund (B).}$$

$$x + 32 = 80 \text{ Pfund (C).}$$

1157. Man setze in voriger Aufgabe statt der Zahlen 18 und 50 die allgemeinen Zeichen a und b und nehme an, daß der Krämer für jeden der drei Vorräthe gleich viel löst, und zwar ohne Angabe dieses Geldbetrages.

Von A sind x Pfund, von B x — a Pfund, von C x — a + b Pfund vorräthig gewesen. Mit Bezug auf den Preis pro Pfund ist daher:

$$\frac{1}{x + a} = \frac{1}{x} + \frac{1}{x - a + b}$$

woraus folgt $x^2 - 2ax = ab - a^2$

$$(x - a)^2 = ab$$

$$x = a + \sqrt{ab} \text{ Pfund (A).}$$

$$x - a = \sqrt{ab} \text{ Pfund (B).}$$

$$x - a + b = b + \sqrt{ab} \text{ Pfund (C).}$$

1158. Jemand, der nach seinem Gehalte gefragt worden war, gab folgende Antwort: „Die Kubikwurzel aus der um 344 vermehrten Zahl der Markstücke, die ich jährlich erhalte, ist um 1 größer als die Kubikwurzel der um 203 verminderten erwähnten Zahl.“ Wie viel beträgt hiernach das in Rede stehende Gehalt?

Ist das Gehalt = x Mark, so hat man:

$$\sqrt[3]{x + 344} = 1 + \sqrt[3]{x - 203},$$

oder wenn $\sqrt[3]{x - 203} = u$, also I $x - 203 = u^3$ gesetzt wird:

$$\sqrt[3]{x + 344} = 1 + u,$$

woraus folgt:

$$\text{II. } x + 344 = 1 + 3u + 3u^2 + u^3.$$

II — I giebt:

$$3u^2 + 3u = 546,$$

daher $u^2 + u = 182$

$$(u + \tfrac{1}{2})^2 = \tfrac{729}{4}$$

$$u + \tfrac{1}{2} = \tfrac{27}{2}$$

$$u = 13.$$

Demnach ist:

$$\sqrt[3]{x - 203} = 13$$

$$x - 203 = 13^3 = 2197$$

$$x = 2400 \text{ Mark.}$$

1159. Man setze in voriger Aufgabe statt der Zahlen 344, 203 und 1 die allgemeinen Zeichen a, b und c.

Hier ist

$$\sqrt[3]{x + a} = c + \sqrt[3]{x - b}$$

und wenn

$$\text{I. } x - b = u^3,$$

also $\sqrt[3]{x - b} = u$ gesetzt wird:

$$\sqrt[3]{x + a} = c + u,$$

daher II. $x + a = c^3 + 3c^2u + 3cu^2 + u^3.$

II — I giebt:

$$a + b = c^3 + 3c^2u + 3cu^2,$$

woraus folgt:

$$u^2 + cu = \frac{a + b - c^3}{3c}$$

$$\left(u + \frac{c}{2}\right)^2 = \frac{c^2}{4} + \frac{a + b - c^2}{3c}$$

$$u = -\frac{c}{2} + \sqrt{\frac{c^2}{4} + \frac{a + b - c^3}{3c}}$$

und der I gemäß:

$$x = b + \left[-\frac{c}{2} + \sqrt{\frac{c^2}{4} + \frac{a + b - c^3}{3c}}\right]^3 \text{ Mark.}$$

(§ 37.)

**Reciproke Gleichungen höherer Grade,**

die sich auf Gleichungen des zweiten Grades zurückführen lassen.

1160. $$x^4 - 3x^3 + \tfrac{1}{4}x^2 - 3x + 1 = 0$$

durch $x^2$ dividirt, giebt:

$$x^2 - 3x + \tfrac{1}{4} - \tfrac{3}{x} + \tfrac{1}{x^2} = 0,$$

oder wenn man die mit gleichen Coefficienten versehenen Glieder vereinigt:

$$\text{I.}\quad \left(x^2 + \tfrac{1}{x^2}\right) - 3\left(x + \tfrac{1}{x}\right) + \tfrac{1}{4} = 0.$$

Wird nun II. $x + \tfrac{1}{x} = z$

gesetzt, so findet sich

$$x^2 + 2 + \tfrac{1}{x^2} = z^2$$

und daher $x^2 + \tfrac{1}{x^2} = z^2 - 2.$

Hiernach verwandelt sich obige Gleichung I in

$$z^2 - 2 - 3z + \tfrac{1}{4} = 0,$$

woraus folgt $z^2 + 3z = 1\tfrac{3}{4}$

$$\left(z - \tfrac{3}{2}\right)^2 = 4$$

$$z - \tfrac{3}{2} = \pm 2$$

$$z = 1\tfrac{1}{2} \pm 2 = \begin{cases} 3\tfrac{1}{2} \\ -\tfrac{1}{2}. \end{cases}$$

Hierzu liefert Gleichung II

$$x^2 - zx = -1$$

$$\left(x - \tfrac{z}{2}\right)^2 = \tfrac{z^2}{4} - 1$$

$$x = \tfrac{z}{2} \pm \sqrt{\tfrac{z^2}{4} - 1}.$$

Es ist also das eine Mal $x = \tfrac{1}{2} \cdot 3\tfrac{1}{2} \pm \sqrt{\tfrac{1}{4}(3\tfrac{1}{2})^2 - 1}$ $= \tfrac{7}{4} \pm \sqrt{\tfrac{33}{16}} = \tfrac{1}{4}(7 \pm \sqrt{33}) = \begin{cases} 3{,}1861 \\ 0{,}3138, \end{cases}$ das andere Mal $x = \tfrac{1}{2}(-\tfrac{1}{2}) \pm \sqrt{\tfrac{1}{4}(-\tfrac{1}{2})^2 - 1} = -\tfrac{1}{4} \pm \sqrt{-\tfrac{15}{16}}$ $= \tfrac{1}{4}(-1 \pm \sqrt{-15}).$

1161. $$x^4 - 2x^3 - 1\tfrac{1}{4}x^2 + 2x + 1 = 0$$

durch $x^2$ dividirt und sogleich nach den Coefficienten geordnet, giebt:

$$\text{I.}\quad \left(x^2 + \tfrac{1}{x^2}\right) + 2\left(\tfrac{1}{x} - x\right) - 1\tfrac{1}{4} = 0.$$

Wird nun II. $\frac{1}{x} - x = z$ gesetzt,
so ist $\frac{1}{x^2} - 2 + x^2 = z^2$,
also III. $x^2 + \frac{1}{x^2} = z^2 + 2$.

Auf Grund der Gleichungen II und III verwandelt sich daher obige I in

$$z^2 + 2 + 2z - 1\tfrac{1}{4} = 0$$

oder $z^2 + 2z = -\frac{3}{4}$,

woraus folgt $(z+1)^2 = \frac{1}{4}$

$$z + 1 = \pm \tfrac{1}{2}$$

$$z = -1 \pm \tfrac{1}{2} = \begin{cases} -\tfrac{1}{2} \\ -1\tfrac{1}{2}. \end{cases}$$

$$x^2 + zx = 1$$

$$\left(x + \tfrac{z}{2}\right)^2 = \tfrac{z^2}{4} + 1$$

$$x = -\tfrac{z}{2} \pm \sqrt{\tfrac{z^2}{4} + 1}$$

und ist demnach das eine Mal $x = \frac{1}{2}\left(-\frac{1}{2}\right) \pm \sqrt{\frac{1}{4}\left(-\frac{1}{2}\right)^2 + 1} = -\frac{1}{4} \pm \sqrt{\frac{17}{16}} = \frac{1}{4}(-1 \pm \sqrt{17}) = \begin{cases} 0{,}7807 \\ -1{,}2807 \end{cases}$, das zweite Mal $x = \frac{1}{2}\left(-1\frac{1}{2}\right) \pm \sqrt{\frac{1}{4}\left(-1\frac{1}{2}\right)^2 + 1} = -\frac{3}{4} \pm \sqrt{\frac{25}{16}} = \frac{1}{4}(-3 \pm 5) = \begin{cases} 2 \\ -2. \end{cases}$

1162. Aus

$$x^4 - 2\tfrac{1}{2}x^3 - 5\tfrac{7}{16}x^2 - 2\tfrac{1}{2}x + 1 = 0$$

folgt:

$$\left(x^2 + \tfrac{1}{x^2}\right) - 2\tfrac{1}{2}\left(x + \tfrac{1}{x}\right) - 5\tfrac{7}{16} = 0$$

$$z^2 - 2 - 2\tfrac{1}{2}z - 5\tfrac{7}{16} = 0$$

$$z^2 - 2\tfrac{1}{2}z = 7\tfrac{7}{16}$$

$$\left(z - 1\tfrac{1}{4}\right)^2 = 9$$

$$z = 1\tfrac{1}{4} \pm 3 = \begin{cases} 4\tfrac{1}{4} \\ -1\tfrac{3}{4}. \end{cases}$$

Hierzu giebt die Gleichung $x + \frac{1}{x} = z$:

$$x = \tfrac{z}{2} \pm \sqrt{\tfrac{z^2}{4} - 1},$$

mithin das eine Mal $x = \frac{1}{2}\left(4\frac{1}{4}\right) \pm \sqrt{\frac{1}{4}\left(4\frac{1}{4}\right)^2 - 1} = \frac{17}{8} \pm \sqrt{\frac{225}{64}} = \frac{1}{8}(17 \pm 15) = \begin{cases} 4 \\ \frac{1}{4} \end{cases}$, das andere Mal $x = \frac{1}{2}\left(-1\frac{3}{4}\right) \pm \sqrt{\frac{1}{4}\left(-1\frac{3}{4}\right)^2 - 1} = -\frac{7}{8} \pm \sqrt{-\frac{15}{64}} = \frac{1}{8}(-7 \pm \sqrt{-15})$.

1163. Aus

$$x^4 - \tfrac{3}{4}x^3 - 2\tfrac{3}{8}x^2 - \tfrac{3}{4}x + 1 = 0$$

folgt:

$$\left(x^2 + \tfrac{1}{x^2}\right) - \tfrac{3}{4}\left(x + \tfrac{1}{x}\right) - 2\tfrac{3}{8} = 0$$

$$z^2 - 2 - \tfrac{3}{4}z - 2\tfrac{3}{8} = 0$$

$$z^2 - \tfrac{3}{4}z = 4\tfrac{3}{8}$$

$$\left(z - \tfrac{3}{8}\right)^2 = \tfrac{289}{64}$$

$$z - \tfrac{3}{8} = \pm \tfrac{17}{8}$$

$$z = \tfrac{1}{8}(3 \pm 17) = \begin{cases} 2\tfrac{1}{2} \\ -1\tfrac{3}{4}. \end{cases}$$

Diese Werthe statt z in die Gleichung

$$x = \frac{z}{2} \pm \sqrt{\frac{z^2}{4} - 1}$$

eingesetzt, geben

$$x = \frac{1}{4}(5 \pm 3) = \begin{cases} 2 \\ \frac{1}{2} \end{cases} \quad \text{und} \quad x = \frac{1}{8}(7 \pm \sqrt{-15}).$$

**1164.** Aus

$$x^4 + ax^3 + bx^2 + ax + 1 = 0$$

folgt

$$\left(x^2 + \frac{1}{x^2}\right) + a\left(x + \frac{1}{x}\right) + b = 0$$

und da $\left(x + \frac{1}{x}\right) = z$, sowie $\left(x^2 + \frac{1}{x^2}\right) = z^2 - 2$ ist:

$$z^2 - 2 + az + b = 0.$$

Demnach ist

$$z^2 + az = -b + 2$$

$$\left(z + \frac{a}{2}\right)^2 = \frac{a^2}{4} - b + 2$$

$$z = -\frac{a}{2} \pm \sqrt{\frac{a^2}{4} - b + 2},$$

welche Werthe in die bekannte Gleichung

$$x = \frac{z}{2} \pm \sqrt{\frac{z^2}{4} - 1}$$

eingesetzt, für x vier Werthe ergeben.

**1165.** Aus

$$x^4 + 4x^3 + 5\frac{3}{4}x^2 + 4x + 1 = 0$$

folgt

$$\left(x^2 + \frac{1}{x^2}\right) + 4\left(x + \frac{1}{x}\right) + 5\frac{3}{4} = 0,$$

daher

$$z^2 - 2 + 4z + 5\frac{3}{4} = 0$$

$$z^2 + 4z = -3\frac{3}{4}$$

$$(z + 2)^2 = \frac{1}{4}$$

$$z = -2 \pm \frac{1}{2} = \begin{cases} -1\frac{1}{2} \\ -2\frac{1}{2} \end{cases}$$

und nach der Gleichung $x = \frac{z}{2} \pm \sqrt{\frac{z^2}{4} - 1}$:

$$x = \frac{3}{4}(-3 \pm \sqrt{-7}) \quad \text{und} \quad x = \frac{1}{4}(-5 \pm 3) = \begin{cases} -\frac{1}{2} \\ -2. \end{cases}$$

**1166.** $x^5 + 2x^4 + x^3 - x^2 - 2x - 1 = 0$

durch $(x - 1)$ dividirt, giebt

$$x^4 + 3x^3 + 4x^2 + 3x + 1 = 0,$$

woraus folgt:

$$\left(x^2 + \frac{1}{x^2}\right) + 3\left(x + \frac{1}{x}\right) + 4 = 0$$

$$(z^2 - 2) + 3z + 4 = 0$$

$$z^2 + 3z = -2$$

$$\left(z + \frac{3}{2}\right)^2 = \frac{1}{4}$$

$$z + \frac{3}{2} = \pm \frac{1}{2}$$

$$z = \frac{1}{2}(-3 \pm 1) = \begin{cases} -1 \\ -2, \end{cases}$$

wozu die Gleichung $x = \frac{z}{2} \pm \sqrt{\frac{z^2}{4} - 1}$ ergiebt:

$$x = \frac{1}{2}(-1 \pm \sqrt{-3}) \quad \text{und} \quad x = \frac{1}{2}(-2 \pm 0) = -1.$$

Hiernach hat die gegebene Gleichung 2 gleiche Wurzeln, jede $= (-1)$, alsdann die Wurzeln: $(+1)$, $\frac{1}{2}(-1 + \sqrt{-3})$ und $\frac{1}{2}(-1 - \sqrt{-3})$.

**1167.** $x^5 + 7x^4 + 18x^3 + 18x^2 + 7x + 1 = 0$
durch $(x + 1)$ dividirt, giebt:
$$x^4 + 6x^3 + 12x^2 + 6x + 1 = 0$$
und dann durch $x^2$ dividirt:
$$\left(x^2 + \tfrac{1}{x^2}\right) + 6\left(x + \tfrac{1}{x}\right) + 12 = 0,$$
daher
$$(z^2 - 2) + 6z + 12 = 0$$
$$z^2 + 6z = -10$$
$$(z + 3) = -1$$
$$z = -3 \pm \sqrt{-1},$$
mithin $x = \tfrac{1}{2}(-3 \pm \sqrt{-1}) \pm \sqrt{\tfrac{1}{4}(-3 \pm \sqrt{-1})^2 - 1}$
$= \tfrac{1}{2}\left(-3 \pm \sqrt{-1} \pm \sqrt{6(1 \pm \sqrt{-1})}\right)$.

Die gegebene Gleichung hat also nur **eine** reelle Wurzel, nämlich, wie die Division durch $(x + 1)$ anzeigt, $x = (-1)$.

**1168.** $x^5 - 5\tfrac{2}{3}x^4 - 2\tfrac{7}{12}x^3 + 2\tfrac{7}{12}x^2 + 5\tfrac{2}{3}x - 1 = 0$
durch $(x - 1)$ dividirt, giebt
$$x^4 - 4\tfrac{2}{3}x^3 - 7\tfrac{1}{4}x^2 - 4\tfrac{2}{3}x + 1 = 0,$$
daher
$$\left(x^2 + \tfrac{1}{x^2}\right) - 4\tfrac{2}{3}\left(x + \tfrac{1}{x}\right) - 7\tfrac{1}{4} = 0$$
$$(z^2 - 2) - 4\tfrac{2}{3}z - 7\tfrac{1}{4} = 0$$
$$z^2 - 4\tfrac{2}{3}z = 9\tfrac{1}{4}$$
$$\left(z - 2\tfrac{1}{3}\right)^2 = \left(2\tfrac{1}{3}\right)^2 + 9\tfrac{1}{4} = \tfrac{529}{36}$$
$$z - 2\tfrac{1}{3} = \pm 3\tfrac{5}{6}$$
$$z = 2\tfrac{1}{3} \pm 3\tfrac{5}{6} = \begin{cases} 6\tfrac{1}{6} \\ -1\tfrac{1}{2}, \end{cases}$$
mithin $x = 3\tfrac{1}{12} \pm \sqrt{\tfrac{1}{4}\left(6\tfrac{1}{6}\right)^2 - 1} = 3\tfrac{1}{12} \pm 2\tfrac{11}{12} = \begin{cases} 6 \\ \tfrac{1}{6} \end{cases}$
oder $x = -\tfrac{3}{4} \pm \sqrt{\tfrac{1}{4}\left(-1\tfrac{1}{2}\right)^2 - 1} = \tfrac{1}{4}(-3 \pm \sqrt{-7})$.

**1169.** Aus $x^4 - 4x^3 - 1149x^2 - 144x + 1296 = 0$
folgt, wenn man $x = 6y$ setzt:
$$1296y^4 - 864y^3 - 41364y^2 - 864y + 1296 = 0.$$
Diese Gleichung durch 1296 dividirt, giebt
$$y^4 - \tfrac{2}{3}y^3 - 31\tfrac{11}{12}y^2 - \tfrac{2}{3}y + 1 = 0,$$
daher
$$\left(y^2 + \tfrac{1}{y^2}\right) - \tfrac{2}{3}\left(y + \tfrac{1}{y}\right) - 31\tfrac{11}{12} = 0$$
$$(z^2 - 2) - \tfrac{2}{3}z - 31\tfrac{11}{12} = 0,$$
woraus folgt
$$z^2 - \tfrac{2}{3}z = 33\tfrac{11}{12}$$
$$\left(z - \tfrac{1}{3}\right)^2 = 34\tfrac{1}{36} = \tfrac{1225}{36}$$
$$z - \tfrac{1}{3} = \pm \tfrac{35}{6}$$
$$z = \tfrac{1}{6}(2 \pm 35) = \begin{cases} 6\tfrac{1}{6} \\ -5\tfrac{1}{2}. \end{cases}$$
Es ist aber $y = \tfrac{z}{2} \pm \sqrt{\tfrac{z^2}{4} - 1}$, mithin
$$y = \tfrac{1}{12}(37 \pm 35) = \begin{cases} 6 \\ \tfrac{1}{6}, \end{cases} \text{ also } x = \begin{cases} 36 \\ \tfrac{1}{36}, \end{cases}$$
ferner $y = \tfrac{1}{4}(-11 \pm \sqrt{105})$, also $x = \tfrac{3}{2}(-11 \pm \sqrt{105})$
$= \begin{cases} -1{,}353 \\ -31{,}797. \end{cases}$

**1170.** Aus
$x^4 - 6x^3 - 32x^2 - 24x + 16 = 0,$
folgt, wenn $x = 2y$ gesetzt wird:
$16y^4 - 48y^3 - 128y^2 - 48y + 16 = 0,$
welche Gleichung, durch 16 dividirt, liefert:
$y^4 - 3y^3 - 8y^2 - 3y + 1 = 0,$
daher
$(y^2 + \frac{1}{y^2}) - 3\,(y + \frac{1}{y}) - 8 = 0$
oder $(z^2 - 2) - 3z - 8 = 0,$
woraus folgt $z^2 - 3z = 10$

$$(z - \tfrac{3}{2})^2 = \tfrac{49}{4}$$
$$z - \tfrac{3}{2} = \pm \tfrac{7}{2}$$
$$z = \tfrac{1}{2}\,(3 \pm 7) = \begin{cases} 5 \\ -2, \end{cases}$$

mithin
$$y = \tfrac{5}{2} \pm \sqrt{\tfrac{21}{4}} = \tfrac{1}{2}\,(5 \pm \sqrt{21}) = \begin{cases} 4{,}7913 \\ -0{,}2087 \end{cases}$$
und $x = 5 \pm \sqrt{21} = \begin{cases} 9{,}5826 \\ -0{,}4174; \end{cases}$
ferner
$y = \frac{1}{2}\,(-2) \pm \sqrt{\frac{1}{4}\,(-2)^2 - 1} = -1 \pm 0 = (-1),$
also $x = (-2).$

## B. Gleichungen vom zweiten Grade mit mehreren unbekannten Größen.

(§ 39.)

### a. Gegebene Gleichungen zweiten Grades mit mehreren unbekannten Größen.

**1171.** Aus I. $x^2 + y^2 = 949$ und II. $x^2 - y^2 = 301$
folgt
$\frac{1}{2}$ (I + II) $x^2 = 625$, daher $x = \pm 25$
$\frac{1}{2}$ (I — III) $y^2 = 324$, daher $y = \pm 18.$

**1172.** Aus I. $x^2 + y^2 = a$ und II. $x^2 - y^2 = b$
folgt
$\frac{1}{2}$ (I + II) $x^2 = \frac{1}{2}\,(a + b)$, daher $x = \pm \sqrt{\frac{1}{2}\,(a + b)}$
$\frac{1}{2}$ (I — II) $y^2 = \frac{1}{2}\,(a - b)$, daher $y = \pm \sqrt{\frac{1}{2}\,(a - b)}.$
Die zusammengehörigen Werthe für x und y haben beide Male dieselben Vorzeichen.

**1173.** Aus I. $xy = a$ und II. $\frac{x}{y} = b$
folgt I × II $x^2 = ab$, daher $x = \pm \sqrt{ab}$
I div. durch II $y^2 = \frac{a}{b}$, daher $y = \pm \sqrt{\frac{a}{b}}.$

**1174.** Aus I. $xy = 300$ und II. $\frac{x}{y} = 12$
folgt $x^2 = 300 \,.\, 12 = 3600$, daher $x = \pm 60$
$y^2 = \frac{300}{12} = 25$, daher $y = \pm 5.$

**1175.** Aus I. $x + y = 30$ und II. $xy = 200$
erhält man, wenn die vierfache II von der quadrirten I subtrahirt wird:

$$(x + y)^2 - 4xy = 900 - 800,$$

d. i. $(x - y)^2 = 100$

also III. $x - y = \pm 10.$

Durch Combination von I und III findet sich:

$$x = \tfrac{1}{2}(30 \pm 10) = \begin{cases}20\\10\end{cases} \text{ und } y = \tfrac{1}{2}(30 \mp 10) = \begin{cases}10\\20.\end{cases}$$

Es sind also 20 und 10 die Werthe für die beiden Unbekannten.

1176. Gegeben I. $x + y = s$ und II. $xy = p$.

Die quadrirte I um die vierfache II vermindert, giebt

$$(x - y)^2 = s^2 - 4p,$$

$$\text{III. } x - y = \pm \sqrt{s^2 - 4p}.$$

I und III combinirt, ergeben:

$$x = \tfrac{s}{2} \pm \tfrac{1}{2}\sqrt{s^2 - 4p} \quad \text{und} \quad y = \tfrac{s}{2} \mp \tfrac{1}{2}\sqrt{s^2 - 4p}.$$

1177. Gegeben I. $x - y = 7$ und II. $xy = 144$.

Addirt man die vierfache II zur quadrirten I, so ergiebt sich

$$(x + y)^2 = 625$$

daher III. $x + y = \pm 25.$

Aus I und III folgt:

$$x = \tfrac{1}{2}(\pm 25 + 7) = \begin{cases}16\\-9\end{cases}$$

$$y = \tfrac{1}{2}(\pm 25 - 7) = \begin{cases}9\\-16.\end{cases}$$

Ist $x = 16$, so muß $y = 9$ sein. Beträgt $x\ (-9)$, so hat $y$ den Werth $(-16)$.

1178. Gegeben I. $x - y = d$ und II. $xy = p$.

$\text{I}^2 + 4 \,.\, \text{II}$ giebt

$$(x + y)^2 = d^2 + 4p, \text{ also III. } x + y = \pm \sqrt{d^2 + 4p}.$$

Aus I und III folgt

$$x = \pm \tfrac{1}{2}\sqrt{d^2 + 4p} + \tfrac{d}{2} = \sqrt{(\tfrac{d}{2})^2 + p} + \tfrac{d}{2}$$

$$y = \pm \tfrac{1}{2}\sqrt{d^2 + 4p} - \tfrac{d}{2} = \sqrt{(\tfrac{d}{2})^2 + p} - \tfrac{d}{2}.$$

1179. Gegeben I. $x + y = 40$ und II. $x^2 + y^2 = 832$.

Die verdoppelte II um die quadrirte I vermindert, giebt

$$(x - y)^2 = 64, \text{ also III. } x - y = \pm 8.$$

Aus I und III folgt

$$x = \tfrac{1}{2}(40 \pm 8) = \begin{cases}24\\16\end{cases} \text{ und } y = \tfrac{1}{2}(40 \mp 8) = \begin{cases}16\\24.\end{cases}$$

1180. Aus I. $x + y = a$ und II. $x^2 + y^2 = b$

folgt $2(x^2 + y^2) - (x + y)^2 = 2b - a^2,$

d. i. $(x - y)^2 = 2b - a^2,$

also III. $x - y = \pm \sqrt{2b - a^2},$

mithin nach I und III

$$x = \frac{a}{2} \pm \sqrt{\frac{b}{2} - \frac{a^2}{4}} \quad \text{und} \quad y = \frac{a}{2} \mp \sqrt{\frac{b}{2} - \frac{a^2}{4}}.$$

1181. Aus I. $x - y = 2$ und II. $x^2 + y^2 = 394$

folgt $2(x^2 + y)^2 - (x - y)^2 = 788 - 2^2,$

d. i. $$(x + y)^2 = 784,$$
daher $$\text{III. } x + y = \pm 28.$$

III und I zusammen ergeben:

$$x = \tfrac{1}{2}(\pm 28 + 2) = \begin{cases} 15 \\ -13 \end{cases}$$

$$y = \tfrac{1}{2}(\pm 28 - 2) = \begin{cases} 13 \\ -15. \end{cases}$$

1182. Aus $\text{I. } x - y = a$ und $\text{II. } x^2 + y^2 = b$
folgt
$$2(x^2 + y^2) - (x - y)^2 = (x + y)^2 = 2b - a^2,$$
daher $$\text{III. } x + y = \pm \sqrt{2b - a^2}.$$

III und I zusammen liefern
$$x = \pm \tfrac{1}{2}\sqrt{2b - a^2} + \tfrac{a}{2} = \pm \sqrt{\tfrac{b}{2} - \left(\tfrac{a}{2}\right)^2} + \tfrac{a}{2}$$
$$y = \pm \tfrac{1}{2}\sqrt{2b - a^2} - \tfrac{a}{2} = \pm \sqrt{\tfrac{b}{2} - \left(\tfrac{a}{2}\right)^2} - \tfrac{a}{2}.$$

1183. Aus $\text{I. } x + y = a$ und $\text{II. } x^2 - y^2 = b$
folgt
$$\frac{x^2 - y^2}{x + y} = x - y = \frac{b}{a},$$
mithin
$$x = \tfrac{1}{2}\left(a + \tfrac{b}{a}\right) = \tfrac{1}{2}\left(\frac{a^2 + b}{a}\right) = \frac{a^2 + b}{2a}$$
$$y = \tfrac{1}{2}\left(a + \tfrac{b}{a}\right) = \tfrac{1}{2}\left(\frac{a^2 - b}{a}\right) = \frac{a^2 - b}{2a}.$$

1184. Aus $x - y = d$ und $x^2 - y^2 = b$

folgt $$\frac{x^2 - y^2}{x - y} = x + y = \frac{b}{d}$$

mithin $$x = \tfrac{1}{2}\left(\tfrac{b}{d} + d\right) = \frac{b + d^2}{2d}$$

und $$y = \tfrac{1}{2}\left(\tfrac{b}{d} - d\right) = \frac{b - d^2}{2d}.$$

1185. Aus $\text{I. } x^2 + y^2 = a$ und $\text{II. } xy = p$
folgt, wenn man die verdoppelte II das eine Mal zu I addirt, das andere Mal von I subtrahirt:
$$(x + y)^2 = a + 2p, \text{ also III. } x + y = \pm \sqrt{a + 2p}$$
$$(x - y)^2 = a - 2p, \text{ daher IV. } x - y = \pm \sqrt{a - 2p}.$$

III und IV zusammen ergeben:
$$x = \pm \tfrac{1}{2}\sqrt{a + 2p} \pm \tfrac{1}{2}\sqrt{a - 2p}$$
$$y = \pm \tfrac{1}{2}\sqrt{a + 2p} \mp \tfrac{1}{2}\sqrt{a - 2p}.$$

Man könnte auch folgendermaßen verfahren. Aus II folgt
$$y = \frac{p}{x}, \text{ daher } y^2 = \frac{p^2}{x^2}.$$

Dieser Werth statt y in I eingesetzt, giebt
$$x^2 + \frac{p^2}{x^2} = a,$$

woraus folgt $$x^4 - ax^2 = -p^2$$

$$\left(x^2 - \frac{a}{2}\right)^2 = \frac{a^2}{4} - p^2$$

$$x^2 = \frac{a^2}{2} \pm \sqrt{\frac{a^2}{4} - p^2}$$

$$x = \pm \sqrt{\frac{a}{2} \pm \sqrt{\frac{a^2}{4} - p^2}},$$

wozu sich findet: $$y = \pm \sqrt{\frac{a}{2} \mp \sqrt{\frac{a^2}{4} - p^2}}.$$

Diese beiden Werthe sind mit den oben gefundenen gleichbedeutend, was sich zeigt, wenn man jeden der obigen Ausdrücke quadrirt und alsdann jedes der beiden Resultate zusammenzieht.

**1186.** Gegeben I. $\frac{1}{x} + \frac{1}{y} = 2\frac{5}{6}$ und II. $\frac{6}{xy} = 12.$

Aus II folgt $$\text{III. } xy = \tfrac{1}{2}.$$

Aus I folgt $$\frac{x+y}{xy} = \tfrac{17}{6}$$

und nach III $$\frac{x+y}{\frac{1}{2}} = \tfrac{17}{6}$$

$$\text{IV. } x + y = \tfrac{17}{12}.$$

Aus III und IV folgt (nach Aufg. 1176):

$$x = \tfrac{1}{2}\left(\tfrac{17}{12}\right) \pm \sqrt{\left(\tfrac{17}{24}\right)^2 - \tfrac{1}{2}} = \tfrac{1}{24}(17 \pm 1) = \begin{cases}\tfrac{3}{4}\\ \tfrac{2}{3}\end{cases}$$

$$y = \tfrac{1}{2}\left(\tfrac{17}{12}\right) \mp \sqrt{\left(\tfrac{17}{24}\right)^2 - \tfrac{1}{2}} = \tfrac{1}{24}(17 \mp 1) = \begin{cases}\tfrac{2}{3}\\ \tfrac{3}{4}.\end{cases}$$

**1187.** Gegeben I. $\frac{1}{x} + \frac{1}{y} = a$ und II. $\frac{c}{xy} = b$

Aus II folgt $$\text{III. } xy = \frac{c}{b}$$

Aus I folgt $$\frac{x+y}{xy} = a$$

und nach III $$\text{IV. } x + y = \frac{ac}{b}.$$

III und IV zusammen ergeben (nach № 1176):

$$\left.\begin{matrix}x\\y\end{matrix}\right\} = \frac{1}{2b}\left(ac \pm \sqrt{(ac)^2 - 4bc}\right).$$

**1188.** Gegeben I. $x + y = 180$ und II. $\sqrt{x} + \sqrt{y} = 18.$

I von der quadrirten II subtrahirt, giebt

$$2\sqrt{xy} = 144$$

$$\text{III. } 4xy = 144^2 = 20736.$$

III von der quadrirten I subtrahirt, giebt $(x - y)^2 = 11664,$

$$\text{IV. } x - y = \pm 108.$$

Aus I und IV folgt aber

$$\left.\begin{matrix}x\\y\end{matrix}\right\} = \tfrac{1}{2}(180 \pm 108) = \begin{cases}144\\ 36.\end{cases}$$

**1189.** Gegeben I. $x + y = a$ und II. $\sqrt{x} + \sqrt{y} = b$.

II quadrirt und um I vermindert, giebt $2\sqrt{xy} = b^2 - a$; mithin, wenn wieder quadrirt wird:

$$\text{III. } 4xy = b^4 - 2ab^2 + a^2.$$

Die quadrirte I um III vermindert, giebt

$$(x - y)^2 = 2ab^2 - b^4 = b^2(2a - b^2),$$

also $\quad$ IV. $x - y = \pm b\sqrt{2a - b^2}$.

Aus I und IV folgt

$$\left.\begin{matrix} x \\ y \end{matrix}\right\} = \frac{a}{2} \pm \frac{b}{2}\sqrt{2a - b^2}.$$

**1190.** Gegeben I. $xy + x = 96$ und II. $xy - y = 77$.

I — II ergiebt

$$x + y = 19, \text{ also III. } y = 19 - x.$$

Aus I folgt $\quad$ IV. $y = \frac{96 - x}{x}$.

III und IV combinirt, geben:

$$19 - x = \frac{96 - x}{x},$$

woraus folgt:

$$x^2 - 20x = -96$$
$$(x - 10)^2 = 4$$
$$x - 10 = \pm 2$$
$$x = 10 \pm 2 = \begin{cases} 12 \\ 8, \end{cases}$$

daher $\quad y = 19 - 12 = 7$ oder $19 - 8 = 11$;
d. h. für $x = 12$ ist $y = 7$ und für $x = 8$ ist $y = 11$.

**1191.** Gegeben I. $xy + x = a$ und II. $xy - y = b$.

I — II giebt

$$x + y = a - b, \text{ mithin III. } y = a - b - x.$$

Aus I folgt $\quad$ IV. $y = \frac{a - x}{x}$.

III und IV zusammen geben

$$a - b - x = \frac{a - x}{x},$$

woraus folgt

$$x^2 - (a - b + 1)x = -a$$
$$\left(x - \frac{a - b + 1}{2}\right)^2 = \tfrac{1}{4}\left((a - b + 1)^2 - 4a\right)$$
$$x = \frac{a - b + 1}{2} \pm \tfrac{1}{2}\sqrt{(a - b + 1)^2 - 4a}.$$

Hierzu liefert obige III

$$y = \frac{a - b - 1}{2} \pm \tfrac{1}{2}\sqrt{(a - b + 1)^2 - 4a}.$$

**1192.** I. $x + y = a$ und II. $x^3 + y^3 = b$.

I cubirt, giebt

$$(x^3 + y^3) + 3xy(x + y) = a^3,$$

daher nach I und II:

$$b + 3xy \,.\, a = a^3,$$

woraus folgt

$$3axy = a^3 - b,$$

$$xy = \frac{a^3 - b}{3a}$$

$$\text{III. } 4xy = \frac{4a^3 - 4b}{3a}.$$

III von der quadrirten I subtrahirt, giebt

$$(x - y)^2 = \frac{4b - a^3}{3a},$$

$$\text{IV. } x - y = \pm \sqrt{\frac{4b - a^3}{3a}}.$$

Aus I und IV folgt:

$$\left.\begin{matrix} x \\ y \end{matrix}\right\} = \frac{a}{2} \pm \frac{1}{2}\sqrt{\frac{4b - a^3}{3a}}.$$

**1193.** Gegeben I. $x - y = 2$ und II. $x^4 + y^4 = 706$.

I zur vierten Potenz erhoben, giebt:

$$(x^4 + y^4) - 4xy\left(x^2 - \tfrac{3}{2}xy + y^2\right) = 16,$$

d. i. $706 - 4xy\left((x - y)^2 + \tfrac{1}{2}xy\right) = 16$,

oder wenn $xy = p$ gesetzt wird:

$$706 - 4p\left(4 + \tfrac{1}{2}p\right) = 16,$$

woraus folgt

$$2p^2 + 16p = 690$$

$$p^2 + 8p = 345$$

$$(p + 4)^2 = 361$$

$$p + 4 = \pm 19$$

$$\text{III. } p = \pm 19 - 4 = \begin{cases} 15 \\ -23. \end{cases}$$

Aus I und III folgt (nach Aufgabe 1178) das eine Mal:

$$x = \tfrac{1}{2}\left(\pm\sqrt{2^2 + 4 \,.\, 15} + 2\right) = 5 \text{ oder } (-3)$$

$$y = \tfrac{1}{2}\left(\pm\sqrt{2^2 + 4 \,.\, 15} - 2\right) = 3 \text{ oder } (-5);$$

das andere Mal

$$x = \tfrac{1}{2}\left(\pm\sqrt{2^2 + 4 \,.\, (-23)} + 2\right) = \pm\sqrt{-22} + 1$$

$$y = \tfrac{1}{2}\left(\pm\sqrt{2^2 + 4 \,.\, (-23)} - 2\right) = \pm\sqrt{-22} - 1.$$

**1194.** Gegeben I. $x + y = a$ und II. $x^4 + y^4 = b$.

I zur vierten Potenz erhoben und dann um II vermindert, giebt:

$$4x^3y + 6x^2y^2 + 4xy^3 = a^4 - b$$

$$4xy\left(x^2 + \tfrac{3}{2}xy + y^2\right) = a^4 - b$$

$$4xy\left((x + y)^2 - \tfrac{1}{2}xy\right) = a^4 - b$$

$$4xy\left(a^2 - \tfrac{1}{2}xy\right) = a^4 - b,$$

oder wenn $xy = p$ gesetzt wird:

$$4a^2p - 2p^2 = a^4 - b,$$

woraus folgt

$$p^2 - 2a^2p = -\tfrac{1}{2}a^4 + \tfrac{1}{2}b$$

$$(p - a^2)^2 = \tfrac{1}{2}a^4 + \tfrac{1}{2}b$$

$$\text{III. } p = a^2 \pm \sqrt{\tfrac{1}{2}(a^4 + b)}.$$

Aus I und III folgt (nach Aufg. 1176):

$$x = \tfrac{a}{2} \pm \tfrac{1}{2}\sqrt{a^2 - 4p} = \tfrac{1}{2}\left(a \pm \sqrt{-3a^2 \mp \sqrt{8(a^4 + b)}}\right)$$

$$y = \tfrac{a}{2} \pm \tfrac{1}{2}\sqrt{a^2 - 4p} = \tfrac{1}{2}\left(a \mp \sqrt{-3a^2 \mp \sqrt{8(a^4 + b)}}\right).$$

1195. Gegeben I. $x^3y^2 + xy^4 = 156$ und II. $x^2y^3 + x^4y = 234$.

Aus I folgt $(x^2 + y^2)\, xy^2 = 156$,

daher III. $x^2 + y^2 = \frac{156}{xy^2}$.

Aus II folgt $(x^2 + y^2)\, x^2y = 234$,

daher IV. $x^2 + y^2 = \frac{234}{x^2y}$.

III und IV combinirt, liefern

$$\frac{156}{xy^2} = \frac{234}{x^2y}$$

oder

$$\frac{2}{y} = \frac{3}{x},$$

woraus folgt V. $x = \tfrac{3}{2}y$ und VI. $y = \tfrac{2}{3}x$.

Der Werth von y aus VI in II eingesetzt, giebt

$$\tfrac{8}{27}x^5 + \tfrac{2}{3}x^5 = 234$$

d. i. $\tfrac{26}{27}x^5 = 234$,

woraus folgt $x^5 = 27 \,.\, 9 = 3^5$,

mithin $x = 3$.

Der Werth von x aus V in I eingesetzt, giebt

$$\tfrac{27}{8}y^5 + \tfrac{3}{2}y^5 = 156$$

d. i. $\tfrac{39}{8}y^5 = 156$,

woraus folgt $y^5 = 8 \,.\, 4 = 2^5$,

mithin $y = 2$.

1196. Aus

$x(y + z) = 160$; $y(x + z) = 153$ und $z(x + y) = 133$

folgt, wenn man die angezeigte Multiplication ausführt:

I. $xy + xz = 160$,

II. $xy + yz = 153$

und III. $xz + yz = 133$.

Die halbe Summe dieser drei Gleichungen giebt

IV. $xy + xz + yz = 223$.

IV — I liefert V. $yz = 63$,

IV — II liefert VI. $xz = 70$,

IV — III liefert VII. $xy = 90$.

Multiplicirt man V, VI und VII mit einander, so findet sich

$$x^2y^2z^2 = 63 \,.\, 70 \,.\, 90 = 63^2 \,.\, 10^2,$$

mithin VIII. $xyz = 630$.

VIII durch V dividirt, giebt

$$x = 10.$$

VIII durch VI dividirt, giebt

$$y = 9.$$

VIII durch VII dividirt, giebt

$$z = 7.$$

1197. Gegeben

$$\text{I. } \frac{x+y}{xyz} = \frac{11}{480}, \text{ II. } \frac{x+z}{xyz} = \frac{1}{48} \text{ und III. } \frac{y+z}{xyz} = \frac{3}{160}.$$

Die halbe Summe dieser drei Gleichungen giebt

$$\frac{x+y+z}{xyz} = \frac{1}{32},$$

woraus folgt $\text{IV. } x + y + z = \frac{1}{32}xyz.$

I giebt $\text{V. } x + y = \frac{11}{480}xyz.$

II giebt $\text{VI. } x + z = \frac{1}{48}xyz.$

III giebt $\text{VII. } y + z = \frac{3}{160}xyz.$

IV — V liefert $z = \frac{1}{120}xyz$, woraus folgt $1 = \frac{1}{120}xy$, mithin $\text{VIII. } xy = 120.$

IV — VI liefert $y = \frac{1}{96}xyz$, woraus folgt $1 = \frac{1}{96}xz$, mithin $\text{IX. } xz = 96.$

IV — VII liefert $x = \frac{1}{80}xyz$, woraus folgt $1 = \frac{1}{80}yz$, mithin $\text{X. } yz = 80.$

Wenn man aber VIII, IX und X mit einander multiplicirt und aus dem Produkte die Quadratwurzel zieht, so findet sich

$$\text{XI. } xyz = 960.$$

Daher ist

$$\frac{\text{XI}}{\text{X}} = x = 12$$

$$\frac{\text{XI}}{\text{IX}} = y = 10$$

und

$$\frac{\text{XI}}{\text{VIII}} = z = 8.$$

1198. Gegeben $\text{I. } \sqrt{x^2 + y^2 + z^2} = 31$; $\text{II. } x + y + z = 41$ und $\text{III. } x(y + z) = 180.$

Die quadrirte I von der quadrirten II subtrahirt, giebt

$$2(xy + xz + yz) = 720,$$

daher $\text{IV. } xy + xz + yz = 360.$

Aus III folgt $\text{V. } xy + xz = 180.$

IV — V giebt $\text{VI. } yz = 180.$

Aus II folgt ferner $\text{VII. } y + z = 41 - x$

und aus III: $\text{VIII. } y + z = \frac{180}{x}.$

Demgemäß ist

$$\frac{180}{x} = 41 - x,$$

woraus folgt

$$x^2 - 41x = -180$$

$$(x - 20{,}5)^2 = 240{,}25$$

$$x - 20{,}5 = \pm 15{,}5$$

$$\text{IX. } x = 20{,}5 \pm 15{,}5 = \begin{cases} 36 \\ 5. \end{cases}$$

Nach VII oder VIII ist daher das eine Mal

$$\text{X. } y + z = 5,$$

das andere Mal $\text{XI. } y + z = 36.$

Aus VI und X folgt

$$y = \tfrac{5}{2} \pm \tfrac{1}{2}\sqrt{-695} \text{ und } z = \tfrac{5}{2} \mp \tfrac{1}{2}\sqrt{-695}.$$

Aus VI und XI folgt

$$y = 18 \pm 12 = \begin{cases} 30 \\ 6 \end{cases} \text{ und } z = 18 \mp 12 = \begin{cases} 6 \\ 30. \end{cases}$$

Es sind also das eine Mal 36, $\frac{5}{2} + \frac{1}{2}\sqrt{-695}$ und $\frac{5}{2} - \frac{1}{2}\sqrt{-695}$, das andere Mal 5, 6 und 30 die zusammengehörigen Werthe für x, y und z.

## b. Algebraische Aufgaben,

welche sich durch quadratische Gleichungen mit mehreren Unbekannten lösen lassen.

**1199.** Die Summe zweier Zahlen, wie auch das Produkt derselben ist gleich der Differenz der Quadrate der beiden unbekannten Zahlen. Es sollen diese Zahlen gefunden werden.

Die größere Zahl sei = x, die kleinere = y, so ist

$$\text{I. } x + y = xy \quad \text{und} \quad \text{II. } x + y = x^2 - y^2.$$

Aus I folgt

$$xy - x = y$$
$$x(y - 1) = y$$
$$\text{III. } x = \frac{y}{y-1}.$$

II durch (x + y) dividirt, giebt 1 = x — y, woraus folgt

$$\text{IV. } x = y + 1.$$

Aus III und IV folgt:

$$y + 1 = \frac{y}{y-1}.$$

mithin

$$y^2 - y = 1$$
$$\left(y - \frac{1}{2}\right)^2 = \frac{5}{4}$$
$$y = \frac{1}{2}(1 \pm \sqrt{5}) = \begin{cases} 1{,}61803 \\ -0{,}61803 \end{cases}$$

daher

$$x = \frac{1}{2}(3 \pm \sqrt{5}) = \begin{cases} 2{,}61803 \\ 0{,}38197. \end{cases}$$

Zusammengehörige Werthe für x und y sind 2,61803 und 1,61803, oder 0,38197 und — 0,61803.

**1200.** Die Summe zweier Zahlen verhält sich zu ihrer Differenz wie 13 : 6. Wird die erwähnte Summe mit der Differenz multiplicirt, so ergiebt sich 312 als Produkt. Die beiden unbekannten Zahlen zu finden.

Die größere Zahl sei = x, die kleinere = y, so ist

$$\text{I. } x + y : x - y = 13 : 6 \text{ und II. } (x + y)(x - y) = 312.$$

Aus I folgt $\quad \text{III. } y = \frac{7x}{19}.$

Aus II folgt $\quad \text{IV. } y^2 = x^2 - 312.$

Die quadrirte III giebt $y^2 = \frac{49x^2}{361}$. Daher ist

$$\frac{49x^2}{361} = x^2 - 312,$$

$$312x^2 = 361 \, . \, 312$$
$$x^2 = 361$$
$$x = \pm 19,$$
mithin nach III $y = \pm 7.$

1201. Welches Resultat ergiebt sich, wenn man in voriger Aufgabe statt der Zahlen 13, 6 und 312 die allgemeinen Zeichen a, b und c setzt?

I. $x + y : x - y = a : b$ und II. $(x + y)(x - y) = c.$

Aus I folgt
$$\text{III. } x = \left(\frac{a+b}{a-b}\right)y,$$
mithin
$$\text{IV. } x^2 = \left(\frac{a+b}{a-b}\right)^2 y^2.$$
II ergiebt
$$\text{V. } x^2 = c + y^2.$$
Daher ist
$$\left(\frac{a+b}{a-b}\right)^2 y^2 = c + y^2$$
$$\left(\left(\frac{a+b}{a-b}\right)^2 - 1\right)y^2 = c$$
$$\frac{4ab}{(a-b^2)}y^2 = c$$
$$y^2 = \frac{c\,(a-b)^2}{4ab}$$
$$y = \pm\left(\frac{a-b}{2}\right)\sqrt{\frac{c}{ab}}$$
und nach III
$$x = \pm\left(\frac{a+b}{2}\right)\sqrt{\frac{c}{ab}}.$$

1202. Wird mit zwei gegebenen Linien, als Katheten, ein rechtwinkliges Dreieck gebildet, so ist die Hypotenuse $= a$. Macht man aber die eine der gegebenen Linien zur Hypotenuse, die andere zur Kathete, so ist die zweite Kathete $= b$. Diese Linien zu finden.

Die größere Kathete sei $= x$, die kleinere $= y$, so ist

I. $x^2 + y^2 = a^2$ und II. $x^2 - y^2 = b^2$.

Hieraus folgt als halbe Summe:
$$x^2 = \tfrac{1}{2}\,(a + b^2), \text{ daher } x = \sqrt{\tfrac{1}{2}\,(a^2 + b^2)}.$$
$\tfrac{1}{2}$ (I — II) giebt:
$$y^2 = \tfrac{1}{2}\,(a^2 - b^2), \text{ mithin } y = \sqrt{\tfrac{1}{2}\,(a^2 - b^2)}.$$

1203. Die Seiten eines rechtwinkligen Dreiecks zu finden, dessen Umfang $= 30^m$ und dessen Inhalt $= 30$ □$^m$ ist.

Werden die Katheten mit x und y, mithin die Hypotenuse mit $\sqrt{x^2 + y^2}$ bezeichnet, so ist

I. $x + y + \sqrt{x^2 + y^2} = 30$ und II. $xy = 60.$

Aus I folgt:
$$\sqrt{x^2 + y^2} = 30 - (x + y)$$
$$x^2 + y^2 = 900 - 60\,(x + y) + (x + y)^2.$$

Daher ist

$$60\,(x+y) = 900 + 2xy$$
$$60\,(x+y) = 900 + 120 \text{ (nach II)},$$
$$60\,(x+y) = 1020$$
$$\text{III. } x + y = 17$$

Aus II und III folgt (nach Aufg. 1176):

$$\left.\begin{matrix}x\\y\end{matrix}\right\} = {}^{17}/_{2} \pm {}^{1}/_{2}\sqrt{17^2 - 4\,.\,60} = \frac{17 \pm 7}{2} = \left\{\begin{matrix}12^m\\5^m.\end{matrix}\right.$$

Die Hypotenuse ist $= \sqrt{12^2 + 5^2} = \sqrt{169} = 13^m$.

1204. Welche Ausdrücke ergeben sich, wenn man in voriger Aufgabe statt der Zahlen $30^m$ und $30\,\square^m$ die allgemeinen Zeichen u Meter und f $\square^m$ setzt?

$$\text{I. } x + y + \sqrt{x^2 + y^2} = u \quad \text{und} \quad \text{II. } xy = 2f.$$

Aus I folgt

$$\sqrt{x^2 + y^2} = u - (x+y)$$
$$x^2 + y^2 = u^2 - 2u\,(x+y) + (x+y)^2.$$

Daher ist nach II

$$2u\,(x+y) = u^2 + 2xy,$$

d. i. $2u\,(x+y) = u^2 + 4f$,

woraus folgt

$$\text{III. } x + y = \frac{u}{2} + \frac{2f}{u}.$$

Aus III und II folgt

$$\left.\begin{matrix}x\\y\end{matrix}\right\} = \frac{u}{4} + \frac{f}{u} \pm \frac{1}{2}\sqrt{\frac{u^2}{4} + \left(\frac{2f}{u}\right)^2 - 6f}.$$

Die Hypotenuse ist $= \sqrt{\dfrac{u^2}{4} + \left(\dfrac{2f}{u}\right)^2 - 2f}$.

1205. Der Fußboden eines Zimmers beträgt $56\,\square^m$, die eine Seitenwand $32\,\square^m$, die daran stoßende Wand $28\,\square^m$. Wie lang, breit und hoch ist dieses Zimmer?

Das Zimmer ist x Meter lang, y Meter breit und z Meter hoch. Hiernach ist

$$\text{I. } xy = 56, \quad \text{II. } xz = 32 \quad \text{und} \quad \text{III. } yz = 28.$$

Das Produkt dieser drei Gleichungen giebt

$$x^2y^2z^2 = 56\,.\,32\,.\,28 = 28^2\,.\,64,$$

mithin $\text{IV. } xyz = 28\,.\,8 = 224.$

IV durch III dividirt, giebt

$$x = 8 \text{ Meter}.$$

IV durch II dividirt, giebt

$$y = 7 \text{ Meter}.$$

IV durch I dividirt, giebt

$$z = 4 \text{ Meter}.$$

1206. In einem senkrechten Parallelepipedon ist die Diagonale der Grundfläche = a, diejenige der größeren Seitenfläche = b und die der kleineren Seitenfläche = c. Wie lang, breit und hoch ist dieser Körper?

Länge = x, Breite = y, Höhe = z.

I. $x^2 + y^2 = a^2$, II. $x^2 + z^2 = b^2$ und III. $y^2 + z^2 = c^2$.

$\frac{1}{2}$ (I + II + III) giebt

$$\text{IV. } x^2 + y^2 + z^2 = \tfrac{1}{2}(a^2 + b^2 + c^2).$$

Die Quadratwurzel aus (IV — III) giebt

$$x = \sqrt{\tfrac{1}{2}(a^2 + b^2 - c^2)}.$$

Die Quadratwurzel aus (IV — II) giebt

$$y = \sqrt{\tfrac{1}{2}(a^2 + c^2 - b^2)}.$$

Die Quadratwurzel aus (IV — I) giebt

$$z = \sqrt{\tfrac{1}{2}(b^2 + c^2 - a^2)}.$$

**1207.** Die Diagonale eines Rechtecks beträgt $61^m$. Wird aber die Länge dieses Rechtecks um $4^m$ vermindert und die Breite um $22^m$ vermehrt, so nimmt die erwähnte Diagonale um $4^m$ zu. Wie lang und breit ist dieses Rechteck?

Länge = x, Breite = y.

$$\text{I. } x^2 + y^2 = 61^2 = 3721$$

$$\text{II. } (x - 4)^2 + (y + 22)^2 = 65^2 = 4225.$$

Aus II folgt

$$(x^2 + y^2) - 8x + 44y + 16 + 484 = 4225$$

oder nach I

$$-8x + 44y + 3721 + 16 + 484 = 4225,$$

woraus folgt $-8x + 44y = 4$

$$-2x + 11y = 1.$$

Daher ist $11y = 2x + 1$

$$\text{III. } 121y^2 = 4x^2 + 4x + 1.$$

I mit 121 multiplicirt, giebt

$$121x^2 + 121y^2 = 450241$$

oder nach III $125x^2 + 4x + 1 = 450241,$

woraus folgt $125x^2 + 4x = 450240$

$$25x^2 + \frac{4x}{5} = 90048$$

$$(5x + 0{,}08)^2 = 90048{,}0064$$

$$5x + 0{,}08 = 300{,}08$$

$$5x = 300$$

$$x = 60,$$

mithin nach I $y = 11.$

**1208.** Ein Feld hat die Form eines rechtwinkligen Dereicks. Längs der Seiten dieses Feldes laufen zwei Knaben von dem Scheitel des rechten Winkels aus in entgegengesetzten Richtungen, und zwar mit Geschwindigkeiten, die in dem Verhältniß 69 : 71 stehen. Sie treffen einander zum ersten Male auf der Mitte der Hypotenuse, zum zweiten Male 8 Meter vom Ausgangspunkte (Scheitel des rechten Winkels) entfernt. Wie lang sind die Seiten dieses Feldes und wie viel Ar enthält dasselbe?

Ist die eine Kathete = x, die andere = y, so ist die Hypotenuse = $\sqrt{x^2 + y^2}$. Der Deutlichkeit wegen bezeichnen wir die beiden Knaben mit A und B. Bis zum ersten Zusammentreffen ist der Weg des A $= x + \frac{1}{2}\sqrt{x^2 + y^2}$, der Weg des B $= y + \frac{1}{2}\sqrt{x^2 + y^2}$. Da sich die Wege wie die Geschwindigkeiten verhalten, so ist

$$\text{I. } x + \tfrac{1}{2}\sqrt{x^2 + y^2} : y + \tfrac{1}{2}\sqrt{x^2 + y^2} = 69 : 71.$$

Von der ersten bis zur zweiten Begegnung ist der Weg des A $\frac{1}{2}\sqrt{x^2 + y^2} + y - 8$, der Weg des B $\frac{1}{2}\sqrt{x^2 + y^2} + x + 8$. Daher ist

$$\text{II. } \tfrac{1}{2}\sqrt{x^2 + y^2} + y - 8 : \tfrac{1}{2}\sqrt{x^2 + y^2} + x + 8 = 69 : 71.$$

Durch Anwendung der Addition und Subtraction ergiebt sich aus I:

$$\text{III. } x + y + \sqrt{x^2 + y^2} : y - x = 140 : 2$$

und aus II:

$$\text{IV. } x + y + \sqrt{x^2 + y^2} : x - y + 16 = 140 : 2.$$

Aus III und IV folgt sogleich

$$y - x = x - y + 16$$
$$2y - 2x = 16$$
$$y - x = 8$$
$$\text{V. } y = x + 8.$$

Der Werth von y in III substituirt, giebt

$$2x + 8 + \sqrt{x^2 + (x + 8)^2} : 8 = 140 : 2$$

oder

$$2x + 8 + \sqrt{x^2 + (x + 8)^2} : 4 = 140 : 1,$$

woraus folgt

$$2x + 8 + \sqrt{x^2 + (x + 8)^2} = 560,$$

daher

$$\sqrt{x^2 + (x + 8)^2} = 552 - 2x$$
$$x^2 + (x + 8)^2 = (552 - 2x)^2.$$

Hieraus folgt

$$x^2 - 1112x = -152320$$
$$(x - 556)^2 = 156816$$
$$x - 556 = \pm 396$$
$$x = 556 \pm 396 = \begin{cases} 952 \\ 160. \end{cases}$$

Von diesen beiden Werthen ist nur $x = 160$ brauchbar. Demgemäß ist die eine Seite des Feldes $160^m$, die andere (y) aber $160 + 8 = 168^m$, die dritte Seite $\sqrt{160^2 + 168^2} = 232^m$ lang. Das Feld enthält $\frac{1}{2}(160 \,.\, 168) = 80 \,.\, 168 = 13440$ $\square^m = 134{,}40$ Ar.

**1209.** Prinz Heinrich fand seinen Freund Falstaff vor einem vollen Humpen Wein eingeschlafen. Ohne Falstaff zu wecken, trank er von dem Weine. Als er $\frac{3}{5}$ der Zeit, die Falstaff zum ganzen Humpen allein gebraucht haben würde, getrunken hatte, erwachte der Schläfer, der nun den Rest zu sich nahm. Hätten Beide zusammen getrunken, so würden sie 6 Minuten früher fertig gewesen sein. Dann würde aber der Prinz nur $\frac{2}{3}$ des dem Falstaff übrig gelassenen Restes, der vorhin erwähnt worden, getrunken haben. In welcher Zeit hätte Jeder allein den Humpen geleert?

Wurde der Humpen von Heinrich in x Minuten, von Falstaff in y Minuten geleert, so trank in 1 Minute Heinrich $\frac{1}{x}$, Falstaff $\frac{1}{y}$ des Weines. Während Falstaff schlief, trank der Prinz $\frac{3y}{5}$ Minuten, in welcher Zeit er $\frac{3y}{5} \cdot \frac{1}{x} = \frac{3y}{5x}$ des Weines zu sich nahm, so daß $\left(1 - \frac{3y}{5x}\right) = \frac{5x - 3y}{5x}$ des Weines übrig blieb. Zu diesem Reste brauchte Falstaff $\left(\frac{5x - 3y}{5x}\right)y$ Minuten. Beide hatten den Humpen hiernach zusammen in $\frac{3y}{5} + \left(\frac{5x - 3y}{5x}\right)y$ Minuten geleert. Hätten sie zusammen getrunken, so würden sie in 1 Minute $\frac{1}{x} + \frac{1}{y} = \frac{x + y}{xy}$ des Weines zu sich genommen haben, und hätten sie dann den Humpen in $\frac{xy}{x + y}$ Minuten geleert. Da diese Zeit 6 Minuten weniger beträgt als die vorerwähnte Zeit von $\frac{3y}{5} + \left(\frac{5x - 3y}{5x}\right)y$ Minuten, so findet sich:

$$\text{I. } \frac{xy}{x + y} + 6 = \frac{3y}{5} + \left(\frac{5x - 3y}{5x}\right)y.$$

In Vereinigung mit Falstaff hätte Heinrich während der angegebenen $\frac{xy}{x + y}$ Minuten $\frac{1}{x}\left(\frac{xy}{x + y}\right) = \frac{y}{x + y}$ des Weines zu sich genommen. Da diese Quantität nur $^2/_3$ des Restes ist, den er dem Falstaff anfänglich übrig gelassen hatte, nämlich $^2/_3$ von $\frac{5x - 3y}{5x}$, so ergiebt sich:

$$\text{II. } \frac{y}{x + y} = \frac{2}{3}\left(\frac{5x - 3y}{5x}\right)$$

Aus II folgt

$$15xy = 10x^2 + 4xy - 6y^2$$
$$6y^2 = 10x^2 - 11xy$$
$$^6/_{10}y^2 = x^2 - 1{,}1xy$$
$$0{,}9025y^2 = (x - 0{,}55y)^2$$
$$0{,}95y = x - 0{,}55y$$
$$\text{III. } 1{,}5y = x.$$

Dieser Werth von x in I substituirt, giebt

$$\frac{3y}{5} + 6 = \frac{6y}{5},$$

woraus folgt $y = 10$ Minuten,
mithin nach III $x = 15$ Minuten.

1210. Bacchus fand den Silen neben einem vollen Weinfasse schlafend und trank daher heimlich von dem Weine, und zwar während $^1/_4$

der Zeit, welche Silen zur Leerung des vollen Fasses allein gebraucht hätte. Nachdem der Schläfer erwacht war, trank er den von Bacchus übrig gelassenen Rest. Hätten Bacchus und Silen gleichzeitig aus demselben Fasse getrunken, so würden sie es $3\frac{1}{3}$ Stunde früher geleert haben. Auch hätte dann Bacchus $1\frac{1}{3}$ mal so viel getrunken, als er vorher dem Silen übrig ließ. In welcher Zeit würde Jeder allein das erwähnte Faß geleert haben?

Zur Leerung des ganzen Fasses braucht Bacchus x, Silen y Stunden. Bacchus trank in $\frac{y}{4}$ Stunden $\frac{y}{4x}$ des Weines und ließ dem Silen $\frac{4x - y}{4x}$ des Weines übrig. Silen nahm diesen Rest in $\left(\frac{4x - y}{4x}\right)y$ Stunden zu sich. Die Summe ihrer Trinkzeiten beträgt $\frac{y}{4} + \left(\frac{4x - y}{4x}\right)y$ Stunden. Gleichzeitig trinkend, hätten sie das ganze Faß (nach Aufg. 1209) in $\frac{xy}{x + y}$ Stunden geleert. Demgemäß ist:

$$\text{I. } \frac{y}{4} + \left(\frac{4x - y}{4x}\right)y = \frac{xy}{x + y} + 3\tfrac{1}{3}.$$

In $\frac{xy}{x + y}$ Stunden hätte Bacchus $\frac{1}{x} \cdot \frac{xy}{x + y} = \frac{y}{x + y}$ des Fasses geleert, d. i. das $1\frac{1}{3}$fache des dem Silen übrig gelassenen Restes, nämlich $1\frac{1}{3} \cdot \frac{4x - y}{4x}$. Daher ist

$$\text{II. } 1\tfrac{1}{3}\left(\frac{4x - y}{4x}\right) = \frac{y}{x + y}.$$

Aus II folgt $\quad$ III. $y = 2x$.

Wird dieser Werth von y in I substituirt, so ergiebt sich

$$1\tfrac{1}{2}x = \tfrac{2}{3}x + 3\tfrac{1}{3},$$

woraus folgt $\quad x = 4$ Stunden,

mithin nach III $\quad y = 8$ Stunden.

**1211.** Ein Feld von der Form eines Rechtecks ist $72^m$ lang und $60^m$ breit. Um wie viel muß man die Länge vergrößern und die Breite vermindern, wenn der Flächeninhalt des Feldes derselbe bleiben und der Umfang um $48^m$ zunehmen soll?

Vergrößerung der Länge = x Meter, Verminderung der Breite = y Meter.

Umfang des zweiten Feldes $= 2(72 + 60) + 48 = 312^m$.

$$\text{I. } (72 + x)(60 - y) = 72 \cdot 60$$

und $\quad$ II. $2(72 + x) + 2(60 - y) = 312$.

Aus I folgt $\quad$ III. $xy = 60x - 72y$.

Aus II folgt $\quad$ IV. $x - y = 24$.

Die 60fache IV von III subtrahirt, giebt

$$xy - 1440 = -12y$$

oder $xy + 12y = 1440,$

woraus folgt $\text{V. } y = \frac{1440}{x + 12},$

während obige IV giebt $\text{VI. } y = x - 24.$

Demnach ist $\frac{1440}{x + 12} = x - 24,$

woraus folgt
$$x^2 - 12x = 1728$$
$$(x - 6)^2 = 1764$$
$$x - 6 = 42$$
$$x = 48^m$$

und nach VI $y = 24^m.$

1212. A und B machen zusammen eine Fußreise nach S, indem sie täglich gleich viel Meilen zurücklegen. Nachdem sie $\frac{1}{5}$ der zur Reise erforderlichen Zeit unterwegs waren, wurde A krank, so daß er liegen bleiben mußte. Da er aber auf Grund des ärztlichen Ausspruches hoffen durfte, in vier Tagen wieder hergestellt zu sein, so sagte er zu B: „Reise nur mit der bisherigen Geschwindigkeit weiter; nach 4 Tagen setze ich meine Reise wieder fort, und da ich Willens bin, täglich 2 Meilen mehr zurückzulegen als bisher, so werde ich mit dir zugleich in S eintreffen." Hierauf reiste B weiter. A konnte ihm aber erst nach 6 Tagen folgen und war daher genöthigt, täglich 8 Meilen zurückzulegen, um mit B gleichzeitig in S einzutreffen. Wie viel Tage waren A und B unterwegs und wie viel Meilen legte B täglich zurück?

B ist x Tage unterwegs, macht täglich y Meilen; mithin beträgt die ganze Reise xy Meilen.

A ist 6 Tage krank, mithin beträgt seine eigentliche Reisezeit im Ganzen x — 6 Tage. Da er $\frac{x}{5}$ Tage mit B zusammen reist, so macht er während dieser Zeit $\frac{xy}{5}$ Meilen. Hätte er nach 4 Tagen wieder weiterreisen können, und zwar mit einer Geschwindigkeit von y + 2 Meilen pro Tag, so würde er den noch übrigen Weg in $\left(\frac{4x}{5} - 4\right)$ Tagen zurückgelegt haben. Hiernach ist

$$\text{I. } \frac{xy}{5} + \left(\frac{4x}{5} - 4\right)(y + 2) = xy.$$

Da aber A 6 Tage durch Krankheit verliert, so reist er nach seiner Genesung $\left(\frac{4x}{5} - 6\right)$ Tage und macht in dieser Zeit täglich 8 Meilen, nachdem er bereits vor seiner Krankheit $\frac{x}{5}$ Tage gereist war und in dieser Zeit täglich y Meilen zurückgelegt hatte. Hiernach ist

$$\text{II. } \frac{xy}{5} + 8\left(\frac{4x}{5} - 6\right) = xy.$$

Aus I folgt:

$$\text{III. } x = 5\left(\frac{y}{2} + 1\right).$$

Aus II folgt IV. $x = \frac{60}{8 - y}$.

III und IV ergeben

$$5\left(\frac{y}{2} + 1\right) = \frac{60}{8 - y}$$

$$\frac{y}{2} + 1 = \frac{12}{8 - y},$$

woraus folgt $y^2 - 6y = -8$

$$(y - 3)^2 = 1$$

$$y - 3 = \pm 1$$

$$y = 3 \pm 1 = \begin{cases} 4 \text{ Meilen} \\ 2 \text{ Meilen,} \end{cases}$$

mithin nach IV $x = \begin{cases} 15 \text{ Tage} \\ 10 \text{ Tage.} \end{cases}$

Demnach ist Jeder entweder 15 Tage oder 10 Tage unterwegs. Im ersten Falle legt B täglich 4 Meilen, im zweiten Falle täglich 2 Meilen zurück. Da A 6 Tage krank liegt, so reist er in Wahrheit nur 15 — 6 = 9 Tage, resp. 10 — 6 = 4 Tage. In den ersten 3, resp. 2 Tagen legt er täglich 4, resp. 2 Meilen zurück. Jede seiner Tagereisen in der Zeit nach seiner Genesung beträgt 8 Meilen. Die ganze Reise eines Jeden ergiebt 60, resp. 20 Meilen.

1213. Ein Wasserbehälter, der bis zur Hälfte gefüllt ist, kann durch eine von zwei Röhren in einer gewissen Zeit gefüllt und durch die zweite in einer andern Zeit geleert werden. Sind beide Röhren gleichzeitig geöffnet, so wird dieser Behälter in $7\frac{1}{2}$ Stunden geleert. Brauchte aber die eine Röhre zur Füllung, die andere zur Leerung des halbgefüllten Behälters 1 Stunde mehr als vorher, so würde derselbe bei gleichzeitiger Oeffnung der beiden Röhren in 12 Stunden leer sein. In welcher Zeit füllt die erste Röhre allein den leeren Behälter und in welcher Zeit leert die zweite Röhre allein den vollen Behälter?

Wird der leere Behälter von der Zuflußröhre in x Stunden gefüllt und der volle Behälter von der Abflußröhre in y Stunden geleert, so füllt die erste in $7\frac{1}{2}$ Stunden $\frac{7\frac{1}{2}}{x}$ des Behälters, während die zweite in derselben Zeit $\frac{7\frac{1}{2}}{y}$ des Behälters leert. Es geht also bei gleichzeitiger Oeffnung der beiden Röhren in $7\frac{1}{2}$ Stunden $7\frac{1}{2}\left(\frac{1}{x} + \frac{1}{y}\right)$ des ganzen Behälters an Wasser ab. Da diese Quantität die Hälfte des Behälters ausmacht, so ist

$$7\tfrac{1}{2}\left(\frac{1}{x} - \frac{1}{y}\right) = \frac{1}{2}$$

oder $$\text{I.} \quad \frac{1}{x} - \frac{1}{y} = \frac{1}{15}.$$

In gleicher Weise ergiebt sich

$$12\left(\frac{1}{x + 2} - \frac{1}{x + y}\right) = \frac{1}{2}.$$

oder $$\text{II.} \quad \frac{1}{x + 2} - \frac{1}{x + y} = \frac{1}{24}.$$

Braucht nämlich die eine Röhre zur Füllung, die andere zur Leerung des halb gefüllten Behälters 1 Stunde mehr als früher, so wird der ganze Behälter, wenn er leer ist, von der ersten Röhre in x + 2 Stunden gefüllt, während der volle Behälter durch die zweite Röhre in y + 2 Stunden geleert wird.

Aus I folgt III. $y = \frac{15x}{15 - x}$.

Aus II folgt IV. $y = \frac{26x + 4}{22 - x}$.

III und IV ergeben

$$\frac{26x + 4}{22 - x} = \frac{15x}{15 - x},$$

woraus folgt $x^2 - \frac{56x}{11} = {}^{60}/_{11}$

$$(x - {}^{28}/_{11})^2 = \frac{1444}{121}$$

$$x - {}^{28}/_{11} = {}^{38}/_{11}$$

$$x = 6 \text{ Stunden}$$

und nach I $y = 10$ Stunden.

1214. Zu einem Compagnie-Geschäft geben A und B zusammen 10000 Mark. A zieht sein Geld nach 6 Monaten, B das seinige nach 8 Monaten zurück. Der Gesammtgewinn beträgt 3400 Mark, so daß A an Einlage und Gewinn zusammen 7800 Mark zurückerhält. Wie groß ist die Einlage und der Gewinn eines Jeden?

Einlage des A = x Mark, die des B = y Mark.

Gewinn des A = (7800 — x) Mark, Gewinn des B = 3400 — (7800 — x) = (x — 4400) Mark.

Zunächst ist I. $x + y = 10000$.

Ferner sind die x Mark des A auf 6 Monate = 6x Mark auf 1 Monat; die y Mark des B auf 8 Monate sind gleich 8y Mark auf 1 Monat. Da sich bei gleichen Zeiten die Gewinne wie die Einlagen verhalten, so ist

$$6x : 8y = 7800 - x : x - 4400$$

oder II. $3x : 4y = 7800 - x : x - 4400$.

Aus I folgt III. $y = 10000 - x$.

Dieser Werth von y in II substituirt, giebt

$$3x : 4\,(10000 - x) = 7800 - x : x - 4400$$

oder $3x : 40000 - 4x = 7800 - x : x - 4400$,

woraus folgt $x^2 - 58000x = -312000000$

oder, wenn $x = 1000u$ gesetzt wird:

$$1000^2 . u^2 - 58 . 1000^2 u = - 312 . 1000^2,$$

und wenn man nun durch $1000^2$ dividirt:

$$u^2 - 58u = - 312;$$

daher $(u - 29)^2 = 529$

$$u - 29 = \pm 23$$

$$u = 29 \pm 23 = \begin{cases} 52 \\ 6, \end{cases}$$

und zwar ist hier nur $u = 6$ brauchbar. Demgemäß findet sich
$$x = 6000 \text{ Mark}.$$

Es hat also A 6000 Mark eingelegt und $7800 - 6000 = 1800$ Mark gewonnen. B hat $10000 - 6000 = 4000$ Mark eingelegt und $3400 - 1800 = 1600$ Mark gewonnen.

**1215.** A und B beginnen ein Geschäft mit einem Gesammt-Capital von 8500 Mark. A ließ sein Geld 6 Monate, B das seinige 9 Monate stehen und Jeder erhielt nach Beendigung des Geschäfts an Capital und Gewinn 6000 Mark zurück. Wie viel beträgt die Einlage eines Jeden?

Einlage des $A = x$, die des $B = y$ Mark. Beide haben zusammen $2 \, . \, 6000 - 8500 = 12000 - 8500 = 3500$ Mark gewonnen. Hiernach ist
$$\text{I. } x + y = 8500$$
und
$$\text{II. } x + 6x\left(\frac{3400}{6x + 9y}\right) = 6000.$$

Aus I folgt $\quad \text{III. } y = 8500 - x.$

Aus II folgt
$$x + 2x\left(\frac{3500}{2x + 3y}\right) = 6000$$
oder nach III
$$x + 2x\left(\frac{3500}{25500 - x}\right) = 6000.$$

Hiernach ist $\quad x^2 - 38500x = -153000000$

oder wenn $x = 500u$ gesetzt wird:
$$500^2 \, . \, u^2 - 77 \, . \, 500^2 \, . \, u = -612 \, . \, 500^2,$$
daher, wenn man durch $500^2$ dividirt:
$$u^2 - 77u = -612.$$

Mithin ist
$$(u - 38{,}5)^2 = 870{,}25$$
$$u - 38{,}5 = \pm 29{,}5$$
$$u = 38{,}5 \pm 29{,}5 = \begin{cases} 68 \\ 9. \end{cases}$$

Von diesen beiden Werthen ist nur $u = 9$ brauchbar. Demnach findet sich $500u =$
$$x = 4500.$$

Es hat also A 4500 Mark, B $8500 - 4500 = 4000$ Mark zum Geschäft hergegeben.

**1216.** Ein zu $6\,^0/_0$ ausgeliehenes Capital wächst durch die einfachen Zinsen von mehreren Jahren auf 7800 Mark an. Ein zweites Capital, welches 1000 Mark weniger beträgt als das erste, wächst, wenn es $4\frac{1}{3}$ Jahr länger steht als dieses, bei gleichem Zinsfuße ebenfalls zu 7800 Mark an. Wie viel Mark beträgt das erste Capital und wie viel Jahre hat es Zinsen getragen?

Das erste Capital beträgt x Mark und ist auf y Jahre verliehen. Das zweite Capital beträgt $(x - 1000)$ Mark und ist auf $(y + 4\frac{1}{3})$ Jahre verliehen. Hiernach ist:

$$\text{I. } x\left(\frac{100 + 6y}{100}\right) = 7800$$

und $$\text{II. } (x - 1000)\left(\frac{100 + 6\,(y + 4\frac{1}{3})}{100}\right) = 7800.$$

Aus I folgt III. $100x + 6xy = 780000.$

Aus II folgt

IV. $126x + 6xy - 6000y = 906000.$

IV — III giebt

V. $26x - 6000y = 126000$

oder $13x - 3000y = 63000,$

woraus folgt VI. $3000y = 13x - 63000.$

Nach III ist aber $6xy = 780000 - 100x,$

daher $6y = \frac{780000 - 100x}{x}$

und VII. $3000y = (780000 - 100x)\left(\frac{500}{x}\right).$

VI und VII ergeben:

$$13x - 63900 = \frac{500}{x}(780000 - 100x),$$

woraus folgt $13x^2 - 13000x = 390000000$

$x^2 - 1000x = 30000000,$

oder wenn $x = 1000u$ gesetzt wird:

$1000^2 \,.\, u^2 - 1000^2 \,.\, u = 30 \,.\, 1000^2,$

mithin, wenn man durch $1000^2$ dividirt:

$u^2 - u = 30,$

woraus folgt $(u - \frac{1}{2}) = \frac{121}{4}$

$u - \frac{1}{2} = \frac{11}{2}$

$u = 6,$

also $x = 6000$ Mark.

Hierzu giebt I $y = 5$ Jahre.

1217. Der Proviant für die Besatzung einer Festung reicht nur noch 8 Tage. Wenn 1120 Mann entlassen werden und jeder Mann täglich ¼ Pfund weniger erhält, kommt man mit demselben Vorrath 12 Tage aus. Ziehen aber 1620 Mann ab und wird die Tagesportion eines Jeden um ½ Pfund verringert, so hat die Besatzung für 16 Tage ihren Bedarf. Hieraus die Stärke der Garnison und die Tagesportion des Einzelnen zu finden.

In der Festung sind x Mann und jeder Mann erhält täglich y Pfund. Für 8 Tage beträgt daher der Bedarf 8xy Pfund. Dann ist

I. $(x - 1120)\,(y - \frac{1}{4})\,12 = 8xy$

und II. $(x - 1620)\,(y - \frac{1}{2})\,16 = 8xy.$

Aus I folgt

$\frac{1}{3}xy - 1120y - \frac{1}{4}x + 280 = 0$

oder III. $xy - 3360y - \frac{3}{4}x + 840 = 0.$

Aus II folgt

$\frac{1}{2}xy - 1620y - \frac{1}{2}x + 810 = 0$

oder IV. $xy - 3240y - x + 1620 = 0.$

III — IV giebt:

$$-120y + \frac{x}{4} - 780 = 0$$

oder $\quad \text{V.}\ \frac{x}{4} = 120y + 780,$

daher $\quad \text{VI.}\ x = 480y + 3120.$

Dieser Werth statt x in III eingesetzt, giebt:

$$(480y + 3120)\left(y - \frac{3}{4}\right) - 3360y + 840 = 0$$

oder $\quad 480y^2 - 600y - 1500 = 0$

oder $\quad 480y^2 - 600y = 1500,$

auch $\quad 16y^2 - 20y = 50;$

daher $\quad \left(4y - \frac{5}{2}\right)^2 = \frac{225}{4}$

$$4y - \frac{5}{2} = \frac{15}{2}$$

$$4y = 10$$

$$y = 2\frac{1}{2} \text{ Pfund}$$

und nach IV $\quad x = 4320$ Mann.

1218. Zwei Punkte A und B bewegen sich mit gleichförmigen Geschwindigkeiten auf den Schenkeln eines rechten Winkels nach dem Scheitelpunkte hin, von welchem A $96^m$, B $72^m$ entfernt ist. Nach Verlauf von 10 Sekunden beträgt die gegenseitige Entfernung der beiden Punkte $70^m$, und nach Verlauf von abermals 5 Sekunden nur noch $45^m$. Mit welchen Geschwindigkeiten bewegen sich A und B?

In jeder Sekunde legt A x Meter, B y Meter zurück. Daher ist nach 10 Sekunden A 96 — 10x Meter, B 72 — 10y Meter von dem Scheitel des rechten Winkels entfernt. Hiernach ergiebt sich $\quad \text{I.}\ (96 - 10x)^2 + (72 - 10y)^2 = 70^2.$

Nach 10 + 5 = 15 Sekunden ist A 96 — 15x Meter, B 72 — 15y Meter von dem Scheitel des rechten Winkels entfernt, so daß sich findet

$$\text{II.}\ (96 - 15x)^2 + (72 - 15y)^2 = 45^2.$$

Aus I folgt

$$\text{III.}\ 475 + 5x^2 + 5y^2 = 96x + 72y.$$

Aus II folgt

$$\text{IV.}\ 275 + 5x^2 + 5y^2 = 64x + 48y.$$

III — IV giebt $\quad 200 = 32x + 24y,$

woraus folgt $\quad \text{V.}\ y = \frac{25 - 4x}{3}$

und $\quad \text{VI.}\ y^2 = \frac{625 - 200x + 16x^2}{9}.$

Setzt man die Werthe von y und $y^2$ aus V und VI in III ein, so findet sich nach gehöriger Zusammenziehung und Transposition: $\quad 125x^2 - 1000x = -2000,$

daher $\quad 25x^2 - 200x = -400$

$$(5x - 20)^2 = 0$$

$$5x - 20 = 0$$

$$5x = 20$$

$$x = 4^m$$

und nach V $\quad y = 3^m.$

1219. Bei der Benetzung mit Wasser verliert ein Stück Tuch $\frac{1}{10}$ der Länge und $\frac{1}{20}$ der Breite. Wie lang und breit ist hiernach ein Stück Tuch, wenn der Verlust des Inhalts $2\frac{7}{40}$ □$^m$ und derjenige des Umfanges $2\frac{3}{20}{}^m$ beträgt?

Das Stück Tuch ist x Meter lang und y Meter breit. Der Verlust an dem halben Umfange beträgt $1\frac{3}{40}{}^m$. Mithin ist

$$\text{I. } \frac{x}{10} + \frac{y}{20} = 1\frac{3}{10}.$$

Der Inhalt des Stückes beträgt vor der Benetzung xy, nach derselben $\frac{9x}{10} \cdot \frac{19y}{20}$ □$^m$, mithin ist der Verlust des Inhalts

$$\text{II. } xy - \frac{9x \cdot 19y}{10 \cdot 20} = 2\frac{7}{10}.$$

Aus I folgt $4x + 2y = 43,$

also $\text{III. } y = \frac{43 - 4x}{2}.$

Aus II folgt $xy = 15,$

mithin $\text{IV. } y = \frac{15}{x}.$

III und IV ergeben

$$\frac{43 - 4x}{2} = \frac{15}{x},$$

woraus folgt

$$4x^2 - 43x = -30$$
$$\left(2x - \frac{43}{4}\right)^2 = \frac{1369}{16}$$
$$2x - \frac{43}{4} = \pm \frac{37}{4}$$
$$2x = \frac{43 \pm 37}{3} = \begin{cases} 20 \\ 1\frac{1}{2} \end{cases}$$
$$x = \begin{cases} 10 \\ \frac{3}{4} \end{cases}$$

und nach IV $y = \begin{cases} 1\frac{1}{2} \\ 20. \end{cases}$

Brauchbar ist hier nur $x = 10^m$ und $y = 1\frac{1}{2}{}^m$.

1220. Jede der beiden Zahlen 87 und 78 derartig in zwei Theile zu zerlegen, daß der eine Theil von 87 sich zu dem einen Theile von 78 wie 3 : 5 verhalte, und daß das Produkt der beiden andern Theile = 360 sei.

Die Zahl 87 zerfällt in die beiden Theile x und 87 — x, die Theile von 78 sind y und 78 — y. Daher ist

$$\text{I. } x : y = 3 : 5 \quad \text{und} \quad \text{II. } (87 - x)(78 - y) = 360.$$

Aus I folgt $\text{III. } y = \frac{5x}{3}.$

Dieser Werth statt y in II eingesetzt, giebt

$$(87 - x)\left(78 - \frac{5x}{3}\right) = 360,$$

woraus folgt

$$x^2 - 133{,}8x = -3855{,}6$$
$$(x - 66{,}9)^2 = 620{,}01$$

$$x - 66,9 = \pm 24,9$$

$$x = 66,9 \pm 24,9 = \begin{cases} 91,8 \\ 42 \end{cases}$$

und nach III $\quad y = \begin{cases} 153 \\ 70. \end{cases}$

Hiernach zerfällt 87 in 91,8 und (— 4,8), während 78 in die beiden Theile 153 und (— 75) zu zerlegen ist. Werden aber nur positive Zahlen berücksichtigt, so hat man 87 = 42 + 45 und 78 = 70 + 8 zu nehmen.

1221. Man setze in der vorigen Aufgabe statt der Zahlen 87, 78, 3, 5 und 360 die allgemeinen Zeichen a, b, m, n und p.

$$\text{I. } x : y = m : n \quad \text{und} \quad \text{II. } (a - x)(b - y) = p.$$

Aus I folgt $\quad$ III. $y = \frac{nx}{m}.$

Dieser Werth statt y in II eingesetzt, giebt:

$$(a - x)\left(b - \frac{nx}{m}\right) = p,$$

woraus folgt

$$x^2 - \left(\frac{na + mb}{n}\right) x = \frac{mp - mab}{n}$$

$$\left(x - \frac{na + mb}{2n}\right)^2 = \frac{(na - mb)^2 + 4mnp}{4n^2}.$$

Daher ist

$$x = \frac{na + mb \pm \sqrt{(na - mb)^2 + 4mnp}}{2n}$$

und nach III

$$y = \frac{na + mb \pm \sqrt{(na - mb)^2 + 4mnp}}{2m}.$$

Die beiden andern Theile sind a — x und b — y.

1222. Jede der beiden Zahlen 15 und 12 derartig in zwei Theile zu zerlegen, daß die ersten Theile im Verhältniß von 4 zu 3 stehen und die Quadratzahlen der zweiten Theile zusammen 85 betragen.

15 zerfällt in x und 15 — x.
12 zerfällt in y und 12 — y.

Dann ist

$$\text{I. } x : y = 4 : 3 \quad \text{und} \quad \text{II. } (15 - x)^2 + (12 - y)^2 = 85.$$

Aus I folgt $\quad$ III. $y = \frac{3x}{4}$

und verwandelt sich hiernach II in

$$(15 - x)^2 + \left(12 - \frac{3x}{4}\right)^2 = 85$$

woraus folgt

$$25x^2 - 768x = - 4544$$

$$(5x - 76,8)^2 = 1354,24$$

$$5x - 76,8 = \pm 36,8$$

$$x = \frac{76,8 \pm 36,8}{5} = \begin{cases} 22,72 \\ 8 \end{cases}$$

$$y = \begin{cases} 17,04 \\ 6. \end{cases}$$

Hiernach zerfällt 15 in 22,72 und (— 7,72), hingegen 12 in 17,04 + (— 5,04). Werden nur positive Werthe berücksichtigt, so zerfällt 15 in 8 + 7 und 12 in 6 + 6.

1223. Man setze in voriger Aufgabe statt der Zahlen 15, 12, 4, 3 und 85 die allgemeinen Zeichen a, b, m, n und s.

I. $x : y = m : n$ und II. $(a - x)^2 + (b - y)^2 = s$.

Aus I folgt III. $y = \frac{nx}{m}$.

Dieser Werth statt y in II eingesetzt, giebt

$$(a - x)^2 + \left(b - \frac{nx}{m}\right)^2 = s,$$

woraus folgt

$$x^2 - 2m\left(\frac{ma + nb}{m^2 + n^2}\right)x = \frac{m^2 (s - a^2 - b^2)}{m^2 + n^2}$$

$$\left(x - m\left(\frac{ma + nb}{m^2 + n^2}\right)\right)^2 = \frac{m^2 (m^2 + n^2) s - m^2 (na - mb)^2}{(m^2 + n^2)^2}.$$

Daher ist

$$x = \frac{m (ma + nb) \pm m\sqrt{(m^2 + n^2) s - (na - mb)^2}}{m^2 + n^2}$$

und nach III

$$y = \frac{n (ma + nb) \pm n\sqrt{(m^2 + n^2) s - (na - mb)^2}}{m^2 + n^2}.$$

Die beiden andern Theile sind a — x und b — y).

1224. Eine dreizifferige Zahl zu finden, welche folgendermaßen beschaffen ist. Die Ziffer der höchsten Stelle ist gleich der Summe der beiden andern Ziffern. Dividirt man die gesuchte Zahl durch ihre Quersumme, so ist der Quotient = 53 mit dem Reste 1. Die Summe der Quadratzahlen der drei Ziffern (ohne Rücksicht auf den Stellenwerth) beträgt 74.

Die gesuchte Zahl sei = 100x + 10y + z, so ist

I. $x = y + z$,

II. $\frac{100x + 10y + z}{x + y + z} = 53 + \frac{1}{x + y + z}$

Aus II folgt

III. $47x - 43y - 52z = 1$.

Aus I folgt

IV. $47x - 47y - 47z = 0$

und V. $x^2 - y^2 - z^2 - 2yz = 0$.

III — IV giebt $4y - 5z = 1$.

Daher ist VI. $y = \frac{5z + 1}{4}$

$$\text{VII. } y^2 = \frac{25z^2 + 10z + 1}{16}.$$

III — V giebt

$$2\,(y^2 + z^2 + yz) = 74,$$
$$y^2 + z^2 + yz = 37,$$

oder, wenn man statt y und $y^2$ die in VI und VII angegebenen Werthe substituirt:

$$\tfrac{1}{16}\,(61z^2 + 14z + 1) = 37,$$

woraus folgt

$$z^2 + \frac{14z}{61} = \frac{591}{61}$$
$$(z + \tfrac{7}{61})^2 = \frac{36100}{61^2}$$
$$z + \tfrac{7}{61} = \tfrac{190}{61}$$
$$z = 3$$

und nach IV $y = 4,$

nach I $x = 7.$

Die gesuchte Zahl ist also 743.

1225. In einer geometrischen Proportion ist die Summe der innern Glieder = 22, die Summe der äußern Glieder = 18 und die Summe der Quadratzahlen aller vier Glieder = 520. Diese Proportion zu finden.

Das erste Glied sei = x, das zweite = y, das dritte = z und das vierte = v, so ist

$$\text{I. } xv = yz, \quad \text{II. } x + v = 18,$$
$$\text{III. } y + z = 22 \quad \text{und} \quad \text{IV. } x^2 + y^2 + z^2 + v^2 = 520.$$

Wird II, wie auch III quadrirt und die Summe dieser Quadrate um IV vermindert, so findet sich nach I:

$$\text{V. } 4xv = 4yz = 288,$$

daher

$$\text{VI. } xv = yz = 72.$$

Aus II und V folgt

$$\left.\begin{matrix}x\\v\end{matrix}\right\} = \tfrac{1}{2}\,(18 \pm \sqrt{18^2 - 288}) = \tfrac{1}{2}\,(18 \pm 6) = \left\{\begin{matrix}12\\6.\end{matrix}\right.$$

Aus III und V folgt

$$\left.\begin{matrix}y\\z\end{matrix}\right\} = \tfrac{1}{2}\,(22 \pm \sqrt{22^2 - 288}) = \tfrac{1}{2}\,(22 \pm 14) = \left\{\begin{matrix}18\\4.\end{matrix}\right.$$

Demnach ist die gesuchte Proportion

$$12 : 18 = 4 : 6$$

oder

$$6 : 18 = 4 : 12$$

u. s. w.

1226. Man setze in der vorigen Aufgabe statt der Zahlen 22, 18 und 520 die allgemeinen Zeichen a, b und c.

Ist die gesuchte Proportion $x : y = z : v$, so findet sich

$$\text{I. } xv = yz, \quad \text{II. } x + v = b,$$
$$\text{III. } y + z = a \quad \text{und} \quad \text{IV. } x^2 + y^2 + z^2 + v^2 = c.$$

Hieraus folgt

$$\text{V. } (x + v)^2 + (y + z)^2 = a^2 + b^2.$$

V — IV giebt

$$\text{VI. } 4xv = 4yz = a^2 + b^2 - c,$$

Aus II und VI folgt

$$\left.\begin{matrix}x\\v\end{matrix}\right\} = \frac{b}{2} \pm \frac{1}{2}\sqrt{c - a^2}$$

und aus III und IV folgt

$$\left.\begin{matrix}y\\z\end{matrix}\right\} = \frac{a}{2} \pm \frac{1}{2}\sqrt{c - b^2}.$$

Mithin ist die gesuchte Proportion

$$\frac{b}{2}+\frac{1}{2}\sqrt{c-a^2} : \frac{a}{2}+\frac{1}{2}\sqrt{c-b^2} = \frac{a}{2}-\frac{1}{2}\sqrt{c-b^2} : \frac{b}{2}-\frac{1}{2}\sqrt{c-a^2}.$$

**1227.** In einer geometrischen Proportion ist die Summe der inneren Glieder = 22, die Summe der äußeren Glieder = 23 und die Summe der Kubikzahlen aller vier Glieder = 6615. Diese Proportion zu finden.

Die gesuchte Proportion sei $x : y = z : v$, so hat man

$$\text{I. } xv = yz, \quad \text{II. } x + v = 23,$$

$$\text{III. } y + z = 22 \quad \text{und} \quad \text{IV. } x^3 + y^3 + z^3 + v^3 = 6615.$$

Dann ist $\text{V. } (x + v)^3 + (y + z)^3 = 22815.$

V — IV giebt

$$3xv\,(x + v) + 3yz\,(y + z) = 16200,$$

oder nach I, II und III, wenn $xv = yz = p$ gesetzt wird

$$3p\,(23 + 22) = 16200,$$

d. i. $135p = 16200,$

mithin $\text{VI. } p = 120.$

Aus II und VI folgt

$$\left.\begin{matrix}x\\v\end{matrix}\right\} = \frac{23}{2} \pm \frac{1}{2}\sqrt{23^2 - 480} = \frac{1}{2}\,(23 \pm 7) = \begin{cases}15\\ 8.\end{cases}$$

Aus III und IV folgt

$$\left.\begin{matrix}y\\z\end{matrix}\right\} = \frac{22}{2} \pm \frac{1}{2}\sqrt{22^2 - 480} = \frac{1}{2}\,(22 \pm 2) = \begin{cases}12\\ 10.\end{cases}$$

Daher ist $45 : 12 = 10 : 8$ die gesuchte Proportion.

**1228.** Man setze in voriger Aufgabe statt der Zahlen 22, 23 und 6615 die allgemeinen Zeichen a, b und c.

Diesmal ist $\text{I. } xv = yz, \quad \text{II. } x + v = b,$

$$\text{III. } y + z = a \quad \text{und} \quad \text{IV. } x^3 + y^3 + z^3 + v^3 = c.$$

Bei dem in voriger Aufgabe beobachteten Verfahren erhält man

$$3p\,(a + b) = a^3 + b^3 - c$$

$$\text{V. } p = \frac{a^3 + b^3 - c}{3\,(a + b)}.$$

Aus II und V folgt

$$\left.\begin{matrix}x\\v\end{matrix}\right\} = \frac{b}{2} \pm \frac{1}{2}\sqrt{b^2 - 4p}.$$

Aus III und V folgt

$$\left.\begin{matrix}y\\z\end{matrix}\right\} = \frac{a}{2} \pm \frac{1}{2}\sqrt{a^2 - 4p}.$$

In diese Formeln ist nur noch der Werth von p (aus V) einzusetzen.

**1229.** In einer geometrischen Progression ist das Produkt der beiden inneren oder äußeren Glieder = 432, die Summe aller vier Glieder = 85, und die Summe der Quadrate aller Glieder = 1885. Diese Proportion zu finden.

Es ist I. $xv = yz = 432$, II. $x + y + z + v = 85$ und III. $x^2 + y^2 + z^2 + v^2 = 1885$.

Setzt man IV. $(x + v) - (y + z) = A$,
so ist
V. $x + v = \frac{1}{2}(85 + A)$ und VI. $y + z = \frac{1}{2}(85 - A)$.

Daher
$$\text{VII. } (x + v)^2 + (y + z)^2 = \tfrac{1}{2}(7225 + A^2).$$
VII — III giebt $2xv + 2yz = \frac{1}{2}(3455 + A^2)$
oder nach I $4 \cdot 432 = \frac{1}{2}(3455 + A^2)$,
daher
$$3456 = 3455 + A^2$$
$$1 = A^2$$
$$1 = A.$$

Mithin ist nach V:
$$\text{VIII. } x + v = 43,$$
und der VI gemäß
$$\text{IX. } y + z = 42.$$

Aus I und VIII folgt
$$\left.\begin{matrix}x\\v\end{matrix}\right\} = \frac{43 \pm \sqrt{43^2 - 1728}}{2} = \frac{43 \pm 11}{2} = \begin{cases}27\\16.\end{cases}$$
Aus I und IX folgt
$$\left.\begin{matrix}y\\z\end{matrix}\right\} = \frac{42 \pm \sqrt{42^2 - 1728}}{2} = \frac{42 \pm 6}{2} = \begin{cases}24\\18.\end{cases}$$
Die gesuchte Proportion ist also:
$$27 : 24 = 18 : 16.$$

**1230.** Man setze in voriger Aufgabe statt der Zahlen 432, 85 und 1885 die allgemeinen Zeichen a, b und c.

Proportion: $x : y = z : v$.

Es ist I. $xv = yz = a$, II. $x + y + z + v = b$ und III. $x^2 + y^2 + z^2 + v^2 = c$.

Wird IV. $(x + v) - (y + z) = A$
eingeführt, so folgt aus II und IV:
V. $x + v = \frac{1}{2}(b + A)$ und VI. $y + z = \frac{1}{2}(b - A)$.

Daher ist
$$\text{VII. } (x + v)^2 + (y + z)^2 = \tfrac{1}{2}(b^2 + A^2).$$
VII — (III + 4 . I) giebt
$$0 = \tfrac{1}{2}(a^2 + A^2) - 4a - c,$$
woraus folgt
$$A^2 = 8a + 2c - b^2$$
$$A = \pm\sqrt{8a + 2c - b^2},$$
mithin nach V, sowie nach VI:
$$\text{VIII. } x + v = \tfrac{b}{2} \pm \tfrac{1}{2}\sqrt{8a + 2c - b^2}$$
und
$$\text{IX. } y + z = \tfrac{b}{2} \mp \tfrac{1}{2}\sqrt{8a + 2c - b^2}.$$

Aus VIII und I ergiebt sich, wenn der Kürze wegen A beibehalten wird:

$$\left.\begin{matrix}x\\v\end{matrix}\right\} = \tfrac{1}{4}(b + A) \pm \tfrac{1}{4}\sqrt{2c - 8a + 2bA}.$$

Ebenso ergiebt sich aus IX und I:

$$\left.\begin{matrix}y\\z\end{matrix}\right\} = \tfrac{1}{4}(b - A) \pm \tfrac{1}{4}\sqrt{2c - 8a - 2bA}.$$

**1231.** In einer stetigen Proportion ist die Summe der drei Zahlen = 38, die Summe der Quadrate dieser Zahlen = 532. Diese Proportion zu finden.

Ist y das mittlere Glied und bezeichnet man die beiden äußern Glieder mit x und z, so ergiebt sich

I. $y^2 = xz$, II. $x + y + z = 38$, III. $x^2 + y^2 + z^2 = 532$.

III von der quadrirten II subtrahirt, giebt:

$$2(xy + xz + yz) = 912,$$

oder nach I $\quad 2(xy + y^2 + yz) = 912,$

d. i. $\quad 2y(x + y + z) = 912,$

daher $\quad y(x + y + z) = 456$

und nach II $\quad 38y = 456,$

mithin $\quad y = 12.$

und demgemäß ergiebt II

$$x + 12 + z = 38,$$

also $\quad$ IV. $x + z = 26,$

während III liefert $x^2 + 144 + z^2 = 532,$

also $\quad$ V. $x^2 + z^2 = 388.$

Die doppelte V um die quadrirte IV vermindert, giebt:

$$(x - z)^2 = 100,$$

daher $\quad$ VI. $x - z = 10.$

Aus IV und VI folgt:

$$\left.\begin{matrix}x\\z\end{matrix}\right\} = \frac{26 \pm 10}{2} = \begin{cases}18\\8.\end{cases}$$

Die gesuchte Proportion ist:

$$18 : 12 = 12 : 8.$$

**1232.** Man setze in voriger Aufgabe statt der Zahlen 38 und 352 die allgemeinen Zeichen a und b.

Die gesuchte Proportion ist $x : y = y : z$. Daher hat man

I. $z = \frac{y^2}{x}$, II. $x + y + \frac{y^2}{x} = a$ und III. $x^2 + y^2 + \frac{y^4}{x^2} = b$.

Die quadrirte II um III vermindert, giebt:

$$2y\left(x + y + \frac{y^2}{x}\right) = a^2 - b$$

oder nach II $\quad 2ay = a^2 - b,$

daher $\quad$ IV. $y = \frac{a^2 - b}{2a}.$

Nach IV giebt II

$$x + \frac{(a^2 - b)^2}{4a^2x} = \frac{a^2 + b}{2a},$$

$$x^2 - \left(\frac{a^2 + b}{2a}\right)x = -\frac{(a^2 - b)^2}{4a^2},$$

woraus folgt

$$\text{V. } x = \frac{a^2 + b \pm \sqrt{(3a^2 - b)(3b - a^2)}}{4a}.$$

Substituirt man die in IV und V angegebenen Werthe von y und x in I, so findet sich

$$z = \frac{a^2 + b \pm \sqrt{(3a^2 - b)(3b - a^2)}}{4a}.$$

1233. In einer geometrischen Proportion ist die Summe aller Glieder = 27, die Summe ihrer Quadrate = 205, die Summe ihrer Cuben = 1701. Diese Proportion zu finden.

Proportion: $x : y = z : v$.

I. $x + y + z + v = 27$; II. $x^2 + y^2 + z^2 + v^2 = 205$ und III. $x^3 + y^3 + z^3 + v^3 = 1701$.

Setzt man

IV. $xv = yz = p$ und V. $(x + v) - (y + z) = d$,

so wird nach I und V gefunden:

VI. $x + v = \frac{1}{2}(27 + d)$ und VII. $y + z = \frac{1}{2}(27 - d)$.

Daher ist

VIII. $(x + v)^2 + (y + z)^2 = \frac{1}{2}(729 + d^2)$.

VIII — II liefert der IV gemäß:

$$4p = \frac{1}{2}(319 + d^2),$$

woraus folgt IX. $d^2 = 8p - 319$.

Ferner ist

X. $(x + v)^3 + (y + z)^3 = \frac{1}{4}(19683 + 81d^2) = 162p - 1539$.

X — III liefert der I und IV gemäß:

$$81p = 162p - 1539 - 1701,$$

woraus folgt XI. $p = 40$

und der IX gemäß

XII. $d = 1$.

Nach VI und VII hat man also nun:

XIII. $x + v = 14$ und XIV. $y + z = 13$.

Aus XIII und XI folgt:

$$\left.\begin{matrix} x \\ v \end{matrix}\right\} = \frac{14}{2} \pm \frac{1}{2}\sqrt{14^2 - 160} = \frac{1}{2}(14 \pm 6) = \begin{cases} 10 \\ 4. \end{cases}$$

Aus XIV und XI folgt:

$$\left.\begin{matrix} y \\ z \end{matrix}\right\} = \frac{13}{2} \pm \frac{1}{2}\sqrt{13^2 - 160} = \frac{1}{2}(13 \pm 3) = \begin{cases} 8 \\ 5. \end{cases}$$

Die gesuchte Proportion ist also:

$$10 : 8 = 5 : 4.$$

1234. Man setze in voriger Aufgabe statt der Zahlen 27, 205 und 1701 die allgemeinen Zeichen a, b und c.

Bei derselben Bezeichnung ist

I. $x + y + z + v = a$; II. $x^2 + y^2 + z^2 + v^2 = b$ und III. $x^3 + y^3 + z^3 + v^3 = c$.

Hülfsgleichungen sind

IV. $xv = yz = p$ und V. $(x + v) - (y + z) = d$.

Dann ist

VI. $x + v = \frac{1}{2}(a + d)$ und VII. $y + z = \frac{1}{2}(a - d)$;
ferner VIII. $(x + v)^2 + (y + z)^2 = \frac{1}{2}(a^2 + d^2)$.

Hiervon II subtrahirt, giebt der IV gemäß:

$$4p = \frac{1}{2}(a^2 + d^2) - b,$$

woraus folgt IX. $d^2 = 2b - a^2 + 8p$.

Ferner ist

$$(x + v)^3 + (y + z)^3 = \frac{1}{4}(a^3 + 3ad^2).$$

Hiervon III subtrahirt, giebt nach I und IV:

$$3ap = \frac{1}{4}(a^3 + 3ad^2) - c,$$

daher nach IX

$$3ap = \frac{1}{4}(6ab - 2a^3 + 24ap - 4c)$$

oder $6ap = 3ab - a^3 - 2c + 12ap$,
woraus folgt

$$\text{X. } p = \frac{a^3 - 3ab + 2c}{6a}.$$

Dieser Werth von y in IX substituirt:

$$\text{XI. } d = \pm\sqrt{\frac{a^3 - 6ab + 8c}{3a}}.$$

In bekannter Weise findet sich aber aus VI, VII und IV:

$$\left.\begin{matrix} x \\ v \end{matrix}\right\} = \frac{1}{4}(a + d) \pm \frac{1}{4}\sqrt{(a + d)^2 - 16p}$$

und

$$\left.\begin{matrix} y \\ z \end{matrix}\right\} = \frac{1}{4}(a - d) \pm \frac{1}{4}\sqrt{(a - d)^2 - 16p},$$

und hat man nur noch die Werthe von p und d aus X und XI in diese Formeln einzusetzen.

1235. In einer geometrischen Progression von vier Gliedern ist die Summe aller Glieder = 255, die Summe ihrer Quadrate = 39321. Diese Progression zu finden.

Progression: $x : y = z : v$.

Wird der Exponent der Progression mit e bezeichnet, so ist $y = xe$, $z = x \cdot e^2$, $v = x \cdot e^3$ und daher:

$$\text{I. } x(1 + e + e^2 + e^3) = 255,$$

ferner II. $x^2(1 + e^2 + e^4 + e^6) = 39321$.

I durch $(1 + e)$ dividirt, giebt:

$$\text{III. } x(1 + e^2) = \frac{255}{1 + e}.$$

Aus II folgt

$$\text{IV. } x^2(1 + e^2) = \frac{39321}{1 + e^4}.$$

Nach III und IV ist:

$$\frac{255x}{1 + e} = \frac{39321}{1 + e^4},$$

woraus folgt V. $1 + e^4 = \frac{39321}{255} \cdot \frac{1 + e}{x}$.

$\frac{(I)^2 - (II)}{2}$ giebt:

$$\text{VI. } (1 + e^4) \,.\, x^2e + x^2e^2(1 + e)^2 = 12852,$$

oder wenn aus V der Werth von $(1 + e^4)$ in VI eingesetzt wird:

$$\frac{39321}{255} xe(1 + e) + x^2e^2(1 + e)^2 = 12852$$

oder $(1 + e)^2x^2e^2 + \frac{39321}{255}(1 + e)\,xe = 12852.$

Daher ist $\left[(1 + e)\,xe + \frac{39321}{510}\right] = \frac{4888946241}{510^2}$

$$(1 + e)\,xe + \frac{39321}{510} = \frac{69921}{510},$$

also $\text{VII. } (1 + e)\,xe = 60$

und $\text{VIII. } 1 + e = \frac{60}{xe}$, wie auch $\text{IX. } x = \frac{60}{(1+e)e} = \frac{60}{e + e^2}.$

Setzt man aus VIII den Werth von $(1 + e)$ in III ein, so findet sich:

$$x(1 + e^2) = \frac{255 \,.\, xe}{60}$$

oder $1 + e^2 = \frac{17e}{4},$

daher $e^2 - \frac{17e}{4} = -1,$

woraus folgt $(e - {}^{17}/_8)^2 = {}^{225}/_{64}$

$$e - {}^{17}/_8 = {}^{15}/_8$$

$$\text{X. } e = 4.$$

Dieser Werth statt e in IX eingesetzt, giebt:

$$x = 3.$$

Die gesuchte Progression ist also: $3 : 12 = 48 : 192.$

**1236.** Man setze in voriger Aufgabe statt der Zahlen 255 und 39321 die allgemeinen Zeichen a und b.

Progression: $x : y = z : v.$

$\text{I. } x + y + z + v = a$ und $\text{II. } x^2 + y^2 + z^2 + v^2 = b.$

Da $x : y = y : z$, also $x = \frac{y^2}{z},$

auch $y : z = z : v$, daher $v = \frac{z^2}{y}$

ist, so kommt es nur darauf an, y und z zu bestimmen. Wir setzen daher $z = s + d,\ y = s - d,$

mithin $x = \frac{(s - d)^2}{s + d}$ und $v = \frac{(s + d)^2}{s - d}.$

Werden diese vier Werthe statt x, y, z und v in I und II eingesetzt, so erhält man:

$$\text{III. } 2s + \frac{(s + d)^2}{s - d} + \frac{(s - d)^2}{s + d} = a$$

und

$$\text{IV. } (s + d)^2 + (s - d)^2 + \frac{(s + d)^4}{(s - d)^2} + \frac{(s - d)^4}{(s + d)^2} = b.$$

Aus III folgt:

$$\frac{(s+d)^3+(s-d)^3}{2s-d^2} = a - 2s$$

$$2s^3 + 6sd^2 = as^2 - 2s^3 - ad^2 + 2sd^2$$

oder $$4s^3 + 4sd^2 = as^2 - ad^2,$$

also $$(a+4s)\,d^2 = (a-4s)\,s^2,$$

mithin $$\text{V. } d = s\sqrt{\frac{a-4s}{a+4s}}.$$

Aus IV folgt:

$$2\,(s^2+d^2) + \frac{(s+d)^6+(s-d)^6}{(s^2-d^2)^2} = b$$

$$\frac{2\,(s^6-s^4d^2-s^2d^4+d^6)+(s+d)^6+(s-d)^6}{(s^2-d^2)^2} = b$$

$$4\left(\frac{s^6+7s^4d^2+7s^2d^4+d^6}{(s^2-d^2)^2}\right) = b$$

oder $$4\left(\frac{(s^6+6s^4d^2+s^2d^4)+(s^4d^2+6s^2d^4+d^6)}{(s^2-d^2)^2}\right) = b,$$

auch $$4\left(\frac{s^2\,(s^4+6s^2d^2+d^4)+d^2\,(s^4+6s^2d^2+d^4)}{(s^2-d^2)^2}\right) = b,$$

$$4\,.\,\frac{s^2+d^2}{(s^2-d^2)^2}\,(s^4+6s^2d^2+d^4) = b$$

und nach V, weil $s^2+d^2 = \frac{2as^2}{a+4s}$, ferner $s^2-d^2 = \frac{8s^3}{a+4s}$, sowie $s^4+6s^2d^2+d^4 = \frac{s^4}{(a+4s)^2}\,.\,(8a^2-64s^2)$ ist:

$$a\left(\frac{a^2-8s^2}{a+4s}\right) = b,$$

woraus folgt

$$8as^2 + 4bs = a^3 - ab$$

$$s^2 + \frac{bs}{2a} = \frac{a^3-ab}{8a}$$

$$\left(s+\frac{b}{4a}\right)^2 = \frac{2a^4-2a^2b+b^2}{16a^2}$$

$$\text{VI. } s = \frac{1}{4a}\left(-b \pm \sqrt{2a^2\,(a^2-b)+b^2}\right).$$

Hiernach läßt sich nun auch der Werth von d in V bestimmen, und ist alsdann, wie bereits angegeben worden:

$$x = \frac{(s-d)^2}{s+d},\quad y = s-d,\quad z = s+d,\quad v = \frac{(s+d)^2}{s-d}.$$

**1237.** In einer geometrischen Progression von vier Gliedern ist die Summe der beiden äußeren Glieder = 1085, die Summe der beiden inneren Glieder = 210. Diese Progression zu finden.

Progression: $x : y = z : v$.

Da $y = xe$, $z = xe^2$ und $v = xe^3$ ist, so hat man:

I. $x\,(1+e^3) = 1085$ und II. $x\,(e+e^2) = 210$.

Aus I und II folgt:

$$\text{III. } x = \frac{1085}{1 + e^3} = \frac{210}{e + e^2}.$$

I + II giebt: $x\,(1 + e + e^2 + e^3) = 1295$,
oder nach III

$$210\left(\frac{1 + e + e^2 + e^3}{e + e^2}\right) = 1295;$$

daher
$$\frac{1 + e + (1 + e)\,e^2}{(1 + e)\,e} = \frac{1295}{210},$$

woraus folgt
$$\frac{1 + e^2}{e} = \frac{37}{6}$$

$$e^2 - \frac{37e}{6} = -1$$

$$(e - {}^{37}/_{12})^2 = {}^{225}/_{144}$$

$$e - {}^{37}/_{12} = {}^{35}/_{12}$$

$$\text{IV. } e = 6.$$

Der Werth von e aus IV in III eingesetzt, giebt

$$x = 5.$$

Die gesuchte Progression ist daher: 5, 30, 180 und 1080.

1238. Man setze in der vorigen Aufgabe statt der Zahlen 1085 und 210 die allgemeinenen Zeichen a und b.

Aus I. $x\,(1 + e^3) = a$ und II. $x\,(e + e)^2 = b$

folgt
$$\text{III. } x = \frac{a}{1 + e^3} = \frac{b}{e + e^2}$$

und
$$\text{IV. } x\,(1 + e + e^2 + e^3) = a + b,$$

oder nach III
$$b\left(\frac{1 + e + e^2 + e^3}{e + e^2}\right) = a + b,$$

$$\frac{1 + e + e^2 + e^3}{e + e^2} = \frac{a + b}{b},$$

oder wenn die linke Seite dieser Gleichung im Zähler und Nenner durch $(1 + e)$ dividirt wird:

$$\frac{1 + e^2}{e} = \frac{a + b}{b},$$

woraus folgt

$$e^2 - \left(\frac{a + b}{b}\right) e = -1$$

$$\left(e - \frac{a + b}{2b}\right)^2 = \frac{(a + b)^2 - 4b}{4b^2}$$

$$\text{V. } e = \frac{1}{2b}\left(a + b \pm \sqrt{(a - b)\,(a + 3b)}\right),$$

wozu III ergiebt:

$$\text{VI. } x = \frac{2b^3}{a\,(a + 3b) \pm (a + 2b)\sqrt{(a - b)\,(a + 3b)}}.$$

Die übrigen Glieder der Progression sind $xe$, $xe^2$ und $xe^3$ und lassen sich daher mittels der Formeln V und VI bestimmen.

# III. Höhere Gleichungen.

## A. Cubische Gleichungen.

### (§ 41.)

### Anwendung der Cardanischen Formel.

Beispiele.

$$x^3 + ax + b = 0$$

giebt:

$$x = \sqrt[3]{-\tfrac{b}{2} + \sqrt{\left(\tfrac{b}{2}\right)^2 + \left(\tfrac{a}{3}\right)^3}} + \sqrt[3]{-\tfrac{b}{2} - \sqrt{\left(\tfrac{b}{2}\right)^2 + \left(\tfrac{a}{3}\right)^3}}.$$

$$x^3 - ax + b = 0$$

giebt:

$$x = \sqrt[3]{-\tfrac{b}{2} + \sqrt{\left(\tfrac{b}{2}\right)^2 - \left(\tfrac{a}{3}\right)^3}} + \sqrt[3]{-\tfrac{b}{2} - \sqrt{\left(\tfrac{b}{2}\right)^2 - \left(\tfrac{a}{3}\right)^3}}.$$

$$x^3 - ax - b = 0$$

giebt:

$$x = \sqrt[3]{\tfrac{b}{2} + \sqrt{\left(\tfrac{b}{2}\right)^2 - \left(\tfrac{a}{3}\right)^3}} + \sqrt[3]{\tfrac{b}{2} - \sqrt{\left(\tfrac{b}{2}\right)^2 - \left(\tfrac{a}{3}\right)^3}}.$$

$$x^3 + ax - b = 0$$

giebt:

$$x = \sqrt[3]{\tfrac{b}{2} + \sqrt{\left(\tfrac{b}{2}\right)^2 + \left(\tfrac{a}{3}\right)^3}} + \sqrt[3]{\tfrac{b}{2} - \sqrt{\left(\tfrac{b}{2}\right)^2 + \left(\tfrac{a}{3}\right)^3}}.$$

#### α. Gegebene Gleichungen.

1239. $x^3 + 12x - 63 = 0.$

Wird $x = y + z$ eingeführt, so erhält man:

$$(y + z)^3 + 12(y + z) = 0$$

$$\text{I. } y^3 + z^3 + (3yz + 12)(y + z) - 63 = 0.$$

Setzt man nun $3yz + 12 = 0,$

mithin $z = -\dfrac{4}{y}$

und $z^3 = -\dfrac{64}{y^3},$

so verwandelt sich I durch Substitution dieses Werthes in:

$$y^3 - \frac{64}{y^3} = 63,$$

$$y^6 - 63y^3 = 64$$

$$\left(y^3 - \tfrac{63}{2}\right)^2 = \tfrac{4225}{4}$$

$$y^3 - \tfrac{63}{2} = \pm \tfrac{65}{2}.$$

$$y^3 = \begin{cases} 64 \\ -1 \end{cases}$$

$$y = \begin{cases} 4 \\ -1 \end{cases}$$

und demgemäß $z = \begin{cases} -1 \\ 4, \end{cases}$

also $x = 4 - 1 = 3.$

Die Gleichung $x^3 + 12x - 63 = 0$ durch $x - 3 = 0$ dividirt, giebt:

$$x^2 + 3x + 21 = 0,$$

woraus folgt $x = \frac{1}{2}(-3 \pm \sqrt{-3})$.

1240. $$x^3 + 3x - 14 = 0$$

giebt:

$$x = \sqrt[3]{7 + \sqrt{7^2 + 1^2}} + \sqrt[3]{7 - \sqrt{7^2 + 1^2}}$$
$$x = \sqrt[3]{7 + \sqrt{50}} + \sqrt[3]{7 - \sqrt{50}}$$
$$x = \sqrt[3]{7 + 5\sqrt{2}} + \sqrt[3]{7 - 5\sqrt{2}}$$
$$x = \sqrt[3]{14,0710675} + \sqrt[3]{-0,0710675}$$
$$x = 2,41403 - 0,41403 = 2.$$

1241. $$-x^3 + 3x - 2 = 0,$$

mit $(-1)$ multiplicirt, giebt

$$x^3 - 3x + 2 = 0,$$

daher

$$x = \sqrt[3]{-1 + \sqrt{1^2 - 1^3}} + \sqrt[3]{-1 - \sqrt{1^2 - 1^3}}$$
$$x = \sqrt[3]{-1 + 0} + \sqrt[3]{-1 - 0}$$
$$x = \sqrt[3]{-1} + \sqrt[3]{-1}$$
$$x = -2.$$

Ferner $\frac{x^3 - 3x + 2}{x + 2} = x^2 - 2x + 1 = 0,$

woraus folgt $x = 1.$

Mithin ist

$$x^3 - 3x + 2 = (x + 2)(x - 1)(x - 1) = -x^3 + 3x - 2 = 0.$$

1242. $$6x - x^3 - 40 = 0,$$

mit $(-1)$ multiplicirt, giebt

$$x^3 - 6x + 40 = 0.$$

daher

$$x = \sqrt[3]{-20 + \sqrt{20^2 - 2^3}} + \sqrt[3]{-20 - \sqrt{20^2 - 2^3}}$$
$$x = \sqrt[3]{-20 + \sqrt{392}} + \sqrt[3]{-20 + \sqrt{392}}$$
$$x = \sqrt[3]{-20 + 14\sqrt{2}} + \sqrt[3]{-20 - 14\sqrt{2}}$$
$$x = -4.$$

Ferner

$$\frac{x^3 - 6x + 40}{x + 4} = x^2 - 4x + 10 = 0,$$

woraus folgt $x = 2 \pm \sqrt{-6}.$

1243. $$21x - x^3 + 344 = 0,$$

mit $(-1)$ multiplicirt, giebt

$$x^3 - 21x - 344 = 0,$$

daher

$$x = \sqrt[3]{172 + \sqrt{172^2 - 7^3}} + \sqrt[3]{172 - \sqrt{172^2 - 7^3}}$$
$$x = \sqrt[3]{172 + \sqrt{29241}} + \sqrt[3]{172 - \sqrt{29241}}$$
$$x = \sqrt[3]{172 + 171} + \sqrt[3]{172 - 171}.$$
$$x = \sqrt[3]{343} + \sqrt[3]{1}$$
$$x = 7 + 1 = 8.$$

Ferner $\frac{x^3 - 21x - 344}{x - 8} = x^2 + 8x + 43,$

woraus folgt $x = -4 \pm 3\sqrt{-3}.$

**1244.** $84x - x^3 + 720 = 0,$

mit $(-1)$ multiplicirt, giebt

$$x^3 - 84x - 720 = 0,$$

daher

$$x = \sqrt[3]{360 + \sqrt{360^2 - 28^3}} + \sqrt[3]{360 - \sqrt{360^2 - 28^3}}$$
$$x = \sqrt[3]{360 + 8\sqrt{1682}} + \sqrt[3]{360 - 8\sqrt{1682}}.$$
$$x = 12.$$

Ferner

$$\frac{x^3 - 84x - 720}{x - 12} = x^2 + 12x + 60 = 0,$$

woraus folgt $x = -6 \pm 2\sqrt{-6}.$

**1245.** Aus $x^3 - 20x - 800 = 0$ folgt

$$x = \sqrt[3]{400 + \sqrt{400^2 - (\tfrac{20}{3})^3}} + \sqrt[3]{400 - \sqrt{400^2 - (\tfrac{20}{3})^3}}$$
$$x = \sqrt[3]{400 + \tfrac{280}{9}\sqrt{165}} + \sqrt[3]{400 - \tfrac{280}{9}\sqrt{165}}$$
$$x = 10.$$

Ferner

$$\frac{x^3 - 20x - 800}{x - 10} = x^2 + 10x + 80 = 0,$$

woraus folgt $x = -5 \pm \sqrt{-55}.$

**1246.** Aus $x^3 - 20x - 25 = 0$ folgt

$$x = \sqrt[3]{\tfrac{25}{2} + \sqrt{(\tfrac{25}{2})^2 - (\tfrac{20}{3})^3}} + \sqrt[3]{\tfrac{25}{2} - \sqrt{(\tfrac{25}{2})^2 - (\tfrac{20}{3})^3}}$$
$$x = \sqrt[3]{\tfrac{25}{2} + \tfrac{55}{18}\sqrt{-15}} + \sqrt[3]{\tfrac{25}{2} - \tfrac{55}{18}\sqrt{-15}}.$$

Diese Lösung führt also zu imaginären Werthen. Durch Versuche findet man jedoch bald $x = 5$, und demnach

$$\frac{x^3 - 20x - 25}{x - 5} = x^2 + 5x + 5 = 0,$$

woraus folgt $x = \tfrac{1}{2}(-5 \pm \sqrt{5}).$

Es sind also die drei Wurzeln der vorliegenden Gleichung sämmtlich reell, was schon der irreductible Fall der Cardanischen Formel anzeigt.

### b. Algebraische Aufgaben.

1247. Zwei Zahlen zu finden, deren Quadrate zusammen 89 und deren Cuben zusammen 637 betragen.

Sind x und y die gesuchten Zahlen, so hat man

$$\text{I. } x^2 + y^2 = 89 \quad \text{und} \quad \text{II. } x^3 + y^3 = 637.$$

Aus I folgt $\text{III. } (x + y)^2 - 2xy = 89.$

Aus II folgt

$$\text{IV. } (x + y)^3 - 3xy\,(x + y) = 637.$$

Wird nun $x + y = s$ und $xy = p$ gesetzt, so ergeben III und IV:

$$\text{V. } s^2 - 2p = 89 \quad \text{und} \quad \text{VI. } s^3 - 3ps = 637.$$

Die mit s multiplicirte V um VI vermindert, giebt

$$ps = 89s - 637,$$

daher

$$\text{VII. } p = \frac{89s - 637}{s}.$$

Dieser Werth von p in V eingesetzt, giebt:

$$s^3 - 267s + 1274 = 0,$$

woraus folgt $s = 13$

und der VII gemäß $p = 40,$

mithin

$$\left.\begin{matrix} x \\ y \end{matrix}\right\} = \tfrac{1}{2}\,(13 \pm \sqrt{13^2 - 160}) = \tfrac{1}{2}\,(13 \pm 3) = \begin{cases} 8 \\ 5. \end{cases}$$

Die zur Bestimmung von s dienende cubische Gleichung führt auf den irreductiblen Fall der Cardanischen Formel, deshalb suche man diese Gleichung dadurch zu lösen, daß man jeden der Factoren von 1274 statt s einsetzt, bis einer derselben, nämlich 13, die erwähnte Gleichung auf Null bringt.

1248. Drei Zahlen, die zusammen 14 betragen und deren Kubikzahlen 584 als Summe ergeben, bilden eine stetige Proportion. Diese Zahlen zu finden.

Proportion $x : y = y : z,$

woraus folgt $\text{I. } xz = y^2.$

Ferner ist

$$\text{II. } x + y + z = 14 \quad \text{und} \quad \text{III. } x^3 + y^3 + z^3 = 584.$$

$(\text{II})^3 - \text{III}$ giebt

$$3y\,(x^2 + 2xy + 2yz + z^2 + 2xz) = 2160,$$

daher

$$y\,(x^2 + 2xy + 2yz + z^2 + 2xz) = 720$$

$$y\,[x\,(x + 2y + z) + z\,(x + 2y + z)] = 720$$

$$\text{IV. } y\,(x + 2y + z)\,(x + z) = 720.$$

Von der Gleichung

$$\text{V. } pq = \left(\frac{p + q}{2}\right)^2 - \left(\frac{p - q}{2}\right)^2$$

ausgehend, setze man nun

$$x + 2y + z = p \quad \text{und} \quad x + z = q;$$

mithin

$$\tfrac{1}{2}\,(p + q) = x + y + z \quad \text{und} \quad \tfrac{1}{2}\,(p - q) = y.$$

Demgemäß giebt IV (auf Grund der Gleichung V):

$$y(x + y + z)^2 - y^3 = 720$$

und nach II $y \cdot 14^2 - y^3 = 720,$

woraus folgt $y^3 - 196y = -720$

oder $y^3 - 196y + 720 = 0,$

mithin IV. $y = 4.$

Hierzu giebt I. $xz = 16$ und II. $x + y = 10.$

Aus diesen beiden Gleichungen folgt

$$\left.\begin{matrix} x \\ y \end{matrix}\right\} = \tfrac{1}{2}(10 \pm 6) = \begin{cases} 8 \\ 2. \end{cases}$$

Die gesuchte Proportion ist also:

$$2 : 4 = 4 : 8 \quad \text{oder} \quad 8 : 4 = 4 : 2.$$

**1249.** Ein Capital von 60000 Mark hat sich durch Zinseszins in 3 Jahren um $9457\tfrac{1}{2}$ Mark vermehrt. Zu wie viel Procent war es verliehen?

Nach 3 Jahren beträgt das Capital 69457,5 Mark. Wird nun der Zinsfuß $= p\,\%$ gesetzt, so ist

$$60000 \left(\frac{100 + p}{100}\right)^3 = 69457{,}5$$

$$\left(\frac{100 + p}{100}\right)^3 = 1{,}157625$$

$$(100 + p)^3 = 1157625$$

$$100 + p = 105$$

$$p = 5\,\%.$$

**1250.** Welche Zahl giebt, zu dem Quadrate ihrer Reciproke addirt, $2\tfrac{1}{4}$?

Ist $x$ die gesuchte Zahl, also $\tfrac{1}{x}$ ihre Reciproke, so hat man

$$x + \frac{1}{x^2} = \tfrac{9}{4}$$

$$x^3 - \frac{9x^2}{4} + 1 = 0,$$

und wenn $x = u + \tfrac{3}{4}$ eingesetzt wird:

$$(u + \tfrac{3}{4})^3 - \tfrac{9}{4}(u + \tfrac{3}{4})^2 + 1 = 0,$$

daher $u^3 - \frac{27u}{16} + \tfrac{5}{32} = 0,$

woraus folgt $u = \tfrac{5}{4}$

und $u + \tfrac{3}{4} = x = 2.$

**1251.** Ein Kugelhaufen von der Form einer dreiseitigen Pyramide enthält 1540 Kugeln. Aus wie viel Schichten besteht er? [Zahl der Kugeln $= \dfrac{x(x + 1)(x + 2)}{1 \cdot 2 \cdot 3}$, wo $x$ die Anzahl der Schichten bezeichnet.]

$$x(x + 1)(x + 2) = 6 \cdot 1540$$

$$x^3 + 3x^2 + 2x = 9240$$

oder $x^3 + 3x^2 + 2x - 9240 = 0.$

Da offenbar

$$x^3 < 9240, \text{ mithin } x < \sqrt[3]{9240},$$

ferner $(x + 1)^3 > 9240$, mithin $(x + 1) > \sqrt[3]{9240}$

ist und der Unterschied zwischen x und $\sqrt[3]{9240}$ keine ganze Einheit beträgt, so ist x, als ganze Zahl, gleich derjenigen ganzen Zahl, welche die Kubikwurzel von 9240 ergiebt; mithin

$$x = 20 \text{ Schichten.}$$

1252. Ein Kugelhaufen von der Form einer vierseitigen Pyramide enthält 4900 Kugeln. Aus wie viel Schichten besteht er? [Zahl der Kugeln $= \frac{x(x+1)(2x+1)}{1 . 2 . 3}$, wo x die Anzahl der Schichten bezeichnet.]

$$x(x+1)(2x+1) = 6 . 4900,$$

oder $2x^3 + 3x^2 + x - 29400 = 0.$

Hier ist

$$2x^3 < 29400, \text{ oder } x^3 < 14700, \text{ daher } x < \sqrt[3]{14700},$$

ferner $(x+1) > \sqrt[3]{14700}$. Es weicht also x um keine ganze Einheit von $\sqrt[3]{14700}$ ab. Demgemäß ist die ganze Zahl, welche uns $\sqrt[3]{14700}$ giebt, der Werth von x, nämlich

$$x = 24 \text{ Schichten.}$$

1253. In einer zunehmenden geometrischen Progression von vier Gliedern ist die Summe der beiden inneren Glieder = 24, die Differenz der beiden äußeren = 52. Diese Progression zu finden.

Ist das erste Glied = x, der Exponent = y, so hat man:

$$\text{I. } xy + xy^2 = 24 \quad \text{und} \quad \text{II. } xy^3 - x = 52.$$

Aus I folgt $\quad \text{III. } x = \frac{24}{y^2 + y}.$

II giebt $\quad \text{IV. } x = \frac{52}{y^3 - 1}.$

Aus III und IV folgt $\quad \frac{24}{y^2 + y} = \frac{52}{y^3 - 1}$

oder $\quad \frac{6}{y^2 + y} = \frac{13}{y^3 - 1}.$

Mithin ist $\quad 6y^3 - 6 = 13y^2 + 13y,$

oder $\quad 6y^3 - 13y^2 - 13y - 6 = 0,$

auch $\quad y^3 - {}^{13}{}_6 y^2 - {}^{13}{}_6 y - 1 = 0,$

welcher Gleichung $\quad y = 3$

Genüge leistet. Hierzu giebt III oder IV:

$$x = 2.$$

Demnach ist die gesuchte Progression: 2, 6, 18, 54.

1254. In einer zunehmenden geometrischen Progression von vier Gliedern ist die Summe der beiden inneren Glieder = 6, während die Quadratzahlen der beiden äußeren Glieder zusammen 65 betragen. Diese Progression zu finden.

Bezeichnet x das erste Glied, e den Exponenten und d die Differenz der beiden inneren Glieder, so ist

I. $xe^2 + xe = 6$, II. $x^2 + x^2e^6 = 65$ und III. $xe^2 - xe = d$.

$\frac{1}{2}$ (I + III) giebt IV. $xe^2 = \frac{1}{2}(6 + d)$.
$\frac{1}{2}$ (I — III) giebt V. $xe = \frac{1}{2}(6 - d)$.
IV dividirt durch V giebt

$$\text{VI.}\quad e = \frac{6 + d}{6 - d}.$$

V dividirt durch VI giebt

$$\text{VII.}\quad x = \frac{(6 - d)^2}{2\,(6 + d)}.$$

Daher ist

$$x^2 = \frac{(6 - d)^4}{4(6 + d)^2} \text{ und } x^2e^6 = \frac{(6 - d)^4}{4(6 + d)^2}\left(\frac{6 + d}{6 - d}\right) = \frac{(6 + d)^4}{4(6 - d)^2}.$$

Substituirt man diese beiden Werthe in II, so findet sich:

$$\frac{(6 - d)^4}{4\,(6 + d)^2} + \frac{(6 + d)^4}{4\,(6 - d)^2} = 65,$$

$$\frac{(6 - d)^4}{(6 + d)^2} + \frac{(6 + d)^4}{(6 - d)^2} = 260$$

$$(6 - d)^6 + (6 + d)^6 = 260\,(36 - d^2)^2,$$

woraus folgt

$$46656 + 19440d^2 + 540d^4 + d^6 = 168480 - 9360d^2 + 130d^4$$

$$d^6 + 410d^4 + 28800d^2 - 121824 = 0$$

oder, wenn $d^2 = y$ gesetzt wird:

$$y^3 + 410y^2 + 28800y - 121824 = 0,$$

woraus folgt $y = 4,$
mithin $d = 2$
und nach VI $e = 2,$
nach VII $x = 1.$

Demgemäß ist die gesuchte Progression: 1, 2, 4, 8.

## B. Höhere Gleichungen überhaupt.

(§ 42.)

### Auflösung der numerischen Gleichungen höheren Grades mit rationalen Wurzeln.

1255. $$x^3 - 8x^2 + 5x + 14 = 0.$$

Der zweimalige Zeichenwechsel und die einmalige Zeichenfolge läßt auf 2 positive und eine negative Wurzel schließen. Die Factoren von 14 sind 1, 2, 7, 14; darum prüft man, wie folgt.

| Factoren von 14 | 1 | — 1 | 2 | — 2 | 7 | 14 | — 14 |
|---|---|---|---|---|---|---|---|
| dividirt in 14 | 14 | — 14 | 7 | — 7 | 2 | 1 | — 1 |
| + 5 addirt | 19 | — 9 | 12 | — 2 | 7 | 6 | 4 |
| dividirt: | 19 | 9 | 6 | 1 | 1 | | |
| — 8 addirt | 11 | 1 | — 2 | — 7 | — 7 | | |
| dividirt: | 11 | — 1 | — 1 | | — 1 | | |
| + 1 addirt | 12 | 0 | 0 | | 0 | | |

Daher hat x die Werthe — 1, 2 und 7.

1256. $$x^4 - 45x^2 - 40x + 84 = 0.$$

Zweimaliger Zeichenwechsel und zweimalige Zeichenfolge, indem man die Gleichung auf die Form $x^4 \pm 0 \,.\, x^3 - 45x^2 - 40x + 84 = 0$ bringen kann. Daher 2 positive und 2 negative Wurzeln. Die Werthe von x sind nämlich 1, — 2, — 6, 7.

1257. $$x^3 - 18x^2 + 87x - 110 = 0.$$

Nur Zeichenwechsel, daher 3 positive Wurzeln. Es ist $110 = 2 \,.\, 5 \,.\, 11$. Die Werthe von x sind 2, 5, 11.

1258. $$x^5 - x^4 - 13x^3 + 13x^2 + 36x - 36 = 0.$$

Der dreimalige Zeichenwechsel und die zweimalige Zeichenfolge lassen auf drei positive und zwei negative Wurzeln schließen.

Wird vorläufig mit den Factoren 1, 2, 3 des letzten Gliedes Probe gemacht, so erhält man:

| | 1 | — 1 | 2 | — 2 | 3 | — 3 |
|---|---|---|---|---|---|---|
| dividirt in — 36 | — 36 | 36 | — 18 | 18 | — 12 | 12 |
| + 36 addirt | 0 | 72 | 18 | 54 | 24 | 48 |
| dividirt: | 0 | — 72 | 9 | — 27 | 8 | — 16 |
| + 13 addirt | 13 | 55 | 22 | — 14 | 21 | — 3 |
| dividirt: | 13 | — 55 | 11 | 7 | 7 | 1 |
| — 13 addirt | 0 | — 68 | — 2 | — 6 | — 6 | — 12 |
| dividirt: | 0 | 68 | — 1 | 3 | — 2 | 4 |
| — 1 addirt | — 1 | 67 | — 2 | 2 | — 3 | 3 |
| dividirt: | — 1 | — 67 | — 1 | — 1 | — 1 | — 1 |
| + 1 addirt | 0 | — 66 | 0 | 0 | 0 | 0 |

Hiernach hat x die Werthe 1, 2, — 2, 3, — 3; und bedarf es daher keiner weiteren Untersuchung.

1259. $$x^5 - 3x^4 - 17x^3 + 51x^2 + 16x - 48 = 0.$$

Drei Zeichenwechsel und eine zweimalige Zeichenfolge, daher drei positive und zwei negative Wurzeln. Es hat nämlich x die Werthe 1, — 1, 3, 4, — 4.

1260. $$x^5 - 2x^4 - 4x^3 + 8x^2 + 3x - 6 = 0.$$

Auf dem oben angegebenen Wege finden sich für x die Werthe 1, — 1 und 2. Wird nun die gegebene Gleichung durch

$$(x - 1)\,(x + 1)\,(x - 2) = x^3 - 2x^2 - x + 2 = 0$$

dividirt, so erhält man $x^2 - 3 = 0$, woraus folgt $x = \pm \sqrt{3}$. Es hat also x die fünf Werthe 1, — 1, 2, $+\sqrt{3}$ und $-\sqrt{3}$.

1261. $$x^5 - x^4 - 7x^3 + 7x^2 + 10x - 10 = 0.$$

Zunächst findet sich $x = 1$, daher $x - 1 = 0$ und

$$\frac{x^5 - x^4 - 7x^3 + 7x^2 + 10x - 10}{x - 1} = x^4 - 7x^2 + 10 = 0,$$

woraus folgt:

$$x^2 = \tfrac{1}{2}\,(7 \pm 3) = \begin{cases} 5 \\ 2, \end{cases}$$ also $x = \pm \sqrt{5}$ und $x = \pm \sqrt{2}$.

Demgemäß hat die gegebene Gleichung die fünf Wurzeln 1, $+\sqrt{2}$, $-\sqrt{2}$, $+\sqrt{5}$ und $-\sqrt{5}$.

1262. $$x^5 + x^4 - 5x^3 - 5x^2 + 6x + 6 = 0.$$
Zunächst ist $x = -1$, daher $x + 1 = 0$ und
$$\frac{x^5 + x^4 - 5x^3 - 5x^2 + 6x + 6}{x + 1} = x^4 - 5x^2 + 6 = 0,$$
woraus folgt:
$$x^2 = \tfrac{1}{2}(5 \pm 1) = \begin{cases} 3 \\ 2, \end{cases} \text{ also } x = \pm\sqrt{3} \text{ und } x = \pm\sqrt{2}.$$
Demgemäß hat die gegebene Gleichung die fünf Wurzeln: $-1$, $+\sqrt{2}$, $-\sqrt{2}$, $+\sqrt{3}$ und $-\sqrt{3}$.

1263. $$2x^3 - 3x^2 + x - 6 = 0$$
giebt, durch 2 dividirt:
$$x^3 - \tfrac{3}{2}x^2 + \tfrac{x}{2} - 3 = 0.$$
Setzt man $x = \tfrac{y}{2}$, so ist
$$\left(\tfrac{y}{2}\right)^3 - \tfrac{3}{2}\left(\tfrac{y}{2}\right)^2 + \tfrac{1}{2}\left(\tfrac{y}{2}\right) - 3 = 0$$
und nach Multiplication mit 8:
$$y^3 - 3y^2 + 2y - 24 = 0,$$
woraus folgt $y = 4$,
mithin $x = 2$.
Ferner ist
$$\frac{x^3 - \tfrac{3}{2}x^2 + \tfrac{1}{2}x - 3}{x - 2} = x^2 + \tfrac{1}{2}x + \tfrac{3}{2} = 0,$$
woraus folgt $x = \tfrac{1}{4}(-1 \pm \sqrt{-23})$.
Es hat also die gegebene Gleichung die Wurzeln:
$$2,\ \tfrac{1}{4}(-1 + \sqrt{-23}) \text{ und } \tfrac{1}{4}(-1 - \sqrt{-23}).$$

1264. $$8x^4 - 38x^3 + 49x^2 - 22x + 3 = 0$$
giebt, durch 8 dividirt:
$$x^4 - \tfrac{19}{4}x^3 + \tfrac{49}{8}x^2 - \tfrac{11}{4}x + \tfrac{3}{8} = 0.$$
und wenn $x = \tfrac{y}{8}$ gesetzt wird:
$$\left(\tfrac{y}{8}\right)^4 - \tfrac{19}{4}\left(\tfrac{y}{8}\right)^3 + \tfrac{49}{8}\left(\tfrac{y}{8}\right)^2 - \tfrac{11}{4}\left(\tfrac{y}{8}\right) + \tfrac{3}{8} = 0,$$
daher nach Multiplication mit $8^4 = 4096$:
$$y^4 - 38y^3 + 392y^2 - 1408y + 1536 = 0.$$
Diese Gleichung enthält die Wurzeln 2, 4, 8 und 24. Mithin hat x die Werthe $\tfrac{1}{4}$, $\tfrac{1}{2}$, 1 und 3.

1265. $$x^5 - \tfrac{3}{4}x^4 - \tfrac{13}{36}x^3 + \tfrac{13}{48}x^2 + \tfrac{1}{36}x - \tfrac{1}{48} = 0.$$
Setzt man $$x = \frac{y}{12},$$
so ist
$$\left(\frac{y}{12}\right)^5 - \tfrac{3}{4}\left(\frac{y}{12}\right)^4 - \tfrac{13}{36}\left(\frac{y}{12}\right)^3 + \tfrac{13}{48}\left(\frac{y}{12}\right)^2 + \tfrac{1}{36}\left(\frac{y}{12}\right) - \tfrac{1}{48} = 0,$$
und wenn mit $12^5$ multiplicirt wird:
$$y^5 - 9y^4 - 52y^3 + 468y^2 + 576y - 5184 = 0,$$
welche Gleichung die Wurzeln 4, $-4$, 6, $-6$ und 9 enthält. Mithin hat x die Werthe $\tfrac{1}{3}$, $-\tfrac{1}{3}$, $\tfrac{1}{2}$, $-\tfrac{1}{2}$ und $\tfrac{3}{4}$.

1266. $$x^5 - 2x^4 - \tfrac{3}{2}x^3 + \tfrac{3}{2}x^2 + \tfrac{1}{2}x - 1 = 0.$$
Setzt man $$x = \tfrac{y}{2},$$

so ist
$(y/2)^5 - 2(y/2)^4 - 3/2\,(y/2)^3 + 3/2\,(y/2)^2 + 1/2\,(y/2) - 1 = 0.$
und wenn mit $2^5 = 32$ multiplicirt wird:
$$y^5 - 4y^4 - 6y^3 + 24y^2 + 8y - 32 = 0,$$
welche Gleichung die rationalen Wurzeln 2, — 2 und 4 enthält, und durch $(y - 2)(y + 2)(y - 4) = 0$ dividirt, die quadratische Gleichung $y^2 - 2 = 0$ ergiebt, woraus $y = \pm\sqrt{2}$ folgt. Daher hat x die Werthe 1, — 1, 2, $+\sqrt{1/2}$, $-\sqrt{1/2}$.

## (§ 43.)

## Annähernde Auflösung der numerischen Gleichungen höheren Grades mit irrationalen Wurzeln.

1267. $$x^4 + 2x^3 + 3x^2 - x - 5 = 0.$$

Es bezeichne A die Summe des hier gegebenen Polynoms.

| Setzt man | so ist |
|---|---|
| $x = 1$ | $A = -6$ |
| $x = 2$ | $A = +3.$ |

Daher liegt x zwischen 1 und 2, jedoch der Zahl 2 am nächsten.

Durch Versuche findet man ferner, daß x zwischen 1,5 und 1,6 liegen muß. Wird nun $x = 1{,}5 + z$ oder allgemein $x = w + z$ gesetzt, so giebt obige Gleichung:
$$(w + z)^4 + 2(w + z)^3 - 3(w + z)^2 - (w + z) - 5 = 0.$$

Da $z < 1/10$, mithin $z^2 < 1/100$, $z^3 < 1/1000$ und $z^4 < 1/10000$ ist, so kann man die höheren Potenzen unbeachtet lassen; und liefert dann die zuletzt mitgetheilte Gleichung:
$$w^4 + 4w^3z + 2w^3 + 6w^2z - 3w^2 - 6wz - w - z - 5 = 0,$$
woraus sich annähernd findet:
$$z = \frac{w^4 + 2w^3 - 3w^2 - w - 5}{4w^3 + 6w^2 - 6w - 1},$$
und wenn für w nun der entsprechende Werth 1,5 gesetzt wird:
$$z = \frac{1{,}4375}{17} = 0{,}0845,$$
daher $$x = 1{,}5 + 0{,}0845 = 1{,}5845.$$

Bei näherer Prüfung zeigt sich jedoch, daß x kleiner sein muß als 1,5845, denn setzt man das eine Mal $x = 1{,}58$, das andere Mal $x = 1{,}57$ in die gegebene Gleichung ein, so wird A im ersten Falle positiv, im zweiten Falle negativ. Es muß daher x zwischen 1,57 und 1,58 liegen. Um nun einen genaueren Werth zu finden, setze man $w = 1{,}57$ in die Formel
$$z = \frac{w^4 + 2w^3 - 3w^2 - w - 5}{4w^3 + 6w^2 - 6w - 1}$$
ein, wodurch sich ergiebt:
$$z = 0{,}0075,$$
mithin $x = 1{,}57 + 0{,}0075 = 1{,}5775\ldots$, welcher Werth um noch nicht $1/10000$ zu groß ist.

**1268.** Aus $x^3 - 12x - 28 = 0$ folgt annähernd
$x = 4{,}30213 \ldots$

**1269.** Aus $x^3 - 12x^2 + 57x - 94 = 0$ folgt annähernd
$x = 3{,}36216 \ldots.$

**1270.** Aus $x^3 - 12x^2 + 45x - 53 = 0$ folgt annähernd
$x = 5{,}879385 \ldots.$

**1271.** Aus $x^3 - 15x^2 + 63x - 50 = 0$ folgt annähernd
$x = 1{,}02803 \ldots.$

**1272.** Aus $x^3 - 15x^2 + 72x - 109 = 0$ folgt annähernd
$x = 5{,}347 \ldots.$

**1273.** Aus $x^3 - 13x^2 + 38x + 17 = 0$ folgt annähernd
$x = 7{,}953 \ldots.$

**1274.** Aus $x^3 + 2x^2 + 3x - 52 = 0$ folgt annähernd
$x = 2{,}951 \ldots.$

**1275.** Aus $x^4 - 4x^3 + 18 = 0$ folgt annähernd
$x = 2{,}1255 \ldots.$

**1276.** Aus $x^3 - 2x^2 - 6x + 8 = 0$ folgt durch wiederholte Näherung $x = 1{,}14636548.$

# IV. Diophantische Gleichungen.

(§ 45.)

## Unbestimmte Aufgaben.

**1277.** Die Zahl 174 derartig in zwei Theile zu zerlegen, daß der eine Theil, durch 5 dividirt, zum Reste 3, und der andere, durch 7 dividirt, zum Reste 2 läßt.

Der eine Theil ist $= 5x + 3$, der andere $= 7y + 2$; daher
$(5x + 3) + (7y + 2) = 174,$
woraus folgt $5x + 7y = 169$
$5x = 169 - 7y$

$$\text{I. } x = 33 - y + \frac{4 - 2y}{5}.$$

$\frac{4 - 2y}{5} = a$ gesetzt, giebt:

$$\text{II. } y = \frac{4 - 5a}{2} = 2 - 2a - {}^a\!/_2.$$

Setzt man nun $^a/_2 = b$, mithin $a = 2b$, so giebt II:
$$\text{III. } y = 2 - 5b.$$

Dieser Werth von y in I substituirt, giebt:
$$\text{IV. } x = 31 + 7b.$$

III und IV zeigen, daß b negativ anzunehmen ist.

| b | − 1 | − 2 | − 3 | − 4. |
|---|---|---|---|---|
| x | 24 | 17 | 10 | 3 |
| y | 7 | 12 | 17 | 22 |

Daher die gesuchten Theile:

| | | | | |
|---|---|---|---|---|
| 5x + 3 | 123 | 88 | 53 | 18 |
| 7y + 2 | 51 | 86 | 121 | 156. |

1278. Welche Zahlen lassen, durch 3, 6 und 9 dividirt, nach der Reihe die Reste 1, 1, 7?

Jede der gesuchten Zahlen ist von der Form $3x + 1$, oder $6y + 1$, oder $9z + 7$. Daher ist

$$3x + 1 = 6y + 1,$$

woraus folgt $x = 2y$.

Ferner ist $6y + 1 = 9z + 7$,

oder $6y = 9z + 6$,

woraus folgt $y = z + 1 + z/2$,

oder wenn $z/2 = a$ gesetzt wird:

$$y = 3a + 1.$$

Mithin ist $6y + 1 = 18a + 7$ der allgemeine Ausdruck für die gesuchten Zahlen. Je nachdem $a = 1, 2, 3, 4, 5$ rc. gesetzt wird, erhält man hiernach 25, 43, 61, 79, 97 rc.

1279. Eine Frau bringt Eier zu Markte. Verkauft sie dieselben dutzendweise, so bleiben ihr 3 Stück übrig. Will sie aber die Eier mandelweise verkaufen, so fehlen ihr zum letzten Mandel 3 Stück. Wie viel Eier hatte diese Frau?

Die Zahl der Eier ist von der Form $12x + 3$ oder $15y - 3$. Daher ist

$$12x + 3 = 15y - 3$$
$$12x = 15y - 6$$
$$\text{I. } x = y + \frac{y-2}{4}.$$

$\frac{y-2}{4} = a$ gesetzt, giebt

$$\text{II. } y = 4a + 2$$

und ist daher $\text{III. } x = 5a + 2.$

Demgemäß findet sich

$$12x + 3 = 60a + 27$$

oder $15y - 3 = 60a + 27.$

Wird für a der Reihe nach 0, 1, 2, 3 rc. gesetzt, so beträgt die Zahl der Eier bezüglich 27, 87, 147, 207 rc.

1280. Ein Kaufmann hat für 3000 Mark Pferde und Ochsen gekauft. Für jedes Pferd bezahlte er 250 Mark, für jeden Ochsen 200 Mark. Wie viel Pferde und wie viel Ochsen sind gekauft worden?

x Pferde und y Ochsen.

$$250x + 200y = 3000$$
$$200y = 3000 - 250x$$
$$y = 15 - x - x/4.$$

$x/4 = a$ gesetzt, giebt:

$$\text{I. } x = 4a,$$

daher $\text{II. } y = 15 - 5a.$

| a | 1 | 2 | |
|---|---|---|---|
| x | 4 | 8 | Pferde. |
| y | 10 | 5 | Ochsen. |

1281. Ein Regiment, welches keine 3000 Mann stark ist, kann 7, 8 und 9 Mann hoch aufgestellt werden, ohne daß ein Mann übrig bleibt. Wollte man aber dasselbe 11 oder 13 Mann hoch aufstellen, so würde im ersten Falle 1 Mann übrig bleiben, und im zweiten Falle wären 2 Mann zu wenig da. Welche Stärke hat dieses Regiment?

Das Regiment zählt $7 \,.\, 8 \,.\, 9x = 504x$ oder $11y + 1$ oder $13z - 2$ Mann. Daher ist

$$11y + 1 = 504x$$

oder $$11y = 504x - 1,$$

also $$y = 46x - \frac{2x + 1}{11}.$$

Wird $\frac{2x + 1}{11} = a$, mithin $2x = 11a - 1$ gesetzt, so findet sich $504x = 2772a - 252.$

Daher ist ferner

$$13z - 2 = 2772a - 252$$

oder $$13z = 2772a - 250,$$

folglich $$\text{I. } z = 213a - 19 + \frac{3a - 3}{13}.$$

$\frac{3a - 3}{13} = b$ gesetzt, giebt

$$a = 4b + 1 + \tfrac{1}{3}b,$$

oder wenn $\frac{1}{3}b = c$, also $b = 3c$ gesetzt wird:

$$a = 13c + 1$$

und nach I $$z = 2772c + 194;$$

folglich $$13z - 2 = 36036c + 2520.$$

Hier darf c nur gleich Null gesetzt werden. Mithin enthält das Regiment 2520 Mann.

1282. Ein Rad A greift in zwei andere Räder B und C ein. Wie viel Zähne muß man jedem dieser drei Räder geben, damit, wenn A 7mal umläuft, B 5 Umläufe vollendet, C hingegen 4 Umläufe macht und noch um 3 seiner Zähne weiter herumgeschoben wird?

A erhält x, B y, C z Zähne. Daher ist

$$5y = 7x = 4z + 3.$$

Aus $5y = 7x$ folgt

$$y = x + \tfrac{2}{5}x.$$

Wird $x = 5a$ gesetzt, so ist

$$y = 7a$$

und $$5y = 35a.$$

Ferner ist $4z + 3 = 35a,$

also $$4z = 35a - 3$$

$$z = 8a + \frac{3a - 3}{4},$$

oder wenn man $\frac{3a - 3}{4} = 3b$, mithin $a = 4b + 1$ setzt:

$$z = 8 + 35b,$$
folglich
$$y = 7 + 28b$$
$$x = 5 + 20b.$$

| b | 0 | 1 | 2 | 3 | |
|---|---|---|---|---|---|
| x | 5 | 25 | 45 | 65 | Zähne. |
| y | 7 | 35 | 63 | 91 | " |
| z | 8 | 43 | 78 | 113 | " |

1283. Jemand braucht 6 Kugeln, jede von 25 Gramm Gewicht. Er besitzt aber drei andere Sorten Kugeln; von der ersten wiegt jede Kugel 30g, von der zweiten 24g, von der dritten 18g. Wie viel Kugeln muß er von jeder Sorte einschmelzen, um die gewünschten 6 Kugeln gießen zu können?

x Kugeln à 30g, y Kugeln à 24g, z Kugeln à 18g zusammen 6 . 25 = 150g schwer.

$$30x + 24y + 18z = 150$$
oder
$$5x + 4y + 3z = 25$$
$$5x = 25 - 4y - 3z$$
$$x = 5 - \frac{4y + 3z}{5}.$$

$\frac{4y + 3z}{5} = a$ gesetzt, giebt

$$z = a - y + \frac{2a - y}{3}.$$

$\frac{2a - y}{3} = b$ gesetzt, giebt

$$\text{I. } y = 2a - 3b,$$
mithin
$$\text{II. } z = 4b - a$$
$$\text{III. } x = 5 - a.$$

I, II und III zeigen, daß höchstens a = 4, b = 2 sein kann.

| a | 2 | 3 | 4 | 4 | |
|---|---|---|---|---|---|
| b | 1 | 1 | 1 | 2 | |
| x | 3 | 2 | 1 | 1 | Kugeln. |
| y | 1 | 3 | 5 | 2 | " |
| z | 2 | 1 | 0 | 4 | " |

1284. Aus drei Sorten einer Waare, deren Preis pro Kilogramm nach der Reihe 2, $2\frac{3}{4}$ und 3 Mark beträgt, will Jemand 60 Kilogr. à $2\frac{1}{2}$ Mark mischen. Wie viel Kilogr. muß er von jeder Sorte in die Mischung bringen?

x Kilogr. à 2 Mark, y Kilogr. à $2\frac{3}{4}$ Mark und z Kilogr. à 3 Mark. Daher ist

$$\text{I. } x + y + z = 60$$
und
$$\text{II. } 2x + 2\tfrac{3}{4}y + 3z = 60 \cdot 2\tfrac{1}{2} = 150.$$

Die doppelte I von II subtrahirt, giebt

$$\text{III. } \tfrac{3}{4}y + z = 30,$$

woraus folgt $z = 30 - \frac{3}{4}y$,

oder wenn man IV. $y = 4a$ setzt:

V. $z = 30 - 3a$.

Die Werthe von y und z aus IV und V in I substituirt, liefern

VI. $x = 30 - a$.

| a | 1 | 2 | 3 | 4 | 5 | 6 | 7 | 8 | 9 | 10 | |
|---|---|---|---|---|---|---|---|---|---|---|---|
| x | 29 | 28 | 27 | 26 | 25 | 24 | 23 | 22 | 21 | 20 | Kg. à 2 Mark. |
| y | 4 | 8 | 12 | 16 | 20 | 24 | 28 | 32 | 36 | 40 | Kg. à $2\frac{3}{4}$ Mark. |
| z | 27 | 24 | 21 | 18 | 15 | 12 | 9 | 6 | 3 | 0 | Kg. à 3 Mark. |

1285. 29 Personen, Männer, Frauen und Kinder, haben zusammen 100 Mark verzehrt. Zu bezahlen hatte jeder Mann 5 Mark, jede Frau 4 Mark und jedes Kind $\frac{3}{4}$ Mark. Wie groß war die Zahl der Männer, der Frauen und der Kinder?

x Männer, y Frauen und z Kinder.

I. $x + y + z = 29$ und II. $5x + 4y + \frac{3}{4}z = 100$.

II von der 5fachen I subtrahirt, giebt:

$$y + 4\tfrac{1}{4}z = 45,$$

mithin $y = 45 - 4\frac{1}{4}z$,

oder wenn man III. $z = 4a$ setzt:

IV. $y = 45 - 17a$.

Die Werthe von y und z aus IV und III in I substituirt, liefern

V. $x = 13a - 16$.

Die Formeln IV und V zeigen, daß nur $a = 2$ genommen werden darf, und ist daher $x = 10$, $y = 11$, $z = 8$.

1286. Welches Jahr hat zur goldenen Zahl 14, zum Sonnenzirkel 8, und zur Römer-Zinszahl 3? (Goldene Zahl eines Jahres ist der Rest, der sich ergiebt, wenn man die um 1 vermehrte Jahreszahl durch 19 dividirt. Sonnenzirkel heißt der Rest, den die um 9 vermehrte Jahreszahl bei der Division durch 28 übrig läßt. Römer-Zinszahl ist der Rest, der sich ergiebt, wenn man die um 3 vermehrte Jahreszahl durch 15 dividirt.)

Bezeichnet man die Quotienten (in ganzen Zahlen), die sich bei der erwähnten dreimaligen Division ergeben, der Reihe nach mit x, y und z, sowie die gesuchte Jahreszahl mit A, so ist

I. $A + 1 = 19x + 14$, II. $A + 9 = 28y + 8$,

III. $A + 3 = 15z + 3$.

III ergiebt IV. $A = 15z$.

II giebt V. $A = 28y - 1$.

I giebt VI. $A = 19x + 13$.

Aus IV und V folgt:

$$15z = 28y - 1$$

$$\text{VII. } z = y + \frac{13y - 1}{15}.$$

$\frac{13y - 1}{15} = a$ gesetzt, giebt

$$13y = 15a + 1,$$

mithin $\text{VIII. } y = a + \frac{2a + 1}{13}.$

$\frac{2a + 1}{13} = b$ gesetzt, giebt

$$2a = 13b - 1,$$

mithin $\text{IX. } a = 6b + \frac{b - 1}{2}.$

$\frac{b - 1}{2} = c$ gesetzt, giebt

$$\text{X. } b = 2c + 1,$$

folglich der IX gemäß $a = 13c + 6,$

der VIII gemäß $y = 15c + 7,$

der V gemäß $\text{XI. } A = 420c + 195.$

Aus VI und XI folgt

$$19x + 13 = 420c + 195.$$

daher $19x = 420c + 182$

$$\text{XII. } x = 22c + 9 + \frac{2c + 11}{19}.$$

$\frac{2c + 11}{19} = d$ gesetzt, giebt

$$2c = 19d - 11,$$

also $\text{XIII. } c = 9d - 5 + \frac{d - 1}{2}.$

$\frac{d - 1}{2} = f$ gesetzt, giebt

$$d = 2f + 1,$$

mithin nach XIII $c = 19f + 4,$

nach XII $x = 420f + 98$

und nach VI $A = 7980f + 1875.$

Wird $f = 0$ gesetzt, so ist die gesuchte Jahreszahl 1875. Goldene Zahl, Sonnenzirkel und Römer-Zinszahl kehren gleichzeitig wieder nach Verlauf von je 7980 Jahren.

1287. Vier Reisfässer, von denen die beiden ersten gleich viel, die beiden letzten auch gleich viel, aber das Doppelte der ersten, enthielten, wurden von Dieben zum Theil geleert. Man wußte nicht, wie viel Reis im Ganzen sich in den Fässern befand; wußte blos, daß in jedem weniger als 100 Pfund gewesen waren. Aber es fand sich, daß in dem ersten Fasse noch 12 Pfund übrig gelassen waren, in dem zweiten Fasse noch 2 Pfund, in dem dritten noch 28 Pfund und in dem vierten noch 10 Pfund. Als man der Diebe A, B, C, D habhaft wurde, gestand A, daß er in der Eile einen hölzernen Schuh ergriffen und diesen mehrere Mal aus dem ersten Fasse gefüllt und in einen Sack ausgeschüttet; B, daß er eine Schüssel mehrere Mal aus dem zweiten Fasse gefüllt; C, daß er mit einer Schaufel mehrere Mal aus dem dritten Fasse geschöpft; und D, daß er einen Topf mehrere Male aus dem vierten Fasse gefüllt habe. Ferner sagten die Diebe aus, sie seien, durch ein Geräusch erschreckt, davongelaufen; später aber seien A und B zurückgekehrt, und A habe nun mit seinem Schuh aus dem dritten Fasse dreimal weniger oft als im Anfange, und nachher noch einmal geschöpft, während B mit seiner Schüssel aus dem vierten Fasse gerade zweimal weniger oft als zuerst geschöpft habe. Nun waren die vier Gefäße, deren sich die Diebe bedient hatten, zur Stelle, und es zeigte sich, daß der Schuh 2 Pfund, die Schüssel 4 Pfund, die Schaufel 3 Pfund und der Topf 5 Pfund Reis faßte. Wie viel Reis befand sich hiernach anfänglich in jedem Fasse?

Jedes der beiden ersten Fässer enthielt x Pfund, mithin jedes der beiden letzten 2x Pfund.

A schöpfte aus dem ersten Fasse n mal, aus dem dritten Fasse $n - 3 + 1 = n - 2$ mal; jedes Mal 2 Pfund.

B schöpfte aus dem zweiten Fasse m mal, aus dem vierten Fasse $m - 2$ mal; jedes Mal 4 Pfund.

C schöpfte aus dem dritten Fasse p mal, und zwar jedes Mal 3 Pfund.

D schöpfte aus dem vierten Fasse q mal 5 Pfund.

Daher verlor das erste Faß 2n Pfund. Da der Rest $x - 2n$ Pfund beträgt, so ist der Aufgabe gemäß:

$$\text{I. } x - 2n = 12.$$

Das zweite Faß verlor 4m Pfund. Der Rest war $= x - 4m$ Pfund. Mithin ist nach der Aufgabe

$$\text{II. } x - 4m = 2.$$

Das dritte Faß verlor durch C 3p Pfund, durch A $(n - 2)\,2 = 2n - 4$ Pfund, im Ganzen also $3p + 2n - 4$ Pfund. Mithin blieben im dritten Fasse $2x - (3p + 2n - 4) = 2x - 3p - 2n + 4$, d. i., der Aufgabe gemäß, 28 Pfund zurück. Demgemäß ist $2x - 3p - 2n + 4 = 28$,

oder $\text{III. } 2x - 3p - 2n = 24.$

Das vierte Faß verlor durch D 5q Pfund, durch B $(m - 2)\,4 = 4m - 8$ Pfund, im Ganzen also $5q + 4m - 8$ Pfund, so daß der Rest $2x - (5q + 4m - 8)$ oder, nach der Aufgabe, 10 Pfund betragen hat. Demnach ist

$$2x - 5q - 4m + 8 = 10,$$

oder $\text{IV. } 2x - 5q - 4m = 2.$

III — I giebt

$$\text{V. } x - 3p = 12.$$

IV — II giebt

$$\text{VI. } x - 5q = 0.$$

V — VI giebt $5q - 3p = 12$,

woraus folgt $3p = 5q - 12$,

daher $p = q - 4 + \frac{2}{3}q$,

oder wenn $\text{VII. } q = 3a$ gesetzt wird:

$$\text{VIII. } p = 5a - 4.$$

Hierzu findet sich der V gemäß:

$$\text{IX. } x = 15a,$$

der I gemäß X. $n = \frac{15a - 12}{2}$

und der II gemäß

$$\text{XI. } m = \frac{15a - 2}{4} = 4a - \frac{a + 2}{4},$$

oder, wenn $\frac{a + 2}{4} = b$, also $a = 4b - 2$ gesetzt wird:

$$m = 15b - 8,$$

mithin nach X $n = 30b - 21,$

nach VIII $p = 20b - 14,$

nach VII $q = 12b - 6$

und nach IX $x = 60b - 20.$

Jedes Faß enthielt anfänglich weniger als 100 Pfund, mithin darf hier b nur gleich 1 gesetzt werden. Es ist also

$$x = 30,\ n = 9,\ m = 7,\ p = 6,\ q = 6;$$

d. h.: In jedem der beiden ersten Fässer waren anfänglich 30 Pfund, in jedem der beiden letzten Fässer 60 Pfund. A schöpfte 9 mal aus dem ersten Fasse und 7 mal aus dem dritten Fasse; B 7 mal aus dem zweiten Fasse und 5 mal aus dem vierten Fasse; C 6 mal aus dem dritten Fasse, und D 6 mal aus dem vierten Fasse.

1288. In einer Rechnung steht der Posten

1 . 4 Kilogr. à 2,7 . Mark = . 41 Mark.

Der in der Zahlenangabe befindliche Punkt soll anzeigen, daß hier die Ziffer undeutlich und verwischt ist. Wie heißen die verwischten Ziffern?

$100 + 10x + 4 = (104 + 10x)$ Kilogramm à $\frac{270 + y}{100}$ Mark $= (100z + 41)$ Mark. Daher ist

$$(104 + 10x)\left(\frac{270 + y}{100}\right) = 100z + 41$$

$$(52 + 5x)(170 + y) = 50(100z + 41)$$

$$14040 + 1350x + 52y + 5xy = 5000z + 2050$$

$$11990 + 1350x + 52y + 5xy = 5000z$$

$$5xy = 5000z - 1350x - 52y - 11990$$

$$xy = 1000z - 270x - 10y - 2398 - \tfrac{2y}{5}.$$

Wird $\frac{2}{5}y = 2a$ gesetzt, so ist

$$y = 5a,$$

wo a, da y eine einstellige Zahl sein muß, nur den Werth 1 haben kann. Mithin ist $y = 5$, das Kilogr. kostet also 2,75 Mark. Ferner hat man

$$(104 + 10x)\ 2{,}75 = 100z + 41$$

$$286 + 27{,}5x = 100z + 41$$

$$27{,}5x = 100z + 245$$

$$5{,}5x = 20z - 49$$

oder mit 2 multiplicirt $11x = 40z - 98$

daher $\text{I. } x = 3z - 8 + \frac{7z - 10}{11}.$

$\frac{7z - 10}{11} = b$ gesetzt, giebt

$$7z = 11b + 10,$$

also $$\text{II. } z = b + 1 + \frac{4b + 3}{7}.$$

$\frac{4b + 3}{7} = c$ gesetzt, giebt

$$4b = 7c - 3,$$

also $$\text{III. } b = 2c - \frac{c + 3}{4}.$$

$\frac{c + 3}{4} = d$ gesetzt, giebt

$$\text{IV. } c = 4d - 3.$$

Hierzu giebt III $b = 7d - 6$

und II $z = 11d - 8,$

ferner I $x = 40d - 38.$

Da x und z einstellige Zahlen vorstellen, so kann d nur den Werth 1 haben. Mithin ist $x = 40 - 38 = 2$, ferner $z = 11 - 8 = 3$. Der erwähnte Posten heißt also:

124 Kilogr. à 2,75 Mark = 341 Mark.

1289. Zwei ganze Zahlen zu finden, deren Summe die Hälfte ihres Produkts beträgt?

Die beiden Zahlen seien x und y, so ist

$$2(x + y) = xy$$

oder $$(x - 2)y = 2x,$$

mithin $y = \frac{2x}{x - 2}$, wo x die Werthe 3, 4, 6 haben kann, und ist dann nach der Reihe y = 6, 4, 3.

1290. Zwei ganze Zahlen anzugeben, deren Summe das Neunfache ihres Quotienten beträgt?

$$x + y = \frac{9x}{y}$$

$$xy + y^2 = 9x,$$

woraus folgt $$(9 - p)x = y^2$$

$$x = \frac{y^2}{9 - y},$$ wo y höchstens 8 betragen darf. Für y = 8 findet sich x = 64

" y = 6 " " x = 12.

1291. Zwei ganze Zahlen zu finden, deren Summe und Produkt zusammen 111 beträgt.

$$x + y + xy = 111,$$

woraus folgt $$(x + 1)y = 111 - x$$

$$y = \frac{111 - x}{1 + x},$$

wo x höchstens 55 betragen darf.

x = 1, 3, 6, 7, 13, 15, 27, 55.

y = 55, 27, 15, 13, 7, 6, 3, 1.

Ohne Vertauschung der Zahlen sind also nur 4 Fälle möglich.

**1292.** Zwei ganze Zahlen zu finden, deren Summe, Differenz und Produkt, zusammengezählt, die Zahl 100 ergeben.

$$(x + y) + (x - y) + xy = 100$$

oder $$2x + xy = 100,$$

d. i. $$(2 + y)\,x = 100,$$

mithin $$x = \frac{100}{2 + y}.$$

| Factoren von 100 | 4 | 5 | 10 | 20 | 25 | 50 | 100 |
|---|---|---|---|---|---|---|---|
| y | 2 | 3 | 8 | 18 | 23 | 48 | 98 |
| x | 25 | 20 | 10 | 5 | 4 | 2 | 1. |

In den vier letzten Fällen ist die Differenz $x - y$ negativ.

**1293.** Gegeben: $16x^2 + 13y^2 = z^2$. Die Werthe von $x$, $y$, $z$ in ganzen Zahlen zu bestimmen.

Wird $z = 4x + ny$, mithin $z^2 = 16x^2 + 8nxy + n^2y^2$ gesetzt, so ist $16x^2 + 13y^2 = 16x^2 + 8nxy + n^2y^2$,

daher $$13y^2 = 8nxy + n^2y^2$$

oder $$13y = 8nx + n^2y,$$

woraus folgt $(13 - n^2)\,y = 8nx$.

Es darf daher $x = 13 - n^2$, und $y = 8n$, also $z = 52 + 4n^2$ genommen werden. Die Formel für $x$ zeigt, daß $n$ nur die Werthe 1, 2, 3 haben kann.

| n | 1 | 2 | 3 |
|---|---|---|---|
| x | 12 | 9 | 4 |
| y | 8 | 16 | 24 |
| z | 56 | 68 | 88. |

**1294.** Gegeben: $a^2x^2 + cy^2 = z^2$. Die Werthe von $x$, $y$, $z$ zu bestimmen.

Wird $z = ax + \frac{n}{m}y$ gesetzt, so ist

$$a^2x^2 + cy^2 = \left(ax + \frac{n}{m}y\right)^2,$$

woraus folgt $$cy^2 = \frac{2anxy}{m} + \frac{n^2}{m^2}y^2$$

oder $$cm^2y = 2anmx + n^2y,$$

mithin $$(cm^2 - n^2)\,y = 2anmx.$$

Dieser Gleichung wird genügt durch:

$$x = cm^2 - n^2 \quad \text{und} \quad y = 2anm,$$

wo $n$ und $m$ beliebige rationale Werthe, hingegen $a$ und $c$ gegebene rationale Zahlen vorstellen.

**1295.** Gegeben: $a^2x^2 + c = y^2$. Die Werthe von $x$ und $y$ zu bestimmen.

Wird $y = ax + n/m$ gesetzt, so ist

$$a^2x^2 + c = a^2x^2 + \frac{2anx}{m} + \frac{n^2}{m^2},$$

daher $$c - \frac{n^2}{m^2} = \frac{2anx}{m}$$

oder $$cm^2 - n^2 = 2anmx,$$

mithin $$\frac{cm^2 - n^2}{2anm} = x \text{ und } \frac{cm^2 + n^2}{2anm} = y.$$

1296. Eine Quadratzahl zu finden, die um eine und dieselbe Zahl vermehrt oder vermindert, in jedem dieser beiden Fälle wieder eine Quadratzahl giebt.

Die gesuchte Quadratzahl sei $z^2$, und die zu addirende oder zu subtrahirende Zahl sei $n$; so ist, wenn die entstehenden Quadratzahlen mit $x^2$ und $y^2$ bezeichnet werden:

$$\text{I. } z^2 + n = x^2 \quad \text{und} \quad \text{II. } z^2 - n = y^2.$$

I + II giebt

$$\text{III. } 2z^2 = x^2 + y^2,$$

woraus folgt $\quad x^2 = 2z^2 - y^2$

oder $\quad x^2 = z^2 + (z + y)(z - y).$

Man setze: $z^2 + (z + y)(z - y) = [z + a(z - y)]^2 = z^2 + 2az(z - y) + a^2(z - y)^2$. Hieraus folgt:

$$z + y = 2az + a^2(z - y)$$
$$y + a^2y = a^2z + 2az - z$$
$$(1 + a^2)\, y = (a^2 + 2a - 1)z.$$

Daher ist $\quad z = \left(\frac{1 + a^2}{a^2 + 2a - 1}\right) y.$

Um den Werth von $y$ und $z$ in ganzen Zahlen zu erhalten,

setze man $\quad y = a^2 + 2a - 1,$

folglich $\quad z = 1 + a^2.$

| | | | | | | | | | |
|---|---|---|---|---|---|---|---|---|---|
| Für | $a =$ | 1, | 2, | 3, | 4, | 5, | 6, | 7, | 8 .... |
| ist | $z =$ | 2, | 5, | 10, | 17, | 26, | 37, | 50, | 65 .... |
| | $y =$ | 2, | 7, | 14, | 23, | 34, | 47, | 62, | 79 .... |
| | $x =$ | 2, | 1, | 2, | 7, | 14, | 23, | 34, | 47 .... |
| | $n =$ | 0, | 24, | 96, | 240, | 480, | 840, | 1344, | 2016 .... |
| | $z^2 =$ | 4, | 25, | 100, | 289, | 676, | 1369, | 2500, | 4225 .... |

1297. Aus $\quad a^2x^2 + bxy + cy^2 = z$

folgt, wenn man $z = ax + \frac{n}{m}y$ setzt:

$$a^2x^2 + bxy + cy^2 = a^2x^2 + \frac{2anxy}{m} + \frac{n^2y^2}{m^2};$$

daher $\quad bxy + cy^2 = \frac{2anxy}{m} + \frac{n^2y^2}{m^2}$

oder $\quad bx + cy = \frac{2anx}{m} + \frac{n^2y}{m^2},$

auch $\quad cm^2y - n^2y = 2anmx - bm^2x$

d. i. $\quad (cm^2 - n^2)\, y = (2anm - bm^2)\, x,$

mithin $\quad y = \left(\frac{2anm - bm^2}{cm^2 - n^2}\right) x.$

Wird nun

$x = cm^2 - n^2$ gesetzt, so ist

$y = 2anm - bm^2 = (2an - bm)\, m$

und $\quad z = acm^2 + (an - bm)\, n.$

1298. Aus $\quad ax^2 + bx + c^2 = y^2$

folgt, wenn man $y = \frac{nx}{m} + c$ setzt:

$$ax^2 + bx + c^2 = \frac{n^2x^2}{m^2} + \frac{2cnx}{m} + c^2$$

$$ax^2 + bx = \frac{n^2x^2}{m^2} + \frac{2cnx}{m}$$

$$ax + b = \frac{n^2x}{m^2} + \frac{2cn}{m}$$

$$(am^2 - n^2)\,x = 2cnm - bm^2$$

$$x = \frac{2cnm - bm^2}{am^2 - n^2} = m\left(\frac{2cn - bm}{am^2 - n^2}\right)$$

und $$y = \frac{cn^2 + (acm - bn)\,m}{am^2 - n^2}.$$

1299. Die Seite eines Würfels beträgt $3^m$. Die Oberfläche desselben verhält sich zu derjenigen eines senkrechten Parallelepipedon mit quadratischer Basis wie die Volumina dieser beiden Körper. Welche Ausdehnungen hat das erwähnte Parallelepipedon?

Das Parallelepipedon ist $x^m$ lang, $x^m$ breit und $y^m$ hoch; seine Oberfläche beträgt $(2x^2 + 4xy)\,\square^m$, sein Körperinhalt $x^2y$ Kub.$^m$. Der Würfel hat $6 \,.\, 3^2 = 54\,\square^m$ Oberfläche und $3^3 = 27$ Kub.$^m$ körperlichen Inhalt. Daher ist

$$54 : 2x^2 + 4xy = 27 : x^2y$$

oder $$54 : 27 = 2x^2 + 4xy : x^2y,$$

woraus folgt $$2 : 1 = 2x + 4y : xy$$

oder $$1 : 1 = x + 2y : xy.$$

Demnach ist $$xy = x + 2y$$

oder $$(x - 2)\,y = x,$$

mithin $$y = \frac{x}{x - 2},$$

wo der Werth von $x > 2$ sein muß.

Für $x = 3,\ 4,\ 5,\ 6,\ 7,\ 8,\ 9,\ 10\ \ldots\ldots$

ist $y = 3,\ 2,\ 1\frac{2}{3},\ 1\frac{1}{2},\ 1\frac{2}{5},\ 1\frac{1}{3},\ 1\frac{2}{7},\ 1\frac{1}{4}\ \ldots\ldots$

1300. Eine Kugel von $6^m$ Durchmesser ist einem Cylinder an körperlichem Inhalte gleich. Durchmesser und Höhe dieses Cylinders in ganzen Zahlen zu bestimmen.

Es bezeichne $x$ den Radius, $2x$ den Durchmesser, $y$ die Höhe des Cylinders, so ist das Volumen desselben $x^2\pi y = x^2y\pi$, während der Kubikinhalt der Kugel $6^3 \,.\, \frac{\pi}{6} = 6^2\pi = 36\pi$ Kub.$^m$ beträgt. Daher ist $x^2y\pi = 36\pi$

oder $$x^2y = 36,$$

woraus folgt $$y = \frac{36}{x^2} = \left(\frac{6}{x}\right)^2.$$

Der Ausdruck $\left(\frac{6}{x}\right)^2$ zeigt, daß $x$, als Factor von 6, nur 1, 2, 3 oder 6 betragen kann.

| | | |
|---|---|---|
| Für | $x = 1,\ 2,\ 3,\ 6$ | Meter |
| ist | $y = 36,\ 9,\ 4,\ 1$ | „ |
| | $2x = 2,\ 4,\ 6,\ 12$ | „ |

# Fünfter Abschnitt.

# Logarithmen.

(§ 48.)

## Uebungsaufgaben zur Anwendung der Logarithmen.

1301. Mit wie viel Ziffern wird die Zahl geschrieben, welche der Potenz $2^{64}$ gleich ist?

$$x = 2^{64}$$
$$\log x = 64 \cdot \log 2 = 64 \cdot 0{,}30103,$$
d. i. $\log x = 19{,}26592.$

Die Charakteristik 19 zeigt an, daß die gesuchte Zahl mit 19 + 1 = 20 Ziffern geschrieben wird. Es ist nämlich
$$x = 18446744073709551616.$$

Anm. $2^{64} = 4^{32} = 16^{16} = 256^{8} = 65536^{4} = 4294967296^{2}$.

1302. Welchen Inhalt hat ein gleichseitiges Dreieck, dessen Seite $20^m$ beträgt?

Höhe des Dreiecks $= 10\sqrt{3}^m$ daher der Inhalt $= \frac{1}{2} \cdot 20 \cdot 10\sqrt{3} = 10^2\sqrt{3} = 100\sqrt{3}\ \square^m$.

$$\log 3 = 0{,}4771213$$
$$\left.\begin{array}{r} \log \sqrt{3} = 0{,}2385606 \\ \log 100 = 2 \end{array}\right\} \text{addirt,}$$

Logarithmus der Inhaltszahl $= 2{,}2385606$

Inhalt $= 173{,}205 \ldots \square^m$.

1303. Welchen Inhalt hat ein Dreieck, dessen Seiten nach der Reihe $9^m$, $8^m$ und $7^m$ betragen?

Inhalt $= \sqrt{\frac{s}{2}\left(\frac{s}{2} - a\right)\left(\frac{s}{2} - b\right)\left(\frac{s}{2} - c\right)}$, wo $\frac{s}{2}$ den halben Umfang, a die erste, b die zweite und c die dritte Seite des Dreiecks bezeichnet.

Es ist $\frac{s}{2} = \frac{9 + 8 + 7}{2} = 12^m$; $\frac{s}{2} - a = 12 - 9 = 3^m$; $\frac{s}{2} - b = 12 - 8 = 4^m$; $\frac{s}{2} - c = 12 - 7 = 5^m$; mithin der gesuchte Inhalt $= \sqrt{12 \cdot 3 \cdot 4 \cdot 5} = 12\sqrt{5}\ \square^m$.

$$\log 5 = 0{,}6989700$$
$$\left.\begin{array}{r} \log \sqrt{5} = 0{,}3494850 \\ \log 12 = 1{,}0791812 \end{array}\right\} \text{addirt,}$$

Logarithmus der Inhaltszahl $= 1{,}4286662$

Inhalt $= 26{,}83281 \ldots \square^m$.

1304. Welchen Inhalt (J) hat ein Sehnenviereck, dessen Seiten (a, b, c, d) nach der Reihe $12^m$, $11^m$, $10^m$ und $9^m$ betragen?

Wird $\frac{1}{2}(a + b + c + d) = \frac{s}{2}$ gesetzt, so ist:

$$\frac{s}{2} = \frac{1}{2}(12 + 11 + 10 + 9) = 21^m,$$
$$\frac{s}{2} - a = 21 - 12 = 9^m,$$
$$\frac{s}{2} - b = 21 - 11 = 10^m,$$
$$\frac{s}{2} - c = 21 - 10 = 11^m,$$
$$\frac{s}{2} - d = 21 - 9 = 12^m,$$

Es ist aber

$$J = \sqrt{\left(\frac{s}{2} - a\right)\left(\frac{s}{2} - b\right)\left(\frac{s}{2} - c\right)\left(\frac{s}{2} - d\right)},$$

mithin $J = \sqrt{9 \,.\, 10 \,.\, 11 \,.\, 12}\ \square^m$.

$$\left.\begin{array}{l} \log 90 = 1{,}9542425 \\ \log 11 = 1{,}0413927 \\ \log 12 = 1{,}0791812 \end{array}\right\} \text{addirt,}$$

$4{,}0748164$ durch 2 dividirt,

Logarithmus der Inhaltszahl $= 2{,}0374082$

Inhalt $= 108{,}9953 \ldots \square^m$.

1305. Die Seite (s) eines regulären Dreiecks von $40\ \square^m$ Inhalt zu finden.

$$\frac{s^2}{4}\sqrt{3} = 40$$
$$s^2\sqrt{3} = 160$$
$$3s^2 = 160\sqrt{3}$$
$$s = \sqrt{\frac{160\sqrt{3}}{3}}$$
$$\log s = \frac{\log 160 + \log \sqrt{3} - \log 3}{2} = 0{,}9827796$$
$$s = 9{,}61124^m.$$

1306. Den Radius (r) eines Kreises von $20\ \square^m$ Inhalt zu berechnen. ($\pi = 3{,}1415927$.)

$$r = \sqrt{\frac{20}{\pi}}$$
$$\log r = \frac{\log 20 - \log \pi}{2} = \frac{1{,}3010300 - 0{,}4971499}{2}$$

d. i. $\log r = 0{,}40199$

$r = 2{,}52342^m$.

1307. Den Durchmesser (d) einer Kugel von 2 Kub.$^m$ Inhalt zu bestimmen.

$$d^3 \,.\, \frac{\pi}{6} = 2$$
$$d = \sqrt[3]{\frac{12}{\pi}}.$$
$$\log d = \frac{\log 12 - \log \pi}{3} = \frac{1{,}0791812 - 0{,}4971499}{3}$$

d. i. $\log d = 0{,}1940104$

$d = 1{,}563185^m$.

**1308.** Die Oberfläche (f) einer Kugel von 3 Kub.$^m$ Inhalt zu finden.

$$f = \sqrt[3]{9 \cdot 36\pi} = \sqrt[3]{324 \cdot \pi}$$

$$\log f = \frac{\log 324 + \log \pi}{3} = \frac{2{,}5105450 + 0{,}4971499}{3},$$

d. i. $\log f = 1{,}0025649$

$f = 10{,}05923$ □$^m$.

**1309.** Den Kubikinhalt (v) einer Kugel zu finden, deren Oberfläche 6 □$^m$ beträgt.

Wird die Kugelfläche mit f bezeichnet, so ist

$$v = \frac{f}{6}\sqrt{\frac{f}{\pi}},$$

daher $v = \sqrt{6 \pi}$;

$$\log v = \frac{\log 6 - \log \pi}{3} = 0{,}1405007$$

$v = 1{,}381976$ Kub.$^m$.

**1310.** Die Seite (s) eines regulären Sechsecks von 30 □$^m$ Inhalt zu berechnen.

$$\tfrac{3}{2} \cdot s^2 \cdot \sqrt{3} = 30$$

$$s = \sqrt{\frac{20}{\sqrt{3}}}.$$

$$\log s = \frac{\log 20 - \log \sqrt{3}}{2} = \frac{1{,}3010300 - 0{,}2385606}{2},$$

d. i. $\log s = 0{,}5312347$

$s = 3{,}398088^m$.

**1311.** Den Inhalt (J) eines Kreisringes zu berechnen, wenn der große Radius (r) $= 2{,}45^m$, der kleine Radius ($\varrho$) $= 1{,}65^m$ gegeben ist.

$$J = (r + \varrho)\,(r - \varrho)\,\pi,$$

d. i. $J = 4{,}1 \cdot 0{,}8 \cdot \pi$.

$$\left.\begin{aligned} \log 4{,}1 &= 0{,}6127839 \\ \log 0{,}8 &= 9{,}9030900 - 10 \\ \log \pi &= 0{,}4971499 \end{aligned}\right\}\ \text{addirt,}$$

$\log J = 1{,}0129338$

$J = 10{,}3023$ □$^m$ (nach Correction der letzten Stelle).

**1312.** Ein Vermächtniß von 1000 Mark hat zum Besten einer milden Stiftung 50 Jahr lang auf Zinseszinsen zu 4 % gestanden. Welche Summe fällt nun in Folge dessen der Stiftung zu?

Die Summe sei = x Mark, so ist

$$x = 1000 \cdot 1{,}04^{50}$$

$$\log x = \log 1000 + 50 \cdot \log 1{,}04.$$

$\log 1{,}04 = 0{,}0170333$

$$\left.\begin{aligned} 50 \log 1{,}04 &= 0{,}8516650 \\ \log 100 &= 2 \end{aligned}\right\}\ \text{addirt,}$$

$\log x = 3{,}8516650$

$x = 7106{,}65$ Mark.

**1313.** Welche Summe muß man zu $4\frac{1}{2}$ % Zinseszins anlegen, um nach Verlauf von 20 Jahren im Besitze eines Vermögens von 80000 Mark zu sein?

$$x \cdot \left(\frac{104\frac{1}{2}}{100}\right)^{20} = 80000$$

oder $$x \cdot 1{,}045^{20} = 80000,$$

woraus folgt $$x = \frac{80000}{1{,}045^{20}}$$

$$\log x = \log 80000 - 20 \log 1{,}045.$$

$$\log 1{,}045 = 0{,}0191163$$
$$20 \log 1{,}045 = 0{,}3823260$$

$$\left.\begin{aligned} \log 80000 &= 4{,}9030900 \\ 20 \log 1{,}045 &= 0{,}3823260 \end{aligned}\right\} \text{subtrahirt,}$$

$$\log x = 4{,}5207640$$
$$x = 33171{,}41 \text{ Mark.}$$

**1314.** Aus 20000 Mark sind durch Zinseszins in 12 Jahren 33917,65 Mark geworden. Wie viel Procent Zinseszinsen hat das Capital getragen?

Bezeichnet x die Procente, so ist

$$20000 \cdot \left(\frac{100 + x}{100}\right)^{12} = 33917{,}65$$

$$\left(\frac{100 + x}{100}\right)^{12} = \frac{33917{,}65}{20000}$$

$$\frac{100 + x}{100} = \sqrt[12]{\frac{33917{,}65}{20000}}.$$

$$\log\left(\frac{100 + x}{100}\right) = \frac{\log 33917{,}65 - \log 20000}{12}$$

d. i. $$\log\left(\frac{100 + x}{100}\right) = \frac{4{,}5304256 - 4{,}3010300}{12} = 0{,}0191163,$$

daher $$\frac{100 + x}{100} = 1{,}045$$

$$100 + x = 104{,}5$$
$$x = 4{,}5 \%.$$

**1315.** In welcher Zeit wachsen 40000 Mark durch die Zinseszinsen von 5 % zu 73608,2 Mark an?

In x Jahren.

$$40000 \cdot 1{,}05^x = 73608{,}2$$

$$\log 40000 + x \cdot \log 1{,}05 = \log 73608{,}2$$

$$x = \frac{\log 73608{,}2 - \log 40000}{\log 1{,}05}$$

oder $$x = \frac{4{,}8669262 - 4{,}6020600}{0{,}0211892},$$

d. i. $$x = 12\tfrac{1}{2} \text{ Jahr.}$$

**1316.** In wie viel Jahren verdoppelt sich ein Kapital zu 5 % Zinseszins?

Bezeichnet k das Kapital und x die Zahl der Jahre, so ist:

$$k \,.\, 1{,}05^x = 2k$$

oder

$$1{,}05^x = 2$$

$$\log 1{,}05 = \log 2$$

$$0{,}0211893x = 0{,}3010300$$

$$x = \frac{3010300}{211893} = 14{,}206 \text{ Jahre.}$$

**1317.** In wie viel Jahren verdreifacht sich ein Kapital zu 4 % Zinseszins?

$$1{,}04^x = 3$$

$$x \,.\, \log 1{,}04 = \log 3$$

$$x \,.\, 0{,}0170333 = 0{,}4771213$$

$$x = \frac{4771213}{170333} = 28{,}011 \text{ Jahre.}$$

**1318.** Ein Kapital ist zu jährlich 5 % Zinseszinsen verliehen. Wie viel betragen die halbjährigen Zinsen?

Werden für das halbe Jahr x % gezahlt, so ist

$$\left(\frac{100 + x}{100}\right)^2 = 1{,}05$$

$$\frac{100 + x}{100} = \sqrt{1{,}05}$$

$$\log\left(\frac{100 + x}{100}\right) = \frac{\log 1{,}05}{2} = 0{,}0105946$$

$$\frac{100 + x}{100} = 1{,}024695$$

$$100 + x = 102{,}4695$$

$$x = 2{,}4695 \%.$$

**1319.** Wie viel betragen in voriger Aufgabe die vierteljährlichen Zinsen?

$$\left(\frac{100 + x}{100}\right)^4 = 1{,}05$$

$$\frac{100 + x}{100} = \sqrt[4]{1{,}05}$$

$$\log\left(\frac{100 + x}{100}\right) = \frac{\log 1{,}05}{4} = 0{,}0052973$$

$$\frac{100 + x}{100} = 1{,}012272$$

$$100 + x = 101{,}2272$$

$$x = 1{,}2272 \%.$$

**1320.** Wie lange müssen 12000 Mark zu 5 % auf Zinseszinsen stehen, um so groß zu werden, als 16000 Mark zu 4 % Zinseszins in 6 Jahren geworden sind?

$$12000 \,.\, 1{,}05^x = 16000 \,.\, 1{,}04^6$$

$$x = \frac{\log 16000 + 6 \log 1{,}04 - \log 12000}{\log 1{,}05}$$

$$\left.\begin{aligned} \log 16000 &= 4{,}2041200 \\ 6 \,.\, \log 1{,}04 &= 0{,}1021998 \end{aligned}\right\} \text{addirt,}$$

$$4{,}3063198$$

$$\text{Transport} = 4{,}3063198$$
$$\log 12000 = \underline{4{,}0791812} \text{ subtrahirt,}$$
$$0{,}2271386 \text{ dividirt durch}$$
$$\log 1{,}05 = 0{,}0211893,$$

giebt $$x = \frac{2271386}{211893} = 10{,}719 \text{ Jahre.}$$

**1321.** Welches Kapital zu $4\frac{1}{2}\,\%$ Zinseszins ist in 12 Jahren ebenso groß, als 10000 Mark zu $5\,\%$ Zinseszins in 8 Jahren geworden sind?

Bezeichnet x das gesuchte Kapital, so ist

$$x \,.\, 1{,}045^{12} = 10000 \,.\, 1{,}05^{8}$$
$$x = \frac{10000 \,.\, 1{,}05^{8}}{1{,}045^{12}}.$$
$$\log x = \log 10000 + 8 \log 1{,}05 - 12 \log 1{,}045,$$

d. i. $\log x = 3{,}9401188$

$x = 8712{,}02$ Mark annähernd.

**1322.** Zu wie viel Procent Zinseszins benutzt ein Wucherer sein Geld, wenn er Jemandem 800 Mark leiht und sich von diesem einen Schuldbrief über 1000 Mark, nach $2\frac{1}{2}$ Jahren ohne Zinsen zahlbar, ausstellen läßt?

Bezeichnet x die gesuchten Procente, so ist

$$800 \left(\frac{100 + x}{100}\right)^{2\frac{1}{2}} = 1000$$
$$\left(\frac{100 + x}{100}\right)^{2\frac{1}{2}} = 1{,}25$$
$$\frac{100 + x}{100} = \sqrt[2\frac{1}{2}]{1{,}25}$$
$$\log \left(\frac{100 + x}{100}\right) = \frac{\log 1{,}25}{2\frac{1}{2}} = 0{,}0387640$$
$$\frac{100 + x}{100} = 1{,}093362$$
$$100 + x = 109{,}3362$$
$$x = 9{,}3362\,\%.$$

**1323.** Eine Schuld von 10000 Mark bringt dem Gläubiger $5\,\%$ Zinseszins. Nach 5 Jahren kann der Schuldner 4000 Mark abtragen und 3 Jahre später noch 5000 Mark, bis er endlich nach Verlauf von nochmals 2 Jahren den Rest zu tilgen vermag. Wie viel beträgt dieser Rest?

$$x = \left[((10000 \,.\, 1{,}05^{5}) - 4000)\, 1{,}05^{3} - 5000\right] 1{,}05^{2}$$

oder $$x = 10000 \,.\, 1{,}05^{10} - 4000 \,.\, 1{,}04^{5} - 5000 \,.\, 1{,}05^{2}.$$

$$\log 1{,}05 = 0{,}0211893.$$

| | |
|---|---|
| $\log 4000 = 3{,}6020600$ | $\log 5000 = 3{,}6989700$ |
| $5 \log 1{,}05 = 0{,}1059465$ | $2 \log 1{,}05 = 0{,}0423786$ |
| $\log (4000 \,.\, 1{,}05^{5}) = 3{,}7080065$ | $\log (5000 \,.\, 1{,}05^{2}) = 3{,}7413486$ |
| $4000 \,.\, 1{,}05^{5} = 5105{,}126.$ | $5000 \,.\, 1{,}05^{2} = 5512{,}5.$ |

$$\begin{array}{rl} \log 10000 &= 4 \\ 10 \log 1{,}05 &= 0{,}2118930 \\ \hline \log (10000 \,.\, 1{,}05^{10}) &= 4{,}2118930 \\ 1000 \,.\, 1{,}05^{10} &= 16288{,}95. \end{array} \qquad \left.\begin{array}{r} 5105{,}126 \\ 5512{,}5 \end{array}\right\} \text{addirt,} \quad \begin{array}{r} \hline 10617{,}626. \end{array}$$

$$x = 16288{,}95 - 10617{,}626 = 5671{,}324 \text{ Mark.}$$

1324. Aus einem Gefäße, welches 50 Liter reinen Weingeist enthält, werden 2 Liter herausgenommen und durch ebenso viel Wasser ersetzt. Nach gehöriger Vermischung des Wassers mit dem Weingeiste nimmt man zum zweiten Male 2 Liter der Flüssigkeit heraus und gießt wieder 2 Liter Wasser hinzu. Dieses Wegnehmen und Zugießen findet 20mal statt. Wie viel Liter Weingeist sind zuletzt noch im Gefäße?

Da jedes Mal $^{48}/_{50} = 0{,}96$ der unmittelbar vorher verbliebenen Quantität Weingeistes der vorhandene Rest ist, so hat man:

$$x = 50 \,.\, 0{,}96^{20}$$
$$\log x = \log 50 + 20 \log 0{,}96$$
d. i. $$\log x = 1{,}6989700 + 9{,}6454240 - 10$$
$$\log x = 1{,}3443940$$
$$x = 22{,}1 \text{ Liter Weingeist (annähernd).}$$

1325. Wie heißt das Resultat der vorigen Aufgabe, wenn statt der Zahlen 50, 2, 20 die allgemeinen Zeichen a, b, n gesetzt werden?

$$x = a\left(\frac{a-b}{a}\right)^n \text{ Liter.}$$
$$\log x = \log a + n \log\left(\frac{a-b}{a}\right).$$

1326. In einem Gefäße befinden sich 100 Liter Weingeist. Es wird eine gewisse Zahl von Litern Wasser hinzugesetzt und mit dem Weingeiste vermischt, hierauf aber ebenso viel aus der Mischung geschöpft, als vorhin Wasser zugesetzt wurde. Nachdem diese Operation 18mal hinter einander stattgefunden hatte, war nur noch $^1/_5$ des ursprünglichen Weingeistes im Gefäße vorhanden. Wie viel Liter Wasser sind jedes Mal hinzugesetzt worden?

Wird der Weingeist um x Liter Wasser vermehrt, so enthält die Mischung $(100 + x)$ Liter und hierunter 100 Liter Weingeist. Mithin ist in 1 Liter der Mischung $\frac{100}{100 + x}$ Liter Weingeist. Da man x Liter der Mischung herausnimmt, so gehen hiermit $\frac{100x}{100 + x}$ Liter Weingeist verloren, und beträgt der im Gefäße verbleibende Weingeist $100\left(\frac{100}{100+x}\right) = \frac{100^2}{100 + x}$ Liter. Es enthält also 1 Liter der Mischung nun $\left(\frac{100}{100+x}\right)^2$ Liter Weingeist, jedoch zu Ende der 18. Operation nur $\left(\frac{100}{100+x}\right)^{18}$ Liter Weingeist. Schließlich sind daher $100 \,.\, \left(\frac{100}{100+x}\right)^{18}$ oder $\frac{100}{5}$ Liter Weingeist im Gefäße vorhanden. Demgemäß ist

$$100 \left(\frac{100}{100 + x}\right)^{18} = {}^{100}/_{5}$$

oder $$\left(\frac{100}{100 + x}\right)^{18} = {}^{1}/_{5}$$

woraus folgt $$(100 + x)^{18} = 5 \,.\, 100^{18}$$

$$18 \log (100 + x) = \log 5 + 18 \log 100$$

$$\log (100 + x) = \frac{\log 5 + 18 \log 100}{18},$$

d. i. $$\log (100 + x) = 2{,}0388316$$

$$100 + x = 109{,}3532$$

$$x = 9{,}3532 \text{ Liter Wasser.}$$

**1327.** Wie heißt das Resultat der vorigen Aufgabe, wenn statt der Zahlen 100, ${}^{1}/_{5}$, 18 die allgemeinen Zeichen a, ${}^{1}/_{c}$, n gesetzt werden?

Werden x Liter Wasser jedes Mal hinzugesetzt, so ist

$$a \left(\frac{a}{a + x}\right)^{n} = \frac{a}{c}$$

oder $$c \left(\frac{a}{a + x}\right)^{n} = 1,$$

woraus folgt $$(a + x) = c \,.\, a^{n}$$

$$a + x = a\sqrt[n]{c}$$

$$x = a \left(- 1 + \sqrt[n]{c}\right) \text{ Liter Wasser.}$$

$$\log (a + x) = \log a + {}^{1}/_{n} \log c.$$

Der Numerus zu log (a + x), um a vermindert, giebt die Unbekannte x.

**1328.** Ein Kaufmann hat eine Waare in zwei Sorten vorräthig. Von der einen Sorte kostet das Kilogramm 3 Mark, von der andern nur 1 Mark. Durch Mischung beider Sorten sollen 8 Mittelsorten gebildet werden. Zu diesem Zwecke mengt der Kaufmann 5 Theile der guten Sorte mit 3 Theilen der geringeren, hierauf wieder 5 Theile der neuen Sorte mit 3 Theilen der geringeren (à 1 Mark) und so fort 8 mal hinter einander. Zu welchem Preise kann er die achte Mittelsorte verkaufen?

Ein Kg. der ersten Mischung enthält ${}^{5}/_{8}$ Kg. besserer und ${}^{3}/_{8}$ Kg. geringerer Sorte. Das zweite Mal nimmt der Kaufmann 5 Kg. der ersten Mischung. In diesen 5 Kg. sind $5 \,.\, {}^{5}/_{8} = 3\,{}^{1}/_{8}$ Kg. à 3 Mark enthalten. Da auch die zweite Mischung 8 Kg. beträgt, so sind in 1 Kg. dieser Mischung $\frac{3\,{}^{1}/_{8}}{8} = {}^{25}/_{64} = ({}^{5}/_{8})^{2}$ Kg. der theuren Sorte. 1 Kg. der achten Mischung enthält nur $({}^{5}/_{8})^{8}$ Kg. der theuren Sorte. Es ist aber 8 log ${}^{5}/_{8}$ oder 8 log 0,625 = 0,3670400 — 2, daher $({}^{5}/_{8})^{8} = 0{,}023283$; d. h. 1 Kg. der achten Mischung enthält

| | | |
|---|---|---|
| | 0,023283 Kg. à 3 Mark = | 0,069849 Mark, |
| also | 0,976717 Kg. à 1 Mark = | 0,976717 „ |

1 Kg. der achten Mischung kostet hiernach 1,046566 Mark, d. i. nahe 1,05 Mark.

**1329.** Ein Speculant verleiht ein Kapital, das er für sich selbst zu 4 % Zinseszins geliehen hat, zu 5 % Zinseszinsen. Nach Verlauf von 6 Jahren zahlt er das Darlehen mit Zinseszins zurück. Es stellt sich nun ein Gewinn von 1495,54 Mark für ihn hieraus. Wie groß war hiernach das geliehene Kapital?

$$x\,(1{,}05^6 - 1{,}04^6) = 1495{,}54$$

$$x = \frac{1495{,}54}{1{,}05^6 - 1{,}04^6} = 20000 \text{ Mark};$$

denn: $6 \log 1{,}05 = 0{,}1271358 \qquad 6 \log 1{,}04 = 0{,}1021998$

$1{,}05^6 = 1{,}340095. \qquad 1{,}04^6 = 1{,}265318.$

$$1{,}340095 - 1{,}265318 = 0{,}074777$$

$$\frac{1495{,}54}{0{,}074777} = \frac{1495540000}{74777} = 20000 \text{ Mark}.$$

**1330.** Eine Sparkasse leiht ein Kapital von 1200 Mark, für welches sie $3\frac{1}{3}$ % Zinsen zahlt, zu 5 % aus. Wie groß ist der Gewinn nach Verlauf von $8\frac{1}{2}$ Jahren, wenn Zinseszinsen gerechnet werden?

$$x = 1200\,(1{,}05^{8\frac{1}{2}} - (\tfrac{310}{300})^{8\frac{1}{2}}),$$

d. i. $\qquad x = 1200\,(1{,}51391 - 1{,}32143)$

oder $\qquad x = 1200 \,.\, 0{,}19248 = 230{,}976$ Mark.

Anmerk.: Es ist $8\frac{1}{2} \,.\, \log 1{,}05 = 0{,}1801090$ und $8\frac{1}{2} \log \frac{310}{300} = 0{,}1210434$.

**1331.** Wie heißt das Resultat der vorigen Aufgabe, wenn man statt der Zahlen 1200, $3\frac{1}{3}$, 5, $8\frac{1}{2}$ die allgemeinen Zeichen a, p, q, n setzt?

$$x = a\left(\left(\frac{100+q}{100}\right)^n - \left(\frac{100+p}{100}\right)^n\right)$$

oder $\qquad x = a\,((1 + 0{,}01q)^n - (1 + 0{,}01p)^n).$

**1332.** Ein Kapital von 20000 Mark ist zu 5 % Zinseszinsen verliehen. Die Verwaltungskosten betragen für jedes Jahr 1 % des vergrößerten Kapitals und werden am Jahresschluß abgerechnet. Zu welcher Summe wird dieses Kapital am Ende des zwölften Jahres angewachsen sein?

Am Ende des ersten Jahres stellt sich die Rechnung wie folgt.

| | | |
|---|---|---|
| Kapital | 20000 | Mark |
| 5 % Zinsen | 1000 | " |
| zusammen | 21000 | Mark |
| 1 % Verwaltungskosten | 210 | " |
| Rest | 20790 | Mark |
| Kapital | 20000 | " |
| Nutzen | 790 | Mark. |

Dieser Nutzen beträgt $\frac{100 \,.\, 790}{20000} = \frac{79}{20}$ oder 3,95 %. Daher ist die gesuchte Summe:

$$x = 20000 \,.\, 1{,}0395^{12}.$$

$$\log x = \log 20000 + 12 \log 1{,}0395 = 4{,}5029240$$

$$x = 31836{,}4 \text{ Mark}.$$

# Sechster Abschnitt.

# Progressionen.

(§ 49.)

## Arithmetische Progressionen oder Differenz-Reihen.

### A. Arithmetische Progressionen erster Ordnung.

**1333.** Einen artesischen Brunnen von 160 Meter Tiefe zu bohren, zahlt man für das erste Meter $4\frac{1}{2}$ Mark und für jedes folgende Meter immer $\frac{1}{2}$ Mark mehr als für das vorhergehende. Wie viel zahlt man a) für das letzte Meter; b) für den ganzen Brunnen?

a) Man zahlt für das 2. Meter $4\frac{1}{2} + \frac{1}{2} = 5$ Mark, für das 3. $4\frac{1}{2} + 2 \cdot \frac{1}{2} = 4\frac{1}{2} + 1 = 5\frac{1}{2}$ Mark, für das 4. $4\frac{1}{2} + 3 \cdot \frac{1}{2} = 4\frac{1}{2} + 1\frac{1}{2} = 6$ Mark, für das 5. $4\frac{1}{2} + 4 \cdot \frac{1}{2}$ Mark, für das 6te $4\frac{1}{2} + 5 \cdot 4\frac{1}{2}$ Mark ꝛc.; also für das 160. Meter $4\frac{1}{2} + 159 \cdot \frac{1}{2} = 4\frac{1}{2} + 79\frac{1}{2} = 84$ Mark.

b) Für den ganzen Brunnen zahlt man
$x = 4\frac{1}{2} + 5 + 5\frac{1}{2} + 6 + \ldots\ldots\ldots + 83 + 83\frac{1}{2} + 84$ Mark, oder wenn man die Glieder dieser Reihe in umgekehrter Ordnung schreibt:
$x = 84 + 83\frac{1}{2} + 83 + 82\frac{1}{2} \ldots\ldots + 5\frac{1}{2} + 5 + 4\frac{1}{2}$ Mark.

Werden nun je zwei genau unter einander stehende Glieder (z. B. $4\frac{1}{2} + 84$, oder $5 + 83\frac{1}{2}$ ꝛc.) addirt, so ist die Summe allemal $= 88\frac{1}{2}$. Die 160 Zahlenpaare ergeben demnach zusammen $160 \cdot 88\frac{1}{2} = 14160$ Mark $= 2x$, woraus $x = 7080$ Mark gefunden wird; d. h. der ganze Brunnen kostet 7080 Mark.

Anmerk. Allgemein ist

$$t = a + (n-1)\,d,$$

ferner $$s = \left(\frac{a+t}{2}\right) n = \frac{n}{2}\,(2a + (n-1)\,d),$$

wo a das erste Glied, t das letzte Glied, n die Anzahl aller Glieder und s die Summe der arithmetischen Progression bezeichnet.

**1334.** 1068 Mark sollen unter eine gewisse Zahl von Arbeitern so vertheilt werden, daß der erste 10 Mark erhält, jeder folgende immer 3 Mark mehr als der vorhergehende. Wie groß ist die Zahl der Arbeiter und wie viel erhält der letzte derselben?

Hier ist $s = 1068$, $a = 10$ und $d = 3$ gegeben. Man hat also t und n zu bestimmen.

Aus $$s = \left(\frac{a + t}{2}\right) n$$

folgt $$\frac{2s}{n} - a = t,$$

während $$t = a + (n - 1) d$$

ist. Mithin findet sich nun

$$a + (n - 1) d = \frac{2s}{n} - a,$$

oder $$2a + (n - 1) d = \frac{2s}{n},$$

oder $$2an + n (n - 1) d = 2s,$$

d. i. $$20n + 3n (n - 1) = 2136;$$

also $$3n^2 + 17n = 2136$$

$$n^2 + \frac{17n}{3} = 712$$

$$(n + \tfrac{17}{6}) = \tfrac{25921}{36}$$

$$n + \tfrac{17}{6} = \tfrac{161}{6}$$

$$n = 24 \text{ Arbeiter.}$$

$t = a + (n - 1) d = 10 + 23 . 3 = 10 + 69 = 79$ Mark erhält der letzte Arbeiter.

Anmerk. Allgemein ist

$$n = \frac{1}{2d}\left(d - 2a \pm \sqrt{(2a - d)^2 + 8ds}\right),$$

ferner $$t = -\tfrac{d}{2} \pm \sqrt{(a - \tfrac{1}{2}d)^2 + 2ds}.$$

**1335.** Ein Diener erhielt, nachdem ihm von Jahr zu Jahr sein Lohn stets um 20 Mark verbessert worden war, für das letzte Dienstjahr 400 Mark. Wie viel erhielt er im ersten Jahre und wie viel Jahre hat er seinem Herrn gedient, wenn das Lohn für die ganze Dienstzeit eine Summe von 4000 Mark ergiebt?

Hier ist $d = 20$, $t = 400$ und $s = 4000$ gegeben, mithin $a$ und $n$ zu bestimmen. Durch Eliminiren ergiebt sich aus den oben mitgetheilten Grundformeln schließlich

$$a = \tfrac{d}{2} \pm \sqrt{(t + d/2)^2 - 2ds}$$

und $$n = \frac{1}{2d}\left(2t + d \pm \sqrt{(2t + d)^2 - 8ds}\right),$$

und wenn hier die entsprechenden Zahlenwerthe für $d$, $t$ und $s$ eingesetzt werden:

$$a = 100 \quad \text{und} \quad n = 16,$$

d. h. der Diener hat 16 Jahre gedient und im ersten Jahre 100 Mark Lohn erhalten.

**1336.** Eine arithmetische Progression zu finden, in der das erste Glied = 3, das letzte Glied = 388, die Summe aller Glieder = 10948 ist.

$$\left(\frac{a + t}{2}\right) n = s$$

$$\left(\frac{3 + 388}{2}\right) n = 10948$$

$$\frac{391n}{2} = 10948$$
$$n = 56.$$

Ferner ist $a + (n - 1)\,d = t$
$$3 + 55d = 388$$
$$55d = 385$$
$$d = 7.$$

Die 56 Glieder der gesuchten Progression sind 3, 10, 17, 24 ꝛc. bis 388.

Anmerk. Allgemein ist
$$n = \frac{2s}{a + t} \quad \text{und} \quad d = \frac{(t + a)(t - a)}{2s - (t + a)}.$$

1337. Die Zahl 625 soll so in 25 Summanden zerlegt werden, daß der zweite und jeder folgende um 2 größer ist als der vorhergehende.

Hier ist $s = 625$, $n = 25$ und $d = 2$ gegeben, daher
$$\tfrac{n}{2}\,(2a + (n - 1)\,d) = s,$$
d. i.
$$\tfrac{25}{2}\,(2a + 24 \,.\, 2) = 625,$$
woraus folgt
$$a + 24 = 25$$
$$a = 1.$$

Die gesuchten Summanden sind 1, 3, 5, 7 ꝛc. bis 49.

Anmerk. Allgemein ist
$$a = \frac{s}{n} - \left(\frac{n - 1}{2}\right) d \quad \text{und} \quad t = \frac{s}{n} + \left(\frac{n - 1}{2}\right) d.$$

1338. Ein Reisender, welcher in 14 Tagen einen Weg von $87\tfrac{1}{2}$ Meile zurücklegte, machte am ersten Tage 3 Meilen. Jedoch war jede folgende Tagereise um eine und dieselbe Strecke größer als die nächstvorhergehende. Wie viel beträgt hiernach der Unterschied zweier auf einander folgenden Tagereisen? Wie viel Meilen sind am letzten Tage zurückgelegt worden?

Legt der Reisende am letzten Tage x Meilen zurück und an jedem Tage y Meilen mehr als an dem vorhergehenden, so ist
$$\left(\frac{3 + x}{2}\right) 14 = 87\tfrac{1}{2}$$
$$3 + x = 12\tfrac{1}{2}$$
$$x = 9\tfrac{1}{2} \text{ Meile.}$$

Ferner ist $3 + (14 - 1)\,y = 9\tfrac{1}{2}$
$$13y = 6\tfrac{1}{2}$$
$$y = \tfrac{1}{2} \text{ Meile.}$$

Anmerk. Allgemein ist
$$(x \text{ oder})\ t = \frac{2s}{n} - a \quad \text{und} \quad (y \text{ oder})\ d = \frac{2}{n}\left(\frac{s - an}{n - 1}\right).$$

1339. Ein Reisender legte im Ganzen 81 Meilen zurück, und zwar $9\tfrac{1}{2}$ Meile am letzten Tage. Wie lange war er unterwegs und wie viel Meilen legte er am ersten Tage zurück, wenn er an jedem folgenden Tage $\tfrac{1}{2}$ Meile weiter reiste als an dem vorhergehenden Tage?

Gegeben $s = 81$, $t = 9\frac{1}{2}$ und $d = \frac{1}{2}$; gesucht $a = x$ und $n = y$. Daher ist

I. $(x + 9\frac{1}{2})\frac{y}{2} = 81$ und II. $x + (y - 1)\frac{1}{2} = 9\frac{1}{2}$.

Aus I folgt $x + 9\frac{1}{2} = \frac{162}{y}$

$$\text{III. } x = \frac{162}{y} - 9\tfrac{1}{2}$$

Aus II folgt IV. $x = 10 - \frac{y}{2}$.

III und IV ergeben

$$\frac{162}{y} - 9\tfrac{1}{2} = 10 - \frac{y}{2},$$

oder

$$\frac{162}{y} + \frac{y}{2} = 19\tfrac{1}{2},$$

daher

$$y^2 + 324 = 39y,$$

also

$$y^2 - 39y = -324$$

$$(y - \tfrac{39}{2})^2 = \tfrac{225}{4},$$

$$y - \tfrac{39}{2} = \pm \tfrac{15}{2}$$

$$\text{V. } y = \tfrac{1}{2}(39 \pm 15) = \begin{cases} 27 \text{ Tage} \\ 12 \text{ Tage.} \end{cases}$$

Der Werth von y aus V in II eingesetzt, giebt

$$x = \begin{cases} -3\tfrac{1}{2} \text{ Meilen} \\ \phantom{-}4 \text{ Meilen.} \end{cases}$$

War der Reisende 12 Tage unterwegs, so hat er am ersten Tage 4 Meilen zurückgelegt. — War er jedoch 27 Tage unterwegs, so hatte er am ersten Tage $3\frac{1}{2}$ Meile in entgegengesetzter Richtung gemacht. Am zweiten Tage mußte er wieder umkehren, um diese $3\frac{1}{2}$ und noch $\frac{1}{2}$ Meile, d. i. im Ganzen 4 Meilen, zurückzulegen, die ihn aber, vom ersten Ausgangspunkte an gerechnet, nur um $\frac{1}{2}$ Meile dem Ziele näher brachten. Am dritten Tage legte er $4\frac{1}{2}$, am vierten Tage 5 Meilen 2c. zurück.

Anmerk. Allgemeine Formeln bei Aufg. 1335.

**1340.** Die beiden Orte O und P sind 18 Meilen von einander entfernt. Von O reist A ab, der am ersten Tage 3 Meilen zurücklegt und an jedem folgenden Tage $\frac{1}{2}$ Meile mehr als an den vorhergehenden. Einen Tag nach der Abreise des A eilt diesem aus P in derselben Richtung B nach, welcher am ersten Tage 5 Meilen zurücklegt und an jedem folgenden Tage 1 Meile mehr als am vorhergehenden. Wann wird B den A einholen?

Ist B x Tage unterwegs, so braucht A $x + 1$ Tag. Da B am ersten Tage 5 Meilen, am letzten Tage $5 + (x - 1)$ Meilen zurücklegt, so macht er in x Tagen einen Weg von $\frac{x}{2}(5 + 5 + x - 1) = (9 + x)\frac{x}{2}$ Meilen. — A macht am ersten Tage 3 Meilen, am $(x + 1)$ten Tage $3 + \frac{x}{2}$ Meilen, mithin in $x + 1$ Tagen $\left(\frac{x+1}{2}\right)(3 + 3 + \frac{x}{2}) = \left(\frac{x+1}{2}\right)(6 + \frac{x}{2})$ Meilen. Da der Weg des B um 18 Meilen länger ist als derjenige des A, so findet sich

$$(9 + x)\,\frac{x}{2} - \left(6 + \frac{x}{2}\right)\left(\frac{x + 1}{2}\right) = 18$$

auch $(9 + x)\,2x - (12 + x)(x + 1) = 72,$

woraus folgt $x^2 + 5x - 12 = 72$

oder $x^2 + 5x = 84;$

daher $(x + 2{,}5)^2 = 90{,}25$

$$x + 2{,}5 = 9{,}5$$

$$x = 7 \text{ Tage.}$$

A ist $7 + 1 = 8$ Tage unterwegs, B hingegen nur 7 Tage, wenn sie beide zusammentreffen.

**1341.** Ein Courier, welcher am ersten Tage 9 Meilen zurücklegt, an jedem folgenden Tage aber 1 Meile mehr als am vorhergehenden, soll einen Boten einholen, welcher denselben Ort vor 12 Tagen verließ und an jedem Tage 5 Meilen zurücklegt. Wann wird der Courier diesen Boten erreichen?

In x Tagen; alsdann ist der Bote $x + 12$ Tage unterwegs und hat in dieser Zeit $(x + 12)\,5$ Meilen gemacht. Der Courier legt am $x$ten Tage $9 + x - 1 = 8 + x$ Meilen, am ersten Tage 9 Meilen, mithin in x Tagen $\frac{x}{2}(17 + x)$ Meilen zurück. Da beide Wege einander gleich sind, so findet sich

$$\frac{x}{2}(17 + x) = 5\,(x + 12)$$

oder $x\,(17 + x) = 10\,(x + 12),$

daher $x^2 + 7x = 120$

$$(x + 3{,}5)^2 = 132{,}25$$

$$x + 3{,}5 = 11{,}5$$

$$x = 8 \text{ Tage.}$$

In 8 Tagen hat der Courier den vor 20 Tagen abgegangenen Boten eingeholt. Jeder von ihnen ist alsdann 100 Meilen vom Ausgangspunkte entfernt.

**1342.** Eine arithmetische Progression von 5 Gliedern zu finden, in welcher das vorletzte Glied 20, die Summe aller Glieder 70 beträgt.

Bezeichnet x das erste Glied und y die Differenz, so ist das vorletzte Glied $= x + 3y$, das letzte $= x + 4y$, und daher

I. $x + 3y = 20$ und II. $(2x + 4y)\,\frac{5}{2} = 70.$

Aus II folgt III. $x + 2y = 14.$

I — II giebt IV. $y = 6.$

Daher ist $x = 2.$

Die gesuchte Progression ist 2, 8, 14, 20, 26.

**1343.** In einer arithmetischen Progression von 7 Gliedern ist das 5. Glied um 36 größer als das zweite Glied; das Produkt des ersten und letzten Gliedes beträgt 553. Diese Progression zu finden.

Bezeichnet x das erste Glied und y die Differenz, so ist

das fünfte Glied $x + 4y,$

das zweite Glied $x + y.$

Daher ist $3y = 36,$

woraus folgt $y = 12.$

Das letzte Glied ist $x + 6y = x + 72$, mithin $x\,(x + 72) =$

$$x^2 + 72x = 553$$
$$(x + 36)^2 = 1849$$
$$x + 36 = \pm 43$$
$$x = -36 \pm 43 = \begin{cases} 7. \\ -79 \end{cases}$$

Die gesuchte Progression ist 7, 19, 31, 43, 55, 67, 79; oder — 79, — 67, — 55, — 43, — 31, — 19, — 7.

**1344.** Ein Kapital von 9000 Mark, welches 5 % einfache Zinsen trägt, wird jährlich um 300 Mark vermehrt. Wie viel betragen die Zinsen von 15 Jahren zusammengenommen?

9000 Mark zu 5% bringen in einem Jahre 450 Mark Zinsen. 300 Mark zu 5 % bringen in einem Jahre 15 Mark Zinsen. Es vermehren sich also jährlich die Zinsen um 15 Mark. Da im ersten Jahre die Zinsen 450 Mark betragen, im 15. aber $450 + 14 . 15 = 450 + 210 = 660$ Mark, so ist die Summe aller Zinsen $= \left(\frac{450 + 660}{2}\right) 15 = 555 . 15 = 8325$ Mark.

**1345.** Im luftleeren Raum fällt ein Körper in der ersten Sekunde 4,902 Meter, in der zweiten 3 . 4,902$^m$, in der dritten 5 . 4,902$^m$, in der vierten 7 . 4,902$^m$, in der fünften 9 . 4,902$^m$ u. s. f. Wie viel Sekunden sind hiernach erforderlich, damit ein Körper einen Fallraum von 490,2$^m$ zurücklegt?

Der Unterschied der Fallräume zweier auf einander folgenden Sekunden beträgt $2 . 4,902 = 9,804^m$. Der Fallraum der xten Sekunde ist $4,902 + (x - 1) 2 . 4,902 = 2 . 4,902x - 4,902$ Meter. In x Sekunden fällt daher ein Körper $(4,902 + 2 . 4,902x - 4,902) \frac{x}{2} = (2 . 4,902x) \frac{x}{2} = 4,902x^2$ Meter. Da dieser Fallraum 490,2$^m$ beträgt, so ist

$$4,902x^2 = 490,2$$
$$x^2 = 100$$
$$x = 10 \text{ Sekunden.}$$

**1346.** A und B, welche 67 Meilen von einander entfernt sind, brechen gleichzeitig auf, um unterwegs zusammenzukommen. A legt am ersten Tage $3\frac{1}{2}$ Meile zurück, macht aber an jedem folgenden Tage stets $\frac{1}{2}$ Meile mehr als an dem vorhergehenden. B legt am ersten Tage 14 Meilen, am zweiten 13 Meilen, am dritten 12 Meilen zurück u. s. f. Nach wie viel Tagen werden A und B einander treffen?

In x Tagen.

Für A ist $a = 3\frac{1}{2}$, $d = \frac{1}{2}$ und $n = x$; mithin sein Weg $= \frac{x}{2} [2 . 3\frac{1}{2} + (x - 1) \frac{1}{2}] = \frac{x}{2} \left(7 + \frac{x - 1}{2}\right) = \frac{x}{2} \left(\frac{13 + x}{2}\right) = x \left(\frac{13 + x}{4}\right)$ Meilen.

Für B ist $a = 14$, $d = -1$, $n = x$ und $t = 14 + (x - 1)(-1) = 14 - (x - 1) = 15 - x$; mithin sein Weg $= [14 + (15 - x)] \frac{x}{2} = \left(\frac{29 - x}{2}\right)$ Meilen.

Da beide Wege zusammen 67 Meilen ergeben, so ist

$$x\left(\frac{13+x}{4}\right)+x\left(\frac{29-x}{2}\right)=67,$$

woraus folgt $x(71-x)=268,$

daher $x^2-71x=-268$

$$(x-35{,}5)^2=992{,}25$$

$$x-35{,}5=\pm 31{,}5$$

$$x=35{,}5\pm 31{,}5=\begin{cases}67 \text{ Tage}\\ 4 \text{ Tage.}\end{cases}$$

Hier ist x = 4 Tage zu nehmen.

**1347.** Wie heißt das nte Glied einer arithmetischen Progression, wenn für jeden Werth von n die Summe der ersten n Glieder $\frac{2n^2-n}{2}$ beträgt?

Für n = 1 giebt die Formel das erste Glied = $\frac{1}{2}$; für n = 2 giebt sie die Summe der beiden ersten Glieder = 3; für n = 3 die Summe der drei ersten Glieder = $7\frac{1}{2}$ u. s. w. Mithin ist das zweite Glied = $3-\frac{1}{2}=2\frac{1}{2}$, das dritte Glied = $7\frac{1}{2}-3=4\frac{1}{2}$. Die Progression ist also $\frac{1}{2}$, $2\frac{1}{2}$, $4\frac{1}{2}$ ꝛc., woraus sich die Differenz = 2 ergiebt. Demnach findet sich das nte Glied = $\frac{1}{2}+(n-1)\,2=2n-1\frac{1}{2}=\frac{4n-3}{2}$.

**1348.** Wie viel beträgt die Summe der ersten n Glieder einer arithmetischen Progression, wenn für jeden Werth von n das nte Glied gleich $\frac{3}{2}(n+1)$ ist?

n = 1, 2, 3 ꝛc. gesetzt, giebt nach der Reihe das erste Glied = 3, das zweite Glied = $4\frac{1}{2}$, das dritte Glied = 6 u. s. w. Daher ist die Differenz = $1\frac{1}{2}$; mithin die Summe der ersten n Glieder = $\frac{n}{2}\left[3+(n+1)\frac{3}{2}\right]=\frac{3n}{2}\left(\frac{2+n+1}{2}\right)=\frac{3n}{4}(n+3)$.

**1349.** Die Summe der n ersten ungeraden Zahlen zu finden.

Da in der Reihe der ungeraden Zahlen a = 1, d = 2 ist, so findet sich die nte ungerade Zahl oder das letzte Glied t = $1+(n-1)\,2=2n-1$, mithin die gesuchte Summe = $1+(2n-1)\frac{n}{2}=2n\cdot\frac{n}{2}=n^2$.

**1350.** Zwischen 5 und 9 sollen 7 Glieder so eingeschaltet (interpolirt) werden, daß eine arithmetische Progression entsteht. Wie heißen die Glieder?

Der Unterschied der beiden gegebenen Zahlen 5 und 9 beträgt 9 — 5 = 4. Wegen der zu interpolirenden 7 Glieder muß die gefundene Zahl 4 in 7 + 1 = 8 gleiche Theile zerlegt werden. Mithin ist die Differenz der zu bildenden Reihe = $\frac{4}{8}=\frac{1}{2}$, also diese Reihe selbst: 5, $5\frac{1}{2}$, 6, $6\frac{1}{2}$, 7, $7\frac{1}{2}$, 8, $8\frac{1}{2}$, 9.

Anmerk. Hier ist a = 5, t = 9, n = 7 + 2 = 9 gegeben. Allgemein ist $d=\frac{t-a}{n-1}$.

**1351.** Zwei arithmetische Progressionen haben gleiche Anfangsglieder. In der ersten Reihe ist das letzte Glied = 27, die Summe aller Glieder = 105. In der zweiten Reihe ist das letzte Glied = 43, Summe aller Glieder = 207. Wie viel Glieder hat jede dieser Reihen? (Diophantische Gleichung.)

Die Anzahl der Glieder sei x für die erste Reihe, y für die zweite Reihe, ferner sei a das erste Glied der beiden Reihen; so ist

$$\text{I. } (a + 27)\frac{x}{2} = 105 \quad \text{und} \quad \text{II. } (a + 43)\frac{y}{2} = 207.$$

Aus I folgt

$$\text{III. } a + 27 = \frac{210}{x}.$$

Aus II folgt

$$\text{IV. } a + 43 = \frac{414}{y}.$$

$$\text{IV} - \text{III giebt} \quad 16 = \frac{414}{y} - \frac{210}{x},$$

woraus folgt $16xy = 414x - 210y$

oder $(16x + 210)\,y = 414x,$

auch $(8x + 105)\,y = 207x,$

daher $$y = \frac{207x}{8x + 105} = \frac{207}{8 + \frac{105}{x}}.$$

Die letztere Form zeigt, daß erstlich x ein Factor von 105, sodann $8 + \frac{105}{x}$ ein Factor von 207 sein muß. Die Factoren von 105 sind 1, 3, 5, 7, 15, 21, 35 und 105, diejenigen von 207 heißen 1, 3, 9, 23, 69, 207. Wird nun x = 7 gewählt, so ist $\frac{105}{x} = 15$, mithin $8 + \frac{105}{x} = 8 + 15 = 23$ ein Factor von 207. Hiernach ist $\frac{207}{23} = 9$. Es hat also die erste Progression 7, die zweite 9 Glieder.

Beispiel: 3, 7, 11, 15, 19, 23, 27.
3, 8, 13, 18, 23, 28, 33, 38, 32.

**1352.** Zwei arithmetische Progressionen haben gleiche Schlußglieder. In der ersten Reihe ist das erste Glied = 1, die Summe aller Glieder = 820. In der zweiten Reihe ist das erste Glied = 2, die Summe aller Glieder = 420. Wie viel Glieder hat jede dieser Reihen?

Die erste Reihe hat x, die zweite y Glieder. Das letzte Glied der beiden Reihen sei t, so findet sich

$$\text{I. } (1 + t)\frac{x}{2} = 820 \quad \text{und} \quad \text{II. } (2 + t)\frac{y}{2} = 420.$$

Aus I folgt $\text{III. } 1 + t = \frac{1640}{x}.$

Aus II folgt $\text{IV. } 2 + t = \frac{840}{y}.$

$$\text{IV} - \text{III giebt} \quad 1 = \frac{840}{y} - \frac{1640}{x},$$

woraus folgt $xy = 840x - 1640y,$
daher $(x + 1640)\,y = 840x$

$$y = \frac{840x}{x + 1640} = \frac{840}{1 + \frac{1640}{x}}.$$

Es muß also x ein Factor von 1640 sein, sowie $1 + \frac{1640}{x}$ ein Factor von 840. Die Zahl 1640 hat 1, 2, 4, 5, 8, 10, 20, 40, 41, 82, 164, 205, 328, 410, 820 und 1640 zu Factoren. Die Zahl 840 ist durch 1, 2, 3, 4, 5, 6, 7, 8, 10, 12, 14, 15, 20, 21, 28, 30, 35, 40 ꝛc. theilbar. Wird $x = 40$ genommen, so ist $1 + \frac{1640}{x} = 1 + 41 = 42$ ein Theiler von 840, mithin $y = {}^{840}/_{42} = 20$. Ebenso findet sich $y = 40$, wenn $x = 82$ gewählt wird. Wenn $x = 328$ ist, so erhält man $y = 140$. Es hat also der Reihe nach

die erste Progression 40, 82, 328 ꝛc. Glieder,
die zweite Progression 20, 40, 140 ꝛc. Glieder.

Beispiel. Erste Progression: 1, 2, 3, . . . . . . . . . 40.
Zweite Progression: 2, 4, 6, . . . . . . . . . 40.

## B. Höhere arithmetische Progressionen.

Vorbemerkung. In jeder figurirten Reihe ist:

$$\text{I. } t_n = a + (n-1)\,d_1 + \frac{(n-1)(n-2)}{2}\,d_2 + \frac{(n-1)(n-2)(n-3)}{2\,.\,3}\,d_3 + \ldots\ldots\ldots + \frac{(n-1)(n-2)\ldots\ldots(n-m)}{2\,.\,3\,.\,4\ldots\ldots m}\,d_m.$$

$$\text{II. } s_n = na + \frac{n(n-1)}{2}\,d_1 + \frac{n(n-1)(n-2)}{2\,.\,3}\,d_2 + \frac{n(n-1)(n-2)(n-3)}{2\,.\,3\,.\,4}\,d_3 + \ldots\ldots + \frac{n(n-1)(n-2)\ldots\ldots(n-m)}{2\,.\,3\,.\,4\ldots\ldots(m+1)}\,d_m.$$

wo a das erste Glied, $t_n$ das nte Glied, $s_n$ die Summe einer arithmetischen Progression vom mten Grade, $d_1, d_2, d_3, d_4 \ldots \ldots d_m$ die ersten Glieder ihrer auf einander folgenden m Differenzreihen sind.

1353. Wie viel Kugeln enthält eine dreiseitige Pyramide, deren unterste Schicht auf jeder Seite 16 Kugeln zählt?

Die gesuchte Zahl der Kugeln ist gleich der Summe der ersten 16 Trigonalzahlen (Dreieckszahlen). Die Reihe derselben ist

| | | | | | |
|---|---|---|---|---|---|
| | 1, | 3, | 6, | 10, | 15 . . . . , |
| ihre 1. Diff.-R. | 2 | 3 | 4 | 5 . . . . . . . , | |
| ihre 2. Diff.-R. | 1 | 1 | 1 . . . . . . . . . . | | |

Mithin hat man $a = 1$, $d_1 = 2$, $d_2 = 1$ und $n = 16$, so daß die Pyramide (nach Formel II)
$(16 . 1) + (120 . 2) + (560 . 1) = 16 + 240 + 560 = 816$ Kugeln enthält.

Die Summe der ersten n Trigonalzahlen beträgt

$$n . 1 + \frac{n(n-1)}{2} . 2 + \frac{n(n-1)(n-2)}{2 . 3} . 1 = n^2 + \frac{n(n-1)(n-2)}{2 . 3} = \frac{n^3 + 3n^2 + 2n}{2 . 3} = \frac{n(n+1)(n+2)}{2 . 3}.$$

Hiernach ist die Anzahl der in obiger Pyramide befindlichen Kugeln $= \frac{16 . 17 . 18}{2 . 3} = 16 . 17 . 3 = 816$, welches Resultat mit dem bereits angegebenen übereinstimmt.

1354. Wie viel Kugeln enthält eine vierseitige Pyramide, deren unterste Schicht in jeder Seite 18 Kugeln zählt?

Man hat die ersten 18 Quadratzahlen zu summiren. Dieselben sind 1, 4, 9, 16, 25 . . . . .

| | | | | | |
|---|---|---|---|---|---|
| sind | 1, | 4, | 9, | 16, | 25 . . . . . |
| 1. Diff.-R. | 3 | 5 | 7 | 9 | |
| 2. Diff.-R. | | 2 | 2 | 2 | |

Hier ist $a = 1$, $d_1 = 3$, $d_2 = 2$ und $n = 18$. Wird n beibehalten, so verwandelt sich Formel II in:

$$s_n = n . 1 + \frac{n(n-1)}{2} . 3 + \frac{n(n-1)(n-2)}{2 . 3} . 2 =$$

$$\tfrac{1}{3}n^3 + \tfrac{1}{2}n^2 + \tfrac{1}{6}n = \frac{n(n+1)(2n+1)}{2 . 3}.$$

Demgemäß enthält die Pyramide $\frac{18 . 19 . 37}{2 . 3} = 3 . 19 . 37 = 2109$ Kugeln.

1355. Ein Kugelhaufen, dessen Schichten Rechtecke bilden, hat oben eine Reihe von 12 Kugeln, darunter 2 Reihen à 13 Stück, ferner 3 Reihen à 14 Stück u. s. f. bis zur 20. Schicht, welche die Grundfläche ist. Wie viel Kugeln enthält dieser Haufen und wie viel Stück liegen in der längeren Seite der Grundfläche?

Die zu addirenden Zahlen sind

| | | | | | |
|---|---|---|---|---|---|
| | 1 . 12 | 2 . 13 | 3 . 14 | 4 . 15 | 5 . 16 . . . |
| d. i. | 12 | 26 | 42 | 60 | 80 . . . . |
| 1. Diff.-R. | 14 | 16 | 18 | 20 . . . . . . | |
| 2. Diff.-R. | | 2 | 2 | 2 . . . . . . . . | |

Mithin ist $a = 12$, $d_1 = 14$, $d_2 = 2$. Diese Werthe in Formel II eingesetzt, geben:

$$s_n = n . 12 + \frac{n(n-1)}{2} . 14 + \frac{n(n-1)(n-2)}{2 . 3} 2$$

oder $s_n = n . 12 + n(n-1) 7 + \frac{n(n-1)(n-2)}{3}$,

also wenn man $n = 20$ setzt:

$$s_n = 20 \,.\, 12 + 380 \,.\, 7 + 20 \,.\, 19 \,.\, 6 =$$
$$240 + 2660 + 2280 = 5180 \text{ Kugeln.}$$

Die längere Seite der untersten Schicht zählt $12 + (20 - 1) = 12 + 19 = 31$ Kugeln.

Wird die Zahl der in der obersten Reihe liegenden Kugeln mit m bezeichnet, so ist die zu summirende Reihe:

$$1 \,.\, m,\ 2 \,.\, (m+1),\ 3 \,.\, (m+2),\ 4\,(m+3), \ldots n\,(m+n-1),$$

1. D. $m+2, \quad m+4, \quad m+6, \ldots\ldots$

2. D. $\quad 2, \quad 2, \ldots\ldots$

Daher ist $a = m$, $d_1 = m + 2$, $d_2 = 2$ und Formel II giebt nun:

$$s_n = n \,.\, m + \frac{n\,(n-1)}{2} \,.\, (m+2) + \frac{n\,(n-1)\,(n-2)}{2 \,.\, 3} \,.\, 2$$

oder $s_n = \dfrac{n\,(n+1)\,(2n+3m-2)}{2 \,.\, 3}$.

Da wir $n = 20$ und $m = 12$ haben, so enthält der Kugelhaufen hiernach $\dfrac{20 \,.\, 21 \,.\, 74}{2 \,.\, 3} = 10 \,.\, 7 \,.\, 74 = 5180$ Kugeln, welches Resultat bereits oben gefunden worden ist.

Die längere Seite der untersten Schicht zählt $n + m - 1 = 20 + 12 - 1 = 31$ Kugeln. Setzt man $n + m - 1 = p$, daher $m = p - n + 1$, so verwandelt sich die zuletzt mitgetheilte Summenformel in

$$s_n = \frac{n\,(n+1)\,(3p-n+1)}{2 \,.\, 3}$$

und kann man sich dieser Formel zur Berechnung eines Kugelhaufens bedienen, wenn nur die Anzahl der Kugeln in den beiden Seiten der Grundfläche angegeben ist.

**1356.** Eine abgekürzte dreiseitige Kugelpyramide zählt in jeder Seite der Grundfläche 20 Kugeln, in jeder Seite der Deckfläche 8 Stück. Wie groß ist die Anzahl der vorhandenen Kugeln?

Für den ergänzten Haufen ist $n = 20$, für den oben fehlenden Theil ist $n = 7$. Die Formel $\dfrac{n\,(n+1)\,(n+2)}{2 \,.\, 3}$ giebt also für den ersteren $\dfrac{20 \,.\, 21 \,.\, 22}{2 \,.\, 3} = 10 \,.\, 7 \,.\, 22 = 1540$, für den letzteren $\dfrac{7 \,.\, 6 \,.\, 8}{2 \,.\, 3} = 56$ Kugeln. Demgemäß sind $1540 - 56 = 1484$ Kugeln vorhanden.

**1357.** Eine abgekürzte vierseitige Kugelpyramide zählt 20 Kugeln in jeder Seite der Grundfläche und 9 Kugeln in jeder Seite der Deckfläche. Wie viel Kugeln enthält dieser Haufen?

Für die ergänzte Pyramide ist $n = 20$, für die Ergänzungs-Pyramide $n = 8$. Die Formel $\dfrac{n\,(n+1)\,(2n+1)}{2 \,.\, 2}$ giebt also für die erstere $\frac{20 \,.\, 21 \,.\, 41}{2 \,.\, 3} = 10 \,.\, 7 \,.\, 41 = 2870$, für die letztere $\frac{8 \,.\, 9 \,.\, 17}{2 \,.\, 3} = 4 \,.\, 3 \,.\, 17 = 204$ Kugeln. Demgemäß sind $2870 - 204 = 2666$ Kugeln vorhanden.

**1358.** Die untere Schicht einer vierseitigen Kugelpyramide enthält 1176 Kugeln. Wie viel Schichten und wie viel Kugeln zählt diese Pyramide?

In jeder Seite der Grundschicht liegen $\sqrt{1176} = 34$ Kugeln. Es sind also die ersten 34 Quadratzahlen zu summiren, woraus folgt, daß die Kugelpyramide 34 Schichten hat. Da $n = 34$ ist, so enthält, der Formel $\frac{n\,(n+1)\,(2n+1)}{2 \,.\, 3}$ gemäß, die Pyramide

$$\frac{34 \,.\, 35 \,.\, 69}{2 \,.\, 3} = 17 \,.\, 35 \,.\, 23 = 13685 \text{ Kugeln.}$$

**1359.** Ein unvollständiger Kugelhaufen, dessen Schichten Rechtecke bilden, hat in den Seiten der Grundfläche 30 und 16, in den Seiten der Deckfläche 20 und 6 Kugeln. Wie viel Kugeln enthält er?

Der vollständige Haufen würde, da für ihn $n = 16$ und $p = 30$ ist, $\frac{16 \,.\, 17 \,.\, 75}{2 \,.\, 3} = 8 \,.\, 17 \,.\, 25 = 3400$ Kugeln enthalten.

Der oben fehlende Haufen hat aber in seiner untersten Schicht 19 und 5 Kugeln in den Seiten des Rechtecks. Es ist also diesmal $n = 5$, $p = 19$ und die Anzahl aller Kugeln dieses Haufens $= \frac{5 \,.\, 6 \,.\, 53}{2 \,.\, 3} = 5 \,.\, 53 = 265$.

Demgemäß enthält der unvollständige Haufen $3400 - 265 = 3135$ Kugeln.

**1360.** Die Quadrate der Zahlen 1, 2, 3 . . . . . . 60 zu summiren.

$$\frac{60 \,.\, 61 \,.\, 121}{2 \,.\, 3} = 10 \,.\, 61 \,.\, 121 = 73810.$$

**1361.** Die Quadrate der ungeraden Zahlen 1, 3, 5 . . . . . . . 59 zu summiren.

| | | | | | | |
|---|---|---|---|---|---|---|
| Hauptreihe | 1, | 9, | 25, | 49, | 81 | . . . . . . |
| 1. Diff.-R. | | 8 | 16 | 24 | 32 | . . . . . . . |
| 2. Diff.-R. | | | 8 | 8 | 8 | . . . . . . . . . |

Setzt man $a = 1$, $d_1 = 8$ und $d_2 = 8$ in obige Formel II (der Vorbemerkung) ein, so findet sich

$$s_n = n \,.\, 1 + \frac{n\,(n-1)}{2} \,.\, 8 + \frac{n\,(n-1)\,(n-2)}{2 \,.\, 3} \,.\, 8$$

oder $s_n = n + 4n\,(n-1) + \frac{4}{3}n\,(n-1)\,(n-2)$,
d. i. $s_n = \frac{n}{3}\,(2n+1)\,(2n-1)$.

Da $n = 59 - 29 = 30$ ist, so ergiebt sich die gesuchte Summe $= \frac{30}{3}\,(60+1)\,(60-1) = 10 \,.\, 61 \,.\, 59 = 35990$.

**1362.** Die dritten Potenzen der Zahlen 1, 2, 3, 4 ....... 30 zu summiren.

| | | | | | |
|---|---|---|---|---|---|
| Hauptreihe | 1, | 8, | 27, | 64, | 125 .... |
| 1. Diff.-R. | 7 | 19 | 37 | 61 | |
| 2. Diff.-R. | 12 | 18 | 24 | | |
| 3. Diff.-R. | 6 | 6 | | | |

Es ist also $a = 1$, $d_1 = 7$, $d_2 = 12$, $d_3 = 6$. Setzt man diese Werthe in Formel II ein, so ergiebt sich

$$s_n = n \cdot 1 + \frac{n(n-1)}{2} \cdot 7 + \frac{n(n-1)(n-2)}{2 \cdot 3} \cdot 12 + \frac{n(n-1)(n-2)(n-3) \cdot 6}{2 \cdot 3 \cdot 4},$$

oder $s_n = n + \frac{7}{2} n(n-1) + 2n(n-1)(n-2) + \frac{n}{4}(n-1)(n-2)(n-3)$,

oder zusammengezogen:

$$s_n = \left(\frac{n(n+1)}{2}\right)^2.$$

Die Summe der ersten 30 Kubikzahlen beträgt hiernach $\left(\frac{30 \cdot 31}{2}\right)^2 = (15 \cdot 31)^2 = 465^2 = 216225$.

**1363.** Das erste Glied einer arithmetischen Progression vom 4. Grade und diejenigen ihrer 4 Differenzreihen sind $a = 1$, $d_1 = 9$, $d_2 = 8$, $d_3 = 7$, $d_4 = 2$. Man soll die Hauptreihe bilden.

| | | | | | | | |
|---|---|---|---|---|---|---|---|
| 4. Diff.-R. | 2 | 2 | 2 | | | | |
| 3. Diff.-R. | 7 | 9 | 11 | 13 . | | | |
| 2. Diff.-R. | 8 | 15 | 24 | 35 | 48 | | |
| 1. Diff.-R. | 9 | 17 | 32 | 56 | 91 | 139 | |
| Hauptreihe | 1 | 10 | 27 | 59 | 115 | 206 | 345. |

**1364.** Von der Differenzreihe 7, 11, 15, 19 ..... zu einer arithmetischen Progression vom 4. Grade aufzusteigen, wenn die Anfangsglieder sämmtlicher Reihen = 7 sind.

| | | | | | | | |
|---|---|---|---|---|---|---|---|
| Vorletzte Diff.-R. | 7 | 11 | 15 | 19 | 23 | 27 | |
| 2. Diff.-R. | 7 | 14 | 25 | 40 | 59 | 82 | 109 |
| 1. Diff.-R. | 7 | 21 | 46 | 86 | 145 | 227 | 336 |
| Gesuchte Reihe | 7 | 28 | 74 | 160 | 305 | 532 | 868. |

**1365.** Den Rang der Zahlenreihe 8, 17, 28, 45, 73, 121, 205, 351 zu bestimmen.

| | | | | | | | | |
|---|---|---|---|---|---|---|---|---|
| Hauptreihe | 8 | 17 | 28 | 45 | 73 | 121 | 205 | 351 |
| 1. Diff.-R. | 9 | 11 | 17 | 28 | 48 | 84 | 146 | |
| 2. Diff.-R. | 2 | 6 | 11 | 20 | 16 | 62 | | |
| 3. Diff.-R. | 4 | 5 | 9 | 16 | 26 | | | |
| 4. Diff.-R. | 1 | 4 | 7 | 10 | | | | |
| 5. Diff.-R. | 3 | 3 | 3. | | | | | |

Die gegebene Progression ist vom 5. Grade.

(§ 45.)

## Geometrische Progressionen oder Verhältniß-Reihen.

1366. In einer geometrischen Progression von 7 Gliedern ist das erste Glied = 3, der Exponent = 2. Die Summe s dieser Progression zu finden.

Die Progression 3, 6, 12, 24, 48, 96, 192 mit dem Exponenten 2 multiplicirt, giebt

$$2s = \quad 6 + 12 + 24 + 48 + 96 + 192 + 384.$$

Hiervon $s = 3 + 6 + 12 + 24 + 48 + 96 + 192$ subtr., giebt

$(2-1)\, s = 384 - 3$,

d. i. $s = 381$.

Allgemein ist $s = a\left(\frac{e^n - 1}{e - 1}\right)$ und $t = ae^{n-1}$, wo a das erste Glied, t das letzte Glied, n die Anzahl der Glieder, e den Exponenten und s die Summe aller Glieder bezeichnet.

1367. Eine geometrische Progression zu finden, in welcher die Summe der drei ersten Glieder 62, die Summe des zweiten, dritten und vierten Gliedes 310 beträgt.

Ist x das erste Glied, y der Exponent, so hat man

I. $x\,(1 + y + y^2) = 62$ und II. $xy\,(1 + y + y^2) = 310$.

II durch I dividirt, giebt III. $y = 5$.

Dieser Werth statt y in I eingesetzt, giebt $31x = 62$, mithin

IV. $x = 2$.

Die Progression heißt also 2, 10, 50, 250 . . . . . .

1368. In einer geometrischen Progression ist das erste Glied = 2, der Exponent = 3, die Summe aller Glieder = 531440. Die Anzahl der Glieder zu finden.

Anzahl der Glieder = x.

$$2\left(\frac{3^x - 1}{3 - 1}\right) \text{ oder } 3^x - 1 = 531440$$

$$3^x = 531441$$

$$x \log 3 = \log 531441$$

$$x = \frac{5{,}7254556}{0{,}4771213} = 12.$$

1369. In einer geometrischen Progression ist das erste Glied = 2, die Anzahl der Glieder = 7, die Summe derselben = 2186. Den Exponenten (x) zu finden.

$$2\left(\frac{x^7 - 1}{x - 1}\right) = 2186$$

$$\frac{x^7 - 1}{x - 1} = 1093,$$

woraus folgt $1093x - x^7 = 1092 = 3 \,.\, 364$

$$x\,(1093 - x^6) = 3\,(1093 - 3^6)$$

$$x = 3.$$

Anmerk. Wird nämlich $1093 - x^6 = 364$ gesetzt, so findet sich $x^6 = 1093 - 364 = 729 = 3^6$.

**1370.** Vier Zahlen bilden eine geometrische Progression. Das Produkt der ersten drei ist 512, das Produkt der letzten drei ist 32768. Diese vier Zahlen zu finden.

Die gesuchten Zahlen sind $x, xy, xy^2, xy^3$.

$$\text{I. } x \,.\, xy \,.\, xy^2 \text{ oder } (xy)^3 = 512.$$
$$\text{II. } xy \,.\, xy^2 \,.\, xy^3 \text{ oder } x^3y^6 = 32768.$$

Aus I folgt $\quad$ III. $xy = \sqrt[3]{512} = 8.$

Aus II folgt $\quad$ IV. $xy^2 = \sqrt[3]{32768} = 32.$

IV durch III dividirt, giebt $\quad$ V. $y = 4.$

Der Werth von y aus V in III eingesetzt, giebt $4x = 8$, mithin $\quad$ VI. $x = 2.$

Aus V und VI ergeben sich die vier Zahlen 2, 8, 32 und 128.

**1371.** In einer geometrischen Progression von 6 Gliedern ist das erste Glied = 64, das letzte = $^1/_{16}$. Den Exponenten zu finden.

Bezeichnet x den Exponenten, so hat man

$$64x^5 = {}^1/_{16}$$
$$x^5 = \frac{1}{64\,.\,16} = \frac{1}{2^{10}}$$
$$x = \frac{1}{2^2} = {}^1/_4.$$

Allgemein ist x (nämlich e) $= \sqrt[n-1]{\frac{t}{a}}.$

**1372.** Zwischen die Zahlen 6 und 96 drei Zahlen zu interpoliren (einzuschalten); d. h. die fünf Zahlen sollen eine geometrische Progression bilden.

Der Exponent sei x, so hat man die Progression:

$$6,\ 6x,\ 6x^2,\ 6x^3,\ 96.$$

Daher ist $\quad 6x^3 \,.\, x$ oder $6x^4 = 96,$

$$x^4 = 16 = 2^4$$
$$x = 2.$$

Die zu interpolirenden drei Zahlen sind 12, 24, 48.

**1373.** Welcher Zahl nähern sich die Glieder der unendlichen Reihe $1 + {}^1/_3 + {}^2/_7 + {}^3/_{11} + {}^4/_{15} + {}^5/_{19} + \ldots$ immer mehr?

Das nte Glied ist offenbar $= \frac{n}{4n - 1} = \frac{1}{4 - {}^1/_n}$. Wird nun n als unendlich groß angenommen, so kann man $^1/_n$ gleich Null setzen und geht alsdann der Ausdruck $\frac{1}{4 - {}^1/_n}$ in $^1/_4$ über. Dies ist die gesuchte Grenze; man nennt dieselbe das letzte Glied der gegenwärtigen unendlichen Reihe.

**1374.** Ein Kapital von 8000 Mark, welches 5 % Zinsen bringt, wird am Ende jedes Jahres um die Zinsen und noch 300 Mark vermehrt. Wie groß wird dieses Kapital nach Verlauf von 12 Jahren sein?

Die 8000 Mark wachsen in 12 Jahren zu 8000 . $1,05^{12}$ Mark an, wenn die jährliche Zulage von 300 Mark unbeachtet bleibt. Die 12 Zulagen betreffend, gilt Folgendes.

1. Zul. 300 Mark zu 5 % auf 11 Jahre $= 300 . 1,05^{11}$
2. „ 300 „ „ „ „ 10 „ $= 300 . 1,05^{10}$
3. „ 300 „ „ „ „ 9 „ $= 300 . 1,05^{9}$

. . . . . . . .

. . . . . . . .

10. Zul. 300 Mark zu 5 % auf 2 Jahre $= 300 . 1,05^{2}$
11. „ 300 „ „ „ „ 1 „ $= 300 . 1,05^{1}$
12. „ 300 „ „ „ „ 0 „ $= 300 . 1,05^{0} = 300 . 1.$

Daher ergeben die 12 Zulagen mit Zinseszinsen eine Summe von

$$300\,(1 + 1,05 + 1,05^2 + 1,05^3 + \ldots\ldots\ldots + 1,05^{11}),$$

d. i. $300\left(\frac{1,05^{12}-1}{1,05-1}\right) = 300\left(\frac{1,05^{12}-1}{0,05}\right) = 6000\,(1,05^{12}-1)$

Mark, so daß das nach 12 Jahren vorhandene Kapital im Ganzen beträgt:

$$x = 8000 \,.\, 1,05^{12} + 6000\,(1,05^{12} - 1)$$

oder $x = 14000 \,.\, 1,05^{12} - 6000$ Mark.

$$\begin{aligned} 12 \log 1,05 &= 0,2542716 \\ \log 14000 &= 4,1461280 \\ \text{num log } 4,4003996 &= 25142 \\ \text{ab } & \;\;6000 \\ & 19142 \text{ Mark nahe.} \end{aligned}$$

**1375.** Von einem Kapitale, welches 6000 Mark beträgt und 5 % Zinseszins bringt, wird am Ende eines jeden Jahres eine Summe von 500 Mark hinweggenommen. Wie groß ist das Zinsen tragende Kapital nach Verlauf von 10 Jahren?

$$x = 6000 \,.\, 1,05^{10} - 500\left(\frac{1,05^{10}-1}{1,05-1}\right)$$

$$x = 6000 \,.\, 1,05^{10} - 10000\,(1,05^{10} - 1)$$

$$x = 10000 - 4000 \,.\, 1,05^{10}$$

$$x = 10000 - 4000 \,.\, 1,628894$$

$$x = 3484,82 \text{ Mark.}$$

**1376.** Welches Resultat ergiebt sich in Aufgabe 1374, wenn die Summe von 300 Mark nicht am Ende, sondern am Anfang eines jeden Jahres, also am Anfange des zweiten Jahres zum ersten Male zugelegt wird?

Die letzte Zulage fällt hier fort, mithin ist das Resultat $=$ 19142 — 300 $=$ 18842 Mark. Die selbstständige Berechnung ergiebt:

$$x = 8000 \,.\, 1,05^{12} + 300\left(\frac{1,05^{12} - 1,05}{1,05 - 1}\right)$$

$$x = 8000 \,.\, 1,05^{12} + 6000\,(1,05^{12} - 1,05)$$

$$x = 14000 \,.\, 1,05^{12} - 6000 \,.\, 1,05$$

$$x = 25142 - 6300$$

$$x = 18842 \text{ Mark.}$$

**1377.** Jemand hat zum Besten seiner Kinder ein Kapital von 18000 Mark zu $4\frac{1}{2}$% Zinseszins angelegt und dasselbe am Schlusse jedes Jahres noch um eine gewisse feststehende Summe vermehrt. Nach Verlauf von 20 Jahren fällt hierdurch der Familie ein Kapital von 46549,01 Mark zu. Welche Summe ist außer den Zinsen alljährlich zum Kapital gelegt worden, wenn die Kündigung kurze Zeit nach der letzten (20sten) Einlage stattfindet?

Die gesuchte Summe sei $= x$, so hat man

$$18000 \,.\, 1{,}045^{20} + x\left(\frac{1{,}045^{20}-1}{1{,}045-1}\right) = 46548{,}01$$

$$18000 \,.\, 0{,}045 \,.\, 1{,}045^{20} + x\,(1{,}045^{20}-1) = 46548{,}01 \,.\, 0{,}045$$

$$18 \,.\, 45 \,.\, 2{,}411715 + 1{,}411715x = 46{,}54801 \,.\, 45,$$

woraus folgt

$$x = \frac{(46{,}54801 - 43{,}41087)\; 45}{1{,}411715} = \frac{28{,}2343}{0{,}282343}$$

$$x = 100 \text{ Mark.}$$

**1378.** Welche Summe ist zu 5% Zinseszins angelegt und am Schlusse jedes Jahres noch um 800 Mark vermehrt worden, wenn nach Verlauf von 18 Jahren 32132,4 Mark vorhanden sind?

Bezeichnet x das anfängliche Kapital, so ist:

$$x \,.\, 1{,}05^{18} + 800\left(\frac{1{,}05^{18}-1}{1{,}05-1}\right) = 32132{,}4$$

$$x \,.\, 1{,}05^{18} + 16000\,(1{,}05^{18}-1) = 32132{,}4$$

$$x = \frac{32132{,}4 - 16000\; 1{,}05^{18}-1)}{1{,}05^{18}}$$

$$x = \frac{32132{,}4 - 16000 \,.\, 1{,}40662}{2{,}40662}$$

$$x = \frac{9626{,}48}{2{,}40662} = 4000 \text{ Mark.}$$

**1379.** In welcher Zeit wachsen 9000 Mark zu 28896,4 Mark an, wenn das Kapital 5% Zinseszins bringt und am Ende eines jeden Jahres noch um 800 Mark vermehrt wird?

Steht das Kapital x Jahre auf Zinsen, so hat man:

$$9000 \,.\, 1{,}05^{x} + 800\left(\frac{1{,}05^{x}-1}{1{,}05-1}\right) = 28896{,}4$$

$$9000 \,.\, 1{,}05^{x} + 16000\,(1{,}05^{x}-1) = 28896{,}4$$

$$25000 \,.\, 1{,}05^{x} = 44896{,}4$$

$$1{,}05^{x} = 1{,}795856$$

$$x = \frac{\log 1{,}795856}{\log 1{,}05} = \frac{0{,}2542715}{0{,}0211893}$$

$$x = 12 \text{ Jahre.}$$

**1380.** Ein Kapital von 6000 Mark, welches am Ende eines jeden Jahres um 100 Mark und die Zinsen vermehrt wurde, ist nach Verlauf von 10 Jahren zu einer Summe von 10082,07 Mark angewachsen. Wie viel Procent betragen die Zinsen?

x Procent.

Wird $\frac{100 + x}{100} = p$ gesetzt, so ist:

$$6000 \cdot p^{10} + 100 \left(\frac{p^{10} - 1}{p - 1}\right) = 10082{,}07$$

$$60p^{10} + \frac{p^{10} - 1}{p - 1} = 100{,}8207$$

$$60p^{11} - 60p^{10} + p^{10} - 1 = 100{,}8207p - 100{,}8207;$$

daher $$60p^{11} - 59p^{10} - 100{,}8207p + 99{,}8207 = 0$$

$$p^{11} - \frac{5{,}9p^{10}}{6} - \frac{10{,}08207p}{6} + \frac{9{,}98207}{6} = 0$$

$$p^{11} - 0{,}9833333p^{10} - 1{,}680345p + 1{,}663678 = 0.$$

Hieraus wird durch Näherung $p = 1{,}04$ gefunden; daher ist $x = 4\,\%$.

**1381.** Von einem Kapital, welches 10000 Mark beträgt und auf Zinseszins zu 5 % verliehen ist, werden am Ende eines jeden Jahres 600 Mark hinweggenommen. Wann wird dieses Kapital verbraucht sein?

In x Jahren.

$$10000 \cdot 1{,}05^x - 600 \left(\frac{1{,}05^x - 1}{1{,}05 - 1}\right) = 0,$$

woraus folgt $$10000 \cdot 1{,}05^x = 12000\,(1{,}05^x - 1)$$

$$12000 = 2000 \cdot 1{,}05^x$$

$$6 = 1{,}05^x$$

$$\log 6 = x \cdot \log 1{,}05$$

$$x = \frac{\log 6}{\log 1{,}05} = \frac{0{,}7781513}{0{,}0211893}$$

$$x = 36{,}7233 \text{ Jahre.}$$

**1382.** Wie groß ist der baare Werth einer jährlichen Rente von 900 Mark, welche auf 10 Jahre angewiesen ist, wenn die Zinsen zu 4 % gerechnet werden?

Bezeichnet x den baaren Werth, so ist:

$$x \cdot 1{,}04^{10} = 900 \left(\frac{1{,}04^{10} - 1}{1{,}04 - 1}\right)$$

$$x \cdot 1{,}04^{10} = 22500\,(1{,}04^{10} - 1)$$

$$x = 22500 \left(\frac{1{,}04^{10} - 1}{1{,}04^{10}}\right)$$

$$x = \frac{22500 \cdot 0{,}480243}{1{,}480243}$$

$$x = 7299{,}79 \text{ Mark.}$$

**1383.** Wie groß muß die Jahresrente sein, wenn der Genuß derselben auf 12 Jahre einem baaren Kapital von 15000 Mark gleich geachtet werden soll, Zins und Zinseszins zu 4 % gerechnet?

Bezeichnet x die Rente, so ist

$$15000 \cdot 1{,}04^{12} = x \left(\frac{1{,}04^{12} - 1}{1{,}04 - 1}\right),$$

woraus folgt:

$$x = \frac{15000 \cdot 1{,}04^{12} \cdot 0{,}04}{1{,}04^{12} - 1} = \frac{600 \cdot 1{,}04^{12}}{0{,}60103}$$

$$x = 1598{,}29 \text{ Mark.}$$

**1384.** Eine Schuld von 20000 Mark, die zu 4 % verzinst wird, will man dadurch tilgen, daß man am Ende eines jeden Jahres die Hälfte des mit Einschluß der Zinsen dann noch vorhandenen Kapitals und noch 24 Mark zahlt. Nach wie viel Jahren ist die Schuld getilgt?

Nach x Jahren.

Die Hälfte des Zinsfußes beträgt $\frac{1{,}04}{2} = 0{,}52$. Mithin findet sich

$$20000 \cdot 0{,}52^x = 24 \left(\frac{0{,}52^x - 1}{0{,}52 - 1}\right)$$

oder $20000 \cdot 0{,}52^x = 24 \left(\frac{0{,}52^x - 1}{-0{,}48}\right)$,

d. i. $20000 \cdot 0{,}52^x = -50\,(0{,}52^x - 1)$

oder $400 \cdot 0{,}52^x = -1\,(0{,}52^x - 1)$

$401 \cdot 0{,}52^x = 1;$

daher $0{,}52^x = {}^1/_{401}$

$$x \cdot \log 0{,}52 = \log 1 - \log 401$$

$$x = \frac{0 - 2{,}6031444}{1{,}7160033 - 2} = \frac{-2{,}6031444}{-0{,}2839967},$$

d. i. $x = \frac{26031444}{2839967} = 9{,}166$ Jahr.

**1385.** Eine arithmetische und eine geometrische Progression mit positiven Gliedern, haben beide das erste Glied 3; die zweiten Glieder sind um 6 verschieden; die dritten sind wieder gleich. Diese Progressionen zu bestimmen.

Die geometrische Progression sei $3, 3x, 3x^2 \ldots.$

Die arithmetische Progression sei $3, 3 + d, 3 + 2d \ldots.$

Daher ist

I. $3x = (3 + d) - 6$ und II. $3x^2 = 3 + 2d$.

Aus I folgt III. $d = 3x + 3$.

Dieser Werth von d in II substituirt, giebt

$$3x^2 = 3 + 2\,(3x + 3),$$

daher $3x^2 = 6x + 9,$

also $x^2 = 2x + 3;$

mithin $x^2 - 2x = 3$

$(x - 1)^2 = 4$

$x - 1 = 2$

$x = 3,$

wozu obige III giebt $d = 12$.

Die geometrische Progression ist 3, 9, 27, 81 .....

Die arithmetische Progression ist 3, 15, 27, 39 .....

Anmerk. Bezeichnet a das erste, b das dritte Glied der beiden Progressionen, so ist das zweite Glied in der geometrischen $= \sqrt{ab}$, in der arithmetischen aber $= \frac{1}{2}(a + b)$. Dieser zweite Ausdruck hat, wie sich beweisen läßt, einen größeren Werth als der erstere, denn es ist $\frac{1}{2}(a + b) - \sqrt{ab} = (\sqrt{\frac{a}{2}} - \sqrt{\frac{b}{2}})^2$.

1386. Eine Jahrrente von 1200 Mark, welche 12 Jahre lang am Ende eines jeden Jahres fällig ist, soll in eine andere umgewandelt werden, die 15 Jahre lang am Ende eines jeden Halbjahres zahlbar ist. Wie viel beträgt die neue Rente, wenn Zinseszinsen zu 4 % p. a. gerechnet werden?

Der baare Werth der 12 Jahre laufenden Rente ist (nach Aufg. 1382) $= \frac{1200}{1{,}04^{12}}\left(\frac{1{,}04^{12} - 1}{1{,}04 - 1}\right) = 30000\left(\frac{1{,}04^{12} - 1}{1{,}04^{12}}\right)$.
Für die zweite Rente ist der Zinsfuß $\sqrt{1{,}04} = 1{,}0198$. Daher hat diese Rente einen baaren Werth von $\frac{x}{1{,}0198^{30}}\left(\frac{1{,}0198^{30} - 1}{1{,}0198 - 1}\right)$
$= \frac{x\,(1{,}0198^{30} - 1)}{0{,}0198\,.\,1{,}0198^{30}}$ Mark, denn sie ist gleich einer in 30 Terminen zahlbaren Rente, der Zinsfuß für die zwischen zwei auf einander folgenden Terminen liegende Zeit zu 1,0198 gerechnet. Da nun die beiden angegebenen baaren Werthe gleich sein müssen, so hat man

$$\frac{x\,(1{,}0198^{30} - 1)}{0{,}0198\,.\,1{,}0198^{30}} = 30000\left(\frac{1{,}04^{12} - 1}{1{,}04^{12}}\right),$$

mithin
$$x = \frac{594\,.\,1{,}0198^{30}\,.\,(1{,}04^{12} - 1)}{(1{,}0198^{30} - 1)\,.\,1{,}04^{12}}.$$

$$\begin{aligned} \log 594 &= 2{,}7337864 \\ \log 1{,}0198^{30} &= 0{,}2554500 \\ \log (1{,}04^{12} - 1) &= 0{,}7788962 - 1 \\ & \overline{2{,}8081326.} \\ \log (1{,}0198^{30} - 1) &= 0{,}9034889 - 1 \\ \log 1{,}04^{12} &= 0{,}2043996 \\ & \overline{0{,}1078885.} \end{aligned}$$

$$\log x = 2{,}8081326 - 0{,}1078885,$$

d. i.
$$\log x = 2{,}7002441$$
$$x = 501{,}47 \text{ Mark (nahe).}$$

1387. Eine Jahrrente r ist n Jahre hindurch am Ende eines jeden Jahres fällig. Welches Kapital kann man jetzt dafür zahlen, wenn Zinseszinsen zu p % gerechnet werden?

Bezeichnet x das gesuchte Kapital, so hat man

$$x\,.\,(1 + 0{,}01p)^n = r\,.\,\frac{(1 + 0{,}01p)^n - 1}{0{,}01p}$$

oder
$$x\,.\,(1 + 0{,}01p)^n = \frac{100r}{p}\,.\,(1 + 0{,}01p)^n - 1;$$

daher
$$x = \frac{100r}{p}\,.\,\frac{(1 + 0{,}01p)^n - 1}{(1 + 0{,}01p)^n}$$

$$x = \frac{100r}{p} \cdot \left(1 - \frac{1}{(1 + 0{,}01p)^n}\right)$$

$$x = \frac{100r}{p} \cdot [1 - (1 + 0{,}01p)^{-n}].$$

1388. Eine Jahrrente r, welche von Jahr zu Jahr um ihren anfänglichen Betrag steigt, wird n Jahre hindurch gezahlt. Wie groß ist ihr baarer Werth, wenn der Zinsfuß = p ist?

Bezeichnet x den baaren Werth und setzt man $1 + 0{,}01p = q$, so hat man:

$$\text{I. } x = \frac{r}{q} + \frac{2r}{q^2} + \frac{3r}{q^3} + \ldots\ldots + \frac{(n-1)\,r}{q^{n-1}} + \frac{nr}{q^n}.$$

Diese Gleichung mit $\frac{1}{q}$ multiplicirt, giebt:

$$\text{II. } \frac{1}{q}x = \frac{r}{q^2} + \frac{2r}{q^3} + \frac{3r}{q^4} + \ldots\ldots + \frac{(n-1)\,r}{q^n} + \frac{nr}{q^{n+1}}.$$

Wird II von I subtrahirt, so ist:

$$\left(1 - \frac{1}{q}\right)x = r\left(\frac{1}{q} + \frac{1}{q^2} + \frac{1}{q^3} + \frac{1}{q^4} + \ldots + \frac{1}{q^n}\right) - \frac{nr}{q^{n+1}}$$

$$\left(1 - \frac{1}{q}\right)x = r \cdot \frac{\frac{1}{q^{n+1}} + \frac{1}{q}}{\frac{1}{q} - 1} - \frac{r}{q^{n+1}}$$

$$(q - 1)\,x = r \cdot \frac{\frac{1}{q^n} - 1}{\frac{1}{q} - 1} - \frac{nr}{q^n}$$

$$(q - 1)\,x = r \cdot \frac{\frac{1}{q^n} - 1}{1 - q} \cdot q - \frac{nr}{q^n}$$

$$(q - 1)\,x = r \cdot \frac{1 - q^n}{(1 - q)\,q^n} \cdot q - \frac{nr}{q^n}$$

$$(q - 1)\,x = r \cdot \frac{q^n - 1}{(q - 1)\,q^n} \cdot q - \frac{nr}{q^n}$$

$$x = \frac{1}{q - 1}\left[r \cdot \frac{q^n - 1}{(q - 1)\,q^n} \cdot q - \frac{nr}{q^n}\right].$$

Da nun $r \cdot \frac{q^n - 1}{(q - 1)\,q^n} = w$ der baare Werth einer sich stets gleich bleibenden Jahrrente r auf n Jahre ist, so hat man:

$$x = \frac{1}{q - 1}\left[qw - \frac{nr}{q^n}\right] \text{ oder}$$

$$x = \frac{q}{q - 1}\left[w - \frac{nr}{q^{n+1}}\right] = \frac{100 + p}{p}\left[w - \frac{nr}{(1 + 0{,}01p)^{n+1}}\right].$$

# Siebenter Abschnitt.

# Kettenbrüche.

(§ 52.)

### a. Darstellung eines Verhältnisses in kleineren Zahlen.

1389. Kreisfläche = 0,7853982 des Quadrates ihres Durchmessers.

$$\frac{7853982}{10000000} = \frac{3926991}{5000000} = \frac{1}{1 + \frac{1073009}{3926991}}.$$

$$\frac{1073009}{3926991} = \frac{1}{3 + \frac{707964}{1073009}}.$$

$$\frac{707964}{1073009} = \frac{1}{1 + \frac{365045}{707964}}.$$

$$\frac{365045}{707964} = \frac{1}{1 + \frac{342919}{365045}}.$$

$$\frac{342919}{365045} = \frac{1}{1 + \frac{22126}{342919}}.$$

$$\frac{22126}{342919} = \frac{1}{15 + \frac{11029}{22126}}.$$

$$\frac{11029}{22126} = \frac{1}{2 + \frac{68}{11029}}.$$

$$\frac{68}{11029} = \frac{1}{162 + \frac{13}{68}}.$$

$$\frac{13}{68} = \frac{1}{5 + \frac{3}{13}}.$$

$$\frac{3}{13} = \frac{1}{4 + \frac{1}{3}}.$$

Daher ist 0,7853982 =

$$\cfrac{1}{1+\cfrac{1}{3+\cfrac{1}{1+\cfrac{1}{1+\cfrac{1}{1+\cfrac{1}{15+\cfrac{1}{2+\cfrac{1}{162+\cfrac{1}{5+\cfrac{1}{4+\cfrac{1}{3.}}}}}}}}}}}$$

Die Glieder dieses Kettenbruches sind $\frac{1}{1}$, $\frac{1}{3}$, $\frac{1}{1}$, $\frac{1}{1}$, $\frac{1}{1}$, $\frac{1}{15}$ ꝛc. Das erste Glied giebt den ersten Näherungswerth = 1. Die beiden ersten Glieder $\frac{1}{1+\frac{1}{3}}$ geben den zweiten Näherungswerth = $\frac{1}{1\frac{1}{3}} = \frac{3}{4}$. Aus den ersten drei Gliedern findet sich der dritte Näherungswerth = $\cfrac{1}{1+\cfrac{1}{3+\cfrac{1}{1}}} = \frac{1}{1+\frac{1}{4}} = \frac{1}{1\frac{1}{4}} = \frac{4}{5}$ u. s. f. Die folgenden Näherungswerthe sind $\frac{7}{9}$, $\frac{11}{14}$, $\frac{172}{219}$, $\frac{355}{452}$ u. s. w., bis endlich der letzte Werth = $\frac{3926991}{5000000}$ gefunden wird. Brauchbar ist hier insbesondere der Werth $\frac{11}{14}$. Jeder folgende Näherungswerth ist genauer als der ihm vorhergehende. Jedoch ist der 1., 3., 5., 7. ꝛc. Näherungswerth größer, der 2., 4., 6., 8. ꝛc. Näherungswerth kleiner als der gegebene Bruch.

Die in den Nennern der Glieder obigen Kettenbruches vorkommenden Zahlen 1, 3, 1, 1, 1, 15, 2, 162, 5, 4, 3 heißen die Nenner des Kettenbruches. Dieselben werden, wie obiges Beispiel zeigt, gefunden, wenn man mit dem Zähler in den Nenner dividirt, sodann mit dem Reste in den Zähler u. s. f. mit jedem neuen Reste in den letzten Divisor. Also:

| Divisor. | Dividend. | Quotient. | Rest. |
|---|---|---|---|
| 3926991 | 5000000 | 1 | 1073009 |
| 1073009 | 3926991 | 3 | 707964 |
| 707964 | 1073009 | 1 | 365045 |
| 365045 | 707964 | 1 | 342919 |
| 342919 | 365045 | 1 | 22126 |
| 22126 | 342919 | 15 | 11029 |
| 11029 | 22126 | 2 | 68 |
| 68 | 11029 | 162 | 13 |
| 13 | 68 | 5 | 3 |
| 3 | 13 | 4 | 1 |
| 1 | 3 | 3 | 0. |

Macht man diese Quotienten zu Nennern von **Stammbrüchen**, die unter einander so verbunden sind, daß der Zähler jedes folgenden Stammbruches zu dem Nenner des unmittelbar vorhergehenden Bruches gehört, so ergiebt sich der gesuchte Kettenbruch. Die bequeme Auffindung der Näherungswerthe desselben wird durch folgendes Schema angedeutet.

| | | | | | | | | | | | | | |
|---|---|---|---|---|---|---|---|---|---|---|---|---|---|
| I. | | | 1 | 3 | 1 | 1 | 1 | 15 | 2 | 162 | 5 | 4 | 3 |
| II. | 1 | 0 | 1 | 3 | 4 | 7 | 11 | 172 | 355 | 57682 | 288765 | 1212742 | 3926991 |
| III. | 0 | 1 | 1 | 4 | 5 | 9 | 14 | 219 | 452 | 73443 | 367667 | 1544111 | 5000000. |

Reihe I enthält die Quotienten. Der Reihe II sind die Glieder 1 und 0, der Reihe III die Glieder 0 und 1 vorangestellt. Jede Zahl der Reihe II entsteht, wenn man den über ihr stehenden Quotienten mit dem unmittelbar vorhergehenden Gliede der Reihe II multiplicirt und das Produkt um das zweite vorhergehende Glied der Reihe II vermehrt. In gleicher Weise wird jede Zahl der Reihe III aus dem zugehörigen Quotienten in Reihe I und den beiden vorhergehenden Gliedern der Reihe III gebildet. Z. B.

$$\frac{0.1+1}{1.1+0}=\frac{1}{1};\ \frac{1.3+0}{1.3+1}=\frac{3}{4};\ \frac{3.1+1}{4.1+1}=\frac{4}{5};\ \frac{4.1+3}{5.1+4}=\frac{7}{9};$$

$$\frac{7\,.\,1+4}{9\,.\,1+5}=\frac{11}{14};\ \frac{11\,.\,15+7}{14\,.\,15+9}=\frac{172}{219}\ \text{u. s. w.}$$

**1390.** Körperlicher Inhalt der Kugel = 0,5235988 des Cubus ihres Durchmessers.

$$0{,}5235988=\frac{1308997}{2500000}.$$

Quotienten: 1, 1, 10, 10, 1, 1, 107, 1, 3, 1, 6.

| | | | | | | | |
|---|---|---|---|---|---|---|---|
| | | 1 | 1 | 10 | 10 | 1 | 1 u. s. w. |
| 1 | 0 | 1 | 1 | 11 | 111 | 122 | 233 |
| 0 | 1 | 1 | 2 | 21 | 212 | 233 | 445. |

Man nehme den Werth $^{11}/_{21}$.

**1391.** Die beiden Achsen des Erdsphäroids verhalten sich wie 298,152818 : 299,152818.

Das Verhältniß der Achsen ist 149076409 : 149576409.

| Divisor. | Dividendus. | Quotient. | Rest. |
|---|---|---|---|
| 149074409 | 149576409 | 1 | 500000 |
| 500000 | 149076409 | 298 | 76409 |
| 76409 | 500000 | 6 | 41546 |
| 41546 | 76409 | 1 | 34863 |
| 34863 | 41546 | 1 | 6683 |
| 6683 | 34863 | 5 | 1448 |
| 1448 | 6683 | 4 | 891 |
| 891 | 1448 | 1 | 557 |
| 557 | 891 | 1 | 334 |
| 334 | 557 | 1 | 223 |
| 223 | 334 | 1 | 111 |
| 111 | 223 | 2 | 1 |
| 1 | 111 | 111 | 0. |

| | | | | | | | |
|---|---|---|---|---|---|---|---|
| | | 1 | 298 | 6 | 1 | 1 | u. s. w. |
| 1 | 0 | 1 | 298 | 1789 | 2087 | 3876 | |
| 0 | 1 | 1 | 299 | 1795 | 2094 | 3889. | |

**1392.** Ein Würfel ist gleich einem Cylinder, dessen Höhe mit dem Durchmesser der Grundfläche übereinstimmt. Man soll das Verhältniß der Höhen beider Körper in möglichst kleinen Zahlen bestimmen.

Ist x die Seite des Würfels und h die Höhe, sowie r der Radius des Cylinders, so hat man $h = 2r$ und daher

$$x = r\sqrt[3]{2\pi} = h\sqrt[3]{\frac{\pi}{4}} = h \,.\, 0{,}922635 = h \,.\, \frac{184527}{200000}.$$

| Quotienten | | 1 | 11 | 1 | 12 | 2 | 6 | 1 | u. s. w. |
|---|---|---|---|---|---|---|---|---|---|
| 1 | 0 | 1 | 11 | 12 | 155 | 322 | 2087 | 2409 | |
| 0 | 1 | 1 | 12 | 13 | 168 | 349 | 2262 | 2611 | |

## b. Unendliche periodische Kettenbrüche.

**1393.** $x = 3 + \cfrac{1}{6 + \cfrac{1}{6 + \cfrac{1}{6}}}$ ꝛc.

Setzt man $x = 3 + \frac{1}{6 + x}$, so ist

$$(6 + x)\, x = 3\,(6 + x) + 1,$$

woraus folgt

$$x^2 + 6x = 3x + 19$$
$$x^2 + 3x = 19$$
$$(x + \tfrac{3}{2})^2 = \tfrac{85}{4}$$
$$x = \tfrac{1}{2}(-3 + \sqrt{85}).$$

3, 6, 6, 6, 6 ꝛc. sind die Quotienten.

Näherungswerthe: 3, $\frac{19}{6}$, $\frac{117}{37}$, $\frac{721}{228}$ ꝛc.

**1394.** $x = \cfrac{1}{2 + \cfrac{1}{3 + \cfrac{1}{2 + \cfrac{1}{3}}}}$ ꝛc.

Setzt man $x = \cfrac{1}{2 + \cfrac{1}{3 + x}}$, so ist $x = \frac{3 + x}{7 + 2x}$, woraus folgt

$$2x^2 + 7x = 3 + x$$
$$2x^2 + 6x = 3$$
$$x^2 + 3x = \tfrac{3}{2}$$
$$(x + \tfrac{3}{2})^2 = \tfrac{15}{4}$$
$$x = \tfrac{1}{2}(-3 + \sqrt{15}).$$

Näherungswerthe: $\frac{1}{2}$, $\frac{3}{7}$, $\frac{7}{16}$, $\frac{24}{55}$, $\frac{55}{126}$ ꝛc.

1395. $$x = \cfrac{1}{2 + \cfrac{1}{2 + \cfrac{1}{2} \text{ etc.}}}$$

Man setze $x = \frac{1}{2 + x}$, so ist

$$x^2 + 2x = 1$$
$$(x + 1)^2 = 2$$
$$x + 1 = \sqrt{2}$$
$$x = -1 + \sqrt{2}.$$

Näherungswerthe: $\frac{1}{2}$, $\frac{2}{5}$, $\frac{5}{12}$, $\frac{12}{29}$, $\frac{29}{70}$, $\frac{70}{169}$ etc.

**c. Diophantische Gleichungen durch Kettenbrüche zu lösen.**

1396. $11x + 13y = 118$.

Substituirt man $x = 118p$ und $y = -118q$, so ist

$$118 \,.\, 11p - 118 \,.\, 13q = 118,$$

daher I. $11p - 13q = 1$.

Nun ist $^{11}/_{13}$ in einen Kettenbruch zu verwandeln. Die Quotienten desselben sind 1, 5, 2.

| | | 1 | 5 | 2 |
|---|---|---|---|---|
| 1 | 0 | 1 | 5 | 11 |
| 0 | 1 | 1 | 6 | 13. |

Der letzte Näherungswerth ist $\frac{5}{6}$. Daher nehmen wir in I $p = 6$ und $q = 5$. Hiernach ist aber $x = 6 \,.\, 118 = 708$ und $y = -118 \,.\, 5 = -590$ und allgemein $x = -13h + 708$ und $y = 11h - 590$. Für $h = 54$

ist $\begin{cases} x = 6 \\ y = 4. \end{cases}$

1397. $$\frac{34x - 25y}{52} = 1,$$

giebt $$34x - 25y = 52,$$

und wenn $x = 52p$, sowie $y = 52q$ eingesetzt wird:

$$52 \,.\, 34p - 52 \,.\, 25q = 52;$$

daher II. $34p - 25q = 1$.

Wird $\frac{25}{34}$ in einen Kettenbruch verwandelt, so erhält man die Quotienten

| | | 1 | 2 | 1 | 3 | 2 |
|---|---|---|---|---|---|---|
| 1 | 0 | 1 | 2 | 3 | 11 | 25 |
| 0 | 1 | 1 | 3 | 4 | 15 | 34. |

Der letzte Näherungswerth $\frac{11}{15}$ zeigt, daß man, um der Gleichung II zu genügen, $p = -11$ und $q = -15$, mithin $x = -572$ und $y = -780$ zu nehmen hat. Allgemein ist daher

$$x = 25h - 572 \quad \text{und} \quad y = 34h - 780.$$

Für $h = 23, 24, 25, 26$ u. s. w.

ist $\begin{cases} x = 3, 28, 53, 78 \\ y = 2, 36, 70, 104. \end{cases}$

1398. $$29x - 17y = 137$$
giebt, wenn man $x = 137p$ und $y = 137q$ setzt:
$$\text{III. } 29p - 17q = 1.$$
Bei der Verwandlung des Bruches $\frac{17}{29}$ in einen Kettenbruch

| | | | | | | |
|---|---|---|---|---|---|---|
| | | 1 | 1 | 2 | 2 | 2 |
| 1 | 0 | 1 | 1 | 3 | 7 | 17 |
| 0 | 1 | 1 | 2 | 5 | 12 | 29 |

erhält man $\frac{7}{12}$ als letzten Näherungswerth. Daher ist, um der Gleichung III zu genügen, $p = -7$ und $q = -12$ zu setzen, woraus folgt: $x = -959$ und $y = -1644$ und dann allgemein $x = 17h - 959$ und $y = 29h - 1644$.

Für $h = 57, 58, 59, 60$ ꝛc.
ist $\begin{cases} x = 10, 27, 44, 61 \\ y = \ \ 9, 38, 67, 96. \end{cases}$

### d. Irrationale Quadratwurzeln als Kettenbrüche.

1399. $\sqrt{26} = 5 + \frac{1}{a}$; daher $\frac{1}{a} = \sqrt{26} - 5$ und $a = \frac{1}{\sqrt{26} - 5}$, oder wenn man Zähler und Nenner mit $\sqrt{26} + 5$ multiplicirt: $a = \sqrt{26} + 5$. Da $\sqrt{26}$ fünf Ganze enthält, so setzen wir $a = 10 + \sqrt{26} - 5 = 10 + \frac{1}{b}$.

Aus $\frac{1}{b} = \sqrt{26} - 5$ folgt $b = \frac{1}{\sqrt{26} - 5} = \sqrt{26} + 5 = 10 + \sqrt{26} - 5 = 10 + \frac{1}{c}$ u. s. f., wobei sich stets der Quotient 10 ergeben wird.

Mithin ist $\sqrt{26} = 5 + \cfrac{1}{10 + \cfrac{1}{10}}$ ꝛc.

Dieser Kettenbruch ist ein periodischer. Seine Näherungswerthe sind: $5$, $5\frac{1}{10}$, $5\frac{10}{101}$, $5\frac{101}{1020}$, $5\frac{1020}{10301}$.

Der Werth $5\frac{1020}{10301}$ giebt in Decimalbruchform 5,099019, während durch das gewöhnliche Radiciren $\sqrt{26} = 5{,}099018$ gefunden wird. Die Abweichung beginnt also bei obigem Werthe erst in der 6. Decimalstelle.

Anmerk. Allgemein ist $\sqrt{n^2 + 1} = n + \cfrac{1}{2n + \cfrac{1}{2n}}$ ꝛc.

1400. $\sqrt{28} = 5 + \frac{1}{a}$, woraus folgt $\frac{1}{a} = \sqrt{28} - 5$ und $a = \frac{1}{\sqrt{28} - 5}$
$= \frac{\sqrt{28} + 5}{3} = \frac{9 + \sqrt{28} - 4}{3} = 3 + \frac{\sqrt{28} - 4}{3} = 3 + \frac{1}{b}$.

Aus $\frac{\sqrt{28} - 4}{3} = \frac{1}{b}$ folgt $b = \frac{3}{\sqrt{28} - 4} = \frac{3\,(\sqrt{28} + 4)}{12}$
$= \frac{\sqrt{28} + 4}{4} = \frac{8 + \sqrt{28} - 4}{4} = 2 + \frac{\sqrt{28} - 4}{4} = 2 + \frac{1}{c}$.

Aus $\frac{\sqrt{28}-4}{4} = \frac{1}{c}$ folgt $c = \frac{4}{\sqrt{28}-4} = \frac{4(\sqrt{28}+4)}{12}$
$= \frac{\sqrt{28}+4}{3} = \frac{9+\sqrt{28}-5}{3} = 3 + \frac{\sqrt{28}-5}{3} = 3 + \frac{1}{d}.$

Aus $\frac{\sqrt{28}-5}{3} = \frac{1}{d}$ folgt $d = \frac{3}{\sqrt{28}-5} = \frac{3(\sqrt{28}+5)}{3}$
$= \sqrt{28}+5 = 10 + \sqrt{28} - 5 = 10 + \frac{1}{e}.$

Da $\frac{1}{e}$ mit $\frac{1}{a}$ den Werth $\sqrt{28}-5$ gemein hat, so bilden die Quotienten 3, 2, 3, 10 eine Periode, und ist daher

$$\sqrt{28} = 5 + \cfrac{1}{3 + \cfrac{1}{2 + \cfrac{1}{3 + \cfrac{1}{10 + \cfrac{1}{3 + \cfrac{1}{2 + \cfrac{1}{3 + \cfrac{1}{10}}}}}}}} \text{ ꝛc.}$$

| | | 5 | 3 | 2 | 3 | 10 | 3 | 2 | u. s. w. |
|---|---|---|---|---|---|---|---|---|---|
| 1 | 0 | 1 | 3 | 7 | 24 | 247 | 765 | 1777 | |
| 0 | 1 | 5 | 16 | 37 | 127 | 1307 | 4048 | 9403. | |

Näherungswerthe sind:

$$5,\ \frac{16}{3},\ \frac{37}{7},\ \frac{127}{24},\ \frac{1307}{247},\ \frac{4048}{765},\ \frac{9403}{1777} \text{ ꝛc.}$$

Durch das gewöhnliche Radiciren findet sich $\sqrt{28} = 5{,}2915$, während auch der Näherungswerth $\frac{9403}{1777} = 5{,}2915$ ist.

Anmerk. Der letzte Quotient (10) der Periode ist stets doppelt so groß als der erste (5) aller Quotienten.

**1401.** $\sqrt{59} = 7 + \frac{1}{a}$, woraus folgt $\frac{1}{a} = \sqrt{59} - 7$ und $a = \frac{1}{\sqrt{59}-7}$
$= \frac{\sqrt{59}+7}{10} = \frac{10+\sqrt{59}-3}{10} = 1 + \frac{\sqrt{59}-3}{10} = 1 + \frac{1}{b}.$

Aus $\frac{\sqrt{59}-3}{10} = \frac{1}{b}$ folgt $b = \frac{10}{\sqrt{59}-3} = \frac{10(\sqrt{59}+3)}{50}$
$= \frac{\sqrt{59}+3}{5} = \frac{10+\sqrt{59}-7}{5} = 2 + \frac{\sqrt{59}-7}{5} = 2 + \frac{1}{c}.$

Aus $\frac{\sqrt{59}-7}{5} = \frac{1}{c}$ folgt $c = \frac{5}{\sqrt{59}-7} = \frac{5(\sqrt{59}+7)}{10}$
$= \frac{\sqrt{59}+7}{2} = \frac{14+\sqrt{59}-7}{2} = 7 + \frac{\sqrt{59}-7}{2} = 7 + \frac{1}{d}.$

Aus $\frac{\sqrt{59}-7}{2}=\frac{1}{d}$ folgt $d=\frac{2}{\sqrt{59}-7}=\frac{2(\sqrt{59}+7)}{10}$

$=\frac{\sqrt{59}+7}{5}=\frac{10+\sqrt{59}-3}{5}=2+\frac{\sqrt{59}-3}{5}=2+\frac{1}{e}.$

Aus $\frac{\sqrt{59}-3}{5}=\frac{1}{e}$ folgt $e=\frac{5}{\sqrt{59}-3}=\frac{5(\sqrt{59}+3)}{50}$

$=\frac{\sqrt{59}+3}{10}=\frac{10+\sqrt{59}-7}{10}=1+\frac{\sqrt{59}-7}{10}=1+\frac{1}{f}.$

Aus $\frac{\sqrt{59}-7}{10}=\frac{1}{f}$ folgt $f=\frac{10}{\sqrt{59}-7}=\frac{10(\sqrt{59}+7)}{10}$

$=\sqrt{59}+7=14+\sqrt{59}-7=14+\frac{1}{g}.$

Da $\frac{1}{g}=\frac{1}{a}$ ist, so bilden die Quotienten 1, 2, 7, 2, 1, 14 eine Periode und kann daher nun der Kettenbruch beliebig fortgesetzt werden.

| | | 7 | 1 | 2 | 7 | 2 | 1 | 14 | 1 | u. s. f. |
|---|---|---|---|---|---|---|---|---|---|---|
| $\frac{1}{0}$ | $\frac{0}{1}$ | $\frac{1}{7}$ | $\frac{1}{8}$ | $\frac{3}{23}$ | $\frac{22}{169}$ | $\frac{47}{361}$ | $\frac{69}{530}$ | $\frac{1013}{7781}$ | $\frac{1082}{8311}$. | |

Näherungswerthe:

$$7,\ 8,\ \frac{23}{3},\ \frac{169}{22},\ \frac{361}{47},\ \frac{530}{69},\ \frac{7781}{1013},\ \frac{8311}{1082}\ \text{ꝛc.}$$

1402. $\sqrt{101}$ ist von der Form $\sqrt{n^2+1}$; daher nach Aufg. 1399 Anm.

$$\sqrt{101}=10+\cfrac{1}{20+\cfrac{1}{20}}\ \text{ꝛc.}$$

| | | 10 | 20 | 20 | 20 | ꝛc. |
|---|---|---|---|---|---|---|
| $\frac{1}{0}$ | $\frac{0}{1}$ | $\frac{1}{10}$ | $\frac{20}{201}$ | $\frac{401}{4030}$ | $\frac{8040}{80801}$. | |

Näherungswerthe: $10,\ \frac{201}{20},\ \frac{4030}{401},\ \frac{80801}{8040}$ ꝛc.

### e. Logarithmen in Form eines Kettenbruches darzustellen.

1403. $\log 177 = x$.

177 liegt zwischen $10^2$ und $10^3$, mithin log 177 zwischen 2 und 3. Demnach besteht der gesuchte Logarithmus aus 2 Ganzen und einem Bruche $\frac{1}{a}$. Man setze also

$10^{2+\frac{1}{a}}=177$, d. i. $10^2 \cdot 10^{\frac{1}{a}}=177$, woraus folgt $10^{\frac{1}{a}}$ $=\frac{177}{10^2}=1{,}77$ und $1{,}77^a=10$, wo $a=4+\frac{1}{b}$ ist, denn man hat $1{,}77^{4+1}>10>1{,}77^4$.

$1{,}77^{4+\frac{1}{b}}=10$ giebt $1{,}77^4 \cdot 1{,}77^{\frac{1}{b}}=10$, woraus folgt $1{,}77^{\frac{1}{b}}=\frac{10}{1{,}77^4}=1{,}01884$, also $1{,}01884^b=1{,}77$, wo $b=$

$30 + \frac{1}{c}$ zu setzen ist, denn man hat $1{,}01884^{30+1} > 1{,}77 > 1{,}01884^{30}$.

$1{,}01884^{30+\frac{1}{c}} = 1{,}77$ giebt $1{,}01884^{30} \,.\, 1{,}01884^{\frac{1}{c}} = 1{,}77$, woraus folgt $1{,}01884^{\frac{1}{c}} = \frac{1{,}77}{1{,}01884^{30}} = 1{,}01104$ und $1{,}01104^{c} = 1{,}01884$, wo $c = 1 + \frac{1}{d}$ ist, denn man hat $1{,}01104^{1+1} > 1{,}01884 > 1{,}01104^{1}$.

$1{,}01104^{1+\frac{1}{d}} = 1{,}01884$ giebt $1{,}01104^{\frac{1}{d}} = \frac{1{,}01884}{1{,}01104} = 1{,}00771$ und $1{,}00771^{d} = 1{,}01104$, wo man, weil $1{,}00771^{1+1} > 1{,}01104 > 1{,}00771^{1}$ ist, $d = 1 + \frac{1}{e}$ zu setzen hat u. s. f.

Die Exponenten der Potenzen $10^{2}$, $1{,}77^{4}$, $1{,}01884^{30}$, $1{,}01104^{1}$, $1{,}00771^{1}$ ꝛc. sind die Quotienten des gesuchten Kettenbruches. Demnach ist x, nämlich

$$\log 177 = 2 + \cfrac{1}{4 + \cfrac{1}{30 + \cfrac{1}{1 + \cfrac{1}{1}}}} \text{ ꝛc.}$$

| | | 2 | 4 | 30 | 1 | 1 |
|---|---|---|---|---|---|---|
| 1 | 0 | 1 | 4 | 121 | 125 | 246 |
| 0 | 1 | 2 | 9 | 272 | 281 | 553. |

Näherungswerthe: $2, \frac{9}{4}, \frac{272}{121}, \frac{281}{125}, \frac{553}{246}$.

Der fünfte dieser Werthe, nämlich $\frac{553}{246}$, giebt, in einen Decimalbruch verwandelt, 2,2479674, während in den Tafeln $\log 177 = 2{,}2479733$ ist. Die Abweichung beginnt daher hier in der fünften Decimalstelle.

**1404.** $\log 435 = x$.

$10^{2+1} > 435 > 10^{2}$. Daher $10^{2+\frac{1}{a}} = 435$ und $10^{\frac{1}{a}} = \frac{435}{10^{2}} = 4{,}35$, wie auch $4{,}35^{a} = 10$ oder, da $4{,}35^{1+1} > 10 > 4{,}35^{1}$ ist: $4{,}35^{1+\frac{1}{b}} = 10$, woraus folgt $4{,}35^{\frac{1}{b}} = \frac{10}{4{,}35^{1}} = 2{,}29885$ und $2{,}29885^{b} = 4{,}35$.

Da $2{,}29885^{1+1} > 4{,}35 > 2{,}29885^{1}$ ist, so hat man $b = 1 + \frac{1}{c}$, also $2{,}29885^{1+\frac{1}{c}} = 4{,}35$, woraus folgt $2{,}29885^{\frac{1}{c}} = \frac{4{,}35}{2{,}29885^{1}} = 1{,}914$ und $1{,}914^{c} = 2{,}29885$.

Es ist aber $1{,}914^{1+1} > 2{,}29885 > 1{,}914^{1}$, mithin $c = 1 + \frac{1}{d}$, also $1{,}914^{1+\frac{1}{d}} = 2{,}29885$, woraus folgt $1{,}914^{\frac{1}{d}} = \frac{2{,}29885}{1{,}914^{1}} = 1{,}20107$ und $1{,}20107^{d} = 1{,}914$.

Ferner ist $1{,}20107^{3+1} > 1{,}914 > 1{,}20107^{3}$, daher $d = 3$

$+ \frac{1}{e}$ u. s. f. Demnach sind 2, a = 1, b = 1, c = 1, d = 3 2c. die Quotienten des Kettenbruches.

| | | | | | | | | |
|---|---|---|---|---|---|---|---|---|
| | | 2 | 1 | 1 | 1 | 3 | 3 | 1 |
| $\frac{1}{0}$ | $\frac{0}{1}$ | $\frac{1}{2}$ | $\frac{1}{3}$ | $\frac{2}{5}$ | $\frac{3}{8}$ | $\frac{11}{29}$ | $\frac{36}{95}$ | $\frac{74}{124}$. |

log 435 = 2, 3, $\frac{5}{2}$, $\frac{8}{3}$, $\frac{29}{11}$, $\frac{95}{36}$, $\frac{124}{47}$ 2c.

Der Werth $\frac{124}{47}$ giebt den Decimalbruch 2,6383, während in den Tafeln log 435 = 2,6384893 ist, so daß die ersten drei Decimalstellen übereinstimmen.

**1405.** log 12952 = x.

$10^{4+1} > 12952 > 10^4$, daher $x = 4 + \frac{1}{a}$.

Aus $10^{4+\frac{1}{a}} = 12952$ folgt $10^{\frac{1}{a}} = \frac{12952}{10^4} = 1{,}2952$ und $1{,}2952^a = 10$.

$1{,}2952^{8+1} > 10 > 1{,}2952^8$, daher $a = 8 + \frac{1}{b}$.

Aus $1{,}2952^{8+\frac{1}{b}} = 10$ folgt $1{,}2952^{\frac{1}{b}} = \frac{10}{1{,}2952^8} = 1{,}26271$ und $1{,}26271^b = 1{,}2952$.

$1{,}26271^{1+1} > 1{,}2952 > 1{,}26271^1$, daher $b = 1 + \frac{1}{c}$.

Aus $1{,}26271^{1+\frac{1}{c}} = 1{,}2952$ folgt $1{,}26271^{\frac{1}{c}} = \frac{1{,}2952}{1{,}26271^1} = 1{,}02573$ und $1{,}02573^c = 1{,}26271$.

$1{,}02573^{9+1} > 1{,}26271 > 1{,}02573^9$, daher $c = 9 + \frac{1}{d}$.

Aus $1{,}02573^{9+\frac{1}{d}} = 1{,}26271$ folgt $1{,}02573^{\frac{1}{d}} = \frac{1{,}26271}{1{,}02573^9} = 1{,}0234$ und $1{,}0234^d = 1{,}02573$ u. s. f.

Quotienten: 4, 8, 1, 9, 5, 2.

Näherungswerthe: 4, $4\frac{1}{8}$, $4\frac{1}{9}$, $4\frac{10}{89}$, $4\frac{51}{454}$, $4\frac{112}{997}$.

Der letzte dieser Werthe giebt als Decimalbruch 4,11239, während in den Tafeln log 12952 = 4,1123368 ist. Es stimmen also die ersten 4 Decimalstellen überein.

# Achter Abschnitt.

# Combinations-Lehre.

(§ 54.)

## Permutationen.

1406. Wie oft lassen sich die Buchstaben des Wortes „Berlin" versetzen?
Das Wort Berlin hat 6 verschiedene Buchstaben, welche sich $1 . 2 . 3 . 4 . 5 . 6 = 720$ mal versetzen lassen; z. B. Berlin, berlni, beriln, berinl ꝛc.

1407. Wie viele Permutationen geben die Buchstaben des Wortes „Paris"?
Die 5 Buchstaben geben $1 . 2 . 3 . 4 . 5 = 120$ Permutationen.

1408. Wie viele fünfstellige Zahlen lassen sich mit den Ziffern 1, 2, 3, 4, 5 schreiben, wenn keine derselben sich wiederholen darf?
$1 . 2 . 3 . 4 . 5 = 120$ fünfstellige Zahlen.

1409. Wie viel beträgt die Summe der Ziffern in allen Versetzungen der Ziffern-Complexion 1234 zusammengenommen?
$1 . 2 . 3 . 4 = 24$ Permutationen à $(1 + 2 + 3 + 4) = 24 . 10 = 240$.

1410. Wie oft können 12 Personen ihre Plätze wechseln? Wie viel Zeit gehört hierzu, wenn jeder Wechsel 10 Sekunden beansprucht?
$1 . 2 . 3 . 4 . 5 . 6 . 7 . 8 . 9 . 10 . 11 . 12 = 479001600$ mal.
Zu diesen Versetzungen sind 4790016000 Sekunden = $798330266\frac{2}{3}$ Minuten = $13305504\frac{4}{9}$ Stunden = $554396\frac{1}{51}$ Tag = $1518\frac{3521}{3942}$ Jahr erforderlich.

1411. Wie viele Permutationen giebt die Ziffern-Complexion 11122?
Hier sind 3 gleiche Elemente der einen Art und 2 gleiche einer andern Art. Daher fallen alle Formen (nämlich 1 . 2 . 3) der ersten Gruppe in eine einzige Form zusammen. Ebendasselbe gilt von den 1 . 2 Formen der zweiten Gruppe. Mithin erhält man nur
$$\frac{1 . 2 . 3 . 4 . 5}{1 . 2 . 3 . 1 . 2} = 2 . 5 = 10$$
verschiedene Permutationen.

1412. Wie viele Permutationen giebt die Ziffern-Complexion 12233?
$$\frac{1 . 2 . 3 . 4 . 5}{1 . 2 . 1 . 2} = 3 . 2 . 5 = 30.$$

1413. Wie viele Permutationen des Zeigers abcdef beginnen mit abc?
abc ist hier als ein einziges Element zu betrachten, das mit den drei übrigen Elementen $1 . 2 . 3 . 4 = 24$ Permutationen zuläßt.

1414. Wie viele Permutationen des Zeigers abcd beginnen mit a?

Während a die erste Stelle einnimmt, können die drei übrigen Elemente $1 \cdot 2 \cdot 3 = 6$ mal versetzt werden. Es giebt also 6 Permutationen mit dem Anfangsbuchstaben a.

1415. Wie viele Versetzungen geben die Buchstaben des Wortes „Leipzig"?

Das Wort „Leipzig" enthält 7 Buchstaben, unter denen 2 gleiche auftreten. Daher sind

$$\frac{1 \cdot 2 \cdot 3 \cdot 4 \cdot 5 \cdot 6 \cdot 7}{1 \cdot 2} = 3 \cdot 4 \cdot 5 \cdot 6 \cdot 7 = 2520$$

Permutationen möglich, die ursprüngliche Stellung der Buchstaben mit eingerechnet.

(§ 55.)

## Combinationen.

1416. Wie viele Amben geben 6 Elemente ohne Wiederholung?

Jedes der 6 Elemente läßt sich mit den noch übrigen 5 Elementen zu Amben verbinden. Dies giebt $6 \cdot 5 = 30$ Amben, unter denen aber je zwei aus denselben Elementen in entgegengesetzter Folge bestehen. Daher lassen sich aus 6 Elementen $\frac{6 \cdot 5}{2} = 3 \cdot 5 = 15$ verschiedene Amben bilden.

1417. Wie viele Ternen geben 8 Elemente ohne Wiederholung?

Aus 8 Elementen können $\frac{8 \cdot 7}{2} = 4 \cdot 7 = 28$ Amben gebildet werden. Jede dieser Amben liefert eine Terne, wenn man sie mit den noch übrigen $8 - 2 = 6$ Elementen verbindet. Hierdurch entstehen $28 \cdot 6 = 168$ Ternen. Da jedoch je 3 derselben in den Elementen selbst, wenn auch nicht in ihrer Reihenfolge, übereinstimmen, so lassen sich aus 8 Elementen $\frac{8 \cdot 7 \cdot 6}{1 \cdot 2 \cdot 3} = 8 \cdot 7 = 56$ verschiedene Ternen bilden, und zwar ohne Wiederholung.

1418. Wie viele Quaternen geben 10 Elemente ohne Wiederholung?

Aus 10 Elementen können $\frac{10 \cdot 9 \cdot 8}{1 \cdot 2 \cdot 3}$ Ternen gebildet werden. Jede derselben liefert eine Quaterne, wenn man sie mit den noch übrigen $10 - 3 = 7$ Elementen verbindet. Dies giebt $\frac{10 \cdot 9 \cdot 8 \cdot 7}{1 \cdot 2 \cdot 3}$ Quaternen, von denen jedoch je 4 dieselben Elemente, und zwar in verschiedener Folge, enthalten. Daher geben 10 Elemente $\frac{10 \cdot 9 \cdot 8 \cdot 7}{1 \cdot 2 \cdot 3 \cdot 4} = 10 \cdot 3 \cdot 7 = 210$ verschiedene Quaternen.

1419. Gesucht N, $\overset{5}{\underset{6}{C}}$ oder N, $\overset{5}{C}$ (a, b, c, d, e, f), d. i. die Anzahl der Quinternen, welche aus den 6 Elementen a, b, c, d, e, f ohne Wiederholung gebildet werden können.

6 Elemente geben $\frac{6 \cdot 5 \cdot 4 \cdot 3}{1 \cdot 2 \cdot 3 \cdot 4}$ Quaternen. Jede derselben läßt sich mit den noch übrigen $6 - 4 = 2$ Elementen zu einer Quinterne verbinden. Hierdurch entstehen $\frac{6 \cdot 5 \cdot 4 \cdot 3 \cdot 2}{1 \cdot 2 \cdot 3 \cdot 4}$ Quinternen, von denen aber je 5 dieselben Elemente enthalten. Mithin können aus 6 Elementen $\frac{6 \cdot 5 \cdot 4 \cdot 3 \cdot 2}{1 \cdot 2 \cdot 3 \cdot 4 \cdot 5} = 6$ Quinternen gebildet werden.

**1420.** Wie viel Theiler hat die Zahl 3003?

Es ist $3003 = 3 \cdot 7 \cdot 11 \cdot 13$. Daher kommen 4 Elemente in Betracht. Dieselben geben 4 Unionen, $\frac{4 \cdot 3}{1 \cdot 2} = 6$ Amben, $\frac{4 \cdot 3 \cdot 2}{1 \cdot 2 \cdot 3} = 4$ Ternen und $\frac{4 \cdot 3 \cdot 2 \cdot 1}{1 \cdot 2 \cdot 3 \cdot 4} = 1$ Quaterne. Demnach hat die gegebene Zahl $4 + 6 + 4 + 1 = 15$ Theiler, nämlich: 3, 7, 11, 13; 21, 33, 39, 77, 91, 143; 231, 273, 429, 1001; 3003.

**1421.** Wie viel Amben mit Wiederholung geben die 3 Elemente a, b, c?

Da kein späteres Glied einem früheren vorangestellt werden darf, so kann wohl a vor jedes der 3 Elemente treten, nicht aber auch b und c, indem nur die Amben bb und bc, sowie cc gestattet sind. Dies giebt zusammen $3 + 2 + 1 = \frac{3(3+1)}{1 \cdot 2} = \frac{3 \cdot 4}{2} = 6$ Amben mit Wiederholung. Diese sind aa, ab, ac, bb, bc, cc.

**1422.** Wie viel Ternen mit Wiederholung geben die 4 Elemente a, b, c, d?

4 Elemente geben $\frac{4 \cdot 5}{1 \cdot 2} = 2 \cdot 5 = 10$ Amben mit Wiederholung. Jeder Ambe kann nun wieder eins der 4 Elemente vorangestellt, oder eingeschoben oder angehängt werden. Hierdurch entstehen $\frac{4 \cdot 5 \cdot 6}{1 \cdot 2 \cdot 3} = 4 \cdot 5 = 20$ verschiedene Ternen mit Wiederholung, nämlich:

aaa, aab, aac, aad, abb, abc, abd, acc, acd, add;
bbb, bbc, bbd, bcc, bcd, bdd;
ccc, ccd, cdd; ddd.

**1423.** Wie viel Quaternen mit Wiederholung geben 20 Elemente?

$$\frac{20 \cdot 21 \cdot 22 \cdot 23}{1 \cdot 2 \cdot 3 \cdot 4} = 5 \cdot 7 \cdot 11 \cdot 23 = 8855.$$

**1424.** Wie viel Quinternen mit Wiederholung geben 15 Elemente?

$$\frac{15 \cdot 16 \cdot 17 \cdot 18 \cdot 19}{1 \cdot 2 \cdot 3 \cdot 4 \cdot 5} = 4 \cdot 17 \cdot 9 \cdot 19 = 11628 \text{ Quinternen.}$$

**1425.** Wie viel Amben, Ternen, Quaternen und Quinternen sind in 60 (fortlaufenden) Nummern enthalten?

Da nach der Aufgabe eine Wiederholung der Elemente nicht stattfinden soll, so geben die 60 Nummern:

$$\frac{60 \cdot 59}{1 \cdot 2} = 30 \cdot 59 = 1770 \text{ Amben},$$

$$\frac{60 \cdot 59 \cdot 58}{1 \cdot 2 \cdot 3} = \frac{1770 \cdot 58}{3} = 590 \cdot 58 = 34220 \text{ Ternen},$$

$$\frac{60 \cdot 59 \cdot 58 \cdot 57}{1 \cdot 2 \cdot 3 \cdot 4} = \frac{34220 \cdot 57}{4} = 8555 \cdot 57 = 487635 \text{ Quaternen},$$

$$\frac{60 \cdot 59 \cdot 58 \cdot 57 \cdot 56}{1 \cdot 2 \cdot 3 \cdot 4 \cdot 5} = \frac{487635 \cdot 56}{5} = 97527 \cdot 56 = 5461512 \text{ Quint.}$$

**1426.** Wie viel verschiedene Würfe kann man mit 3 Würfeln machen?

Jeder Wurf ist eine Terne aus dreien der 6 Elemente 1, 2, 3, 4, 5, 6. Da hierbei eine Wiederholung der Elemente eintreten kann, so ist die Anzahl der möglichen Würfe $= \frac{6 \cdot 7 \cdot 8}{1 \cdot 2 \cdot 3} = 7 \cdot 8 = 56$.

Die Summe der geworfenen Augen kann $1 + 1 + 1$, $1 + 1 + 2$, $1 + 1 + 3$ ꝛc., $2 + 2 + 2$, $2 + 2 + 3$, $2 + 2 + 4$ u. s. w. betragen, nämlich 3, 4, 5, 6 . . . . . bis 18, so daß 16 verschiedene Summen möglich sind.

## (§ 56.)

### Variationen.

**1427.** Wie viel Variationen ohne Wiederholung haben die Elemente a, b, c, d, e, f in der 3. Klasse?

Jedes der 6 Elemente kann jedem der noch übrigen fünf vorangestellt werden. Hierdurch entstehen $6 \cdot 5 = 30$ Amben. Hängt man jede dieser Amben an jedes der noch übrigen $6 - 2 = 4$ Elemente, so werden $6 \cdot 5 \cdot 4 = 120$ Ternen gebildet.

**1428.** Wie viel Variationen o. W. haben 12 Elemente in der 4. Klasse?

$$12 \cdot 11 \cdot 10 \cdot 9 = 11880.$$

**1429.** Wie viel dreiziffrige Zahlen giebt es, die ungleiche Ziffern haben?

Die 10 Elemente 0, 1, 2 . . . . 9 geben $10 \cdot 9 \cdot 8 = 720$ Ternen. Hiervon sind aber die mit 0 beginnenden Ternen 012, 013, 014 . . . . 098 zu subtrahiren. Da $9 (9 - 1) = 9 \cdot 8 = 72$ solcher Ternen auftreten, so giebt es nur $720 - 72 = 648$ dreiziffrige Zahlen mit ungleichen Ziffern.

**1430.** Wie viel vierziffrige Zahlen giebt es, die ungleiche Ziffern haben?

Die 10 Elemente 0, 1, 2 . . . . 9 geben $10 \cdot 9 \cdot 8 \cdot 7 = 5040$ Quaternen. Von diesen beginnen aber $9 \cdot 8 \cdot 7 = 504$ mit 0; daher giebt es nur $5040 - 504 = 4536$ vierziffrige Zahlen mit ungleichen Ziffern.

**1431.** Wie viel Variationen mit Wiederholung haben die Elemente a, b, c, d, e in der vierten Klasse?

Diesen 5 Elementen kann jedes einzelne wieder vorangestellt werden. Man erhält hierdurch 25 Amben. Vor jede Ambe kann nun wieder jedes der 5 Elemente treten. Dies giebt $5^3 = 125$ Ternen. Setzt man schließlich jeder Terne jedes der 5 Elemente vor, so entstehen $5^4 = 625$ Variationen zur 4. Klasse mit Wiederholung.

1432. Wie viel vierziffrige Zahlen giebt es?

Die 10 Elemente 0, 1, 2 .... 9 geben $10^4 = 10000$ Quaternen mit Wiederholung. Unter diesen beginnen aber $10^3 = 1000$ mit Null. Daher giebt es nur $10^4 - 10^3 = 10000 - 1000 = 9000$ vierziffrige Zahlen.

1433. Wie viel vierziffrige Zahlen kann man mit den Ziffern 2, 5, 0 darstellen?

Die 3 Elemente 2, 5, 0 geben $3^4 = 81$ Quaternen, unter welchen aber $3^3 = 27$ vorkommen, welche mit Null anfangen. Daher können nur $3^4 - 3^3 = 81 - 27 = 54$ vierziffrige Zahlen mit den Ziffern 2, 5, 0 dargestellt werden.

(§ 57.)

## Bedingte Combination und Variation.

1434. Aus den Elementen 1, 2 ..... 7, die nicht wiederholt werden sollen, diejenigen Ternen zu bilden, deren Summe 10 beträgt.

Man fülle die beiden ersten Stellen zur Linken mit den niedrigsten Elementen aus und bringe in die letzte Stelle das Ergänzungselement. Alsdann hat man die ersten Stellen zusammen um ebenso viel zu erhöhen, als die letzte allmählich fortschreitend erniedrigt wird. Jedoch darf nie ein höheres Element vor ein niedrigeres treten. Dieses Verfahren ergiebt die Ternen 127, 136, 145, 235.

1435. Die Elemente 1, 2 .... 9 derartig zu dreien zu combiniren, daß die Elemente jeder Form a) eine steigende arithmetische Progression erster Ordnung oder b) eine steigende geometrische Progression bilden.

a 123, 135, 147, 159; 234, 246, 258; 345, 357, 169; 456, 468; 567, 579; 678; 789.

b 124, 139; 248.

1436. Alle zweistelligen Zahlen anzugeben, deren Ziffersumme 9 beträgt.

18, 27, 36, 45, 54, 63, 72, 81, 90.

Hier findet ein bedingtes Variiren o. W. statt.

1437. Alle dreistelligen Zahlen anzugeben, deren Ziffersumme 5 beträgt.

a. Ohne Wiederholung der Ziffern:

104, 140, 401, 410, 500, 203, 230, 302, 320.

b. Mit Wiederholung der Ziffern:

113, 131, 311; 221, 212, 122.

1438. Alle vierstelligen Zahlen anzugeben, deren Ziffersumme 6 beträgt.

a) 6000, 1230, 1203, 1023, 1032, 2013, 2031, 2103, 2130, 2301, 2310, 3012, 3021, 3102, 3120, 3201, 3210, 4002, 4020, 4200, 2004, 2040, 2400, 5001, 5010, 5100, 1005, 1050, 1500.

b) 1113, 1122, 1131, 1104, 1140, 1212, 1221, 2112, 2121, 2211, 3300, 3003, 3030.

(§ 58.)

## Wahrscheinlichkeitsrechnung.

1439. Wie groß ist die Wahrscheinlichkeit, mit 3 Würfeln gerade 2 gleiche Felder zu werfen?

2 gleiche Felder heißen zusammen ein Pasch. 2 Würfel geben 6 verschiedene Pasche, nämlich 1 + 1, 2 + 2 ꝛc. bis 6 + 6. Verbindet man jeden Pasch mit den 5 Flächen des dritten Würfels, welche mit diesem Pasch nicht gleiche Augen haben, so erhält man $6 \,.\, 5 = 30$ verschiedene Würfe. Da 3 Würfel $\frac{3 \,.\, 2}{1 \,.\, 2} = 3$ Amben geben, so kann ein Pasch $30 \,.\, 3 = 90$ Mal geworfen werden. Es sind aber mit 3 Würfeln überhaupt $6 \,.\, 6 \,.\, 6 = 216$ Würfe möglich. Mithin beträgt die gesuchte Wahrscheinlichkeit $\frac{30}{216} = \frac{5}{12}$.

**1440.** Wie groß ist die Wahrscheinlichkeit, mit 4 Würfeln gerade 3 gleiche Felder zu werfen?

3 gleiche Felder kann man mit 3 Würfeln 6 Mal werfen. Diese 6 Ternen geben in Verbindung mit den 5 Flächen des vierten Würfels, die mit ihnen nicht gleiche Augen haben, $6 \,.\, 5 = 30$ Würfe. Da aus 4 Würfeln $\frac{4 \,.\, 3 \,.\, 2}{1 \,.\, 2 \,.\, 3} = 4$ Ternen gebildet werden können, so giebt es im Ganzen $30 \,.\, 4 = 120$ günstige Fälle. Mit 4 Würfeln sind jedoch überhaupt $6^4$ Würfe möglich; daher ist die gesuchte Wahrscheinlichkeit $= \frac{120}{6^4} = \frac{20}{6^3} = \frac{5}{54}$.

**1441.** Wie groß ist die Wahrscheinlichkeit, daß von 12 besetzten unter den 90 Nummern eines Lotto's gerade zwei gezogen werden, wenn die Ziehung 5 Nummern enthält?

90 Nummern geben $\frac{90 \,.\, 89}{1 \,.\, 2} = 45 \,.\, 89 = 4005$ Amben, und in 5 Nummern sind $\frac{5 \,.\, 4}{1 \,.\, 2} = 5 \,.\, 2 = 10$ Amben enthalten. Hiernach sind unter 4005 möglichen Fällen 10 günstige, also die Wahrscheinlichkeit für den Gewinn einer Ambe $= \frac{10}{4005} = \frac{2}{801}$. Die 12 besetzten Nummern geben aber $\frac{12 \,.\, 11}{1 \,.\, 2} = 6 \,.\, 11 = 66$ Amben. Daher ist die gesuchte Wahrscheinlichkeit $= \frac{66 \,.\, 2}{801} = \frac{22 \,.\, 2}{267} = \frac{44}{267}$.

**1442.** Wie groß ist die Wahrscheinlichkeit, daß man mit 2 Würfeln das erste Mal 7 Augen, das zweite Mal 9 Augen werfe?

Es ist $7 = 1 + 6 = 2 + 5 = 3 + 4 = 4 + 3 = 5 + 2 = 6 + 1$. Daher kann man mit 2 Würfeln 6 Mal 7 Augen werfen. Ferner ist $9 = 3 + 6 = 4 + 5 = 5 + 4 = 6 + 3$, woraus folgt, daß 2 Würfel 4 Fälle geben, in denen man 9 Augen werfen kann. Mit 2 Würfeln sind aber überhaupt $6^2 = 36$ Würfe möglich. Mithin ist die einfache Wahrscheinlichkeit für den Wurf mit 7 Augen $\frac{6}{6^2} = \frac{1}{6}$, für den Wurf mit 9 Augen $\frac{4}{6^2} = \frac{1}{9}$.

Die zweite Wahrscheinlichkeit beruht aber wieder auf der ersten, daher kann jene nicht $^1/_9$ betragen, sondern nur $^1/_9 \cdot {}^1/_6 = {}^1/_{54}$. Also ist unter 54 Fällen nur einer dem Spieler günstig.

**1443.** Wie groß ist die Wahrscheinlichkeit, mit 3 Würfeln auf einen Wurf gerade 3, 5 und 6 zu werfen?

Die 3 Elemente 3, 5 und 6 gestatten $3 \cdot 2 = 6$ Versetzungen. Es finden also 6 günstige Fälle statt. Mit 3 Würfeln kann man überhaupt $6^3$ Würfe thun. Daher ist die gesuchte Wahrscheinlichkeit $\frac{6}{6^3} = \frac{1}{6^2} = \frac{1}{36}$. Dem Spieler ist also unter 36 Fällen nur einer günstig.

**1444.** Wie groß ist die Wahrscheinlichkeit, mit 3 Würfeln auf einen Wurf 6 zu werfen?

Es ist $6 = 1 + 1 + 4 = 1 + 4 + 1 = 4 + 1 + 1$;
ferner $6 = 1 + 2 + 3 = 1 + 3 + 2 = 2 + 1 + 3 =$
$2 + 3 + 1 = 3 + 1 + 2 = 3 + 2 + 1$;
und $6 = 2 + 2 + 2$.

Dies giebt 10 günstige Fälle. Möglich sind $6^3 = 216$ Fälle. Daher ist die gesuchte Wahrscheinlichkeit $= {}^{10}/_{216} = {}^5/_{108}$.

**1445.** Wie groß ist die Wahrscheinlichkeit, mit 2 Würfeln das erste Mal 9 Augen zu werfen, oder wenn dieses nicht geschieht, wenigstens auf den zweiten Wurf 9 zu treffen?

Nach Aufg. 1442 sind für den Wurf von 9 Augen 4 Fälle möglich. Da mit 2 Würfeln überhaupt $6^2 = 36$ verschiedene Würfe gemacht werden können, so ist die Wahrscheinlichkeit für den Wurf von 9 Augen $= {}^4/_{36} = {}^1/_9$, und zwar zunächst für den ersten Wurf. Die entgegengesetzte Wahrscheinlichkeit desselben beträgt $1 - {}^1/_9 = {}^8/_9$. Da der zweite Wurf nur eintreten kann, wenn der erste nicht getroffen hat, so ist die zusammengesetzte Wahrscheinlichkeit für den zweiten Wurf von 9 Augen ${}^1/_9 \cdot {}^8/_9 = {}^8/_{81}$, mithin die verbundene Wahrscheinlichkeit für die beiden Würfe $= {}^1/_9 + {}^8/_{81} = {}^{17}/_{81}$.

**1446.** Wie groß ist die Wahrscheinlichkeit, mit 2 Würfeln im ersten Wurfe 7, oder, wenn dieses nicht eintrifft, im zweiten Wurfe 7, oder, wenn auch dieses nicht eintreffen sollte, doch im dritten Wurfe 7 zu werfen?

Nach Aufg. 1442 sind für den Wurf von 7 Augen 6 Fälle möglich, während 2 Würfel überhaupt 36 Würfe gestatten. Die einfache Wahrscheinlichkeit für den ersten Wurf ist also ${}^6/_{36} = {}^1/_6$, die entgegengesetzte daher $= {}^5/_6$. Für den zweiten Wurf ist die zusammengesetzte Wahrscheinlichkeit $= {}^1/_6 \cdot {}^5/_6 = {}^5/_{36}$, für die beiden ersten Würfe mithin die verbundene Wahrscheinlichkeit $= {}^1/_6 + {}^5/_{36} = {}^{11}/_{36}$ und daher die entgegengesetzte $= 1 - {}^{11}/_{36} = {}^{25}/_{36}$. Für den dritten Wurf ist hiernach die Wahrscheinlichkeit $= {}^1/_6 \cdot {}^{25}/_{36} = {}^{25}/_{21}$. Hieraus ergiebt sich die gesuchte Wahrscheinlichkeit $= \frac{1}{6} + \frac{5}{36} + \frac{25}{216} = \frac{36 + 30 + 25}{216} = \frac{91}{216}$.

**1447.** In einer Urne sind 20 Kugeln, nämlich 5 weiße, 7 schwarze und 8 rothe. Wie groß ist die Wahrscheinlichkeit, zuerst 5 rothe Kugeln und alsdann aus dem Ueberreste noch 3 weiße Kugeln blindlings herauszuziehen?

Die herauszunehmenden 5 rothen Kugeln lassen sich aus den vorhandenen 8 rothen Kugeln auf $\frac{8 \,.\, 7 \,.\, 6 \,.\, 5 \,.\, 4}{1 \,.\, 2 \,.\, 3 \,.\, 4 \,.\, 5} = 8 \,.\, 7 =$ 56 verschiedene Arten ziehen. Dies giebt 56 günstige Fälle. 20 Kugeln gestatten aber $\frac{20 \,.\, 19 \,.\, 18 \,.\, 17 \,.\, 16}{1 \,.\, 2 \,.\, 3 \,.\, 4 \,.\, 5} = 19 \,.\, 3 \,.\, 17 \,.\, 16$ $= 15504$ Quinternen. Dies giebt 15504 mögliche Fälle. Die Wahrscheinlichkeit, 5 rothe Kugeln zu ziehen, beträgt daher $\frac{56}{15504}$ $= \frac{7}{1938}$.

Nach dem ersten Zuge sind $20 - 5 = 15$ Kugeln vorhanden, welche $\frac{15 \,.\, 14 \,.\, 13}{1 \,.\, 2 \,.\, 3} = 5 \,.\, 7 \,.\, 13 = 455$ Ternen zulassen. Dies giebt für den zweiten Zug 455 mögliche Fälle. Von den 5 weißen Kugeln können 3 auf $\frac{5 \,.\, 4 \,.\, 3}{1 \,.\, 2 \,.\, 3} = 5 \,.\, 2 = 10$ verschiedene Arten gezogen werden. Für den zweiten Zug sind also 10 Fälle günstig, und beträgt demnach hier die Wahrscheinlichkeit $\frac{10}{455} = \frac{2}{91}$.

Die zusammengesetzte Wahrscheinlichkeit ist folglich =

$$\frac{7}{1938} \,.\, \frac{2}{91} = \frac{1}{969 \,.\, 13} = \frac{1}{12597}.$$

**1448.** A ist 38 Jahr, B 35 Jahr alt. Die Wahrscheinlichkeit, nach 12 Jahren noch zu leben, beträgt, auf Grund der Mortalitäts-Tabellen, für A 0,79, für B 0,81. Wie groß ist die Wahrscheinlichkeit, daß nach 12 Jahren B schon todt ist und A noch lebt?

$0{,}79\ (1 - 0{,}81) = 0{,}79 \,.\, 0{,}19 = 0.1501$ oder nahe $\frac{3}{20}$.

**1449.** Wie groß ist in voriger Aufgabe die Wahrscheinlichkeit, daß nach 12 Jahren B noch lebt und A schon todt ist?

$0{,}81\ (1 - 0{,}79) = 0{,}81 \,.\, 0{,}21 = 0{,}1701$ oder nahe $\frac{17}{100}$.

Anmerk. Wird die Wahrscheinlichkeit für A mit $w_1$, die für B mit $w_2$ bezeichnet, so ist die gesuchte Wahrscheinlichkeit allgemein

in Aufg. $1448 = w_1\ (1 - w_2)$,

" " $1449 = w_2\ (1 - w_1)$.

**1450.** Wie groß ist in Aufg. 1448 die Wahrscheinlichkeit, daß nach 12 Jahren a) Beide noch leben; b) Beide schon todt sind; c Beide noch nicht todt sind, sondern daß wenigstens Einer, oder daß Beide noch leben?

Antw. a) $0{,}79 \,.\, 0{,}81 = 0{,}6399$; allgemein $w_1 \,.\, w_2$.

b) $(1 - 0{,}79)\ (1 - 0{,}81) = 0{,}21 \,.\, 0{,}19 = 0{,}0399$; allgemein $(1 - w_1)\ (1 - w_2)$.

c) $1 - (1 - 0{,}79)(1 - 0{,}81) = 1 - (0{,}21 \,.\, 0{,}19) = 1 - 0{,}0399 = 0{,}9601$; allgemein $1 - [(1 - w_1)(1 - w_2)]$.

# Inhalt.

## Erster Abschnitt.
### Die vier Grundrechnungsarten.



## Zweiter Abschnitt.
### Proportionen.



## Dritter Abschnitt.
### Potenzen und Wurzeln.



## Vierter Abschnitt.
### Gleichungen.

I. Gleichungen des ersten Grades.

A. Einfache Gleichungen mit einer Unbekannten.



B. Einfache Gleichungen mit zwei Unbekannten.



C. Einfache Gleichungen mit drei und mehr Unbekannten.

### II. Gleichungen des zweiten Grades.

A. Gleichungen des zweiten Grades mit einer Unbekannten.



B. Gleichungen des zweiten Grades mit mehreren Unbekannten.



### III. Höhere Gleichungen.

A. Cubische Gleichungen.



B. Höhere Gleichungen überhaupt.



### IV. Diophantische Gleichungen.



## Fünfter Abschnitt.

## Logarithmen.



## Sechster Abschnitt.

## Progressionen.



## Siebenter Abschnitt.

## Kettenbrüche.



## Achter Abschnitt.

## Combinations-Lehre.

# Berichtigungen.

| Seite. | Zeile. | Aufg. | Falsch. | Berichtigt. |
|---|---|---|---|---|
| 1 | 10 v. o. | 6 | $- a + b + c + d + e$ | $-(a + b + c + d + e)$ |
| 1 | 4 v. u. | 21 | $(+ 11$ | $(- 11)$ |
| 3 | 16 v. o. | 72 | $p + mq - nq$ | $p + mp - np$ |
| 3 | 7 v. u. | 78 | $12bd \quad 12be$ | $12bd + 12be$ |
| 3 | 5 v. u. | 80 | $\frac{abc}{a} = ac$ | $\frac{abc}{b} = ac$ |
| 4 | 13 v. o. | 101 | $\frac{a}{b} + \frac{b}{x} = \frac{a + b}{x}$ | $\frac{a}{x} + \frac{b}{x} = \frac{a + b}{x}$ |
| 5 | 5 v. u. | 124 | $2a - \frac{b}{4} + \frac{c}{4}$ | $2a - \frac{b}{4} - \frac{c}{4}$ |
| 6 | 9 v. u. | 140 | $\frac{5}{2} \cdot \frac{c}{2}$ | $\frac{5}{2} \cdot \frac{c}{a}$ |
| 7 | 5 v. o. | 149 | $\frac{a + b}{n(c + d)}$ | $\frac{a + b}{a(c + d)}$ |
| 9 | 8 v. o. | 197 | $\left(+ \frac{a}{n}\right)$ | $= \left(+ \frac{a}{n}\right)$ |
| 9 | 10 v. o. | 198 | $\left(+ \frac{b}{a}\right)$ | $= \left(+ \frac{b}{n}\right)$ |
| 9 | 22 v. o. | 204 | $(a - b)(c - d)$ | $(a - b)(c + d)$ |
| 9 | 1 v. u. | 207 | $+ cc$ | $- cc$ |
| 11 | 9 v. o. | 231 | $aa + bb$ | $aa + ab$ |
| 16 | 11 v. u. | 287 | $2 . 4 : 7 . 6$ | $3 . 4 : 7 . 6$ |
| 17 | | 292 | $\} \times 3$ | $\} \times 4$ |
| 21 | 12 v. o. | 327 | $(9a^2 + 16b^2)$ | $(9a^2 - 16b^2)$ |
| 29 | 5 v. u. | 510 | $15ax^2$ | $12ax^2$ |
| 40 | 10 v. o. | 751 | $2x = 16$ | $2x = 10$ |
| 41 | 10 v. o. | 765 | $30 + 6$ | $30 - 6$ |
| 42 | 8 v. u. | 776 | $\frac{5x + 5}{6}$ | $\frac{4x + 5}{6}$ |
| 48 | 7 v. o. | 806 | $a - b$ | $b - a$ |
| 64 | 1 v. u. | 864 | $\frac{abc}{ab + ab + bc}$ | $\frac{abc}{ab + ac + bc}$ |
| 76 | 15 v. o. | 897 | $x + 2$ | $x + 3$ |
| 104 | 16 v. u. | 997 | $\frac{a}{a + b - c}$ | $\frac{2}{a + b - c}$ |
| 121 | 10 v. o. | 1033 | $x^2$ | $x$ |
| 134 | 4 v. o. | 1088 | $26x^2 - 10x$ | $25x^2 - 10x$ |
| 142 | 19 v. u. | 1115 | 39360 | 59360 |

| Seite. | Zeile. | Aufg. | Falsch. | Berichtigt. |
|---|---|---|---|---|
| 150 | 2 v. o. | 1133 | $(10 + x)^2$ | $(100 + x^{2}$ |
| 156 | 7 v. u. | 1147 | $35\left(\frac{1}{x - 2} + \frac{1}{x}\right)$ | $35\left(\frac{1}{x - 2} - \frac{1}{x}\right)$ |
| 157 | 7 v. o. | 1148 | $\frac{m}{2}\left(\frac{1}{x - c} + \frac{1}{x}\right)$ | $\frac{m}{2}\left(\frac{1}{x - c} - \frac{1}{x}\right)$ |
| 169 | 2 v. o. | 1185 | $\frac{a^2}{2} + \sqrt{\phantom{x}} \ldots.$ | $\frac{a}{2} + \sqrt{\phantom{x}} \ldots.$ |
| 182 | 7 v. u | 1213 | $7\tfrac{1}{2}\left(\frac{1}{x} + \frac{1}{y}\right)$ | $7\tfrac{1}{2}\left(\frac{1}{x} - \frac{1}{y}\right)$ |
| 184 | 15 v. o. | 1215 | $\left(\frac{3400}{6x + 9y}\right)$ | $\left(\frac{3500}{6x + 9y}\right)$ |
| 185 | 23 v. u. | 1216 | $(u - \tfrac{1}{2}) = {}^{121}/_{4}$ | $(u - \tfrac{1}{2})^2 = {}^{121}/_{4}$ |
| 195 | 16 v. o. | 1234 | $y$ | $p$ |
| 197 | 2 v. o. | 1236 | $2s - d^2$ | $s^2 - d^2$ |
| 216 | 16 v. u. | 1288 | $(170 + y)$ | $(270 + y)$ |
| 217 | 13 v. u. | 1290 | $(9 - p)\, x$ | $(9 - y)\, x$ |
| 225 | 3 v. o. | 1316 | $\log 1{,}05$ | $x \,.\, \log 1{,}05$ |
| 228 | 14 v. o. | 1327 | $a + x = c \,.\, a^n.$ | $(a + x)^n = c \,.\, a^n.$ |

Druck von E. Buchbin in Neu-Ruppin.

Printed in Dunstable, United Kingdom

91219499R00157